《当代杰出青年科学文库》编委会

主　编：白春礼

副主编：（按汉语拼音排序）

　　　　程津培　李家洋　谢和平　赵沁平　朱道本

编　委：（按汉语拼音排序）

　　　　柴玉成　崔一平　傅伯杰　高　抒　龚健雅　郭　雷
　　　　郝吉明　何鸣鸿　洪友士　胡海岩　康　乐　李晋闽
　　　　罗　毅　南策文　彭练矛　沈　岩　万立骏　王　牧
　　　　魏于全　邬江兴　袁亚湘　张　杰　张　荣　张伟平
　　　　张先恩　张亚平　张玉奎　郑兰荪

中国科学院科学出版基金资助出版

当代杰出青年科学文库

非线性数学物理方法

楼森岳　唐晓艳　著

科学出版社
北京

内 容 简 介

本书研究如何将线性科学中适用的强有力的基本方法发展推广到非线性科学. 书中全面系统论述作者及其课题组近几年建立的新研究方法, 如多线性分离变量法、泛函分离变量法和导数相关泛函分离变量法、形变映射法、方程推导的非平均法等. 本书还系统介绍了在非线性数学物理严格解研究方面的一些其他重要方法及其最新发展, 如有限和无限区域的反散射方法、形式分离变量法、奇性分析法、对称性约化方法、达布变换方法和广田直接法等. 书中利用这些方法, 对非线性系统中的各种局域激发模式及其相互作用作了详尽的描述.

本书可作为高等院校物理系和数学系等理工科高年级本科生选修课教材和研究生专业基础课教材, 也可供物理、数学、力学、计算机、大气和海洋科学等非线性科学领域的研究人员参考.

图书在版编目(CIP)数据

非线性数学物理方法/楼森岳, 唐晓艳著. —北京: 科学出版社, 2006.11
(当代杰出青年科学文库/白春礼主编)
ISBN 978-7-03-018144-2

Ⅰ. 非… Ⅱ. ①楼… ②唐… Ⅲ. 非线性-数学物理方程 Ⅳ. O175.24

中国版本图书馆 CIP 数据核字(2006)第 121867 号

责任编辑: 吕 虹 / 责任校对: 赵桂芬
责任印制: 徐晓晨 / 封面设计: 陈 敬

科 学 出 版 社 出版
北京东黄城根北街 16 号
邮政编码: 100717
http://www.sciencep.com

北京虎彩文化传播有限公司 印刷
科学出版社发行 各地新华书店经销
*
2007 年 1 月第 一 版 　 开本: B5(720×1000)
2019 年 1 月第三次印刷 　 印张: 23 3/4
　　　　　　　　　　　 字数: 447 000

定价: 168.00 元
(如有印装质量问题, 我社负责调换)

前 言

在线性理论日臻完善的今天,非线性科学已经蓬勃发展于各个研究领域而成为研究焦点. 因此在研究过程中将无法避免地碰到各种各样的非线性方程, 而对于这些非线性方程的求解无疑成为非线性科学研究的关键所在, 也是非线性研究的难点所在. 不同于线性方程, 由于线性叠加原理的失效, 还没有办法给出本质上非线性的非线性系统的一般解. 虽然一类特解能用一种或几种方法得到, 但一种方法通常不能得到各种类型的特解. 因此, 求解非线性系统没有统一的方法, 目前仍处于八仙过海, 各显神通的阶段.

通过众多科学家的努力, 人们已经建立和发展了不少求解非线性系统的有效方法, 特别是针对其中一些被归为可积的非线性系统. 常用的方法有反散射变换 (inverse scattering transformation) 方法、达布变换 (Darboux transformation) 方法、双线性方法和多线性方法 (bilinear method and multilinear method)、经典和非经典李群法 (classical and non-classical Lie group approaches)、CK 直接法 (Clarkson-Kruskal's direct method)、形变映射法 (deformation mapping method)、Painlevé 截断展开 (truncated Painlevé expansion) 方法、混合指数法 (mixing exponential method)、函数展开法 (function expansion method)、几何方法 (geometrical method) 和穿衣服方法 (dressing method) 等等.

目前有不少专门介绍某一种研究方法的专著, 但是还没有能较完全系统地介绍非线性系统的各种研究方法的书籍, 当然要在一本书中详细介绍所有的研究方法也是不可能的. 本书的撰写主要是从将通常的线性的《数学物理方程》的书做相应的非线性推广这一角度来设计的. 因此本书主要分成两大板块进行论述: 第一大板块研究如何从一个基本的原理性方程出发来推导相对简单的可积非线性数学物理方程. 这一部分对于研究实际物理系统的学者尤为重要. 第二板快是本书的主体, 研究如何将线性数学物理方程的三种基本研究方法: 行波法、分离变量法和傅里叶变换法推广成非线性行波法, 非线性分离变量法和非线性傅里叶变换法. 本书的最后简要介绍非线性方程的其他一些研究方法, 如 Painlevé 分析法, Darboux 变换法, 广田直接法和对称约化法等等. 希望读者能通过本书的学习, 掌握多种求解非线性方程的方法以适用于今后的非线性研究.

全书共分八章. 第一章是绪论, 主要介绍一些非线性科学领域, 特别是可积系统的发展历程及当前各种研究方法的发展动态.

第二章介绍如何从一个基本模型出发推导得到各类低维著名的非线性数学物

理方程. 在此, 采用多重尺度展开方法, 从大气物理中的单层正压位涡方程 (考虑地球自转后的流体体系的基本运动方程) 出发推导出变系数 KdV 型、MKdV 型和非线性薛定谔型方程; 从双层模型出发推导耦合 KdV 方程.

第三章介绍非线性方程的行波法. 先简单回顾线性波动方程的行波法, 然后把该方法推广到非线性系统, 得到 KdV、MKdV、KP 和非线性 Klein-Gordon 方程的一般行波解以及非线性薛定谔方程的一般包络行波解. 对于较低阶的自治模型, 其一般的行波解通常可以用直接积分表示出来, 但对于较高阶的模型, 一般的行波解并不能得到, 而只能得到一些特殊的行波解. 如何得到一些特殊的显式的行波解有不少简单方法, 这里主要介绍两种方法. 一种是一般的函数展开法, $\phi^{(n,m)}$ 展开法, 并以 KdV- MKdV 方程为例. 但是该方法并不适用于类似多 sine-Gordon 系统的非多项式 (场量及其导数的多项式) 非线性系统, 为此我们提出了一种行波形变映射法并以 sG、双 sG 和 ϕ^6 模型为例加以实现说明.

第四章比较系统地介绍多线性分离变量法, 其主要内容分为三部分. 第一部分主要介绍多线性分离变量法. 先概括性地论述多线性分离变量法求解非线性系统的一般步骤, 然后以 2+1 维 DS 和 BLMP 可积系统、不可积 KdV 系统和 3+1 维 Burgers 系统为例具体求解得到多线性分离变量解. 同时简单罗列了其他具有多线性分离变量解的非线性系统. 第二部分内容是将上一部分中的基本多线性分离变量法做二类一般推广, 并分别求解修正的 NNV 系统、sG 系统和长波色散方程、BKK 系统、高阶 BKK 系统和高维势 Burgers 系统. 在多线性分离变量解和一般多线性分离变量解的基础上, 第三部分集中给出各类非线性激发模式, 如多瞬子解、多环孤子解、多 solitoff 解、多 dromion 解、dromion 格点解、多呼吸子解、多 lump 解和鬼孤子 (或隐形孤子) 解、多 peakon 解、多 compacton 解、混沌线孤子解、混沌 dromion 解、混沌 lump 解、折叠孤立波和折叠子等等, 并研究各种激发模式的相互作用行为.

第五章是关于泛函分离变量法和导数相关泛函分离变量法. 先论述一般条件对称 (GCS)、泛函分离变量解 (FSS) 和导数相关泛函分离变量解 (DDFSS) 的基本理论. 然后讲述泛函分离变量法的一般求解过程并计算得到具有 FSS 的 1+1 维和 2+1 维一般非线性扩散方程和一般非线性波动方程的严格解. 最后阐述导数相关泛函分离变量法的一般求解过程并依次解决三类方程: 一般非线性扩散方程, 一般 KdV 方程和一般非线性波动方程的 DDFSS 问题; 完成上述一般方程的 DDFSS 可解归类, 给出所得分类方程的 DDFSS 严格解, 并给出解对应的对称群解释.

第六章介绍形式分离变量法. 形式分离变量法实际上最早是由曹策问教授提出并建立的非线性化方法, 之后程艺教授和李翊神教授将该方法推广到高维系统 (2+1 维系统), 并称之为对称性约束方法, 后来李翊神教授和曾云波教授又将该方法称之为分离变量法. 本书作者之一 (楼) 在将该方法推广到不可积系统时称之为形式分离变量法. 因此本章也分三部分来论述这种方法. 第一部分介绍由曹策问教授建立的非线性化的基本思想方法. 第二部分讨论程艺教授和李翊神教授的对称性约束方法. 第三部分讨论如何发展该方法于一般的非线性方程 (包括可积和不可积模型) 及该方法在对称性约化中的应用.

第七章是关于非线性傅里叶变换方法. 非线性傅里叶变换方法又称反散射方法, 是线性系统的傅里叶变换在非线性系统中的成功而又较系统和成熟的推广. 在该方向, 由于国内外众多大师的努力已相当完善, 因此这部分内容主要是参考已有的书籍和文献编译而成. 首先介绍线性系统的傅里叶变换的基本思想. 然后以非线性薛定谔方程为例讲述非线性傅里叶变换方法. 最后介绍非线性傅里叶变换法的最新国际研究进展: 有限区域内的反散射方法.

第八章简单介绍非线性方程的其他研究方法. 主要讲述广田直接法、达布变换法、Painlevé 分析法、对称约化法和非行波形变映射法. 这些方法对不同类型的非线性系统都有各自非常成功的应用. 我们在这些方法上都作了一些推广和改进, 因此在论述的时候添加了我们自己的研究特色和成果.

考虑到本书各章节的内容具有相对独立性, 因此定义、命题、引理、定理、注等都按章节独立排序, 仅对参考文献按作者姓氏字母序统一排序. 所以读者可以根据自身的要求和特点进行跳跃式阅读.

本书的主要内容虽然是著者所在课题组的一些研究成果, 但是在写作时力求详细和全面, 希望本书在面向科研工作者的同时能成为适合研究生和大学高年级学生的教材.

作者特别感谢中国科学院科学出版基金的资助. 本书相关的研究成果得到了国家自然科学基金的资助. 作者感谢合作者张顺利, 胡恒春和贾曼. 本书的某些章节包含了一些与他们合作的研究工作. 如第五章的主要内容是张顺利博士论文的研究内容, 第八章有关达布变换一节的内容基于胡恒春的博士论文, 第八章有关非行波形变映射法一节的内容基于贾曼的硕士论文. 感谢李翊神教授、吴可教授、胡星标研究员、刘青平教授、范恩贵教授、阮航宇教授和陈勇教授等在本书编写过程中提出的有益的建议. 特别感谢科学出版社昌虹编审对本书的出版所付出的辛勤劳动和给予的大力帮助. 书中必定有一些不足之处, 欢迎读者批评和指正.

目 录

前言
第一章 绪论 ·· 1
  1.1 孤立波和孤立子 ·· 1
  1.2 可积性 ·· 4
  1.3 非线性系统的数学研究手段简介 ··· 6
    1.3.1 非线性系统求解方法一览 ··· 6
    1.3.2 分离变量法在非线性科学中的进展 ···································· 7
  1.4 非线性激发模式及其相互作用研究状况 ································· 10
第二章 非线性数学物理方程的导出 ··· 12
  2.1 VCKdV 型方程的导出 ·· 12
    2.1.1 利用 y 平均方法导出 VCKdV 型方程 ···························· 14
    2.1.2 LTHT 方法导出 VCKdV 型方程 ······································ 15
  2.2 VCMKdV 型方程的导出 ·· 15
    2.2.1 利用 y 平均方法导出 VCMKdV 型方程 ························ 17
    2.2.2 LTHT 方法导出 VCMKdV 型方程 ·································· 17
  2.3 VCNLS 型方程的导出 ·· 18
    2.3.1 利用 y 平均方法导出 VCNLS 型方程 ·························· 20
    2.3.2 LTHT 方法导出 VCNLS 型方程 ···································· 22
  2.4 耦合 KdV 方程的导出 ··· 23
第三章 非线性方程的行波法 ·· 29
  3.1 线性波动方程的行波法 ·· 29
  3.2 非线性系统的行波约化 ·· 31
    3.2.1 KdV 方程的行波解 ·· 31
    3.2.2 MKdV 方程的行波解 ··· 32
    3.2.3 非线性薛定谔方程的包络行波解 ···································· 35
    3.2.4 KP 方程的行波解 ·· 37
    3.2.5 非线性 Klein-Gordon 方程的行波解 ······························· 38
  3.3 一般函数展开法：$\phi^{(n,m)}$ 展开法 ································· 40
    3.3.1 $\phi^{(n,m)}$ 展开法 ··· 40
    3.3.2 缔合 KdV-MKdV 方程的行波解 ···································· 41

3.4 行波形变映射法 ··· 43
3.4.1 Sine-Gordon 方程的行波解 ··· 43
3.4.2 双 sine-Gordon 方程的行波解 ·· 45
3.4.3 Φ^6 模型的行波解 ·· 48

第四章 多线性分离变量法 ·· 54
4.1 多线性分离变量法 ·· 54
4.2 多线性分离变量解 ·· 56
4.2.1 DS 系统的多线性分离变量解 ··· 56
4.2.2 BLMP 系统的多线性分离变量解 ·· 59
4.2.3 其他非线性系统的多线性分离变量解 ·· 61
4.2.4 2+1 维不可积 KdV 系统的多线性分离变量解 ································ 64
4.2.5 3+1 维非线性系统的多线性分离变量解 ······································· 67
4.3 一般多线性分离变量法 ··· 69
4.3.1 第一类一般多线性分离变量解 ·· 70
4.3.2 第二类一般多线性分离变量解 ·· 74
4.4 非线性局域激发模式 ·· 78
4.4.1 共振 dromion 解和 solitoff 解 ··· 79
4.4.2 多 dromion 解和 dromion 格点共振 ·· 80
4.4.3 多 lump 解 ··· 81
4.4.4 多振荡 dromion 和多振荡 lump 解 ··· 82
4.4.5 多瞬子解 ··· 82
4.4.6 多环孤子解 ··· 83
4.4.7 2+1 维 peakon 解 ·· 86
4.4.8 2+1 维 compacton 解 ·· 89
4.4.9 鬼(隐形)孤子 ··· 93
4.4.10 孤子的裂变和聚变现象 ·· 96
4.4.11 混沌斑图模式 ··· 106
4.4.12 分形斑图模式 ··· 109
4.4.13 折叠孤立波和折叠子 ·· 111
4.4.14 3+1 维局域激发 ··· 127
4.5 讨论与小结 ··· 129

第五章 泛函分离变量法 ·· 132
5.1 GCS、FSS 和 DDFSS 的基本理论 ··· 132
5.2 泛函分离变量法 ·· 134
5.3 泛函分离变量解 ·· 136
5.3.1 具有 FSS 的 1+1 维一般非线性扩散方程的严格解 ························· 136

  5.3.2 具有 FSS 的 2+1 维一般非线性扩散方程的严格解 ······················· 143
  5.3.3 具有 FSS 的一般非线性波动方程的归类和求解 ···························· 150
 5.4 导数相关泛函分离变量法 ··· 177
 5.5 导数相关泛函分离变量解 ··· 178
  5.5.1 一般非线性扩散方程的 DDFSS 归类和求解 ································· 179
  5.5.2 KdV 型方程的 DDFSS 归类和求解 ·· 193
  5.5.3 一般非线性波动方程的 DDFSS 归类和求解 ································· 206
 5.6 小结 ··· 233

第六章 形式分离变量法 ··· 235
 6.1 Lax 对的非线性化方法 ·· 235
 6.2 对称约束法 ··· 237
 6.3 不可积系统的形式分离变量法 ··· 241
 6.4 对称性约化 ··· 244

第七章 非线性傅里叶变换方法 ·· 247
 7.1 线性系统的傅里叶变换 ··· 247
 7.2 非线性系统的傅里叶变换 ··· 249
  7.2.1 相容性条件 ··· 250
  7.2.2 正散射问题 ··· 251
  7.2.3 反散射问题 ··· 256
  7.2.4 时间演化 ··· 258
  7.2.5 孤立子解 ··· 258
 7.3 有限区域傅里叶变换 ·· 260
  7.3.1 引言 ··· 261
  7.3.2 满足存在性假设的 RH 问题 ··· 265
  7.3.3 假定全局关系成立下的存在性 ·· 272
  7.3.4 全局关系分析 ··· 281
  7.3.5 结论 ··· 284

第八章 非线性方程的其他研究方法 ·· 286
 8.1 广田直接法 ··· 286
  8.1.1 KdV 方程的 Hirota 方法处理 ·· 286
  8.1.2 耦合 KdV 方程的可双线性化分类 ··· 288
 8.2 达布变换法 ··· 290
  8.2.1 初等达布变换 ··· 290
  8.2.2 2+1 维色散长波方程的达布变换的分离变量解 ····························· 294
  8.2.3 2+1 维非对称 NNV 方程的达布变换的分离变量解 ······················ 301
 8.3 Painlevé 分析法 ··· 307

  8.3.1 Burgers 方程的 Painlevé 测试 ·· 308
  8.3.2 Burgers 方程的新严格解 ·· 312
 8.4 对称约化法 ··· 314
  8.4.1 CK 直接法 ··· 314
  8.4.2 KP 方程的经典李群法和经典李对称方法 ··· 319
  8.4.3 KP 方程的非经典李群法 ··· 321
 8.5 非行波形变映射法 ··· 322
  8.5.1 高维 Φ^4 模型的严格解形变到 Φ^6 模型 ·· 323
  8.5.2 Φ^4 模型的 Bäcklund 变换和非线性叠加 ·· 331

参考文献 ··· 343
附录 A 偏微分方程组(5-185) ··· 352
附录 B 偏微分方程组(5-262) ··· 355
附录 C 偏微分方程组(5-280) ··· 360

第一章 绪 论

国际纯粹物理与应用物理联合会 (IUPAP) 的第 18 委员会 (数学物理委员会) 在文献 [14] 中指出: 数学物理跨越了物理学的每一个子领域. 它的目的是应用现有的最有力的数学技巧去表述和求解物理问题. 数学是理论物理的语言, 像其他语言一样, 它提供了一种用简洁而一致的方式组织见解和表达思想的工具. 清晰地使用数学语言的物理学家们对于物理学的现代表述作出了最大的贡献. 在这长长的名单中包括了诸如牛顿、麦克斯韦、爱因斯坦、薛定谔、海森堡、外尔、维格纳和狄拉克等人的名字.

数学物理既是交叉学科, 也是物理学的主流之一. 实验物理学家在他们的研究中使用工程和电子技术, 理论物理学家则广泛地使用数学. 数学物理学家的特殊之处就在于他们和物理学家以及数学家都有交流与相互影响. 一些人提出物理中产生的数学问题; 另一些人, 主要是理论物理学家, 在解释物理现象时求助于系统的数学方法, 例如发展和求解物理模型. 他们的共同之处是对于了解物理学中尚未阐明的令人激动的系统和数学挑战的兴趣. 其结果既促进了物理学的整体发展, 也对数学和新技术作出了贡献. 物理学不是一个孤立的学科, 它得益于且丰富了许多相关的其他学科领域.

在非线性科学中, 孤立子理论在自然科学的各个领域里是非常重要的角色[1, 30, 57, 61, 92, 113, 212]. 孤子理论一方面在量子场论、粒子物理、凝聚态物理、流体物理、等离子体物理和非线性光学等等物理学的各个分支及数学、生物学、化学、通信等各自然科学领域得到了广泛的应用[1, 92, 113]; 另一方面极大地促进了一些传统数学理论的发展[212], 从而可积系统的研究引起了物理学家和数学家的极大兴趣.

1.1 孤立波和孤立子

历史上对孤立波的最早报道可以追述到 1834 年. 那年一次偶然的机会, 英国科学家罗素 (John Scott Russell) 观察到了从爱丁堡到格拉斯哥的运河中浅水面上形成的保持原有形状和速度不变、圆而光滑、轮廓分明的孤立的水波[215]. 1844 年他给第 14 届英国科学促进协会的报告[216] 中如此写道:

I was observing the motion of a boat which was rapidly drawn along a narrow channel by a pair of horses, when the boat suddenly stopped-not so the mass of the water in the channel which it had put in motion: it accumulated round the prow of the vessel in a state of violet agitation, then suddenly leaving it behind rolled forward with great velocity, assuming the form of a large solitary elevation, a rounded, smooth and well-defined heap of water, which continued its course along the channel apparently without change of form or diminution of speed. I followed it on horseback, and overtook it still rolling on at a rate of some eight or nine miles an hour, preserving its original figure some thirty feet long and a foot to a foot and a half in height. Its height gradually diminished, and after a chase of one or two miles I lost it in the windings of the channel. Such, in the month of August 1834, was my first chance interview with that singular and beautiful phenomenon which I have called the wave of Translation,...

但是,真正引入"孤立子"这一概念并导致世界范围内对孤立子理论研究产生热潮的是 Kruskal 和 Zabusky 在 1965 年发表的一篇文章[236],他们在从连续统一体的观点来考虑 FPU 问题的过程中确切地揭示了孤立波(子)的本质.当两个孤立波碰撞之后保持形状不变,那么就称这类孤立波为孤立子(或简称孤子).

孤立波和孤立子是非线性系统中最重要的基本激发 (elementary excitation). 基本激发这一概念的使用来源于大多数多体系统共有的一个简单特性. 对于基本激发的类型大致分为两类:准粒子激发 (quasi-particle excitations) 和集体激发 (collective excitations). 某些非常简单的例子可以很好地说明这两种激发之间的区别. 例如,对于一个无相互作用粒子气体系统,可以通过仅提高单个粒子的能量来增加整个系统的能量,这个过程中对所有其他粒子都不产生任何影响. 也就是说,整个系统增加的能量只是单个粒子增加的能量的简单求和,那么这个过程就被称为粒子激发 (particle excitation). 但是,如果是一个有弱相互作用粒子气体系统,那么整个系统的能量增加不再是对单粒子能量增加值的简单求和. 此时,如果激发过程有足够长的寿命使得整个过程仍然可以用粒子来描述,那么这个过程就属于准粒子激发.

集体激发的一个简单例子就是描述声波在固体中的传播过程. 固体中的原子之间存在着非常强的相互作用力致使无法用粒子的运动来描述晶体中原子的运动. 虽然入射声波只针对改变固体中某个原子的能量,使得这个原子在固体中的位置发生变化,但是这个原子能量的变化迅速地影响了固体中其他的原子,使得其他原子的位置也发生了变化,由此形成了能量在固体中的传播,因此需要用集体激发的概念来解释这个过程. 固体中原子的位置变化形成了某种运动,这个运动的振幅是量子化的,这个量的单位就是声子 (phonon). 因此声子描述了固体中的集体激发. 确切地说,只有当描述固体的模型被认为是一个线性系统的时候,才有可能得到声子这一基本激发. 具体地说,通常描述固体的最简单的理想化的模型是一个一维线性原子链, 相同质量的原子之间由弹簧连接. 假设原子质量为 M, 弹簧的弹性系数为 K, 第 n 个原子的位移 (离开原子平衡位置的距离) 为 y_n, 那么此运动方程为

$$M\frac{\mathrm{d}^2 y_n}{\mathrm{d}t^2} = K[(y_{n+1} - y_n) - (y_n - y_{n-1})] = K(y_{n+1} - 2y_n + y_{n-1}). \tag{1-1}$$

假设

$$y_n \sim e^{i(\omega t + kna)}, \tag{1-2}$$

其中 ω 是波速 k 的函数, a 是两邻两个原子之间的距离. 把 (1-2) 代入 (1-1) 得

$$\omega = \pm \omega_m \sin\left(\frac{1}{2}ka\right). \tag{1-3}$$

声子就是由 (1-1) 和 (1-3) 确定的格点波, 角频率为 ω 的声子的能量为 $\hbar\omega$.

但是, 实际上固体中原子或离子之间存在着很强的相互作用, 运动方程 (1-1) 不再成立, 需要加入非线性项 (非谐项), 那么对此将产生何种激发呢? 如果声子的振幅很小使得非线性项很弱, 则可以用声子碰撞模型来处理这个问题. 但是, 如果原子的位移很大, 那么就会产生一类新的基本激发, 这就是孤立波或者孤立子. 这时, 一个局域密集波在固体中传输, 传输过程中与原子发生碰撞使得原子产生瞬间的位移, 碰撞结束后原子又恢复到碰撞之前的状态, 好像什么也没有发生过一样. Toda 链描述了这类非谐固体中的孤立波, 并且很好地解释了简谐固体和非简谐固体之间的联系, 即考虑相邻原子之间的势能为

$$V(r) = ar + \frac{a}{b}e^{-br}. \tag{1-4}$$

当 $b \to 0, c = ab$, 那么就得到了简谐势

$$V(r) = \frac{a}{b} + \frac{1}{2}cr^2. \tag{1-5}$$

对于非简谐链, 运动方程 (1-1) 变为

$$M\frac{\mathrm{d}^2 r_n}{\mathrm{d}t^2} = a\left(-e^{-br_{n+1}} + 2be^{-br_n} - e^{-br_{n-1}}\right), \tag{1-6}$$

其中 $r_n \equiv y_n - y_{n-1}$. 方程 (1-6) 的一个简单解是

$$e^{-br_n} - 1 = \sinh^2 \mu \operatorname{sech}^2(\mu n \pm \beta t), \tag{1-7}$$

其中 $\beta = \sqrt{ab/M} \sinh \mu$ 和 μ 分别确定了波的振幅和宽度. 可见, 孤立波的振幅约为 d/μ, 速度 $v = \beta d/\mu$, 即 $v = d\sqrt{\frac{ac}{M}}\left(\frac{\sinh \mu}{\mu}\right)$. 在小振幅近似下, 即 $\sinh \mu/\mu \to 1$, 就得到了简谐链的声速 $d/\sqrt{ab/M}$.

利用 Toda 链模型来描述声速在非简谐固体中的传播，说明了一个系统被引入非线性项将会从本质上改变这个系统的基本激发. 式 (1-6) 的更一般的行波解需要引入 Jacobi 椭圆函数. 经典问题的一般解中包含了 Jacobi 椭圆函数，说明即使是最简单的非线性系统也将显示出无比的复杂性.

可见，孤立子是对离散且有相互碰撞的多体系统的连续描述，它刻画了系统中个体的初始状态的长时间行为. 它是由平衡非线性项和色散项得到的最基本的非线性解，属于集体激发，并且可以呈现出各种模式. 式 (1-7) 描述的是一个钟型孤立波激发. 因此，寻找非线性系统的局域激发模式成为了孤子理论研究中的又一个研究重点.

自孤立子问世以来，它已经在流体物理、固体物理、基本粒子物理、等离子物理、凝聚态物理、超导物理、激光物理等物理领域以及数学、生物学、化学、通信等各个自然科学领域都得到了广泛的应用和深入的研究. 例如，光孤子的发现是由 19 世纪 60 年代初激光的发展引起的. 1973 年，贝尔实验室的 Hasegawa 和 Tappert 合作发表的有关光时间孤立子的研究论文[96] 宣告了非线性光学中的光孤子研究的开始. 暗孤子[117] 和亮孤子[90] 在光纤光学[8] 中被广泛应用. 非线性光学中的最基本最重要的非线性系统就是非线性薛定谔方程，大多数早期的研究都局限在一维的情况，后来被推广到了二维和三维. 高维非线性薛定谔系统具有诸多新的非线性解，其中一种非线性解被称为涡旋，它在经典[126] 和量子[58] 系统中有着长久和丰富的历史. 二维或三维系统中的孤立波 (子) 有时候也被称为带孤子 (band soliton) 或者平面孤子 (planar soliton)，它们在无限系统中对于横向调制是不稳定的，从而衰减成涡旋[127]. Carr 研究了边界条件对带孤子和平面孤子的稳定性的影响[38]. 另外，非线性薛定谔方程只在考虑一个合适的外势时也可以用来描述玻色 - 爱因斯坦凝聚[38]. 在 2000 年，实验上观察到了玻色 - 爱因斯坦凝聚中的孤立子[31, 55] 后，玻色 - 爱因斯坦凝聚中的孤立子理论得到了迅速发展[29, 39, 40].

在结束此小节之时，值得从数学和几何的角度提一下孤立子理论的研究. Lamb[128] 指出了某些非线性演化方程与一些简单的一维螺旋状的曲线在三维空间中的运动相联系. 如：常曲率曲线的运动可以由 sine-Gordon 方程描述; 常扭矩曲线的运动可以由修正 KdV 方程描述; 常曲率和常扭矩曲线运动可以由非线性薛定谔方程描述.

1.2 可 积 性

虽然孤立子是非线性系统的基本激发模式，但这并不意味着对任何非线性系统，都可以找到这种激发. 已有的研究显示，对于可积的非线性系统必定存在孤立波 (子) 解. 当然，有时候我们也能在不可积系统中得到孤立波解. 那么，何谓"可积"呢?事实上,到目前为止,对于一个非线性系统是否可积还没有一个完全确定和统一的定义. 所谓的可积性是指不同意义下的可积性,所以在说一个非线性系统是可积的时候通常会指明它是在何种意义下的可积. 例如: Liouville 可积、反散射 (IST) 可积、对称可积、Painlevé 可积、C 可积和 Lax 可积等等.

Liouville 可积是指系统存在对易和守恒的无穷哈密顿函数[70].

如果一个系统存在 Lax 对, 那么就称其为 Lax 可积. 具有 Lax 对的非线性系统通常可以用反散射方法求解. 可用反散射方法求解的系统称作反散射可积系统. 反散射方法可以被看成是非线性系统的傅里叶变换方法. 研究表明, 许多非线性系统可以用反散射方法求解. 如 KdV 方程、非线性 Schrödinger 方程、sine-Gordon 方程、Boussinesq 方程、Toda 方程以及 KP 方程等等[232].

对称可积通常指具有无穷多相互对易的 K 对称和无穷多可以构成无限维 Virasoro 代数的 τ 对称的非线性方程[153]. 在很多情况下, 具有无穷多对称的对称可积系统同时具有无穷多守恒律.

若一个非线性系统的一般解关于任意奇性流形的奇性都是极点型的, 则称该系统具有 Painlevé 性质. 若一个非线性系统具有 Painlevé 性质, 则称此系统是 Painlevé 可积的[2, 190, 191, 233]. Painlevé 可积性的检验方法有 WTC(Weiss-Tabor-Carnevale) 方法、ARS(Ablowitz-Ramani-Segur) 方法、Kruskal 简化法、Conte 的不变展开法、Pickering 的推广法和楼森岳的一般推广方法.

Calogero 等[32, 33] 对非线性偏微分方程提出了 C 可积的概念. 一个非线性偏微分方程, 如果可以直接积分求得一般解或可经过合适的变量变换线性化, 那么称其是 C 可积的. 而且将这些变换作用于一大类线性方程, 可获得一大类 C 可积非线性方程.

如果一个系统具有 N 孤子解, 那么可以称该系统是在具有多孤子解意义下可积的. 不过这个意义下的可积性比较弱, 在许多其他意义下的不可积系统同样具有多孤子解.

在线性物理中, 除了傅里叶变换方法, 分离变量法是又一个非常重要的方法. 许多非线性系统的分离变量解可以有一个通式 (普适公式) 来描述, 在这通式中至少有一个任意函数存在, 然而对于不可积模型这些任意函数必须满足附加条件. 由此可定义可用多线性分离变量法求解的可积性.

虽然一个可积模型常常被局限在某种意义下, 但是可以注意到: 有些可积模型往往同时具有好几种性质, 如著名的 KdV 方程同时是 Painlvé 可积、Lax 可积、多孤子解可积、对称可积及 IST 可积的. 事实上, 具备所有可积性质的非线性系统是很有限的. 有时一个系统在某些特殊意义下可积而在其他意义下却不可积, 如有些 Lax 可积的系统没有 Painlevé 性质[166, 221].

的确, 可积与不可积之间并不能够非常清晰的区别, 特别是在高维系统之中. 因而在提及一个系统是否可积的时候除了需要指出是在何种意义下可积之外，还需要特别指出一点：对于高维可积系统的一般解，如 Painlevé 可积系统，会存在着一些低维的任意函数，这意味着任何低维的混沌或分形解可以用来构造高维可积系统的严格解．尽管如此，对于所谓可积的非线性系统还是值得深入研究的，目前它们仍是研究一般非线性系统的基石．一个任意的非线性系统可以通过多种途径近似到一些可积的非线性系统，如多重尺度展开法[32, 33, 141, 192]，国内外有许多领域的诸多专家专长于此方面的研究．

1.3 非线性系统的数学研究手段简介

人们对于线性系统已经有了深入了解和应用，而这些线性系统只是对于复杂客观世界的近似的线性抽象和描述．自然界中错综复杂的现象激发了人们去进一步探索其本质，这使得非线性科学得以产生并蓬勃发展．因为相比于线性系统，非线性模型能更好更准确地描述自然现象，从而更接近现象的本质．由此，很自然地，非线性系统得以大量涌现，从而研究这些非线性系统就顺其自然地成为了非线性科学研究领域的首要任务之一．

到目前为止，人们已经建立和发展了很多求解非线性方程的方法，特别是针对其中一些被归为可积的非线性系统．那么对于可积的非线性系统，究竟有哪些具体的研究方法和手段呢？下面仅简单提及一些著名的方法并重点介绍分离变量法在国内外的发展情况．

1.3.1 非线性系统求解方法一览

与线性系统不一样，对于非线性系统没有统一的求解方法，常常是对于不同的具体问题采用不同的研究手段．

常用的方法有反散射变换 (inverse scattering transformation) 方法[86, 87]、达布变换 (Darboux transformation) 方法[93, 212, 230]、贝克隆变换 (Bäcklund transformation) 方法[187, 188, 212]、双线性方法和多线性方法 (bilinear method and multilinear method)[100, 101, 186]、经典和非经典李群法 (classical and non-classical Lie group approaches)[16, 196]、CK 直接法 (CK's direct method)[46, 49, 50, 148, 177, 201, 217]、形变映射法 (deformation mapping method)[146]、混合指数法 (mixing exponential method)[97]、几何方法 (geometrical method)[59, 60]、Painlevé 截断展开 (truncated Painlevé expansion) 方法[11, 41, 51, 159, 200, 233]、函数展开法 (function expansion method)[42, 43, 71, 111, 129]、穿衣服方法 (dressing method)[237, 240] 等等．

限于篇幅问题，在此仅对本书的重点内容分离变量法作简单回顾和介绍，而对其他方法在此不作任何展开．有些方法，如反散射法、达布变换法、双线性法、形变映射法等将分章节详细讨论. 而另一些方法, 如穿衣服方法等, 仅仅是提到而已, 有兴趣的读者可查阅有关参考文献.

1.3.2 分离变量法在非线性科学中的进展

在线性物理中有两大普遍适用的方法, 傅里叶变换法和分离变量法. 这两种方法都不能直接应用于非线性科学中. 到 20 世纪 60 年代后期, 傅里叶变换法被非常成功地推广到了非线性物理的一些所谓的可积模型中, 即著名的反散射方法. 而分离变量法在非线性物理中一直没有得到非常成功的推广和应用, 直到最近才在几个方向得到了发展. 比如有 P W Dolye 的几何方法[59, 60]、R Z Zhdanov 的 Ansatz-based 方法[242]、曹策问教授提出的 (Lax 对的) 非线性化方法[15, 36, 37, 180]、李翊神教授和程艺教授的对称约束法[43, 119, 157, 241]、形式分离变量法[160]、屈长征教授和张顺利博士等提出的基于一般条件对称的泛函分离变量法[44, 64, 65, 204, 205, 246]、楼森岳教授和张顺利博士等推广泛函分离变量法从而建立的导数相关泛函分离变量法[247] 以及由我们提出和发展的多线性分离变量法. 在所有这些分离变量法的提出、建立和发展过程中, 中国科学家起了非常重要的作用.

1. 形式分离变量法

形式分离变量法实际上就是最早由我国学者曹策问教授提出的非线性化方法, 后来李翊神教授和程艺教授的对称约束法. 目前我国还有很多学者专家 (如耿献国、曾云波、马文秀、乔志军、周子翔、周汝光等等) 在致力于这方面的发展. 通常这种方法只适用于 Lax 可积系统. 楼森岳和陈黎丽将它推广应用到了不可积系统并称之为形式分离变量法. 在文献 [160] 中作者给出了求解非线性系统的形式分离变量法的一般过程, 其描述如下:

对于 N 阶 $n+1$ 维非线性系统,

$$F(t, x_1, x_2, \cdots, x_n, u, u_{x_i}, u_{x_i x_j}, u_{x_{i_1} x_{i_j} \cdots x_{i_N}}) \equiv F(u) = 0, \qquad (1\text{-}8)$$

引入一组变量形式分离方程

$$\Psi_{x_i} = K_i, \quad i = 0, 1, 2, \cdots, n, \quad x_0 \equiv t, \qquad (1\text{-}9)$$

其中 $\Psi \equiv (\psi_1, \psi_2, \cdots, \psi_M)^T, \psi_i \equiv \psi_i(t, x_1, x_2, \cdots, x_n), K_i = K_i(\Psi)$ 是有 M 个分量的矩阵函数. 相容性条件 $\Psi_{x_i x_j} = \Psi_{x_j x_i}$ 要求 K_i 满足

$$[K_i, K_j] \equiv K_i' K_j - K_j' K_i \equiv \frac{\partial}{\partial \varepsilon}(K_i(\Psi + \varepsilon K_j) - K_j(\Psi + \varepsilon K_i))|_{\varepsilon=0} = 0. \qquad (1\text{-}10)$$

假定 (1-8) 的解与 Ψ 之间的关系为

$$u = U(\Psi), \qquad (1\text{-}11)$$

把 (1-9) 和 (1-11) 代入 (1-8) 后确定出函数 U 和 K_i, 由此得到形式分离变量解. 可以看到, Ψ 是 $\{t, x_1, x_2, \cdots, x_n\}$ 的函数, 所以形式分离变量解中函数的变量并没有真正的实现分离, 而只是 $n+1$ 个变量分别显现在 $n+1$ 个方程 (1-9) 中. 详见本书第六章.

2. 多线性分离变量法

前面提到, 形式分离变量法本质上没有真正实现变量的分离, 因此为了实现真正意义上的变量分离, 1996 年楼森岳和陆继宗在关于 DS 系统的论文[156] 中提出了一种分离变量法, 此即多线性分离变量法的雏形. 之后一直没有任何进展, 直到 5 年之后, 才在已有的多线性分离变量法雏形的基础上开展了进一步的研究, 建立了完善的多线性分离变量法, 使得多线性分离变量法真正得到发展以致能够推广应用于大量的非线性模型. 到目前为止, 多线性分离变量法已经成功求解了一大类的 $2+1$ 维非线性系统和一些 $1+1$ 和 $3+1$ 维的非线性系统. 多线性分离变量法也已经成功地应用到了差分微分系统. 我们称这些可以用多线性分离变量法求解的非线性偏微分方程为多线性分离变量可解方程, 对应的解被称为多线性分离变量解. 我们发现所有的非线性系统的多线性分离变量解都可以由一个形式上统一的式子表示. 特别地, 这个通式中包含了低维任意函数. 此外, 多线性分离变量法还可以被进一步推广为一般多线性分离变量法, 从而得到一些非线性系统的一般多线性分离变量解, 这个解中包含了更多低维的变量分离函数. 详见本书第四章.

3. 泛函分离变量法

泛函分离变量法主要是由俄罗斯的 Zhdanov 和我国的屈长征教授等发展的. 在文献 [204] 中作者提出了泛函分离变量法并建立了利用一般条件对称对方程进行归类和求解的步骤和实现方法.

以 N 阶 $1+1$ 维非线性系统

$$F(x, t, u, u_x, u_t, u_{xx}, u_{tt}, \cdots) \equiv F(u) = 0 \tag{1-12}$$

为例, 可以对其求乘积型分离变量解

$$u = \phi(x)\psi(t) \tag{1-13}$$

或和式分离变量解

$$u = \phi(x) + \psi(t). \tag{1-14}$$

然而, 绝大多数非线性系统没有此种解, 因此可以进而寻求泛函分离变量解

$$f(u) = \phi(x) + \psi(t), \tag{1-15}$$

其中 $f(u)$ 是可逆函数. 泛函分离变量解 (1-15) 满足约束条件

$$\eta \equiv u_{xt} + g(u)u_x u_t = 0, \tag{1-16}$$

其中 $g(u) \equiv f''(u)/f'(u)$. 这一问题等价于寻求方程 (1-12) 的一般条件对称

$$V = \eta\frac{\partial}{\partial u} \equiv [u_{xt} + g(u)u_x u_t]\frac{\partial}{\partial u}. \tag{1-17}$$

可以叙述成如下定义：

定义 1.3.1 向量场 V (1-17) 是系统 (1-12) 的一般条件对称, 如果

$$V^{(N)}(\Delta)|_{E \cap W} = 0, \tag{1-18}$$

其中 E 是方程 (1-12) 的解流形, W 是附加于 (1-12) 的方程列集 $D_x^i \eta = 0$ ($i = 0, 1, 2, \cdots$).

由此可以给出系统 (1-12) 具有泛函分离变量解 (1-15) 的完全归类并给出归类方程的泛函分离变量解.

显然, 从 (1-13) 或 (1-14) 到 (1-15) 的推广很容易引发进一步的推广, 即式 (1-15) 左边的泛函 f 中是否可以引入其他的函数 (如场量 u 的导数) 呢? 这个问题直接导致了导数泛函分离变量法的提出与建立. 详见本书第五章.

4. 导数相关泛函分离变量法

导数相关泛函分离变量法[247] 是泛函分离变量法的更一般的推广, 它能够给出完整得多的分离变量可解归类.

对于非线性系统 (1-12), 可定义下列 4 种形式的分离变量解：

(1)
$$f(u, u_x) = \phi(x) + \psi(t), \tag{1-19}$$

(2)
$$f(u, u_x) = \phi(x) + \psi(t) + \xi(x)\eta(t), \tag{1-20}$$

(3)
$$f(u, u_x, u_t, u_{xx}, u_{xt}, u_{tt}, \cdots) = \sum_{i=1}^{M}(\phi_i(x) + \psi_i(t)) + \sum_{i=1}^{N}\xi_i(x)\eta_i(t), \tag{1-21}$$

(4)
$$f(u, u_x, u_t, u_{xx}, u_{xt}, u_{tt}, \cdots) = F(\xi, \eta), \quad \xi = \xi(x, t), \eta = \eta(x, t). \tag{1-22}$$

在利用导数相关泛函分离变量法对一些类型的非线性系统进行导数相关泛函分离变量可解的完全归类的研究中,对一些不同类型的非线性模型,先要求各种场量及其导数的某种(泛函)组合可以有加法或乘法的变量分离解;然后根据这一要求来确定相应的一般条件对称,进而利用一般条件对称、不变曲面条件和群论方法来确定所有可能的方程和可能的泛函组合,定出方程所有可能的等价类;最后再分别求出导数相关泛函分离变量解. 至今已经利用此方法对一般非线性扩散型方程、一般非线性波动型方程和一般 KdV 型方程做出了完整的分离变量可解归类,并且给出了这类非线性系统的严格解以及解的对称群解释. 详见本书第五章.

1.4 非线性激发模式及其相互作用研究状况

自孤子理论发展以来,众所周知的孤子激发模式主要集中在 1 + 1 维非线性系统中,如钟型或铃型孤子、扭结型孤子、瞬子解、呼吸子解以及一些弱激发模式,如 peakon[①](尖峰子解)、compacton(紧致子解) 等. 直到 1988 年, Boiti 等人[21] 得到了非线性 DS 系统中所有方向都指数衰减的 dromion 解 (拱形解). 从此开始了对高维可积非线性系统的局域激发模式的研究[22, 23, 72, 98, 155, 209, 210, 213, 214]. 但是对有些非线性系统目前也还只能得到代数衰减的 lump 解 (团块解),而且只是对某些可积非线性系统才能找到一些特殊类型的 dromion 和 lump 解. 我国同行在这方面也做出了许多不懈的努力. 如谷超豪院士及其领导的课题组在高维自对偶 Yang-Mills 系统和 AKNS 系统的研究中得到了很多有意义的结果,得到了大多数方向衰减的 (国际同行称之为 solitoff) 局域结构. 周子翔教授得到了反 de-Sitter 时空中 Yang-Mills-Higgs 系统的类 dromion 型的局域结构. 对于更高维系统如 3 + 1 维系统的研究几乎是一片空白. 因此寻找可能的高维的所有方向都局域的激发模式一直是学术界很感兴趣但是又非常困难而少有成就的领域.

到目前为止对"孤立子"一词并没有准确的定义,它用来描述一个非线性系统的任意具有下述性质的解:

(1) 局域性:即可表示成一个固定形状的波;它是局部的、衰减的或在无穷大时趋于常数;

(2) 粒子性:即可与其他的孤子进行强烈的相互作用,具有弹性碰撞的性质.

如果 (2) 不满足,那么就称之为"孤立波".

因此, 在发现或构造得到大量孤子激发模式后,首先需要深入考虑的问题就是这些激发模式具有什么样的相互作用行为? 对 1 + 1 维局域激发模式的研究显示,两个孤立波间的碰撞可以是完全弹性的 (保持形状和速度不变,允许有一定的相移),也可以是非完全弹性的 (改变形状而保持速度不变,允许有一定的相移) 或者完全

[①]对一些国际上尚无统一译名的专用名词,本书采用英文原词.

1.4 非线性激发模式及其相互作用研究状况

非弹性的 (裂变或聚变, 即增加或减少孤子数目). 已有的对 2+1 维局域激发模式, 主要是 dromion 的研究也得到了类似的碰撞性质. 但是至今没有一个比较系统的方法来构造高维激发模式, 特别是严格给出解之间的相互作用行为. 此外, 值得强调的是在研究孤子碰撞过程中还发现了一类比较有趣的现象, 即孤子的裂变和聚变现象. 事实上, 这类现象是在物理学的诸多领域以及其他领域如流体力学等等[124, 185]得到了观察的重要现象.

本书第四章将用于讨论多线性分离变量法和一般多线性分离变量法. 利用这些方法可以得到许多非线性可积系统的多线性分离变量解和一般多线性分离变量解. 这些解中包含了一些任意函数, 它们的存在导致了丰富的高维局域激发模式. 最主要的有多 solitoff 解、多 dromion 解、dromion 格点解、多呼吸子解、多 lump 解、多瞬子解、高维 peakon 解、高维 compacton 解、多环孤子解和隐形孤子解等. 这些新的局域激发模式也如低维局域激发模式一样具有丰富的相互作用行为, 可以保持形状不变, 也可以全部或部分交换形状, 可以有一定的相移也可以没有相移, 可以是追赶型的也可以是对碰型的, 同样有孤子裂变和聚变现象 (详见本书第四章). 2+1 维局域激发模式的丰富多样性同样体现在 3+1 维系统中[164, 172, 222, 234].

过去对于非线性系统的孤子激发的研究不仅局限在低维系统中, 而且主要针对单值孤子激发. 但是, 在很多情况下, 真实的自然现象非常复杂以至于很多现象无法用单值解来描述. 例如, 复杂的折叠现象, 如蛋白质折叠[140, 144, 226], 大脑和皮肤表层以及生物系统中其他各种折叠现象[89, 182]. 最简单的多值波可能就是流体表面上的泡沫或流体内部的气泡. 海洋里各种各样的波也是折叠波. 当然, 目前还无法给出非常满意的解析解来描述这类复杂的自然现象. 但是, 从一些简单的情况开始研究它们还是非常值得的. 已有的对非线性系统的多值激发研究就是在 1+1 维非线性系统中找到了圈孤子 (loop soliton) 激发[189, 228, 229]. 圈孤子激发已经被运用到了一些可能的物理领域中, 如有外场的弦的弹性碰撞[116], 量子场论[185] 和粒子物理[218]. 在第四章我们也将同时讨论 2+1 维非线性系统的多值孤子激发模式 — 折叠子 — 及其相互作用行为.

下一章主要讲述如何从描述大气和海洋动力学的基本模型出发, 利用多重尺度展开法推导得到基本的重要的非线性可积模型. 随后的六章分别详细系统地讲述几种求解非线性系统的方法.

第二章 非线性数学物理方程的导出

众所周知,对于自然界中存在的各类现象,人们都会寻找一个合适的物理模型来研究,然后找到刻画这些模型的一系列方程. 目前,随着非线性科学的蓬勃发展,导出的各类非线性模型越来越多. 然而对非线性系统的解析研究由于数学手段的缺乏显得非常困难. 因此,在很多情况下,我们都需要对复杂的非线性系统进行各种允许条件下的简化. 另一方面,一类被称为可积的非线性模型得到了充分的发展,已有很多数学手段可以得到这类系统的各种解析解. 所以,如何从最初的非线性模型出发导出这类易于求解的方程是一件非常重要的工作. 多重尺度展开法正是解决这类问题的有效手段之一[32, 33, 141, 192].

鉴于已有诸多文献和书籍是有关单个常系数方程的推导,因此本章的重点在于介绍如何从原始模型出发,通过不同的近似方法推导出各类变系数方程和常系数耦合方程. 本章的出发方程是大气和海洋动力系统中的一个重要模型,即 β 平面上的非线性无黏和无旋的正压位涡方程. 在单层情况下,我们将利用多重尺度展开法分别推导出变系数 KdV (VCKdV) 型方程,变系数 MKdV(VCMKdV) 型方程和变系数非线性薛定谔 (VCNLS) 型方程. 在双层情形下推导出耦合的 KdV 方程.

2.1 VCKdV 型方程的导出

非线性大气动力学是大气学科中非常重要而又非常活跃的一个研究领域,在有关大气和海洋动力系统的研究中, β 平面上的非线性无黏无旋的正压位涡方程[178, 199]

$$(\partial_t + u\partial_x + v\partial_y)(v_x - u_y - \lambda_0^2\psi) + \beta_0\psi_x = 0 \tag{2-1}$$

是一个非常重要的模型,其中 $u = -\psi_y$, $v = \psi_x$. 式中的 ψ 是流函数,u 和 v 是速度分量, β_0 是 Rossby 参数 $\beta_0 = (\omega_0/R_0)\cos\phi_0$, R_0 是地球的半径,ω_0 是地球自转的角频率,ϕ_0 是纬度,$\lambda_0 = f_0/\sqrt{gH}$, f_0 是 Coriolis 参数,g 是重力加速度,H 是大气的平均高度.

从模型 (2-1) 出发,一些常系数方程,如 KdV、修正 KdV(MKdV) 和非线性薛定谔方程等,已经由不同类型的近似方法推导出来,如长波近似条件下再引入多重时间和空间尺度[178, 179]. 众所周知,这些常系数方程都是经典的可积系统,通过这些方程的已知结果最终可得到原系统的解析解从而可以很好地解释一些自然现象. 例如,Rossby 孤立波可以用来解释大气中观察到的涡旋对阻塞 (参见文献 [56], [179]

2.1 VCKdV 型方程的导出

及其引文). 事实上, 大气现象极其复杂, 常系数方程的结果只能解释一些特殊的大气现象, 如常数切变、不变背景、固定边界等等. 但实际的切变、背景、边界等等都是时间相关的. 因此, 要想更进一步地解析说明大气现象有必要求助于各类变系数方程. 本节详细说明如何从模型 (2-1) 出发推导出变系数 VCKdV 型方程, 从而期待它能更好更有效地解释大气现象, 如阻塞的生命周期.

要得到变系数非线性系统, 首先假定大气系统具有一个与 x 无关的基流, 然后把流函数写成

$$\psi = \psi_0(y, t) + \psi'. \tag{2-2}$$

由此原系统 (2-1) 变为

$$(\partial_t - \psi_{0y}\partial_x)\Delta_h\psi' + J(\psi', \Delta_h\psi') + (\beta_0 + \psi_{0yyy})\psi'_x - \lambda_0^2\psi'_t - (\lambda_0^2 - \partial_y^2)\psi_{0t} = 0, \tag{2-3}$$

其中 $J(a,b) = a_x b_y - a_y b_x$ 是 Jacobi 算子, $\Delta_h = \partial_x^2 + \partial_y^2$ 表示二维拉普拉斯算子. 为了简化起见, 下面的叙述中将略去撇 " $'$ ".

要得到 VCKdV 型方程, 与常系数情况一样, 需要利用长波近似假设

$$\begin{aligned}\psi &= \psi(\xi, y, \tau) \equiv \psi(\varepsilon^{1/2}(x - c_0 t), y, \varepsilon^{3/2}t), \\ \psi_0 &= \psi_0(y, \varepsilon^{3/2}t) \equiv \psi_0(y, \tau),\end{aligned} \tag{2-4}$$

其中 ε 是小参数, c_0 是任意常数.

把上式 (2-4) 代入 (2-1) 得

$$\begin{aligned}&\psi_{\xi\xi\tau}\varepsilon^2 + [\psi_\xi\psi_{\xi\xi y} - (\psi_{0\tau} + \psi_\tau)\lambda_0^2 - (\psi_{0y} + \psi_y + c_0)\psi_{\xi\xi\xi} \\ &+ (\psi + \psi_0)_{yy\tau}]\varepsilon + (\psi_{yyy} + \psi_{0yyy} + \beta_0 + \lambda_0^2 c_0)\psi_\xi \\ &- (\psi_{0y} + c_0 + \psi_y)\psi_{\xi yy} = 0.\end{aligned} \tag{2-5}$$

以如下方式对流函数 ψ 和基流 ψ_0 作渐进展开

$$\psi = \varepsilon\psi_1 + \varepsilon^2\psi_2 + O(\varepsilon^3), \quad \psi_0 = \Psi_0 + \varepsilon\Psi_1 + \varepsilon^2\Psi_2 + O(\varepsilon^3), \tag{2-6}$$

其中 $\psi_i \equiv \psi_i(\xi, y, \tau)$, $\Psi_j \equiv \Psi_j(y, \tau)$ $(i = 1, 2, j = 1, 2, 3)$ 是所示变量的函数. 把 (2-6) 代入 (2-5) 后按幂次收集 ε 的系数. 令 $O(\varepsilon)$ 和 $O(\varepsilon^2)$ 的系数为零, 得

$$\begin{aligned}&(\Psi_{0y} + c_0)\psi_{1\xi yy} - (\lambda_0^2 c_0 + \beta_0 + \Psi_{0yyy})\psi_{1\xi} \\ &= \Psi_{0yy\tau} - \lambda_0^2\Psi_{0\tau},\end{aligned} \tag{2-7}$$

$$\begin{aligned}&(\Psi_{0y} + c_0)\psi_{2\xi yy} - (\lambda_0^2 c_0 + \beta_0 + \Psi_{0yyy})\psi_{2\xi} \\ &= -(\Psi_{0y} + c_0)\psi_{1\xi\xi\xi} - \lambda_0^2(\Psi_1 + \psi_1)_\tau - \psi_{1yy\xi}(\Psi_1 + \psi_1)_y \\ &\quad + (\psi_1 + \Psi_1)_{yy\tau} + \psi_{1\xi}(\psi_1 + \Psi_1)_{yyy}.\end{aligned} \tag{2-8}$$

显然, (2-7) 是线性的, 所以可用通常的变量分离法求解. 假设 ψ_1 存在如下形式的变量分离解:

$$\psi_1 = G_0(y,\tau)A(\xi,\tau) \equiv G_0 A. \tag{2-9}$$

把 (2-9) 代入 (2-7) 得

$$\Psi_{0yy} = \lambda_0^2 \Psi_0 + F_1, \tag{2-10}$$

$$(\Psi_{0y} + c_0)G_{0yy} - G_0(\lambda_0^2 c_0 + \beta_0 + \Psi_{1y} + \lambda_0^2 \Psi_{0y}) = 0, \tag{2-11}$$

其中 $F_1 \equiv F_1(y)$ 是任意的积分函数. A 未定, G_0 当满足 (2-11).

在大气和海洋动力学中, 对方程 (2-8) 的求解通常要对方程在 y 方向作平均. 具体来说: 令高阶展开函数为零, 即 $\psi_2 = 0$, 然后和已知的结果一并代入 (2-8) 后就会得到一个关于函数 A 的方程, A 的变量只是 ξ, τ 而此方程的系数是变量 y, τ 的函数. 因此, 一般来说此方程是不相容的, 除非所有与 y 有关的系数是相互成比例的, 而这个比例函数只能是 τ 的函数或者是常数. 然而, 直接假定 $\psi_2 = 0$ 使得上述条件满足是非常困难的. 因此, 为了避免这个不相容性条件, 通常就采用了所谓的 y 平均法 (但是不合理也不明确), 即把方程的系数关于 y 从 y_1 到 y_2 作积分以消去变量 y. 事实上, 这样一个在大气和海洋动力学理论中经常采用的方法是可以避免的, 只要高阶展开函数非零. 下面分别给出假定高阶展开函数 ψ_2 为零和非零两种情况下推导 VCKdV 方程的过程, 由此表明通常一直被采用的 y 平均方法实际上是可以被去掉的. 这种不用 y 平均的方法首先在 [175] 中提出. 为方便起见, 我们称这种方法为 LTHT 方法.

2.1.1 利用 y 平均方法导出 VCKdV 型方程

把 (2-9)~(2-11) 以及 $\psi_2 = 0$ 代入 (2-8), 然后按照通常导出常系数方程的 y 平均方法, 即将方程的系数对 y 从 0 到 y_0 积分, 得到 VCKdV 型方程:

$$A_\tau + e_1 A_{\xi\xi\xi} + e_2 A A_\xi + e_3 A_\xi + e_4 A + e_5 = 0, \tag{2-12}$$

其中 ($e_i \equiv e_i(\tau)$, $i = 1, 2, 3, 4, 5$)

$$e_1 = -\int_0^{y_0} \frac{(\Psi_{0y} + c_0)^2}{F_{1y} + \beta_0} dy, \tag{2-13}$$

$$e_2 = \int_0^{y_0} \frac{G_0[(\Psi_{0y} + c_0)F_{1yy} - (\lambda_0^2 \Psi_0 + F_1)(F_{1y} + \beta_0)]}{(\Psi_{0y} + c_0)(F_{1y} + \beta_0)} dy, \tag{2-14}$$

$$e_3 = \int_0^{y_0} \frac{(\Psi_{0y} + c_0)\Psi_{1yyy} - (F_{1y} + \beta_0 + \lambda_0^2 c_0 + \lambda_0^2 \Psi_{0y})\Psi_{1y}}{F_{1y} + \beta_0} dy, \tag{2-15}$$

$$e_4 = \int_0^{y_0} \frac{(c_0 + \Psi_{0y})G_{0\tau} - \Psi_{0y\tau}G_0}{G_0(\Psi_{0y} + c_0)} dy, \tag{2-16}$$

$$e_5 = \int_0^{y_0} \frac{(\Psi_{0y} + c_0)(\Psi_{1yy} - \lambda_0^2 \Psi_1)_\tau}{F_{1y} + \beta_0} dy, \tag{2-17}$$

G_0 由 (2-11) 给出, Ψ_0 由 (2-10) 确定, F_1 和 Ψ_1 是任意函数.

2.1.2 LTHT 方法导出 VCKdV 型方程

若不采用传统处理方法中的 y 平均方法, 则需要如下引入高阶项 ψ_2:

$$\begin{aligned}\psi_2 &= B_1(y,\tau)A^2 + B_2(y,\tau)A + B_3(y,\tau)A_{\xi\xi} + B_4(y,\tau) \\ &\quad + B_5(y,\tau)\int A d\xi + B_0(y,\tau)\xi \\ &\equiv B_1 A^2 + B_2 A + B_3 A_{\xi\xi} + B_4 + B_5 \int A d\xi + B_0 \xi.\end{aligned} \tag{2-18}$$

易证如果取 B_i $(i = 0, 1, 2, 3, 5)$ 满足

$$\begin{aligned}&(c_0 + \Psi_{0y})^2 B_{0yy} - (c_0 + \Psi_{0y})[(\lambda_0^2 c_0 + \lambda_0^2 \Psi_{0y} + \beta_0 + F_{1y})B_0 \\ &- \lambda_0^2 \Psi_{1\tau} + \Psi_{1yy\tau}] + G_0 e_5(\beta_0 + F_{1y}) = 0,\end{aligned} \tag{2-19}$$

$$\begin{aligned}&2(c_0 + \Psi_{0y})^3 B_{1yy} - 2(c_0 + \Psi_{0y})^2(\lambda_0^2 \Psi_{0y} + F_{1y} + \beta_0 + \lambda_0^2 c_0)B_1 + G_0 \\ &(e_2 F_{1y} + e_2 \beta_0 - F_{1yy}G_0)(c_0 + \Psi_{0y}) + G_0^2(\lambda_0^2 \Psi_0 + F_1)(F_{1y} + \beta_0) = 0,\end{aligned} \tag{2-20}$$

$$\begin{aligned}&(c_0^2 + \Psi_{0y})^2 B_{2yy} + G_0 e_3(F_{1y} + \beta_0) - G_0(c_0 + \Psi_{0y})U_{1yyy} \\ &+ (G_0 \Psi_{1y} - c_0 B_2 - \Psi_{0y}B_2)(\lambda_0^2 \Psi_{0y} + F_{1y} + \beta_0 + \lambda_0^2 c_0) = 0,\end{aligned} \tag{2-21}$$

$$\begin{aligned}&(c_0 + \Psi_{0y})^2 B_{3yy} - (c_0 + \Psi_{0y})(\lambda_0^2 U_{0y} + F_{1y} + \beta_0 + \lambda_0^2 c_0)B_3 \\ &+ (F_{1y} + \beta_0)G_0 e_1 + G_0(c_0 + \Psi_{0y})^2 = 0,\end{aligned} \tag{2-22}$$

$$\begin{aligned}&(c_0 + \Psi_{0y})^3 B_{5yy} - (c_0 + \Psi_{0y})^2(\lambda_0^2 c_0 + \lambda_0^2 \Psi_{0y} + \beta_0 + F_{1y})B_5 - (G_{0\tau}c_0 \\ &- G_0 \Psi_{0y\tau} + G_{0\tau}\Psi_{0y})(\beta_0 + F_{1y}) + G_0(c_0 + \Psi_{0y})(\beta_0 + F_{1y})e_4 = 0,\end{aligned} \tag{2-23}$$

其中 B_4 任意, $e_i \equiv e_i(\tau)$ $(i = 1, 2, 3, 4, 5)$ 是所示变量的任意函数, 则 VCKdV 型方程将具有 (2-12) 的形式.

2.2 VCMKdV 型方程的导出

类似于 VCKdV 型方程, 要导出 VCMKdV 型方程, 可选取如下形式的长波近似:

$$\psi = \psi(\xi, \eta, \tau) \equiv \psi(\varepsilon(x - c_0 t), y, \varepsilon^3 t), \quad \psi_0 = \psi_0(y, \varepsilon^3 t) \equiv \psi_0(y, \tau), \tag{2-24}$$

其中 ε 是无穷小参数, c_0 是任意常数.

把 (2-24) 代入 (2-3) 导出

$$(\psi_{yyy} + \psi_{0yyy} + c_0\lambda_0^2 + \beta_0)\psi_\xi - (\psi_y + \psi_{0y} + c_0)\psi_{yy\xi} + [(\psi + \psi_0)_{yy\tau}$$
$$-\psi_{\xi\xi\xi}(\psi_y + \psi_{0y} + c_0) - \lambda_0^2(\psi + \psi_0)_\tau + \psi_\xi\psi_{\xi\xi y}]\varepsilon^2 + \psi_{\xi\xi\tau}\varepsilon^4 = 0. \quad (2\text{-}25)$$

为了进一步计算, 展开 ψ 和 ψ_0 为

$$\psi = \varepsilon\psi_1 + \varepsilon^2\psi_2 + \varepsilon^3\psi_3 + O(\varepsilon^4),$$
$$\psi_0 = \Psi_0 + \varepsilon\Psi_1 + \varepsilon^2\Psi_2 + \varepsilon^3\Psi_3 + O(\varepsilon^4), \quad (2\text{-}26)$$

其中 ψ_i $(i=1,2,3)$ 是 (ξ,y,τ) 的函数, Ψ_i $(i=0,1,2,3)$ 是 (y,τ) 的函数. 把展开式 (2-26) 代入 (2-25), 并且令 $O(\varepsilon)$, $O(\varepsilon^2)$ 和 $O(\varepsilon^3)$ 的系数为零可得

$$(\Psi_{0y} + c_0)\psi_{1\xi yy} - (\Psi_{0yyy} + \lambda_0^2 c_0 + \beta_0)\psi_{1\xi} = 0, \quad (2\text{-}27)$$

$$(\Psi_{0y} + c_0)\psi_{2\xi yy} - (\Psi_{0yyy} + \lambda_0^2 c_0 + \beta_0)\psi_{2\xi}$$
$$= (\psi_1 + \Psi_1)_{yyy}\psi_{1\xi} - (\psi_1 + \Psi_1)_y\psi_{1yy\xi} - \lambda_0^2\Psi_{0\tau} + \Psi_{0yy\tau}, \quad (2\text{-}28)$$

$$(\Psi_{0y} + c_0)\psi_{3\xi yy} - (\Psi_{0yyy} + \lambda_0^2 c_0 + \beta_0)\psi_{3\xi}$$
$$= (\Psi_2 + \psi_2)_{yyy}\psi_{1\xi} + (\Psi_1 + \psi_1)_{yyy}\psi_{2\xi} + (\psi_1 + \Psi_1)_{yy\tau} - (\psi_1 + \Psi_1)_y\psi_{2\xi yy}$$
$$-(c_0 + \Psi_{0y})\psi_{1\xi\xi\xi} - (\psi_2 + \Phi_2)_y\psi_{1\xi yy} - \lambda_0^2(\Psi_1 + \psi_1)_\tau. \quad (2\text{-}29)$$

如上一小节所述, 可假设 (2-27) 具有如下分离变量解:

$$\psi_1 = G_0(y,\tau)A(\xi,\tau) \equiv G_0 A. \quad (2\text{-}30)$$

把 (2-30) 代入 (2-27) 得到 G_0 和 Ψ_0 之间的关系

$$(\Psi_{0y} + c_0)G_{0yy} - (\Psi_{0yyy} + \lambda_0^2 c_0 + \beta_0)G_0 = 0. \quad (2\text{-}31)$$

然后假设

$$\psi_2 = G_2(y,\tau)A^2 + G_1(y,\tau)A \equiv G_2 A^2 + G_1 A. \quad (2\text{-}32)$$

把 (2-30)~(2-32) 一并代入 (2-28) 可得

$$\Psi_{0yy} - \lambda_0^2\Psi_0 + F_1 = 0, \quad (2\text{-}33)$$

$$(c_0 G_1 + G_1\Psi_{0y} - \Psi_{1y}G_0)(\lambda_0^2 c_0 + \beta_0 + F_{1y} + \lambda_0^2\Psi_{0y})$$
$$-(\Psi_{0y} + c_0)^2 G_{1yy} + (\Psi_{0y} + c_0)\Psi_{1yyy}G_0 = 0, \quad (2\text{-}34)$$

$$2(\Psi_{0y} + c_0)^3 G_{2yy} - [(\Psi_{0y} + c_0)F_{1yy} - (\lambda_0^2\Psi_0 + F_1)(\beta_0 + F_{1y})]G_0^2$$
$$-2G_2(\Psi_{0y} + c_0)^2(\lambda_0^2 c_0 + \beta_0 + F_{1y} + \lambda_0^2\Psi_{0y}) = 0, \quad (2\text{-}35)$$

其中 $F_1 \equiv F_1(y)$ 是积分函数.

与上小节类似, 随后将分两种情况, 即采用和不采用 y 平均方法分别给出导出 VCMKdV 型方程的过程.

2.2.1 利用 y 平均方法导出 VCMKdV 型方程

把上面得到的结果和 $\psi_3 = 0$ 代入 (2-29) 后对所得方程从 0 到 y_0 对 y 积分, 由此可得 VCMKdV 型方程

$$A_\tau + e_1 A_{\xi\xi\xi} + (e_2 A^2 + e_3 A + e_5) A_\xi + e_4 A + e_6 = 0, \tag{2-36}$$

其中 $e_i \equiv e_i(\tau)$ $(i = 1, 2, 3, 4, 5, 6)$ 分别是

$$e_1 = \int_0^{y_0} \frac{G_0(\Psi_{0y} + c_0)}{\lambda_0^2 G_0 - G_{0yy}} dy, \tag{2-37}$$

$$e_2 = \int_0^{y_0} \frac{G_{0yy} G_{2y} - G_0 G_{2yyy} - 2 G_{0yyy} G_2 + 2 G_{0y} G_{2yy}}{\lambda_0^2 G_0 - G_{0yy}} dy, \tag{2-38}$$

$$e_3 = \int_0^{y_0} (\lambda_0^2 G_0 - G_{0yy})^{-1} \Big[2\Psi_{1y} G_{2yy} - 2\Psi_{1yyy} G_2$$
$$+ (G_{0y} G_{1y})_y - G_{0yyy} G_1 - G_0 G_{1yyy} \Big] dy, \tag{2-39}$$

$$e_4 = \int_0^{y_0} \Big(\ln(\lambda_0^2 G_0 - G_{0yy}) \Big)_\tau dy, \tag{2-40}$$

$$e_5 = \int_0^{y_0} \frac{G_{0yy} \Psi_{2y} - G_0 \Psi_{2yyy} + \Psi_{1y} G_{1yy} - \Psi_{1yyy} G_1}{\lambda_0^2 G_0 - G_{0yy}} dy, \tag{2-41}$$

$$e_6 = \int_0^{y_0} \frac{\lambda_0^2 \Psi_{1\tau} - \Psi_{1yy\tau}}{\lambda_0^2 G_0 - G_{0yy}} dy, \tag{2-42}$$

式中 G_0, G_1, G_2 满足 (2-31), (2-33)~(2-35), Ψ_1 是 (y, τ) 的任意函数.

2.2.2 LTHT 方法导出 VCMKdV 型方程

类似地, 如果采用 LTHT 方法, 那么不能假设 ψ_3 为零. 在此设定

$$\psi_3 = B_0 + B_1 A_{\xi\xi} + B_2 A^3 + B_3 A^2 + B_4 A + B_5 \xi + B_6 \int A d\xi, \tag{2-43}$$

其中 $B_i \equiv B_i(y, \tau)$ $(i = 0, 1, \cdots, 6)$ 是所示变量的函数.

把 (2-30)~(2-35) 和 (2-43) 代入 (2-29) 可导出形如 (2-36) 的 VCMKdV 型方程, 其中 B_i $(i = 0, 1, \cdots, 6)$ 满足

$$(\Psi_{0y} + c_0) B_{1yy} - (e_1 \lambda_0^2 - c_0 - \Psi_{0y}) G_0 + e_1 G_{0yy}$$
$$- (\lambda_0^2 c_0 + \beta_0 + \Psi_{0yyy}) B_1 = 0, \tag{2-44}$$

$$3(\Psi_{0y} + c_0)B_{2yy} - (G_{2yyy} + e_2\lambda_0^2)G_0 - 3(\Psi_{0yyy} + \beta_0 + \lambda_0^2 c_0)B_2$$
$$+2G_{0y}G_{2yy} + (G_{2y} + e_2)G_{0yy} - 2G_{0yyy}G_2 = 0, \tag{2-45}$$

$$2(\Psi_{0y} + c_0)B_{3yy} + (G_{1y} + e_3)G_{0yy} - 2(\Psi_{0yyy} + \lambda_0^2 c_0 + \beta_0)B_3$$
$$-(G_{1yyy} + e_3\lambda_0^2)G_0 - 2\Psi_{1yyy}G_2 + 2\Psi_{1y}G_{2yy} - G_{0yyy}G_1 + G_{0y}G_{1yy} = 0, \tag{2-46}$$

$$(\Psi_{0y} + c_0)B_{4yy} - (\lambda_0^2 c_0 + \beta_0 + \Psi_{0yyy})B_4 - (\Psi_{2yyy} + e_5\lambda_0^2)G_0$$
$$+(e_5 + \Psi_{2y})G_{0yy} + \Psi_{1y}G_{1yy} - \Psi_{1yyy}G_1 = 0, \tag{2-47}$$

$$(\Psi_{0y} + c_0)B_{5yy} - (\lambda_0^2 c_0 + \beta_0 + \Psi_{0yyy})B_5 - (\lambda_0^2 G_0 - G_{0yy})e_6$$
$$-\Psi_{1yy\tau} + \lambda_0^2\Psi_{1\tau} = 0, \tag{2-48}$$

$$(\Psi_{0y} + c_0)B_{6yy} - (\lambda_0^2 c_0 + \beta_0 + \Psi_{0yyy})B_6 - (\lambda_0^2 G_0 - G_{0yy})e_4$$
$$+\lambda_0^2 G_{0\tau} - G_{0yy\tau} = 0, \tag{2-49}$$

$e_i \equiv e_i(\tau)$ $(i = 0, 1, \cdots, 6)$ 是任意函数.

2.3 VCNLS 型方程的导出

为了导出 VCNLS 型方程, 可以做如下形式的多重尺度展开

$$\begin{aligned}\psi &= \psi(x, y, t, \xi, \tau) \equiv \psi(x, y, t, \varepsilon(x - c_0 t), \varepsilon^2 t), \\ \psi_0 &= \psi_0(y, \tau) \equiv \psi_0(y, \varepsilon^2 t),\end{aligned} \tag{2-50}$$

其中 ε 是无穷小参量, c_0 是任意常数.

把 (2-50) 代入 (2-3) 得

$$\begin{aligned}&\psi_{\xi\xi\tau}\varepsilon^4 + \left[\psi_\xi\psi_{y\xi\xi} + 2\psi_{x\xi\tau} - (\psi_{0y} + \psi_y + c_0)\psi_{\xi\xi\xi}\right]\varepsilon^3 \\ &+ \left[2\psi_\xi\psi_{xy\xi} + \psi_x\psi_{y\xi\xi} - \lambda_0^2(\psi_0 + \psi)_\tau + \psi_{xx\tau} + \psi_{\xi\xi t}\right. \\ &\left. -(3\psi_{0y} + 3\psi_y + 2c_0)\psi_{x\xi\xi} + (\psi + \psi_0)_{yy\tau}\right]\varepsilon^2 \\ &+ \left[2\psi_x\psi_{xy\xi} - (3\psi_{0y} + 3\psi_y + c_0)\psi_{xx\xi} + (\beta_0 + \lambda_0^2 c_0\right. \\ &\left. +\psi_{xxy} + \psi_{yyy} + \psi_{0yyy})\psi_\xi - (\psi_{0y} + \psi_y + c_0)\psi_{yy\xi} + 2\psi_{xt\xi}\right]\varepsilon \\ &+ (\partial_t - \psi_{0y}\partial_x)\Delta_h\psi - \lambda_0^2\psi_t + (\beta_0 + \psi_{0yyy})\psi_x \\ &+ J(\psi, \Delta_h\psi) = 0. \end{aligned} \tag{2-51}$$

引入渐进展开

$$\begin{aligned}\psi &= \varepsilon\psi_1 + \varepsilon^2\psi_2 + \varepsilon^3\psi_3 + O(\varepsilon^4), \\ \psi_0 &= \Psi_0 + \varepsilon\Psi_1 + \varepsilon^2\Psi_2 + \varepsilon^3\Psi_3 + O(\varepsilon^4),\end{aligned} \tag{2-52}$$

2.3 VCNLS 型方程的导出

其中 $\psi_i \equiv \psi_i(x,y,t,\xi,\tau)$ $(i=1,2,3)$, $\Psi_j \equiv \Psi_j(y,\tau)$ $(j=0,1,2,3)$ 是所示变量的函数. 类似地, 把 (2-52) 代入 (2-51) 可得 $O(\varepsilon)$, $O(\varepsilon^2)$ 和 $O(\varepsilon^3)$ 的系数, 分别为

$$(\beta_0 + \Psi_{0yyy})\psi_{1x} - \lambda_0^2 \psi_{1t} + \Delta_h \psi_{1t} - \Psi_{0y}\Delta_h \psi_{1x} = 0, \tag{2-53}$$

$$(\beta_0 + \Psi_{0yyy})\psi_{2x} - \lambda_0^2 \psi_{2t} + \Delta_h \psi_{2t} - \Psi_{0y}\Delta_h \psi_{2x}$$
$$= \lambda_0^2 \Psi_{0\tau} - 2\psi_{1xt\xi} - \Psi_{0yy\tau} + (c_0 + \Psi_{0y})\Delta_h \psi_{1\xi} - (\Psi_{1yyy} + \Delta_h \Psi_{1y})\psi_{1x}$$
$$+ (\Psi_{1y} + \psi_{1y})\Delta_h \psi_{1x} - (\Psi_{0yyy} + \lambda_0^2 c_0 + \beta_0)\psi_{1\xi} + 2\Psi_{0y}\psi_{1xx\xi}, \tag{2-54}$$

$$(\beta_0 + \Psi_{0yyy})\psi_{3x} - \lambda_0^2 \psi_{3t} + \Delta_h \psi_{3t} - \Psi_{0y}\Delta_h \psi_{3x}$$
$$= -\Delta_h \psi_{1\tau} - \psi_{1x}\Delta_h \psi_{2y} + (\Psi_{1y} + \psi_{1y})(\Delta_h \psi_{2x} + 2\psi_{1xx\xi} + \Delta_h \psi_{1\xi})$$
$$+ (2c_0 + 3\Psi_{0y})\psi_{1x\xi\xi} - (\Delta_h \psi_{1y} + \Psi_{1yyy})\psi_{2x} - \Psi_{1yyy}\psi_{1\xi}$$
$$+ (\Psi_{0y} + c_0)\Delta_h \psi_{2\xi} - (\beta_0 + \lambda_0^2 c_0 + \Psi_{0yyy})\psi_{2\xi} + 2\Psi_{0y}\psi_{2xx\xi}$$
$$- (\Psi_{2yyy} + 2\psi_{1xy\xi})\psi_{1x} - \psi_{1\xi}\Delta_h \psi_{1y} + (\Psi_{2y} + \Psi_{2y})\Delta_h \psi_{1x}$$
$$- \psi_{1t\xi\xi} + \lambda_0^2 \psi_{1\tau} + \lambda_0^2 \Psi_{1\tau} - \Psi_{1yy\tau} - 2\psi_{2xt\xi}. \tag{2-55}$$

因为 (2-55) 是线性方程, 所以它的解可假设为

$$\psi_1 = G_0(y,\tau)A(\xi,\tau)e^{i(kx-\omega t)} + \text{c.c.} \equiv G_0 A e^{i(kx-\omega t)} + \text{c.c.}, \tag{2-56}$$

其中 "c.c." 表示该项是前一项的复共轭. 把 (2-56) 代入 (2-53) 得

$$\left(\frac{k\Psi_{0yyy} + k^3\Psi_{0y} + k\beta_0 + \omega k^2 + \omega\lambda_0^2}{k\Psi_{0y} + \omega} - \frac{G_{0yy}}{G_0} \right) A e^{i(kx-\omega t)} + \text{c.c.} = 0. \tag{2-57}$$

可知, 依赖 Ψ_0 那一部分与长期项相关, 因此该项须为零. 故 Ψ_0 必须满足

$$k\Psi_{0yyy} + k(k^2 + F_0)\Psi_{0y} + k\beta_0 + \omega k^2 + \omega\lambda_0^2 + \omega F_0 = 0. \tag{2-58}$$

由此可解出 G_0 为

$$G_0 = F_1 \sin(\sqrt{F_0} y + F_2), \tag{2-59}$$

其中 F_0, F_1 和 F_2 是关于时间 τ 的任意函数.

把 (2-56), (2-58)~(2-59) 和

$$\psi_2 = G_0 G_1(\tau) A_\xi e^{i(kx-\omega t)} + \text{c.c.} + G_2(y,\tau)|A|^2$$
$$\equiv G_0 G_1 A_\xi e^{i(kx-\omega t)} + \text{c.c.} + G_2|A|^2 \tag{2-60}$$

代入 (2-54) 得

$$\left\{iG_0k(\Psi_{1yyy}+\Psi_{1y}F_0+\Psi_{1y}k^2)A+\frac{G_0}{k}\Big[2\Psi_{0y}k^3+c_0k(F_0+\lambda_0^2+k^2)\right.$$
$$\left.+\omega(k^2-F_0-\lambda_0^2)\Big]A_\xi\right\}e^{i(kx-\omega t)}+\text{c.c.}+(\Psi_{0yy}-\lambda_0^2\Psi_0)_\tau=0. \qquad (2\text{-}61)$$

显然, 由于和久期项相关, 因此

$$(\Psi_{0yy}-\lambda_0^2\Psi_0)_\tau=0, \qquad (2\text{-}62)$$

同时求解 (2-58) 和 (2-62) 可得特解

$$\Psi_0=C_1y+C_0, \qquad (2\text{-}63)$$

$$F_0=-\frac{\lambda_0^2\omega+\beta_0k+\omega k^2+C_1k^3}{\omega+C_1k}. \qquad (2\text{-}64)$$

把 (2-63) 和 (2-64) 代入 (2-61), 由 $e^{i(kx-\omega t)}$ 项的系数为零, 得 Ψ_1 须满足

$$\Psi_{1yyy}+\frac{\lambda_0^2\omega+\beta_0k}{\omega+C_1k}\Psi_y=0. \qquad (2\text{-}65)$$

由于 (2-63)~(2-65), (2-61) 仅当

$$c_0=\frac{4C_1k^2\omega+2C_1^2k^3+\lambda_0^2\omega C_1+2\omega^2k+\omega\beta_0}{k(\beta_0-C_1\lambda_0^2)} \qquad (2\text{-}66)$$

时具有非平凡波解.

2.3.1 利用 y 平均方法导出 VCNLS 型方程

把以上结果及

$$\psi_3=0 \qquad (2\text{-}67)$$

代入方程 (2-55) 得

$$\gamma_1e^{i(kx-\omega t)}+\gamma_1^*e^{-i(kx-\omega t)}+\gamma_0=0, \qquad (2\text{-}68)$$

其中

$$\gamma_1=G_0k(\beta_0-C_1\lambda_0^2)A_\tau-\Big((\beta_0k+\lambda_0^2\omega-2C_1k^3-2\omega k^2)\Psi_{1y}$$
$$+iG_1k(\beta_0k+\lambda_0^2\omega)\Psi_{1y}-i(\omega+C_1k)(G_1k-i)\Psi_{1yyy}\Big)G_0A_\xi$$
$$+ikG_0\Big((C_1k+\omega)G_{2yyy}-(\beta_0k+\lambda_0^2\omega)G_{2y}\Big)|A|^2A$$
$$+k\Big(iG_0(\omega+C_1k)\Psi_{2yyy}+G_0(\beta_0k+\lambda_0^2\omega)\Psi_{2y}$$
$$+(C_1\lambda_0^2-\beta_0)G_{0\tau}\Big)A-i\frac{\omega+C_1k}{C_1\lambda_0^2-\beta_0}G_0\Big(3kC_1^2\lambda_0^2-3\omega\beta_0$$
$$-3kC_1\beta_0+3\lambda_0^2\omega C_1-8k^2C_1\omega-4k^3C_1^2-4k\omega^2\Big)A_{\xi\xi}, \qquad (2\text{-}69)$$

2.3 VCNLS 型方程的导出

$$\begin{aligned}\gamma_0 = \Big\{ &4k^2 G_{0y}G_0 - k^{-1}(C_1\lambda_0^2 - \beta_0)^{-1}\Big[(C_1\lambda_0^2 - 2k^2C_1 - \beta_0\\ &-2k\omega)(\omega + kC_1)G_{2yy} + (\lambda_0^4\omega C_1 - 4k^2\lambda_0^2 C_1\omega - 2k^3\lambda_0^2 C_1^2\\ &-\lambda_0^2\omega\beta_0 - 2k\lambda_0^2\omega^2 + k\beta_0 C_1\lambda_0^2 - k\beta_0^2)G_2\Big]\Big\}(|A|^2)_\xi\\ &+(\Psi_{1yy} - \lambda_0^2\Psi_1)_\tau. \end{aligned} \qquad (2\text{-}70)$$

要消去不同指数的系数要求

$$\gamma_0 = 0, \qquad (2\text{-}71)$$

$$\gamma_1 = 0. \qquad (2\text{-}72)$$

从式 (2-70) 为零可知式中依赖 Ψ_1 的部分与久期项相关, 所以为了消去久期项, Ψ_1 需被进一步限制为

$$(\Psi_{1yy} - \lambda_0^2\Psi_1)_\tau = 0. \qquad (2\text{-}73)$$

同时求解 (2-65) 和 (2-73) 得一般解

$$\Psi_1 = C_2 + C_3 \sin\left(\sqrt{-\frac{\lambda_0^2\omega + \beta_0 k}{\omega + C_1 k}}y + C_4\right), \qquad (2\text{-}74)$$

其中 C_2, C_3 和 C_4 是任意常数. 由 (2-70), (2-71) 和 (2-73) 知, G_2 与 G_0 相关联

$$\begin{aligned}&(\omega + kC_1)(C_1\lambda_0^2 - 2k^2 C_1 - 2k\omega - \beta_0)G_{2yy} - (\lambda_0^4\omega C_1 - k\beta_0^2\\ &-4k^2\lambda_0^2 C_1\omega - 2k^3\lambda_0^2 C_1^2 - \lambda_0^2\omega\beta_0 - 2k\lambda_0^2\omega^2 + k\beta_0 C_1\lambda_0^2)G_2\\ &-4k^3(C_1\lambda_0^2 - \beta_0)G_0 G_{0y} = 0. \end{aligned} \qquad (2\text{-}75)$$

联立 (2-69) 和 (2-72) 并对 y 从 0 到 y_0 积分, 便得到 VCNLS 型方程

$$iA_\tau + e_0 A_{\xi\xi} + ie_1 A_\xi + e_2|A|^2 A + (e_3 + ie_4)A = 0, \qquad (2\text{-}76)$$

其中 e_i $(i = 0, 1, 2, 3, 4)$ 为

$$e_0 = \frac{y_0(\omega + kC_1)^2(4k^2C_1 + 4k\omega - 3C_1\lambda_0^2 + 3\beta_0)}{k(C_1\lambda_0^2 - \beta_0)^2}, \qquad (2\text{-}77)$$

$$e_1 = \frac{2kC_3(\omega + kC_1)}{C_1\lambda_0^2 - \beta_0}\left[\sin(C_4) - \sin\left(\sqrt{-\frac{\lambda_0^2\omega + k\beta_0}{\omega + kC_1}}y_0 + C_4\right)\right], \qquad (2\text{-}78)$$

$$e_2 \equiv e_2(\tau) = \frac{2k^3 F_1^2}{C_1\lambda_0^2 - 2k^2C_1 - 2k\omega - \beta_0}\sqrt{\frac{k\beta_0 + \lambda_0^2\omega + k^2\omega + k^3C_1}{\omega + kC_1}}$$

$$\times \left[\sin(2F_2) - \sin\left(2y_0\sqrt{-\frac{k\beta_0 + \lambda_0^2\omega + k^2\omega + k^3C_1}{\omega + kC_1}} + 2F_2\right)\right]$$

$$-\frac{2k^2(\omega + kC_1)}{C_1\lambda_0^2 - 2k^2C_1 - 2k\omega - \beta_0}\int_0^{y_0} G_{2y}\,\mathrm{d}y, \tag{2-79}$$

$$e_3 \equiv e_3(\tau) = \int_0^{y_0}\frac{\omega + kC_1}{C_1\lambda_0^2 - \beta_0}\Psi_{2yyy} - \frac{\lambda_0^2\omega + k\beta_0}{C_1\lambda_0^2 - \beta_0}\Psi_{2y}\,\mathrm{d}y, \tag{2-80}$$

$$e_4 \equiv e_4(\tau) = \int_0^{y_0}(\ln G_0)_\tau\,\mathrm{d}y, \tag{2-81}$$

Ψ_2 是未定函数，G_0 由 (2-59) 给出，G_2 通过 (2-75) 和 G_0 相关。

2.3.2　LTHT 方法导出 VCNLS 型方程

不同于 (2-67)，假设

$$\begin{aligned}\psi_3 =& [G_3(y,\tau)A_{\xi\xi} + iG_4(y,\tau)A_\xi + G_5(y,\tau)|A|^2 A \\ &+ (G_6(y,\tau) + iG_7(y,\tau))A]e^{i(kx-\omega t)} + \text{c.c.}, \\ \equiv & [G_3 A_{\xi\xi} + iG_4 A_\xi + G_5|A|^2 A + (G_6 + iG_7)A]e^{i(kx-\omega t)} \\ &+\text{c.c.}\end{aligned} \tag{2-82}$$

把 (2-56), (2-59), (2-60), (2-63), (2-64), (2-66) 和 (2-82) 代入 (2-55) 后得到形如 (2-68) 的结果，其中 γ_0 由 (2-70) 给出，γ_1 为

$$\begin{aligned}\gamma_1 = & i\Big[(k^3C_1 + k^2\omega + k\beta_0 + \lambda_0^2\omega)(\omega + kC_1)G_5 - (\omega + kC_1)^2 G_{5yy} \\ & - k(\lambda_0^2\omega + k\beta_0)G_0 G_{2y} + k(\omega + kC_1)G_0 G_{2yyy}\Big]|A|^2 A \\ & + \Big[ik(\omega + kC_1)G_0\Psi_{2yyy} - ik(\lambda_0^2\omega + k\beta_0)G_0\Psi_{2y} \\ & + i(k^3C_1 + k^2\omega + k\beta_0 + \lambda_0^2\omega)(\omega + kC_1)(G_6 + iG_7) \\ & - i(\omega + kC_1)^2 G_{6yy} - k(C_1\lambda_0^2 - \beta_0)G_{0\tau} + (\omega + kC_1)^2 G_{7yy}\Big]A \\ & + i\Big[(k^3C_1 + k^2\omega + k\beta_0 + \lambda_0^2\omega)(\omega + kC_1)G_3 - (\omega + kC_1)^2 G_{3yy} \\ & - \frac{(\omega + kC_1)^2}{C_1\lambda_0^2 - \beta_0}(3C_1\lambda_0^2 - 4k^2C_1 - 4k\omega - 3\beta_0)G_0\Big]A_{\xi\xi} \\ & + \Big[i(\omega + kC_1)(kG_1 - i)G_0\Psi_{1yyy} - i(\lambda_0^2 G_1 k\omega + k^2 G_1\beta_0\end{aligned}$$

2.4 耦合 KdV 方程的导出

$$\begin{aligned}&-i\lambda_0^2\omega+2ik^3C_1+2ik^2\omega-ik\beta_0)G_0\Psi_{1y}+(\omega+kC_1)^2G_{4yy}\\&-(\omega+kC_1)(k^3C_1+k^2\omega+k\beta_0+\lambda_0^2\omega)G_4\Big]A_\xi\\&-k(C_1\lambda_0^2-\beta_0)G_0A_\tau.\end{aligned} \qquad (2\text{-}83)$$

因为 γ_0 仍由 (2-70) 给出, 所以 Ψ_1 仍为 (2-63), G_2 通过 (2-75) 与 G_0 相关. 最后从 (2-72) 和 (2-83) 出发可得 VCNLS 型方程, 形式同 (2-76) 但 $e_i(\tau)$ $(i=0,1,2,3,4)$ 分别为

$$\begin{aligned}e_0=&\frac{(\omega+kC_1)^2}{k(C_1\lambda_0^2-\beta_0)^2G_0}\Big[G_{3yy}-\frac{k^3C_1+k^2\omega+k\beta_0+\lambda_0^2\omega}{\omega+kC_1}G_3\\&-G_0(3C_1\lambda_0^2-4k^2C_1-4k\omega-3\beta_0)\Big],\end{aligned} \qquad (2\text{-}84)$$

$$\begin{aligned}e_1=&\frac{\omega+kC_1}{k(C_1\lambda_0^2-\beta_0)G_0}\Big[(k^3C_1+k^2\omega+k\beta_0+\lambda_0^2\omega)G_4-(\omega+kC_1)G_{4yy}\\&-2k^2C_3G_0\sqrt{-\frac{\lambda_0^2\omega+k\beta_0}{\omega+kC_1}}\cos\left(\sqrt{-\frac{\lambda_0^2\omega+k\beta_0}{\omega+kC_1}}y+C_4\right)\Big],\end{aligned} \qquad (2\text{-}85)$$

$$\begin{aligned}e_2=&\frac{\omega+kC_1}{k(C_1\lambda_0^2-\beta_0)G_0}\Big[kG_0G_{2yyy}+(k^3C_1+k^2\omega+k\beta_0+\lambda_0^2\omega)G_5\\&-\frac{k(\lambda_0^2\omega+k\beta_0)}{\omega+kC_1}G_0G_{2y}-(\omega+kC_1)G_{5yy}\Big],\end{aligned} \qquad (2\text{-}86)$$

$$\begin{aligned}e_3=&\frac{\omega+kC_1}{k(C_1\lambda_0^2-\beta_0)G_0}\Big[kG_0\Psi_{2yyy}+(k^3C_1+k^2\omega+k\beta_0+\lambda_0^2\omega)G_6\\&-\frac{k(\lambda_0^2\omega+k\beta_0)}{\omega+kC_1}G_0\Psi_{2y}-(\omega+kC_1)G_{6yy}\Big],\end{aligned} \qquad (2\text{-}87)$$

$$\begin{aligned}e_4=&(\ln G_0)_\tau+\frac{\omega+kC_1}{k(C_1\lambda_0^2-\beta_0)G_0}\Big[(k^3C_1+k^2\omega+k\beta_0+\lambda_0^2\omega)G_7\\&-(\omega+kC_1)G_{7yy}\Big],\end{aligned} \qquad (2\text{-}88)$$

其中 Ψ_2, G_i $(i=3,4,5,6,7)$ 是任意函数, G_0 由 (2-59) 给出, G_2 由 (2-75) 确定.

2.4 耦合 KdV 方程的导出

事实上, 在很多情况下, 单个模型无法描述物理现象而必须采用耦合型方程. 因此, 这一节中, 我们选取一个二层流体模型

$$q_{1t}+J(\psi_1,q_1)+\beta\psi_{1x}=0, \qquad (2\text{-}89)$$

$$q_{2t}+J(\psi_2,q_2)+\beta\psi_{2x}=0, \qquad (2\text{-}90)$$

其中 $J(a,b) \equiv a_x b_y - b_x a_y$.

$$q_1 = \psi_{1xx} + \psi_{1yy} + F(\psi_2 - \psi_1), \tag{2-91}$$

$$q_2 = \psi_{2xx} + \psi_{2yy} + F(\psi_1 - \psi_2) \tag{2-92}$$

作为出发点, 讨论如何在长波近似下用多尺度方法导出二分量 KdV 方程, 即耦合 KdV 方程.

在 (2-89)~(2-92) 中, F 是两层流体之间的弱耦合常数. $\beta = \beta_0(L^2/U)$, $\beta_0 = (2\omega/a_0)\cos\phi_0$, 其中 a_0 是地球半径, ω_0 是地球自转的角频率, ϕ_0 是纬度, U 是特征速度标量. 无量纲方程 (2-89)~(2-90) 的导出基于特征水平长度标度 $L = 10^6$m 和特征水平速度标度 $U = 10^{-1}$m/s. 更特殊一点, 当 $\beta = 0$ 时, (2-91)~(2-92) 组成的系统可化简为普通的耦合欧拉方程. 这种方程适合描述两层无黏流体.

为了导出 KdV 型方程, 在 x 方向采取长波近似, 则流函数 ψ_1, ψ_2 须具有如下形式:

$$\begin{aligned} \psi_i &= \phi_{i0}(y) + \phi_i(\varepsilon(x - c_0 t), y, \varepsilon^3 t) \\ &\equiv \phi_{i0}(y) + \phi_i(X, y, T) \equiv \phi_{i0} + \phi_i, \quad i = 1, 2, \end{aligned} \tag{2-93}$$

其中 ε 是一个小参数. 假定两层流体之间的耦合是弱的, 而且地球的旋转效应很小, 因此可以取 F, β 分别具有 ε 和 ε^2 阶是合理的, 具体为

$$F = F_0 \varepsilon, \qquad \beta = \beta_1 \varepsilon^2. \tag{2-94}$$

展开流函数 ϕ_i ($i = 1, 2$) 为

$$\phi_1 = \varepsilon \phi_{11}(X, y, T) + \varepsilon^2 \phi_{12}(X, y, T) + \varepsilon^3 \phi_{13}(X, y, T) + O(\varepsilon^4), \tag{2-95}$$

$$\phi_2 = \varepsilon \phi_{21}(X, y, T) + \varepsilon^2 \phi_{22}(X, y, T) + \varepsilon^3 \phi_{23}(X, y, T) + O(\varepsilon^4). \tag{2-96}$$

把 (2-93)~(2-96) 代入 (2-89) 和 (2-90) 得

$$\begin{aligned}
& [(\phi_{10y} - c)\partial_{yy} - \phi_{10yyy}]\phi_{11X}\varepsilon^2 + \{[(\phi_{10y} - c)\partial_{yy} - \phi_{10yyy}]\phi_{12X} \\
& + F_0(\phi_{10y} - c)\phi_{21X} + [F_0(c_0 - \phi_{20y}) + \phi_{11yyy}]\phi_{11X} - \phi_{11y}\phi_{11yyX}\}\varepsilon^3 \\
& + \{[(\phi_{10y} - c)\partial_{yy}X - \phi_{10yyy}\partial_X]\phi_{13} - \phi_{12y}\phi_{11yyX} - \phi_{11y}\phi_{12yyX} \\
& + (\phi_{10y} - c_0)(F_0\phi_{22} + \phi_{11XX})X + \phi_{11yyT} - F_0\phi_{21X}\phi_{11y} + [\phi_{12yyy} \\
& + F_0\phi_{21y} + \beta_1]\phi_{11X} + [F_0(c_0 - \phi_{20y}) + \phi_{11yyy}]\phi_{12X}\}\varepsilon^4 + O(\varepsilon^5) = 0, \quad (2\text{-}97) \\
& [(\phi_{20y} - c)\partial_{yy} - \phi_{20yyy}]\phi_{21X}\varepsilon^2 + \{[(\phi_{20y} - c)\partial_{yy} - \phi_{20yyy}]\phi_{22X} \\
& + F_0(\phi_{20y} - c)\phi_{11X} + [F_0(c_0 - \phi_{10y}) + \phi_{21yyy}]\phi_{21X} - \phi_{21y}\phi_{21yyX}\}\varepsilon^3
\end{aligned}$$

2.4 耦合 KdV 方程的导出

$$+\{[(\phi_{20y} - c)\partial_{yy}X - \phi_{20yyy}\partial_X]\phi_{13} - \phi_{22y}\phi_{21yy}X - \phi_{21y}\phi_{22yy}X$$
$$+(\phi_{20y} - c_0)(F_0\phi_{12} + \phi_{21XX})X + \phi_{21yyT} - F_0\phi_{11X}\phi_{21y} + [\phi_{22yyy} + \beta_1$$
$$+F_0\phi_{11y}]\phi_{21X} + [F_0(c_0 - \phi_{10y}) + \phi_{21yyy}]\phi_{22X}\}\varepsilon^4 + O(\varepsilon^5) = 0. \tag{2-98}$$

使得 (2-97) 和 (2-98) 中的 ε^2 项均为零可得一组特解

$$\phi_{11} = A_1(X,T)B_1(y) \equiv A_1 B_1, \tag{2-99}$$
$$\phi_{21} = A_2(X,T)B_2(y) \equiv A_2 B_2, \tag{2-100}$$

这里 B_1, B_2 以下面的形式与 ϕ_{10}, ϕ_{20} 相联系：

$$U_{0yy}B_1 - B_{1y}\phi_{10y} + C_1 = 0, \quad \phi_{10} = U_0 + c_0 y, \tag{2-101}$$
$$V_{0yy}B_2 - B_{2y}\phi_{20y} + C_2 = 0, \quad \phi_{20} = V_0 + c_0 y, \tag{2-102}$$

其中 C_1, C_2 是任意常数.

利用关系式 (2-99)~(2-102) 分别消去 (2-97) 和 (2-98) 中的 ε^3 项, 然后对 X 积分一次, 去掉积分函数, 可得

$$2\phi_{10y}(B_1\partial_{yy} - B_{1yy})\phi_{12} + B_1[b_{11}A_1^2 - 2F_0(B_1\phi_{20y}A_1 - B_2\phi_{10y}A_2)] = 0,$$
$$2\phi_{20y}(B_2\partial_{yy} - B_{2yy})\phi_{22} + B_2[b_{21}A_2^2 - 2F_0(B_2\phi_{10y}A_2 - B_1\phi_{20y}A_1)] = 0,$$

其中

$$b_{11} \equiv B_1 B_{1yyy} - B_{1y}B_{1yy}, \quad b_{21} \equiv B_2 B_{2yyy} - B_{2y}B_{2yy}. \tag{2-103}$$

易证

$$\phi_{12} = (B_3 A_1^2 + B_0 A_1 + B_4 A_2)B_1,$$
$$\phi_{22} = (B_5 A_2^2 + B_6 A_1 + B_7 A_2)B_2, \tag{2-104}$$

其中 $B_0, B_3, B_4, B_5, B_6, B_7$ 是 y 的函数, 并且由下面的关系式确定：

$$B_{0y} = \frac{b_0}{B_1^2}, \quad b_{0y} = F_0 B_1^2 \frac{g_1}{f_1}, \quad B_{3y} = \frac{b_3}{B_1^2}, \quad b_{3y} = -\frac{B_1 b_{11}}{f_1}, \tag{2-105}$$

$$B_{4y} = \frac{b_4}{B_1^2}, \quad b_{4y} = -F_0 B_2 B_1, \quad B_{5y} = \frac{b_5}{B_2^2}, \quad b_{5y} = -\frac{B_2 b_{21}}{g_1}, \tag{2-106}$$

$$B_{6y} = \frac{b_6}{B_2^2}, \quad b_{6y} = -F_0 B_2 B_1, \quad B_{7y} = \frac{b_7}{B_2^2}, \quad b_{7y} = F_0 B_2^2 \frac{f_1}{g_1}, \tag{2-107}$$

$$f_1 = U_{0y}, \quad g_1 = V_{0y}. \tag{2-108}$$

利用式 (2-99)~(2-100) 和 (2-104), (2-97)~(2-98) 中的四阶项可化为

$$f_1(\partial_{yy} - B_1^{-1}B_{1yy})\phi_{13X} + B_{1yy}A_{1XT} + f_1B_1A_{1XXX}$$
$$+F_0(g_1B_1B_4 - f_1B_2B_7)A_{2X} + 2f_1F_0B_2B_5A_2A_{2X}$$
$$-(\beta_1B_1 - F_0g_1B_0B_1 + F_0f_1B_2B_6)A_{1X} + B_4b_{11}(A_1A_2)_X$$
$$+\left[\frac{F_0g_1B_1}{f_1B_2}\left(\frac{c_1B_2}{f_1} - \frac{d_1B_1}{g_1} - B_2B_{1y} + B_1B_{2y}\right)\right.$$
$$\left.+2b_{11}B_0 - 2F_0g_1B_1B_3\right]A_1A_{1X} + \frac{1}{2f_1^2}[-f_1B_1b_{11y}$$
$$+b_{11}(6B_3f_1^2 + 3f_1B_{1y} - c_1)]A_1^2A_{1X} = 0, \qquad (2\text{-}109)$$

$$g_1(\partial_{yy} - B_2^{-1}B_{2yy})\phi_{23X} + B_{2yy}A_{2XT} + g_1B_2A_{2XXX}$$
$$+F_0(g_1B_1B_0 - f_1B_2B_6)A_{1X} + 2g_1F_0B_1B_3A_1A_{1X}$$
$$-(\beta_1B_2 - F_0f_1B_7B_2 - F_0g_1B_1B_4)A_{2X} + B_6b_{21}(A_1A_2)_X$$
$$+\left[\frac{F_0f_1B_2}{g_1B_1}\left(\frac{d_1B_1}{g_1} - \frac{c_1B_2}{f_1} - B_1B_{2y} + B_2B_{1y}\right)\right.$$
$$\left.+2b_{21}B_7 - 2F_0f_1B_2B_5\right]A_2A_{2X} + \frac{1}{2g_1^2}[-g_1B_2b_{21y}$$
$$+b_{21}(6B_5g_1^2 + 3g_1B_{2y} - d_1)]A_2^2A_{2X} = 0. \qquad (2\text{-}110)$$

类似地, 在此遇到一个求解 (2-109) 和 (2-110) 型方程的问题. 我们重申一下, 采用在大气和海洋动力学中通常采用的 y 平均方法时取 ϕ_{13} 和 ϕ_{23} 为零. 前面提到过, 这样的一种选取可能会产生不自洽性问题. 因为 (2-109) 和 (2-110) 的系数显式依赖于 y, 而 A_1, A_2 仅是 X, T 的函数, 除非所有依赖于 y 的系数相互成比例. 然而在 $\phi_{13} = \phi_{23} = 0$ 时仔细分析 (2-109) 和 (2-110) 可知通过选定十个函数 $B_0, B_1, \cdots, B_7, U_0, V_0$ 相互成比例 (14 个条件) 并且满足 (2-101)~(2-102) 和 (2-105)~(2-107) (共 22 个条件!) 是不可能的. 所以为了避免这种非自洽性, 传统的做法就是把方程对快变量 y 从 y_1 到 y_2 积分. 下面只给出采用 LTHT 方法导出耦合 KdV 方程.

容易验证, 若

$$\phi_{13} = r_1\int A_{1x}A_2 dX + r_2A_1^3 + r_3A_1^2 + r_4A_1 + r_5A_1A_2$$
$$+r_6A_2^2 + r_7A_2 + r_8A_{1XX}, \qquad (2\text{-}111)$$
$$\phi_{23} = s_1\int A_{1x}A_2 dX + s_2A_2^3 + s_3A_2^2 + s_4A_2 + s_5A_1A_2$$
$$+s_6A_1^2 + s_7A_1 + s_8A_{2XX}, \qquad (2\text{-}112)$$

2.4 耦合 KdV 方程的导出

其中

$$r_i = B_1 \int^y \frac{1}{B_1(y'')^2} \int^{y''} R_i(y') \mathrm{d}y' \mathrm{d}y'',$$

$$s_i = B_2 \int^y \frac{1}{B_2(y'')^2} \int^{y''} S_i(y') \mathrm{d}y' \mathrm{d}y'', \quad i = 1, 2, \cdots, 8,$$

$$R_1 = -\frac{\alpha_1 B_1 B_{1yy}}{f_1}, \quad R_8 = -\frac{B_1}{f_1}(\alpha_4 B_{1yy} + f_1 B_1),$$

$$R_2 = \frac{B_1}{6f_1^3}\left[B_1 f_1 b_{11y} + b_{11}(c_1 - 3f_1 B_{1y} - 6B_3 f_1^3)\right],$$

$$R_3 = \frac{B_1^2 F_0 g_1}{2f_1}\left(2B_3 + \frac{B_2 B_{1y} - B_1 B_{2y}}{B_2 f_1} - \frac{c_1}{f_1^2}\right)$$
$$+ \frac{F_0 d_1 B_1^3}{f_1^2 B_2} - \frac{B_1}{f_1}(\alpha_5 B_{1yy} + b_{11} B_0),$$

$$R_4 = -\frac{B_1}{f_1}(\beta_1 B_1 - F_0 B_0 B_1 g_1 + F_0 f_1 B_2 B_6),$$

$$R_5 = -\frac{B_1}{f_1}(\alpha_3 B_{1yy} + b_{11} B_4),$$

$$R_6 = -\frac{B_1}{f_1}\left[(\alpha_2 - \alpha_5) B_{1yy} + F_0 f_1 B_2 B_5\right],$$

$$R_7 = \frac{F_0 B_1}{f_1}(g_1 B_1 B_4 - f_1 B_2 B_7),$$

$$S_1 = \frac{\delta_1 B_2 B_{2yy}}{g_1}, \quad S_8 = -\frac{B_2}{g_1}(\delta_4 B_{2yy} + g_1 B_2),$$

$$S_2 = \frac{B_2}{6g_1^3}[B_2 g_1 b_{21y} + b_{21}(d_1 - 3g_1 B_{2y} - 6B_5 g_1^3)],$$

$$S_3 = \frac{B_2^2 F_0 f_1}{2g_1}\left(2B_5 + \frac{B_1 B_{2y} - B_2 B_{1y}}{g_1 B_1} - \frac{d_1}{g_1^2}\right)$$
$$+ \frac{c_1 F_0 B_2^3}{2g_1^2 B_1} + \frac{B_2}{g_1}(\delta_5 B_{2yy} - b_{21} B_7),$$

$$S_4 = -\frac{B_2}{g_1}(\beta_1 B_2 - F_0 B_7 B_2 f_1 + F_0 g_1 B_1 B_4),$$

$$S_5 = \frac{B_2}{g_1}(\delta_3 B_{2yy} - b_{21} B_6),$$

$$S_6 = \frac{B_2}{g_1}\left[(\delta_2 - \delta_5) B_{1yy} - F_0 g_1 B_1 B_3\right],$$

$$S_7 = \frac{F_0 B_2}{g_1}(g_1 B_1 B_0 - f_1 B_2 B_6),$$

而且 B_1, B_2 是任意的, 那么 A_1, A_2 满足如下耦合 KdV 系统

$$A_{1T} + \alpha_1 A_2 A_{1X} + (\alpha_2 A_2^2 + \alpha_3 A_1 A_2 + \alpha_4 A_{1XX} + \alpha_5 A_1^2)_X = 0,$$

$$A_{2T} + \delta_1 A_2 A_{1X} + (\delta_2 A_1^2 + \delta_3 A_1 A_2 + \delta_4 A_{2XX} + \delta_5 A_2^2)_X = 0,$$

式中含有十个任意常数 α_i, δ_i $(i=1,2,3,4,5)$.

在文献 [175] 中, 对上述耦合 KdV 方程作了 Painlevé 分类并且给出了多孤子解. 在后面的第八章里将对此耦合 KdV 方程进行可双线性化分类.

这里, 我们只是推导了常系数耦合 KdV 方程, 要得到变系数耦合 KdV 方程的推导过程是类似的, 另外也可以类似地推导出变系数耦合 MKdV 型和 NLS 型方程.

第三章 非线性方程的行波法

在处理无界空间的一维线性波动问题时,人们熟知的最简单的方法是行波法[105, 137]. 当然也可以采用分离变量法和傅里叶变换法[105]. 如何成功地将线性系统中适用的各种强有力方法推广到非线性系统是非线性科学研究的重要问题[224]. 本章讨论如何将行波法推广应用到非线性系统.

3.1 线性波动方程的行波法

对于 1+1 维线性波动方程

$$u_{tt} - c^2 u_{xx} = 0, \tag{3-1}$$

通常的行波法[137] 是首先作下述变换:

$$x = \frac{1}{2}(\xi + \eta),\ t = \frac{1}{2c}(\xi - \eta), \tag{3-2}$$

即

$$\xi = x + ct,\ \eta = x - ct. \tag{3-3}$$

在变换 (3-2) 下, 线性波动方程 (3-1) 成为

$$u_{\xi\eta} = 0. \tag{3-4}$$

对上式进行两次简单的积分即可得到线性波动方程的通解

$$u = f_1(x+ct) + f_2(x-ct), \tag{3-5}$$

其中 $f_1(x+ct)$ 和 $f_2(x-ct)$ 分别是 $x+ct$ 和 $x-ct$ 的任意函数.

由于 (3-5) 中的 $f_1(x+ct)$ 代表了以速度 c 向左 (x 负方向) 运动的行波及 $f_2(x-ct)$ 代表了以速度 c 向右 (x 正方向) 运动的行波, 所以上述求解方法通常称之为行波法.

人们不难从上面的求解过程看到, 这个方法不能直接应用到其他方程, 特别是非线性方程. 为了寻求其他方程, 特别是非线性方程的行波解, 我们先用不同的方法来重新导出 (3-5) 式.

以速度 v 向 x 正方向运动的行波可表示为

$$u = u(x - vt) \equiv u(X). \tag{3-6}$$

将 (3-6) 代入 (3-1) 可得

$$(v^2 - c^2)u_{XX} = 0. \tag{3-7}$$

由 (3-7) 可得三个特解：

(1) 右行波解

$$v = c, \ u_1 = f_1(x - ct),$$

f_1 为 $x - ct$ 的任意函数.

(2) 左行波解

$$v = -c, \ u_2 = f_2(x + ct),$$

f_2 为 $x + ct$ 的任意函数.

(3) 代数解

$$u_3 = aX + b = \frac{ac + v}{2c}(x - ct) + \frac{ac - v}{2c}(x + ct) + b,$$

其中 a, b, v 为任意常数.

对于线性微分方程, 线性叠加原理成立. 因此将上述三个特解线性叠加并将 u_3 的两部分重新吸收到 u_1 和 u_2 就可重新得到线性波动方程的通解 (3-5).

虽然由上述方法得到的解不知道是否是通解, 但是这个方法可以推广到求其他方程包括非线性方程的行波解. 在讨论非线性方程的行波解之前, 我们就行波法的物理实质作一进一步的探讨. 为此首先定义一个方程的对称和群不变解的概念[92].

定义 3.1.1 设 u 是所考虑方程的任意解, 如果变换后的解 u_1

$$u \to u_1 = u + \varepsilon \sigma \tag{3-8}$$

也是同一方程的解, 其中 ε 为无穷小量, 则称 σ 为该方程的对称, (3-8) 为对称变换.

定义 3.1.2 如果 $u = u_1$ 在某一对称变换下不变, 即 (3-8) 中的 σ 为零, 则称该解为群不变解.

很容易验证, 一般行波解表达式 (3-6) 是简单方程

$$u_t + vu_x = 0 \tag{3-9}$$

的一般解. 因此要了解行波法的物理意义及适用范围, 可以从 (3-9) 的物理意义着手. 为此来看与时空平移不变性相对应的对称.

考虑下述时空平移变换

$$u(x,t) \to u(x+v\varepsilon, t+\varepsilon) \qquad (3\text{-}10)$$

的无穷小变换 (即 ε 为无穷小) 可得

$$u(x,t) \to u + \varepsilon(u_t + vu_x) + O(\varepsilon^2). \qquad (3\text{-}11)$$

从 (3-11) 可知, 与时空平移不变性相对应的对称为 $\sigma = u_t + vu_x$, (3-9) 正是与时空平移不变性相对应的对称约束方程, 从而行波解是时空平移群的群不变解. 因此行波法适用于时空平移不变的物理系统.

3.2 非线性系统的行波约化

设 1+1 维非线性系统具有下述形式

$$K(u, u_x, u_t, u_{xt}, \cdots, u_{x^i t^j}, \cdots) \equiv K(u) = 0, \qquad (3\text{-}12)$$

其中

$$u_{x^i t^j} \equiv \frac{\partial^{i+j} u}{\partial x^i \partial t^j}.$$

根据 3.1 节讨论, 若 (3-12) 存在行波解, 则要求 $K(u)$ 是时空平移不变的. $K(u)$ 的时空平移不变性要求 $K(u)$ 不显含时间和空间坐标, 也就是方程 (3-12) 是自治的.

对于自治的非线性方程, 将行波解 (3-6) 代入 (3-12) 即可得行波约化

$$K(u, u_X, -vu_X, -vu_{XX}, \cdots, (-v)^j u_{X^{i+j}}, \cdots) = 0. \qquad (3\text{-}13)$$

具体的行波解可以由求解上述行波约化方程 (3-13) 得到. 下面给出一些具体非线性系统的行波解.

3.2.1 KdV 方程的行波解

KdV 方程

$$u_t + 6uu_x + u_{xxx} = 0 \qquad (3\text{-}14)$$

的行波约化为

$$-vu_X + 6uu_X + u_{XXX} = 0. \qquad (3\text{-}15)$$

KdV 的行波约化方程 (3-15) 的一般解可以直接积分得到. (3-15) 的一次积分为

$$-vu + 3u^2 + u_{XX} = \frac{C_1}{2},$$

其中 C_1 为任意积分常数. 将 u_X 乘以上式不难得到 KdV 方程的一般行波解的积分表达式

$$\int^u \frac{\mathrm{d}f}{\sqrt{C_1 f + C_2 + vf^2 - 2f^3}} = \pm(X - X_0), \tag{3-16}$$

其中 X_0 和 C_2 是两个任意积分常数.

对于 KdV 方程的一般行波解 (3-16), 需要作以下四点必要的注记.

注 3.2.1 (3-16) 表示的是 KdV 方程的**一般**行波解. 文献中给出的行波解都是 (3-16) 的特殊情况 (积分常数 C_1, C_2 和 X_0 的某种特殊选择) 或等价表示 (积分常数 C_1, C_2 和 X_0 的某种不同标记). 一些文献中经常出现的所谓 KdV 方程的 "新" 的行波解实际上都不是新的.

注 3.2.2 (3-16) 表示的仅是 KdV 方程的一般**行波**解而不是一般解. 到目前为止任何方法都无法给出非 C 可积模型 (直接可以积分或通过某种变换可以直接线性化的模型称作 C 可积模型) 的一般解.

注 3.2.3 由 (3-16) 表示的两个不同的解 (不同的积分常数的选择或不同的正负号选择得到的解) 的线性叠加得到的表达式不是 KdV 方程的解.

注 3.2.4 对于 KdV 方程的物理上有意义的非奇异的行波解只有两种非等价结构: 孤立子解

$$u = \frac{v}{2}\operatorname{sech}^2\left(\frac{\sqrt{v}}{2}(X - X_0)\right) \tag{3-17}$$

和周期解

$$u = \frac{2}{3}k^2(1 - 2m^2) + \frac{1}{6}v + 2k^2 m^2 \operatorname{cn}^2\left(k(X - X_0), m\right), \tag{3-18}$$

其中对于孤立子解, C_1 和 C_2 为零, 而对于周期解 (3-18), 任意常数 C_1 和 C_2 由另外两个任意常数 k 和 m 来给定:

$$C_1 = \frac{8}{3}(1 + m^4 - m^2)k^4 - \frac{1}{6}v^2,$$

$$C_2 = \frac{8}{27}(2 - m^2)(2m^2 - 1)(m^2 + 1)k^6 - \frac{2}{9}v(1 + m^4 - m^2)k^4 + \frac{1}{216}v^3,$$

$\operatorname{cn}(x, m)$ 为 Jacobi 椭圆函数, m 为 Jacobi 椭圆函数的模. 孤立子解 (3-17) 是周期解 (3-18) 的周期为无限大 ($m \to 1$) 的极限情况.

3.2.2 MKdV 方程的行波解

MKdV 方程

$$u_t + 6au^2 u_x + u_{xxx} = 0, \quad a = \pm 1 \tag{3-19}$$

的行波约化为

$$-vu_X + 6au^2 u_X + u_{XXX} = 0. \tag{3-20}$$

3.2 非线性系统的行波约化

类似于 KdV 方程的行波约化, MKdV 方程的一般行波解也可以直接积分得到, 结果为

$$\int^u \frac{\mathrm{d}f}{\sqrt{C_1 f + C_2 + v f^2 - a f^4}} = \pm(X - X_0), \tag{3-21}$$

其中 X_0, C_1 和 C_2 为任意积分常数.

对于 MKdV 方程的一般行波解 (3-21), 物理上有意义的一些非奇异的行波解有

第一类孤立子解:

$$u = \pm\sqrt{v}\,\mathrm{sech}\left(\sqrt{v}(X - X_0)\right), \quad a = 1, \quad C_1 = C_2 = 0. \tag{3-22}$$

第二类孤立子解 (扭结解):

$$u = \pm\sqrt{\frac{-v}{2}}\tanh\left(\sqrt{\frac{-v}{2}}(X - X_0)\right), \ a = -1, \ C_1 = 0, \ C_2 = \frac{v^2}{4}. \tag{3-23}$$

第三类孤立子解:

$$u = \frac{c(8a - vc^2) - d(4a - vc^2)\cosh\left[\sqrt{12ac^{-2} - 2v}(X - X_0)\right]}{d(vc^2 - 4a)\left\{c + d\cosh\left[\sqrt{12ac^{-2} - 2v}(X - X_0)\right]\right\}}, \tag{3-24}$$

其中

$$d^2 = \frac{2ac^2}{4a - vc^2}. \tag{3-25}$$

第三类孤立子解对两种 MKdV 方程 ($a = +1$ 或 $a = -1$) 都存在, 但参数 c 和 v 的选择应满足条件:

$$\frac{4}{|v|} < c^2 < \frac{6}{|v|}, \qquad va > 0. \tag{3-26}$$

需要指出的是, 虽然 KdV 方程和 MKdV 方程由 Miura 变换

$$u_{\mathrm{KdV}} = \sqrt{-a}\frac{\mathrm{d}u_{\mathrm{MKdV}}}{\mathrm{d}x} - au_{\mathrm{MKdV}}^2 \tag{3-27}$$

相联系, MKdV 方程的孤子解结构要比 KdV 方程丰富. 原因是 Miura 变换并不是可逆的一对一的变换, 它可以将 MKdV 方程的几个不同的解变换到 KdV 方程的同一个解.

MKdV 方程的周期波解也具有比较丰富的结构, 下面列出四种形式的周期波解.

第一类周期波解:

$$u = \pm m\sqrt{\frac{av}{2m^2 - 1}}\,\mathrm{cn}\left(\sqrt{\frac{v}{2m^2 - 1}}(X - X_0), m\right), \tag{3-28}$$

其中 C_1 和 C_2 为
$$C_1 = 0, \quad C_2 = \frac{a(1-m^2)m^2v^2}{(2m^2-1)^2}.$$

第二类周期波解：
$$u = \pm\sqrt{\frac{am^2v}{1+m^2}}\operatorname{sn}\left(\sqrt{\frac{-v}{1+m^2}}(X-X_0), m\right), \tag{3-29}$$

其中 C_1 和 C_2 为
$$C_1 = 0, \quad C_2 = \frac{-am^2v^2}{(m^2+1)^2}.$$

第三类周期波解：
$$\begin{aligned}u &= \frac{d[(2m^2-1)C^2 - 2d^2m^2]\operatorname{CN} + C[2(m^2-1)C^2 + (1-2m^2)d^2]}{C[2(m^2-1)C^2 + (1-2m^2)d^2][d + C\operatorname{CN}]},\\ \operatorname{CN} &\equiv \operatorname{cn}(k(X-X_0), m),\end{aligned} \tag{3-30}$$

其中 C_1 和 C_2 为
$$C_1 = \frac{1}{C^3}[m^2(C-Ad)dk^2 + 2A(2aA^2 - vC^2)],$$
$$C_2 = \frac{1}{C^4}[k^2(Ad-C)(C+3Ad)m^2 - A^2(3aA^2 - vC^2)],$$

C 和 m 仍为任意常数,
$$k^2 = 2\frac{(6am^2 - 2vC^2m^2 + vC^2)d^2 + vC^4(m^2-1)}{C^2(2m^2-1)(2C^2m^2 + 2m^2d^2 - d^2 - 2C^2)},$$
$$A = \frac{d(2C^2m^2 - C^2 - 2m^2d^2)}{C(d^2 - 2m^2d^2 - 2C^2 + 2C^2m^2)},$$

而 d 由下式决定
$$[4(2m^2-1)(C^4m^2 + m^2d^4 - C^4) - 2d^2(8m^4 - 8m^2 - 1)C^2]a$$
$$-(d^2 - 2m^2d^2 - 2C^2 + 2C^2m^2)^2vC^2 = 0.$$

第四类周期波解：
$$u = \pm\frac{1}{2}\frac{\sqrt{2av}(m^2-1)\operatorname{sn}\left[\sqrt{\frac{v}{2(1+m^2)}}(X-X_0), m\right]}{\sqrt{2}\delta(1+m^2)\operatorname{sn}\left[\sqrt{\frac{v}{2(1+m^2)}}(X-X_0), m\right] + 2\sqrt{1+m^2}}, \quad \delta^2 = 1, \tag{3-31}$$

相应的 C_1 和 C_2 取为
$$C_1 = \pm\frac{\sqrt{av}\delta v(1-m^2)}{2(1+m^2)}, \quad C_2 = \frac{v^2(1-m^2)^2}{16a(1+m^2)^2}.$$

当 Jacobi 椭圆函数的模 m 趋向于 1 时, 第一、二、三类周期解分别趋向于第一、二、三类孤立子解, 而第四类周期波解趋向于平庸的零解.

3.2.3 非线性薛定谔方程的包络行波解

非线性薛定谔方程

$$iq_t + |q|^2 q + aq_{xx} = 0, \quad a = \pm 1 \tag{3-32}$$

的包络行波假设为

$$q = Q(x - vt)\exp[i(k_0 x + \omega_0 t + V(x - vt))]$$
$$\equiv Q(X)\exp[i(k_0 x + \omega_0 t) + V(X)]. \tag{3-33}$$

将 (3-33) 代入 (3-32) 得非线性薛定谔方程的包络行波约化

$$aQV_{XX} + 2aQ_X V_X + (2ak_0 - v)Q_X = 0, \tag{3-34}$$

$$aQ_{XX} - aQV_X^2 + (2ak_0 - v)QV_X + Q(Q^2 - \omega_0 - ak_0^2) = 0. \tag{3-35}$$

(3-34) 和 (3-35) 的一般解为

$$V(X) = C_1 \int \frac{1}{Q(X)^2} \mathrm{d}X + \frac{1}{2}X(av - 2k_0) + C_2, \tag{3-36}$$

$$Q(X) = \sqrt{f(X)^2 + C_0}, \tag{3-37}$$

其中 $f(X)$ 由下述积分给定

$$\int^{f(X)} \frac{-2\sqrt{C_0}\mathrm{d}z}{\sqrt{c_0 - C_0(6aC_0 + v^2 - 4avk_0 - 4a\omega_0)z^2 - 2aC_0 z^4}} = X - X_0,$$

$$c_0 \equiv 4C_1^2 - 4aC_0^3 + (4a\omega_0 + 4avk_0 - v^2)C_0^2,$$

C_0, C_1, C_2 和 X_0 为任意积分常数.

对常数 C_0, C_1, C_2, ω_0 和 X_0 作特殊选择, (3-36) 和 (3-37) 可以显式写出. 下面是一些有意义的具体例子.

(1) 亮孤子解: 如果取常数

$$C_0 = C_1 = 0, \quad a = 1, \quad \omega_0 = k^2 - k_0 v + \frac{1}{4}v^2,$$

则 (3-36)~(3-37) 即是众所周知的亮孤子解

$$q = \sqrt{2}k\mathrm{sech}[k(X - X_0)]\exp\left[\frac{i}{4}(2vx - (v^2 - 4k^2)t + 4C_2)\right]. \tag{3-38}$$

任意常数的物理意义分别为: k 表示亮孤子的宽度和高度, v, X_0 和 C_2 表示孤子的任意运动速度、初始位置和位相.

(2) 灰孤子和暗孤子: 如果取常数为

$$a = -1, \omega_0 = 2k^2 - \frac{1}{4}v^2 - vk_0 + \frac{3}{2}C_0, C_1^2 = 2k^4 C_0 + \frac{1}{2}C_0^3 + 2C_0^2 k^2,$$

则积分表达式 (3-36) 和 (3-37) 成为灰孤子解

$$q = \sqrt{2k^2 \tanh^2[k(X - X_0)] + C_0} \exp\left\{ ik_0 x + iV(X) \right.$$
$$\left. + \frac{i}{4}(8k^2 - v^2 - 4vk_0 + 6C_0)t \right\}, \tag{3-39}$$

其中

$$V(X) = \frac{C_1}{k(2k^2 + C_0)} \left\{ \sqrt{\frac{2}{C_0}} k \arctan\left[\sqrt{\frac{2}{C_0}} k \tanh(k(X - X_0))\right] \right.$$
$$\left. - \ln \frac{\operatorname{sech}(k(X - X_0))}{1 + \tanh(k(X - X_0))} \right\}. \tag{3-40}$$

当 $C_0 \neq 0$ 时, (3-39) 式表示的是非线性薛定谔方程的灰孤子解. 文献中的灰孤子通常是 (3-39) 的特殊情况. 当 $C_0 = 0$ 时, (3-39) 即是众所周知的暗孤子解.

(3) 第一类周期波解: 当

$$a = 1, \omega_0 = \frac{3}{2}C_0 + 2m^2 k^2 - k^2 + \frac{1}{4}v^2 - k_0 v,$$

$$C_1^2 = \frac{1}{2}C_0(C_0 + 2m^2 k^2)(2k^2 - C_0 - 2m^2 k^2), \quad 0 < C_0 < 2k^2 - 2m^2 k^2$$

时, 非线性薛定谔方程的行波约化的一般解为亮孤子的一般化:

$$q = \sqrt{2m^2 k^2 \operatorname{cn}^2[k(X - X_0), m] + C_0} \exp\left\{ ik_0 x + iV(X) \right.$$
$$\left. + \frac{i}{4}(8m^2 k^2 - v^2 + 4k^2 - 4k_0 v + 6C_0)t \right\}, \tag{3-41}$$

其中

$$V(X) = \int \frac{C_1}{2m^2 k^2 \operatorname{cn}^2[k(X - X_0), m] + C_0} dX - \frac{1}{2}(2k_0 - v)X + C_2,$$

k_0, m, k, k_0, C_0 和 X_0 是任意常数. 当椭圆函数的模 m 趋向于 1 时, 上述周期解趋向于亮孤子解.

(4) 第二类周期波解: 当

$$a = -1, \omega_0 = m^2 k^2 + k^2 + \frac{3}{2}C_0 - \frac{1}{4}v^2 - vk_0,$$

$$C_1^2 = \frac{1}{2}C_0(2k^2 + C_0)(2m^2 k^2 + C_0), \quad C_0 > 0$$

时, 非线性薛定谔方程的行波约化的一般解为灰孤子的一般化:

$$q = \sqrt{2m^2k^2\mathrm{sn}^2[k(X-X_0),m] + C_0}\exp\Big\{ik_0x + iV(X)$$
$$+\frac{i}{4}(8m^2k^2 + v^2 - 4k^2 - 4k_0v + 6C_0)t\Big\}, \tag{3-42}$$

其中

$$V(X) = \int \frac{C_1}{2m^2k^2\mathrm{sn}^2[k(X-X_0),m] + C_0}\mathrm{d}X - \frac{1}{2}(2k_0-v)X + C_2,$$

k_0, m, k, k_0, C_0 和 X_0 是任意常数. 当椭圆函数的模 m 趋向于 1 时, 上述周期解趋向于灰孤子解.

3.2.4 KP 方程的行波解

前面几节的行波解讨论限制在 1+1 维模型, 实际上行波法可适用于任意维非线性自治系统. 这里讨论 2+1 维 KP 方程

$$(u_t + 6uu_x + u_{xxx})_x + 3u_{yy} = 0 \tag{3-43}$$

的行波解. 2+1 维系统的行波约化应有下述形式:

$$u = U(kx + ly - \omega t) \equiv U(Y). \tag{3-44}$$

将 (3-44) 代入 KP 方程并积分两次可得 KP 方程的行波约化为

$$U_{YY} + \frac{3}{k^2}U^2 + \frac{3l^2 + k\omega}{k^4}U + C_1Y + C_2 = 0, \tag{3-45}$$

其中 C_1 和 C_2 是任意积分常数. 对于 $C_1 \neq 0$ 的情况, (3-45) 等价于第一 Painlevé 方程. 当 $C_1 = 0$ 时, (3-45) 的一般解为

$$\int^U \frac{\mathrm{d}z}{\sqrt{C - 2C_2z + \frac{k\omega - 3l^2}{k^4}z^2 - \frac{2}{k^2}z^3}} = Y - Y_0, \tag{3-46}$$

上式中 k, ω, l, C, C_2 为任意常数.

当取

$$C_2 = \frac{(k\omega - 3l^2)^2 - 16k^8}{12k^6},$$
$$C = \frac{(k\omega - 3l^2)^3}{108k^8} + \frac{4}{3}l^2 - \frac{4}{9}k\omega + \frac{32}{27}k^4$$

时, 一般行波解 (3-46) 成为直线孤立子解

$$U = \frac{\omega}{6k} - \frac{l^2}{2k^2} - \frac{2}{3}k^2[1 - 3\text{sech}^2(Y - Y_0)]. \tag{3-47}$$

直线孤立子解 (3-47) 是下述椭圆周期波解

$$U = U_0 + 2k^2 m^2 \text{cn}^2(Y - Y_0, m), \tag{3-48}$$

$$U_0 = \frac{\omega}{6k} - \frac{l^2}{2k^2} - \frac{2k^2}{3}(2m^2 - 1) \tag{3-49}$$

的模为 $m = 1$ 的特殊情况. 对于周期波解 (3-49), 积分常数 C 和 C_2 被取作

$$C = 2\frac{U_0^3}{k^2} + 4(2m^2 - 1)U_0^2 + 8k^2 m^2 (m^2 - 1)U_0,$$

$$C_2 = \frac{\omega^2}{12k^4} - \frac{l^2\omega}{2k^5} + \frac{3l^4}{4k^6} - \frac{4}{3}k^2(m^4 - m^2 + 1).$$

3.2.5 非线性 Klein-Gordon 方程的行波解

$n+1$ 维非线性 Klein-Gordon 方程为

$$\sum_{j=1}^{n} u_{x_j x_j} - u_{tt} + \frac{\mathrm{d}V(u)}{\mathrm{d}u} = 0, \tag{3-50}$$

其中 $V(u)$ 为仅依赖于 u 的任意函数. 物理上有许多著名的模型对应于 $V(u)$ 的不同选择:

ϕ^4 方程

$$v(u) = \frac{1}{2}\lambda u^2 + \frac{1}{4}\mu u^4 + C. \tag{3-51}$$

ϕ^6 方程

$$V(u) = \frac{1}{2}\lambda u^2 + \frac{1}{4}\mu u^4 + \frac{1}{6}\xi u^6 + C. \tag{3-52}$$

李政道模型或 $\phi^4 + \phi^3$ 方程

$$V(u) = \frac{1}{2}\lambda u^2 + \frac{1}{3}\gamma u^3 + \frac{1}{4}\mu u^4 + C. \tag{3-53}$$

sine-Gordon(sG) 模型

$$V(u) = -\frac{M}{g^2}\cos(gu) + C. \tag{3-54}$$

双 sine-Gordon(DsG) 模型

$$V(u) = \alpha \left[\cos\left(\frac{g}{2}u\right) - \eta \cos(gu)\right] + C \tag{3-55}$$

等等.

$n+1$ 维系统的一般行波解由下式定义

$$u = U\left(\frac{\sum_{i=1}^{n} k_i x_i - \omega t}{\sqrt{\sum_{i=1}^{n} k_i^2 - \omega^2}}\right) \equiv U(X). \tag{3-56}$$

将 (3-56) 代入 (3-50) 可得非线性 Klein-Gordon 方程的行波约化方程为

$$U_{XX} = -\frac{dV(U)}{dU}. \tag{3-57}$$

上式的一般解为

$$\int^{U(X)} \frac{\mathrm{d}z}{\sqrt{C_1 - 2V(z)}} = X - X_0. \tag{3-58}$$

对于具体的 $V(u)$ 和特殊的积分常数选择, 从积分表达式可以得到显式的孤立波解或周期解. 如 ϕ^4 模型的一个周期波解为

$$u_{\phi^4} = \pm\sqrt{\frac{-2\lambda m^2}{\mu(1+m^2)}} \operatorname{sn}\left(\sum_{i=1}^{n} k_i x_i - \omega t - Z_0,\ m\right), \tag{3-59}$$

$$\omega^2 = \sum_{n=1}^{n} k_i^2 - \frac{\lambda}{1+m^2}.$$

sG 方程的一个周期波解为

$$u_{sG} = \frac{4}{g} \arctan\left[\sqrt{m}\ \operatorname{sn}\left(\sum_{i=1}^{n} k_i x_i - \omega t - Z_0,\ m\right)\right], \tag{3-60}$$

$$\omega^2 = \sum_{n=1}^{n} k_i^2 - \frac{M}{(1+m)^2}.$$

当椭圆函数的模 m 趋向于 1 时, (3-59) 和 (3-60) 即趋向于 ϕ^4 模型和 sG 方程的孤立波解.

对于较低阶的自治模型, 其一般的行波解通常可以用直接积分表示, 但对于较高阶的模型, 一般的行波解并不能得到, 而只能得到一些特殊的显式行波解. 要得到一些特殊的显式的行波解有不少简单方法, 下面两节就函数展开法和形变映射法作一些介绍.

3.3 一般函数展开法：$\phi^{(n,m)}$ 展开法

最一般的函数展开法应该说是 Painlevé 展开法 (见文献 [2], [34], [41], [51], [68], [115], [159], [190], [191], [193], [200], [211], [233] 和 [245]). 在 Painlevé 展开法中, 展开函数是任意函数 (任意的奇性流形) 且有无穷多项. 为了得到具体的结果通常有两种做法. 第一种方法是采用截断展开 (标准截断展开或非标准截断展开). 第二种方法是采用具体的函数 (而不是任意的奇性流形) 展开. 使用具体的函数展开法为许多作者所采用. 较早较系统的工作有 Herman 的指数函数展开法[97]和很多作者采用的 tanh 函数展开法[129]. 人们可以采用各种各样的具有自守性质的函数 (如双曲函数, 三角函数和椭圆函数等等)[6, 146]. 最近的较完整的函数展开法的工作通常是基于基方程的一般展开.

下面给出一个较一般的函数展开法：$\phi^{(n,m)}$ 展开法.

3.3.1 $\phi^{(n,m)}$ 展开法

一个一般的 $N+1$ 维非线性多项式自治微分方程 ($x_0 \equiv t$)

$$\Delta(u, u_{x_i}, \cdots, u_{x_1^{\alpha_1}\cdots x_j^{\alpha_j}\cdots x_N^{\alpha_N} t^{\alpha_0}}, \cdots) = 0, \tag{3-61}$$
$$i = 0, \cdots, N, \qquad \alpha_j = 0, 1, 2, \cdots$$

(其中 Δ 是所示变量的任意多项式函数) 的一般行波约化为

$$\Delta\left(u, k_i u_Z, \cdots, \prod_{i=0}^{N} k_i^{\alpha_i} u_{Z^{\alpha_0+\alpha_1+\cdots+\alpha_j+\cdots+\alpha_N}}, \cdots\right) = 0, \qquad \alpha_j = 0, 1, 2, \cdots \tag{3-62}$$

一般的函数展开法的思想是将 $u(Z)$ 展开成另外一些函数 (如 ϕ) 的多项式或有理多项式的形式. 这里取 ϕ 为 $\phi^{(n,m)}$ 模型的解. 我们称下述方程

$$\phi_Z^2 = \sum_{i=0}^{n} c_i \phi^{i-m} \tag{3-63}$$

为 $\phi^{(n,m)}$ 模型. 通常的 ϕ^4 模型和 ϕ^6 模型对应于 $m=0, n=4$ 和 $m=0, n=6$ 且 $c_{2i+1}=0$ 的情况.

设 u 可以展开成 ϕ 的下述有理多项式形式,

$$u = \frac{\sum_{j=0}^{M_2} a_i \phi^{i-M_1} + \phi_Z \sum_{j=0}^{M_3} b_i \phi^{i-M_4}}{\sum_{j=0}^{K_2} A_i \phi^{i-K_1} + \phi_Z \sum_{j=0}^{K_3} B_i \phi^{i-K_4}}. \tag{3-64}$$

展开式中的正整数 $M_1, M_2, M_3, M_4, K_1, K_2, K_3, K_4$ 通常可以由领头项分析法确定，即由非线性和色散效应的平衡决定。在大多数情况下，人们采用多项式展开，即 $A_0 = 1, A_1 = \cdots = A_{K_2} = B_0 = \cdots = B_{K_3} = 0$。

如果 P_Z 本身是一个 ϕ 的多项式，则 $b_i = B_i = 0$。

将 (3-64) 代入 (3-62) 并利用 (3-63) 可得

$$P_1(\phi) + P_2(\phi)\phi_Z = 0, \tag{3-65}$$

其中 $P_1 \equiv P_1(\phi)$ 和 $P_2 \equiv P_2(\phi)$ 仅是 ϕ 的多项式。对于给定的 ϕ，式 (3-65) 对于任意的 Z 成立意味着多项式 P_1 和 P_2 中 ϕ 的所有不同幂次的系数应为零。这些条件决定了展开式 (3-64) 中的展开系数 a_i, b_i, A_i, B_i，行波参数 $k_0, \cdots, k_n$ 及可能的模型参数。在 P_Z 本身是 ϕ 的多项式的情况下，P_2 可视为零。

3.2 节中给出的具体的显式解除了 (3-60) 都可看成是 $\phi^{(n,m)}$ 的特例。如 (3-17)、(3-18)、(3-22)~(3-24)、(3-28)~(3-31)、(3-38)、(3-47) 和 (3-49) 都是 $\phi^4(=\phi^{(4,0)})$ $(m = 0, n = 2)$ 展开的特例。而 (3-39)、(3-41) 和 (3-42) 是 $\phi^{(4,2)}(m = 2, n = 4)$ 展开的特例。

下面给出一个直接使用 $\phi^{(n,m)}$ 展开法求解行波解的具体例子。

3.3.2 缔合 KdV-MKdV 方程的行波解

我们称

$$u_t + u_{xxx} + 6\alpha u u_x + 6\beta u^2 u_x = 0 \tag{3-66}$$

为缔合 KdV-MKdV 方程。

当 $\beta = 0, \alpha = 1$ 时，(3-66) 即为 KdV 方程 (3-14)，而当 $\beta = \pm 1, \alpha = 0$ 时，(3-66) 即为 MKdV 方程 (3-19)。因此，假设 $\alpha\beta \neq 0$，相应的行波约化为

$$-vu_X + u_{XXX} + 6\alpha u u_X + 6\beta u^2 u_X = 0. \tag{3-67}$$

使用 ϕ^4 的最简单的有理展开可以得到两种不等价的用 ϕ^4 的解表示的行波解 u_1 和 u_2：

$$u_1 = \frac{a_1\phi(X) + a_0}{\phi(X) + A_0},$$

$$\phi_X^2 = \left[\frac{3\alpha(a_0 + a_1 A_0)}{2A_0} + \frac{3a_0 a_1 \beta}{A_0} - \frac{v}{2}\right]\phi(X)^2$$

$$+ \left[\frac{v}{4A_0^2} - \frac{\alpha(a_0 + 5a_1 A_0)}{4A_0^3} - \frac{a_1(2a_1 A_0 + a_0)\beta}{2A_0^3}\right]\phi(X)^4$$

$$+ \frac{A_0^2 v}{4} - \frac{A_0\alpha(5a_0 + a_1 A_0)}{4} - \frac{a_0(a_1 A_0 + 2a_0)\beta}{2}$$

和
$$u_2 = a_1\phi(X) - \frac{\alpha}{2\beta},$$

$$\phi_X^2 = \frac{3\alpha^2}{2\beta}\phi(X)^2 - \frac{a_1^2\beta}{A_0^2}\phi(X)^4 + C,$$

其中 a_0, a_1, A_0 和 C 是任意常数. 对于合适的积分常数选取, $\phi(X)$ 可以用熟知的 Jacobi 椭圆函数表示. 下面是缔合 KdV-MKdV 方程的三种类型的具体的周期波解:

类型 1.
$$u = \frac{a_1\mathrm{sn}(kX, m) + a_0}{1 + A_1\mathrm{sn}(kX, m)}, \tag{3-68}$$

其中 k, m 和 A_1 为任意常数, v, a_0 和 a_1 为
$$v = 6a_0(\alpha + a_0\beta) + (6A_1^2 - 1 - m^2)k^2,$$
$$a_0 = -\frac{\alpha}{2\beta} \pm \frac{1}{2}\frac{kA_1(A_1^2 + m^2A_1^2 - 2m^2)}{\sqrt{\beta(A_1^2 - 1)(m^2 - A_1^2)}},$$
$$a_1 = -\frac{\alpha A_1}{2\beta} \mp \frac{1}{2}\frac{k(1 + m^2 - 2A_1^2)}{\sqrt{\beta(A_1^2 - 1)(m^2 - A_1^2)}}.$$

类型 2.
$$u = \frac{a_1\mathrm{cn}(kX, m) + a_0}{1 + A_1\mathrm{cn}(kX, m)}, \tag{3-69}$$

其中 k, m, A_1 为任意常数,
$$v = -4m^2k^2 + \frac{6(a_0 + a_1A_1)\alpha + 6(a_0^2 + a_1^2)\beta + k^2(5A_1^2 - 1)}{1 + A_1^2},$$
$$a_0 = -\frac{\alpha}{2\beta} \pm \frac{1}{2}\frac{kA_1(A_1^2 + m^2A_1^2 - 2m^2)}{\sqrt{\beta(A_1^2 - 1)(m^2 - A_1^2)}},$$
$$a_1 = -\frac{\alpha A_1}{2\beta} \pm \frac{kA_1((2m^2 - 1)A_1^2 - 2m^2)}{\sqrt{\beta(1 - A_1^2)(A_1^2(1 - m^2) + m^2)}}.$$

类型 3.
$$u = \frac{a_1\mathrm{dn}(kX, m) + a_0}{1 + A_1\mathrm{dn}(kX, m)}, \tag{3-70}$$

其中 k, m, A_1 为任意常数,
$$v = -4k^2 + \frac{6(a_0 + a_1A_1)\alpha + 6(a_0^2 + a_1^2)\beta + k^2(5A_1^2 - 1)m^2}{1 + A_1^2},$$

$$a_0 = -\frac{\alpha}{2\beta} \pm \frac{1}{2}\frac{kA_1(2-2A_1^2+2m^2A_1^2-m^2)}{\sqrt{\beta(1-A_1^2)(1+A_1^2(m^2-1))}},$$

$$a_1 = -\frac{\alpha A_1}{2\beta} \pm \frac{k((m^2-2)A_1^2+2)}{\sqrt{\beta(1-A_1^2)(A_1^2(m^2-1)+1)}}.$$

当 $m = 1$ 时,类型 1 的周期波解趋向于单个扭结孤子解; 类型 2 和类型 3 的周期解趋向于相同的单钟型铃型孤子解. 进一步当 $A_1 = 0$ 时即得通常文献中的单孤子解.

3.4 行波形变映射法

上节给出的一般函数展开法通常并不适用于所有非线性系统. 如类似多 sine-Gordon 系统的非多项式 (场量及其导数的多项式) 非线性系统不可能直接应用基于多项式或有理分式的函数展开法来得到行波孤立波或行波周期波解. 为了给出这些模型的显式孤立波解或周期解, 这一节给出一种较一般的行波形变映射法.

对于一般非线性方程 (3-12) 的行波约化式 (3-13), 可以将它的某些特解与另一个简单而熟知的系统, 如

$$\Delta(\phi, \phi_X, \phi_{XX}, \cdots, \phi_{X^m}, \cdots) = 0 \tag{3-71}$$

的特解通过某个简单的形变映射关系

$$u = F(\phi, \phi_X, \cdots) \tag{3-72}$$

联系起来.

下面通过一些简单的例子来具体说明行波形变映射法.

3.4.1 Sine-Gordon 方程的行波解

$n+1$ 维 sine-Gordon(sG) 方程

$$\sum_{j=1}^{n} \Phi_{x_j x_j} - \Phi_{tt} + m\sin(g\Phi) = 0 \tag{3-73}$$

的行波约化为

$$\Phi_{XX} + m\sin(g\Phi) = 0, \quad X = \frac{\sum_{i=1}^{n} k_i x_i - \omega t}{\sqrt{\sum_{i=1}^{n} k_i^2 - \omega^2}}. \tag{3-74}$$

显然不能直接用上一节的函数展开法来得到 (3-73) 的显式的行波解. 但是人们不难直接验证下面的映射定理：

定理 3.4.1 如果 ϕ_i ($i = 1, 2, 3, 4$) 分别是 ϕ^4 行波方程

$$\phi_{1X}^2 = (2C_1 - mg)\phi_1^2 + C_1\phi_1^4 + C_1, \tag{3-75}$$

$$\phi_{2X}^2 = (2C_1 - mg)\phi_2^2 + (C_1 - mg)\phi_2^4 + C_1, \tag{3-76}$$

$$\phi_{3X}^2 = -(2C_1 + mg)\phi_3^2 + C_1\phi_3^4 + C_1 \tag{3-77}$$

和

$$\phi_{4X}^2 = -(2C_1 + mg)\phi_4^2 + (C_1 + mg)\phi_4^4 + C_1 \tag{3-78}$$

的解, 则

$$\Phi_1 = \frac{2j\pi}{g} \pm \frac{4}{g}\arctan\phi_{1X}, \ j = 0, \pm 1, \pm 2, \cdots, \tag{3-79}$$

$$\Phi_2 = \frac{2j\pi}{g} \pm \frac{2}{g}\arctan\phi_{2X}, \ j = 0, \pm 1, \pm 2, \cdots, \tag{3-80}$$

$$\Phi_3 = \frac{(2j+1)\pi}{g} \pm \frac{4}{g}\arctan\phi_{3X}, \ j = 0, \pm 1, \pm 2, \cdots \tag{3-81}$$

和

$$\Phi_4 = \frac{(2j+1)\pi}{g} \pm \frac{2}{g}\arctan\phi_{4X}, \ j = 0, \pm 1, \pm 2, \cdots \tag{3-82}$$

均是 sG 方程的行波解.

利用上述映射定理和 ϕ^4 方程的已知行波解不难得到 sG 方程的下述六种类型的实周期波解

$$\Phi_a = \frac{2j\pi}{g} \pm \frac{4}{g}\arctan\left[\sqrt{k}\operatorname{sn}\frac{\sqrt{mg}(X - X_0)}{1 + k}\right], \tag{3-83}$$

$$\Phi_b = \frac{2j\pi}{g} \pm \frac{2}{g}\arctan\left[\frac{k}{\sqrt{1 - k^2}}\operatorname{cn}\sqrt{mg}(X - X_0)\right], \tag{3-84}$$

$$\Phi_c = \frac{(2j+1)\pi}{g} \pm \frac{2}{g}\arctan\left[\frac{1}{\sqrt[4]{1 - k^2}}\operatorname{dn}\frac{\sqrt{mg}(X - X_0)}{\sqrt{2 + 2\sqrt{1 - k^2} - k^2}}\right], \tag{3-85}$$

$$\Phi_d = \frac{(2j+1)\pi}{g} \pm \frac{4}{g}\arctan\left[\sqrt{k}\operatorname{sn}\frac{\sqrt{-mg}(X - X_0)}{1 + k}\right], \tag{3-86}$$

$$\Phi_e = \frac{(2j+1)\pi}{g} \pm \frac{2}{g}\arctan\left[\frac{k}{\sqrt{1 - k^2}}\operatorname{cn}(\sqrt{-mg}(X - X_0))\right], \tag{3-87}$$

$$\Phi_f = \frac{2j\pi}{g} \pm \frac{4}{g}\arctan\left[\frac{1}{\sqrt[4]{1-k^2}}\mathrm{dn}\frac{\sqrt{-mg}(X-X_0)}{\sqrt{2+2\sqrt{1-k^2}-k^2}}\right], \tag{3-88}$$

其中任意常数 k 为 Jacobi 椭圆函数的模. 周期波 Φ_a, Φ_b, Φ_c 的实解条件为 $\{k^2 < 1, m > 0\}$, Φ_d, Φ_e, Φ_f 的实条件为 $\{k^2 < 1, m < 0\}$.

当 $k \to 1$ 时, 只有解 (3-83) 和 (3-86) 趋向于非常数解, 即 sG 方程只有扭结型孤子解.

3.4.2 双 sine-Gordon 方程的行波解

$n+1$ 维双 sine-Gordon(DsG) 方程

$$\sum_{j=1}^{n}\varphi_{x_j x_j} - \varphi_{tt} + \alpha\sin(g\varphi) + \beta\sin(2g\varphi) = 0 \tag{3-89}$$

的行波约化为

$$\varphi_{XX} + \alpha\sin(g\varphi) + \beta\sin(2g\varphi) = 0, \quad X = \frac{\sum_{i=1}^{n}k_i x_i - \omega t}{\sqrt{\sum_{i=1}^{n}k_i^2 - \omega^2}}. \tag{3-90}$$

显然, 如果知道了 DsG 方程的解, 要知道相应的 sG 方程的解只要取极限 $\alpha \to 0$ 或 $\beta \to 0$ 即可. 然而如果要从简单的 sG 方程的解形变到相对复杂的 DsG 方程的解则要困难得多. 对于行波解, 这个形变关系可以简单地由下述形变定理给定:

定理 3.4.2 如果 Φ_1, Φ_2 是行波 sG 方程

$$\Phi_{1X}^2 - \frac{2m}{g}\cos(g\Phi_1) + \frac{4\alpha^2 + 4m^2 - \beta^2}{4g\alpha} = 0 \tag{3-91}$$

和

$$\Phi_{2X}^2 - \frac{2m}{g}\cos(g\Phi_2) + \frac{4\alpha^2 + 2m^2 - 6m\alpha - \beta^2}{g(\alpha - m)} = 0 \tag{3-92}$$

的解, 则

$$\varphi_1 = \frac{4j\pi}{g} \pm \frac{4}{g}\arctan\left[\sqrt{\frac{\beta + 2m + 2\alpha}{\beta + 2m - 2\alpha}}\tan\left(\frac{g}{2}\Phi_1\right)\right], \tag{3-93}$$

$$\varphi_2 = \frac{2(2j+1)\pi}{g} \pm \frac{4}{g}\arctan\left[\sqrt{\frac{2m+2\alpha-\beta}{2m-\beta-2\alpha}}\tan\left(\frac{g}{2}\Phi_1\right)\right], \tag{3-94}$$

$$\varphi_3 = \frac{4j\pi}{g} \pm \frac{4}{g}\arctan\left[\sqrt{\frac{\beta-2m+2\alpha}{\beta+2m-2\alpha}}\tan\left(\frac{g}{4}\Phi_2\right)\right] \tag{3-95}$$

和

$$\varphi_4 = \frac{2(2j+1)\pi}{g} \pm \frac{4}{g} \arctan\left[\sqrt{\frac{2\alpha - \beta - 2m}{2m - \beta - 2\alpha}} \tan\left(\frac{g}{4}\Phi_2\right)\right], \quad (3\text{-}96)$$

$j = 0, \pm 1, \pm 2, \cdots$ 均是 DsG 方程 (3-89) 的解.

类似于 sG 模型, 我们也可以建立 ϕ^4 和 DsG 方程的行波解之间的映射关系:

定理 3.4.3 如果 ϕ_1 和 ϕ_2 是行波 ϕ^4 方程

$$\phi_{1X}^2 = -\left(\frac{1}{2}g\beta - 2C_1 + g\alpha\right)\phi_1^2 - \frac{1}{2}(\beta g - 2C_1)\phi_2^4 + C_1 \quad (3\text{-}97)$$

和

$$\phi_{2X}^2 = -\left(g\alpha - \frac{1}{2}g\beta - 2C_1\right)\phi_2^2 + \frac{1}{2}(\beta g + 2C_1)\phi_2^4 + C_1 \quad (3\text{-}98)$$

的解, 则

$$\varphi_1 = \frac{4j\pi}{g} \pm 4g \arctan \phi_1, \quad j = 0, \pm 1, \pm 2, \cdots \quad (3\text{-}99)$$

和

$$\varphi_2 = \frac{2(2j+1)\pi}{g} \pm 4g \arctan \phi_2, \quad j = 0, \pm 1, \pm 2, \cdots \quad (3\text{-}100)$$

是 DsG 方程 (3-89) 的解.

从形变定理 3.4.2 或映射定理 3.4.3 及 sG 方程和 ϕ^4 方程的已知解很容易得到 DsG 方程的可能周期波解. 如

$$\varphi_a = \frac{4j\pi}{g} \pm 4g \arctan\left\{\sqrt{\frac{(1+k^2)\beta + \Delta_a}{2(2\alpha + \beta)}}\right.$$

$$\left.\times \operatorname{sn} \frac{\sqrt{\left[(1+k^2)\alpha - \frac{1}{2}\Delta_a\right]g(X - X_0)}}{1 - k^2}\right\}, \quad (3\text{-}101)$$

$$\varphi_b = \frac{4j\pi}{g} \pm 4g \arctan\left\{\sqrt{\frac{(2k^2 - 1)\beta + \Delta_b}{(1 - k^2)(\beta - 2\alpha)}}\right.$$

$$\left.\times \operatorname{cn}\left[\sqrt{\left[(1 - 2k^2)\alpha + \frac{1}{2}\Delta_b\right]g(X - X_0)}\right]\right\}, \quad (3\text{-}102)$$

3.4 行波形变映射法

$$\varphi_c = \frac{4j\pi}{g} \pm 4g\arctan\left\{\sqrt{\frac{(k^2-2)\beta+\Delta_c}{2(2\alpha-\beta)}}\right.$$

$$\left.\times \mathrm{tn}\left[\frac{1}{k^2}\sqrt{\left[(k^2-2)\alpha-\frac{1}{2}\Delta_c\right]g}(X-X_0)\right]\right\}, \qquad (3\text{-}103)$$

其中 tn = sn/cn, k 是 Jacobi 椭圆函数的模及

$$\Delta_a = \delta\sqrt{\beta^2(1-k^2)^2+16k^2\alpha^2}, \qquad \delta^2=1,$$

$$\Delta_b = \delta\sqrt{\beta^2-16k^2\alpha^2(1-k^2)}, \qquad \delta^2=1,$$

$$\Delta_c = \delta\sqrt{\beta^2 k^4-16(1-k^2)\alpha^2}, \qquad \delta^2=1.$$

将上述周期波解作替换

$$\frac{4j\pi}{g} \leftrightarrow \frac{2(2j+1)\pi}{g}, \qquad \beta \leftrightarrow -\beta$$

后得到的结果仍然是 DsG 方程的周期波解.

当 $k=1$ 时, 上述周期波成为三种不同类型的孤立波:

$$\varphi_{s1} = \frac{4j\pi}{g} \pm 4g\arctan\left\{\sqrt{\frac{2\alpha+\beta}{2\alpha-\beta}}\right.$$

$$\left.\times\tanh\left[\sqrt{\frac{(4\alpha^2-\beta^2)g}{16\alpha}}(X-X_0)\right]\right\}, \qquad (3\text{-}104)$$

$$\varphi_{s2} = \frac{4j\pi}{g} \pm 4g\arctan\left\{\sqrt{\frac{2\alpha+\beta}{-\beta}}\right.$$

$$\left.\times\mathrm{sech}\left[\sqrt{-\alpha g-\frac{1}{2}\beta g}(X-X_0)\right]\right\}, \qquad (3\text{-}105)$$

$$\varphi_{s3} = \frac{4j\pi}{g} \pm 4g\arctan\left\{\sqrt{\frac{\beta}{\beta-2\alpha}}\right.$$

$$\left.\times\sinh\left[\sqrt{\frac{1}{2}\beta g-\alpha g}(X-X_0)\right]\right\}. \qquad (3\text{-}106)$$

3.4.3 ϕ^6 模型的行波解

在很多情况下, 即使是对多项式系统的非线性方程, 前面的函数展开法也不是可以直接使用的, 如 ϕ^6 方程

$$\sum_{j=1}^{n}\Phi_{x_jx_j} - \Phi_{tt} + \lambda\Phi + \mu\Phi^3 + \xi\Phi^5 = 0. \tag{3-107}$$

显然, 如果知道了 ϕ^6 方程的解只要取极限 $\xi \to 0$ 即可得到 ϕ^4 方程的解. 反之, 要将 ϕ^4 方程的解形变到 ϕ^6 方程的解则不是一件平庸的事. 对行波解, (3-107) 简化为

$$\Phi_{XX} + \lambda\Phi + \mu\Phi^3 + \xi\Phi^5 = 0, \quad X = \frac{\sum_{i=1}^{n}k_ix_i - \omega t}{\sqrt{\sum_{i=1}^{n}k_i^2 - \omega^2}}. \tag{3-108}$$

可以由下述形变定理从 ϕ^4 的行波解得到 ϕ^6 的行波解:

定理 3.4.4 如果 $\phi_1, \phi_2, \phi_3, \phi_4$ 是 ϕ^4 行波方程

$$\phi_X^2 + \lambda_0\phi^2 + \mu_0\phi^4 + C_0 = 0 \tag{3-109}$$

的解, 则

$$\Phi_1 = \pm\sqrt{\frac{\phi_1 + a_1}{b_1\phi_1 + c_1}}, \tag{3-110}$$

$$\Phi_2 = \pm\frac{1}{\sqrt{b_2\phi_2^2 + c_2}}, \tag{3-111}$$

$$\Phi_3 = \pm\frac{\phi_3}{\sqrt{b_3\phi_3^2 + c_3}}, \tag{3-112}$$

$$\Phi_4 = \pm\sqrt{\frac{\phi_4^2 + a_4}{b_4\phi_4^2 + c_4}} \tag{3-113}$$

是 ϕ^6 行波方程 (3-108)

$$\Phi_{iXX} + \lambda_i\Phi_i + \mu_i\Phi_i^3 + \xi_i\Phi_i^5 = 0 \tag{3-114}$$

的解, 其中

$$\lambda_1 = \frac{3a_1^2(a_1b_1 + c_1)\mu_0 + (c_1 + 5a_1b_1)\lambda_0}{4(c_1 - a_1b_1)},$$

$$\mu_1 = \frac{a_1(a_1b_1c_1 + a_1^2b_1^2 + c_1^2)\mu_0 + b_1(c_1 + 2a_1b_1)\lambda_0}{a_1b_1 - c_1},$$

$$\xi_1 = \frac{3(a_1b_1+c_1)(2b_1^2\lambda_0+(a_1^2b_1^2+c_1^2)\mu_0)}{8(c_1-a_1b_1)},$$

$$a_1^2 = \frac{-\lambda_0 \pm \sqrt{\lambda_0^2-2C_0\mu_0}}{\mu_0},$$

$$\lambda_2 = \frac{2b_2\lambda_0-3c_2\mu_0}{2b_2},$$

$$\mu_2 = -\frac{-2b_2^2C_0+4b_2c_2\lambda_0-3c_2^2\mu_0}{b_2},$$

$$\xi_2 = \frac{3c_2(-2b_2^2C_0-c_2^2\mu_0+2b_2c_2\lambda_0)}{2b_2},$$

$$\lambda_3 = \frac{c_3\lambda_0-3b_3C_0}{c_3},$$

$$\mu_3 = -\frac{-6b_3^2C_0+4b_3c_3\lambda_0-c_3^2\mu_0}{c_3},$$

$$\xi_3 = \frac{3b_3(-2b_3^2C_0-c_3^2\mu_0+2b_3c_3\lambda_0)}{2c_3},$$

$$\lambda_4 = \frac{2(c_4+2a_4b_4)\lambda_0-3a_4(c_4+a_4b_4)\mu_0}{2(c_4-a_4b_4)},$$

$$\mu_4 = \frac{-2b_4(2c_4+a_4b_4)\lambda_0+(c_4^2+4a_4b_4c_4+a_4^2b_4^2)\mu_0}{c_4-a_4b_4},$$

$$\xi_4 = \frac{3b_4c_4[2b_4\lambda_0-(c_4+a_4b_4)\mu_0]}{2(c_4-a_4b_4)},$$

$$a_4 = \frac{\lambda_0 \pm \sqrt{\lambda_0^2-2\mu_0C_0}}{\mu_0}.$$

利用上述形变定理和 ϕ^4 的已知周期波解很容易得到 ϕ^6 的不同类型的周期波解:

周期解一:

$$\Phi_{p1} = \pm\sqrt{\frac{\text{sn}(kX,m)+a}{b\,\text{sn}(kX,m)+c}}, \tag{3-115}$$

$$k^2 = \frac{4(a-c)a^2\lambda}{a^2(2a^2c+a+3c)m^2-4c+a^3+3ca^2-6a},$$

$$b = -\frac{\mu[a^2(2a^2c+a+3c)m^2-4c+a^3+3ca^2-6a]}{4\lambda[ca^2(ca^2+c+a)m^2+a^2c^2-c^2-2a^2-2ca+ca^3]},$$

$$a = \pm 1, \quad \pm\frac{1}{m},$$

其中五个常数 c, m, ξ, λ 和 μ 满足条件

$$16\xi[(a^2(a^2+1)c^2+ca^3)m^2+(a^2-1)c^2+a(a^2-2)c-2a^2]^2\lambda$$

$$-[a^2(2ca^2+a+3c)m^2+a^3-4c+3ca^2-6a][(a^2-1)c^3$$
$$+(a^2(2a^2+1)c^3+3a^3c^2)m^2+3a(a^2-1)c^2-3a^2(a+c)]\mu^2=0.$$

周期解二：

$$\Phi_{p2}=\pm\sqrt{\frac{\operatorname{sn}^2(kX,m)+a}{b\operatorname{sn}^2(kX,m)+c}}, \tag{3-116}$$

$$k^2=\frac{(a-c)a\lambda}{a(2c-a^2)m^2+3c+2ac+2a},$$

$$b=-\frac{a\mu[a(2c-a^2)m^2+3c+2ac+2a]}{2\lambda[ac(a+c-a^2)m^2+3ac+c^2(a+1)+a^2(c+1)]},$$

$$a=-1,\ -\frac{1}{m^2},$$

其中六个常数 a,c,m,ξ,λ 和 μ 满足

$$[ac(a-2)m^2-3a-2ac-2c]ac[a(-a^2+2c)m^2+3c+2ac+2a]\mu^2$$
$$+4\xi\lambda[ac(c-a^2+a)m^2+3ac+c^2a+c^2+a^2+ca^2]^2=0.$$

周期解三：

$$\Phi_{p3}=\pm\sqrt{\frac{2[(1+m^4-m^2)k^2-\lambda^2]}{3\mu km^2\operatorname{sn}^2(\sqrt{k}X,m)-\mu[(m^2+1)k-\lambda]}}, \tag{3-117}$$

其中常数 k,m,ξ,λ 和 μ 满足

$$4\xi(1-m^2+m^4)^2k^4-\mu^2(m^2-2)(2m^2-1)(m^2+1)k^3$$
$$+\lambda(1-m^2+m^4)(3\mu^2-8\xi\lambda)k^2-\lambda^3(\mu^2-4\xi\lambda)=0.$$

周期解四：

$$\Phi_{p4}=\pm\operatorname{sn}(\sqrt{k}X,m)\sqrt{\frac{2k^2(m^4-m^2+1)-2\lambda^2}{\mu[k(m^2+1)-\lambda]\operatorname{sn}(kX,m)+3k\mu}}, \tag{3-118}$$

其中常数 k,m,ξ,λ 和 μ 之间的约束条件为

$$4\xi[k^2(1-m^2+m^4)-\lambda^2]^2-\mu^2[\lambda-k(m^2+1)]$$
$$\times[\lambda+k(2-m^2)][\lambda-k(1-2m^2)]=0.$$

3.4 行波形变映射法

周期解五：

$$\Phi_{p5} = \pm\sqrt{\frac{\operatorname{cn}(kX,m) \pm 1}{b\,\operatorname{cn}(kX,m) + c}}, \tag{3-119}$$

$$k^2 = \frac{4(\pm c - 1)\lambda}{5 \pm c - 4(1 \mp c)m^2},$$

$$b = \frac{\mu[4(1 \mp c)\mu m^2 - (5 \pm c)]}{4\lambda[2m^2(c^2 - 1) + 2 \pm c]},$$

其中 c 和 m 为任意常数.

周期解六：

$$\Phi_{p6} = \pm\operatorname{cn}(\sqrt{k}X,m)\sqrt{\frac{bkm^2}{b^2km^2\operatorname{cn}^2(\sqrt{k}X,m) - b\mu - b^2\lambda - \xi}}, \tag{3-120}$$

$$k = \frac{3\mu b + 4b^2\lambda + 2\xi}{2b^2(2m^2 - 1)},$$

其中常数 b, m, ξ, λ 和 μ 满足

$$4\xi^2(m^4 - m^2 + 1) + 2b[8b\lambda(m^4 - m^2 + 1) + \mu(2m^4 - 2m^2 + 5)]\xi$$
$$+ 3b^2[2b\lambda - \mu(m^2 - 2)][2b\lambda + \mu(1 + m^2)] = 0.$$

周期解七：

$$\Phi_{p7} = \pm\sqrt{\frac{2\operatorname{cn}^2(\sqrt{k}X,m)(16\lambda^2 - k^2(1 + m^4 + 14m^2))}{4\mu[A_1\operatorname{sn}^2(\sqrt{k}X,m) \pm (m^2 - 1)\operatorname{sn}(\sqrt{k}X,m) + A_2]}}, \tag{3-121}$$

其中 $A_1 = 4\lambda - k + 5km^2$, $A_2 = km^2 - 5k - 4\lambda$, 常数 k, m, ξ, λ 和 μ 之间的关系由下式决定

$$2\mu^2(2\lambda + k + km^2)[(4\lambda - k - km^2)^2 - 36m^2k^2]$$
$$-\xi[16\lambda^2 - k^2(1 + m^4 + 14m^2)]^2 = 0.$$

特别地当 $m \to 1$ 时上述周期解均退化成单孤立波解或真空解 (常数解):

非对称扭结孤波.

当 $m = 1$ 时, 周期解 Φ_{p1} 成为非对称 ($\Phi(+\infty) \neq \Phi(-\infty)$) 扭结解

$$\Phi_{s1} = \pm\sqrt{\frac{2\lambda(1 + ac)[(a + 1)\exp(2\sqrt{-\lambda}X) + (a - 1)]}{\mu(1 - c)\{1 + \exp[2\sqrt{-\lambda}X + \ln(c + 1) - \ln(c - 1)]\}}}, \tag{3-122}$$

$$a = \pm 1, \quad \xi = \frac{3\mu^2}{16\lambda}.$$

上述类型的非对称扭结解仅当 $\xi = \frac{3\mu^2}{16\lambda}, \lambda < 0$ 成立时存在. 根据 "±" 和 a 的不同选择, (3-122) 代表了四种可能的非对称扭结结构.

对称扭结孤波.

当 $m = 1$ 时, 周期解 Φ_{p4} 成为对称 ($\Phi(+\infty) = \Phi(-\infty)$) 扭结解

$$\Phi_{s2} = \pm \tanh(\sqrt{k}X)\sqrt{\frac{2(k^2 - \lambda^2)}{\mu[(2k - \lambda)\tanh^2(\sqrt{k}X) - 3k]}}, \tag{3-123}$$

$$k = \frac{-\mu^2 + 4\xi\lambda \pm \mu\sqrt{\mu^2 - 4\xi\lambda}}{4\xi}.$$

上述类型的对称扭结孤波的存在条件, 即实解条件为

$$k > 0, \quad \mu^2 > 4\xi\lambda, \quad \frac{\lambda^2 - k^2}{\mu} > 0, \quad 3k > |2k - \lambda|.$$

在零边界条件下的铃形或钟形孤波.

当 $m = 1$ 时, 周期解 Φ_{p6} 成为零边界条件 ($\Phi_{X \to 0} \longrightarrow 0$) 下的铃形或钟形孤波解

$$\Phi_{s3} = \pm \frac{6\text{sech}(\sqrt{-\lambda}X)}{\sqrt{6\sqrt{\frac{9\mu^2}{\lambda^2} - \frac{48\xi}{\lambda}} - \left(\frac{9\mu}{\lambda} + 3\sqrt{\frac{9\mu^2}{\lambda^2} - \frac{48\xi}{\lambda}}\right)\text{sech}^2(\sqrt{-\lambda}X)}}. \tag{3-124}$$

上述孤波解的存在条件为

$$\lambda < 0, \quad \frac{9\mu^2}{\lambda^2} - \frac{48\xi}{\lambda} > 0, \quad \frac{\lambda^2 - k^2}{\mu} > 0.$$

若 $\frac{3\mu}{\lambda} + \sqrt{\frac{9\mu^2}{\lambda^2} - \frac{48\xi}{\lambda}} > 0$, 则还需要有条件 $\xi > 0$.

在非零边界条件下的铃形或钟形孤波.

当 $m = 1$ 时, 周期解 Φ_{p5} 成为非零边界条件 ($\Phi_{X \to 0} \longrightarrow 0$) 下的铃形或钟形孤波解

$$\Phi_{s4} = \pm\sqrt{\frac{-4c\lambda(a + 2c)[\text{sech}(kX) + a]}{\mu(1 + 5ac)[\text{sech}(kX) + c]}}, \tag{3-125}$$

$$c = \frac{9\mu^2 - 32\xi\lambda \pm 6\mu\sqrt{\mu^2 - 4\xi\lambda}}{a(64\xi\lambda - 15\mu^2)},$$

$$a^2 = 1, \quad k^2 = \frac{4\lambda(ac - 1)}{1 + 5ac}.$$

上述孤波解的存在条件为

$$\mu^2 - 4\xi\lambda > 0, \quad k^2 > 0.$$

显然, ϕ_{4s} 在 $x \to \pm\infty$ 的边界值

$$\Phi_{s4}(\infty) = \pm\sqrt{\frac{-4c\lambda(1+2ac)}{c\mu(1+5ac)}}$$

不为零.

用本节给出的行波形变映射方法可以很方便地从一个简单模型的解给出大量非线性系统的行波解. 有意义的是行波形变映射法的思想和方法可以被有效地推广到寻求许多非线性系统的非行波解, 具体的将在第八章中讨论.

第四章 多线性分离变量法

在线性科学中, 分离变量法是一种最基本的研究方法. 然而, 这种方法不能直接应用于非线性科学. 为了将分离变量法推广到非线性科学领域, 各国的数学和物理学家作出了许多努力. 特别是中国学者在这方面做出了非常重要的工作, 这一章和下面两章将讨论分离变量法的三个方向的主要发展. 本章重点介绍第一种由我们建立、完善和发展起来的多线性分离变量法.

本章分为三大部分. 第一大部分主要介绍多线性分离变量法. 首先概括性地讨论了多线性分离变量法求解非线性系统的一般过程. 然后详细给出了非线性 DS 和 Boiti-Leon-Manna-Pempinelli(BLMP) 系统用多线性分离变量法求解的具体过程. 接着罗列了其他一些非线性系统的多线性分离变量解, 这些系统都是在某些意义下可积的. 事实上, 多线性分离变量法不仅可以求解可积的非线性系统, 而且可以求解不可积的非线性系统, 4.2.4 节讨论了 2+1 维不可积 KdV 系统的多线性分离变量解. 最后给出了 3+1 维 Burgers 系统的多线性分离变量解.

第二大部分主要介绍多线性分离变量法的二类一般推广. 其中, 第一类推广是通过推广多线性分离变量法的第一步实现的. 对于多线性分离变量法, 把非线性系统的场量仅按一个任意函数展开并由此给出多线性方程, 因而此多线性方程仅是关于单个函数的. 对于第一类一般多线性分离变量法, 把非线性系统的场量按多个任意函数 (主要考虑了两个函数的情况) 展开由此得到关于多个函数的多线性方程. 对这些任意函数做相同的变量分离假设, 从而解得第一类一般多线性分离变量解. 利用第一类一般多线性分离变量法主要求解修正 NNV 系统和 2+1 维 sG 系统. 第二类推广是通过推广多线性分离变量法的第二步骤实现的, 即推广变量分离假设. 4.3.2 节中将给出具体的推广的变量分离假设表示式从而得到第二类一般多线性分离变量解. 第二类推广方法主要求解长波色散方程、BKK 系统、高阶 BKK 系统和 2+1 维势 Burgers 系统.

第三大部分的主要内容是非线性激发模式. 在多线性分离变量解的通式中包含了低维任意函数, 适当选取低维任意函数的具体形式就可以构造得到丰富的高维非线性激发模式, 并且研究了各种模式的相互作用行为.

4.1 多线性分离变量法

多线性分离变量法可以求解大量的 2+1 维、一些 1+1 维和 3+1 维非线性系

4.1 多线性分离变量法

统. 在此以 2+1 维非线性系统为例, 概括性地给出多线性分离变量法求解非线性系统的一般过程.

用多线性分离变量法求解 2+1 维非线性系统

$$F(u, u_x, u_y, u_t, \cdots) = 0, \tag{4-1}$$

可以分为以下四个步骤:

步骤 1. 多线性化非线性系统 (4-1).

把解 u 展开为

$$u = \sum_{i=0}^{\alpha} u_i f^{i-\alpha}, \tag{4-2}$$

其中 u_i 和 f 是 $\{x,y,t\}$ 的函数, α 是正整数. u_α 是非线性系统 (4-1) 的任意种子解. $u_i(i \neq \alpha)$ 和 α 都可由 Painlevé 测试的领头项分析得到. 把式 (4-2) 代入 (4-1) 得多线性化方程

$$F'(f, f_x, f_y, f_t, \cdots) = 0. \tag{4-3}$$

步骤 2. 做变量分离假设.

假设函数 f 的形式是

$$\begin{aligned}f &= a_0 + a_1 p(x,t) + a_2 q(y,t) + a_3 p(x,t) q(y,t) \\ &\equiv a_0 + a_1 p + a_2 q + a_3 pq,\end{aligned} \tag{4-4}$$

其中 p 和 q 分别是 $\{x,t\}$ 和 $\{y,t\}$ 的函数, a_0, a_1, a_2 和 a_3 是常数 (也可以是 t 的函数). 把上式代入 (4-3) 得

$$G(p, q, p_t, q_t, p_x, q_y, \cdots) = 0. \tag{4-5}$$

显然, 上式是关于变量分离函数 p 和 q 及其导数的一个方程. 假设 (4-4) 的提出为多线性分离变量法的建立打下了本质的基础. 当 p 和 q 都取作行波型指数形式时, (4-4) 就成为 Hirota 方法的二孤子假设.

步骤 3. 分离方程 (4-5).

在分离方程 (4-5) 过程中, 要求函数 p 和 q 分别满足变量分离方程

$$G_1(p, p_x, p_t, \cdots) = 0, \tag{4-6}$$

$$G_2(q, q_y, q_t, \cdots) = 0. \tag{4-7}$$

若函数 (模型的种子解或者来自其他途径如任意积分函数等) 是关于 $\{x,t\}$ 的, 那么这个函数就会出现在方程 (4-6) 中, 否则就出现在方程 (4-7) 中. 即, 方程 (4-6) 中的函数的自变量只能是 $\{x,t\}$ 或者 t, 而方程 (4-7) 中的函数的自变量只能是 $\{y,t\}$ 或

者 t. 如何将方程 (4-5) 分离成 (4-6) 和 (4-7) 是多线性分离变量法的难点. 一旦解决了这个难点, 多线性分离变量法就基本上成功了.

步骤 4. 求解变量分离方程 (4-6) 和 (4-7)

在求解变量分离方程 (4-6) 和 (4-7) 的时候采用了一个非常巧妙的方法. 不失一般性, 假定方程 (4-6) 中含有一任意函数 $h = h(x,t)$, 则在求解该方程时求解出 h 而不是 p, 即用 p 来表示 h. 可见, h 的任意性转移给了 p, 即 p 是任意的. 类似地, 可以用 q 来表示一个关于 $\{y,t\}$ 的函数.

完成以上四个步骤后就可得到非线性系统 (4-1) 的多线性分离变量解, 往往可以得到一个相当普适的公式 (见 4.2 节中的公式 (4-26)).

4.2 节中将具体讨论如何采用以上四个基本步骤得到非线性系统的多线性分离变量解.

需要指出的是, 虽然以上的讨论仅针对单个方程的情形, 但是对于方程组的求解步骤是完全类似的. 唯一不同的是可能会同时得到多个任意函数且分别出现在几个变量分离方程中. 用多线性分离变量法求解 3+1 维系统的主要步骤也是类似的.

4.2 多线性分离变量解

首先以非线性 DS 和 BLMP 系统为例, 给出多线性分离变量法求解的详细具体的过程. 然后简单罗列了其他一些非线性系统的多线性分离变量解, 这些系统都是在某些意义下可积的. 当然, 不可积非线性系统也可以用多线性分离变量法求解, 但是至今我们只研究了 2+1 维不可积 KdV 系统的多线性分离变量解. 最后讨论 3+1 维 Burgers 系统的多线性分离变量解.

4.2.1 DS 系统的多线性分离变量解

对于 DS 系统

$$iu_t + \frac{1}{2}(u_{xx} + u_{yy}) + \alpha|u|^2 u - uv = 0, \tag{4-8a}$$

$$v_{xx} - v_{yy} - 2\alpha(|u|^2)_{xx} = 0, \tag{4-8b}$$

通过简单而标准的截断 Painlevé 计算可知, 场量 u 和 v 具有如下展开形式

$$u = \frac{g}{f} + u_0, \quad v = v_0 - \frac{f_{x'x'} + 2f_{x'y'} + f_{y'y'}}{f} + \frac{f_{x'}^2 + 2f_{x'}f_{y'} + f_{y'}^2}{f^{-2}}, \tag{4-9}$$

其中 $x' = \frac{x+y}{\sqrt{2}}, y' = \frac{x-y}{\sqrt{2}}$, f 是实函数, g 是复函数, $\{u_0, v_0\}$ 是 DS 系统的任意种子解.

4.2 多线性分离变量解

把 (4-9) 式代入 (4-8) 可得双线性方程组

$$(D_{x'x'} + D_{y'y'} + 2iD_t)g \cdot f + u_0(D_{x'x'} + 2D_{x'y'} + D_{y'y'})f \cdot f$$
$$+2\alpha u_0 gg^* + 2\alpha u_0^2 g^* f - 2v_0 gf + G_1 fg = 0, \tag{4-10}$$

$$2(D_{x'y'} + \alpha|u_0|^2)f \cdot f + 2\alpha gh + 2\alpha gfu_0^* + 2\alpha u_0 g^* f - G_1 ff = 0, \tag{4-11}$$

其中 D 是双线性算子[100]，定义为

$$D_x^m A \cdot B \equiv (\partial_x - \partial_{x_1})^m A(x)B(x_1)|_{x_1=x},$$

G_1 满足方程

$$-16\alpha(u_{0x'} + u_{0y'})(u_{0x'}^* + u_{0y'}^*) + G_{1x'x'} + G_{1y'y'} + 2G_{1x'y'}$$
$$-4\alpha(D_{x'x'} + D_{y'y'} + 2D_{x'y'})u_0 \cdot u_0^* = 0. \tag{4-12}$$

为了简化起见，在后文中略去空间变量上的撇 "′".

为进一步讨论，选取 DS 系统的种子解为

$$u_0 = G_1 = 0, \qquad v_0 = p_0(x,t) + q_0(y,t), \tag{4-13}$$

其中 $p_0 \equiv p_0(x,t), q_0 \equiv q_0(y,t)$ 分别是 $\{x,t\}$ 和 $\{y,t\}$ 的任意函数.

接着做变量分离假设，取 f 为式 (4-4)，g 为

$$g = p_1 q_1 \exp(ir + is), \tag{4-14}$$

其中 $p_1 \equiv p_1(x,t), q_1 \equiv q_1(y,t), r \equiv r(x,t)$ 和 $s \equiv s(y,t)$ 都是实函数. 如果 p, q, p_1 和 q_1 是指数函数的形式，那么变量分离假设就是两线孤子 (或单 dromion) 解的假设形式. 把 (4-4) 和 (4-14) 代入双线性方程组 (4-10)~(4-11) 后分离其实部和虚部，得

$$2\Delta p_x q_y + \alpha p_1^2 q_1^2 = 0, \tag{4-15}$$

$$[q_1 p_{1xx} + p_1 q_{1yy} - p_1 q_1(2r_t + 2s_t + 2(p_0 + q_0) + s_y^2 + r_x^2)]$$
$$\times (a_0 + a_1 p + a_2 q + a_3 pq) + q_1(a_1 + a_3 q)(p_1 p_{xx} - 2p_{1x} p_x)$$
$$+ p_1(a_3 p + a_2)(q_1 q_{yy} - 2q_{1y} q_y) = 0, \tag{4-16}$$

$$[-q_1(2r_x p_{1x} + 2p_{1t} + p_1 r_{xx}) - p_1(2s_y q_{1y} + 2q_{1t} + q_1 s_{yy})]$$
$$\times (a_0 + a_1 p + a_2 q + a_3 pq) + 2q_1 p_1(q_t + s_y q_y)(a_3 p + a_2)$$
$$+ 2q_1 p_1(r_x p_x + p_t)(a_1 + a_3 q) = 0. \tag{4-17}$$

因为 p_0, p, p_1 和 r 都只是关于 $\{x,t\}$ 的函数而 q_0, q, q_1 和 s 都只是 $\{y,t\}$ 的函数，所以方程组 (4-15)~(4-17) 可以被分成以下三个变量分离方程组

$$\begin{cases} p_1 = \delta_1 \sqrt{-2\Delta\alpha^{-1} c_1^{-1} p_x}, \\ q_1 = \delta_2 \sqrt{c_1 q_y} \qquad (\delta_1^2 = \delta_2^2 = 1), \end{cases} \tag{4-18}$$

$$\begin{cases} p_t = -r_x p_x + c_2(a_2 + a_3 p)^2 + c_3(a_2 + a_3 p) - \Delta c_4, \\ q_t = -s_y q_y - c_4(a_1 + a_3 q)^2 - c_3(a_1 + a_3 q) + \Delta c_2, \end{cases} \quad (4\text{-}19)$$

$$\begin{cases} 4(2r_t + r_x^2 + 2p_0)p_x^2 + p_{xx}^2 - 2p_{xxx}p_x + c_5 p_x^2 = 0, \\ 4(2s_t + s_y^2 + 2q_0)q_y^2 + q_{yy}^2 - 2q_y q_{yyy} - c_5 q_y^2 = 0. \end{cases} \quad (4\text{-}20)$$

对于任意给定的 p_0 和 q_0, 要求解方程 (4-19) 和 (4-20) 是非常困难的. 根据上节的讨论可知, 可以换一个角度来求解这些方程组, 即认为 p 和 q 是任意的而从 (4-19) 和 (4-20) 中分别解出 p_0, q_0, r 和 s.

至此就解得了 DS 系统 (4-8) 的多线性分离变量解

$$u = \frac{\delta_1 \delta_2 \sqrt{-2\Delta \alpha^{-1} p_x q_y} \exp(ir + is)}{a_0 + a_1 p + a_2 q + a_3 pq}, \quad (4\text{-}21)$$

$$v = p_0 + q_0 - \frac{(a_2 + a_3 p)q_{yy} + (a_1 + a_3 q)p_{xx}}{a_0 + a_1 p + a_2 q + a_3 pq}$$

$$+ \frac{(a_2 + a_3 p)^2 q_y^2 - 2\Delta q_y p_x + (a_1 + a_3 q)^2 p_x^2}{(a_0 + a_1 p + a_2 q + a_3 pq)^2}, \quad (4\text{-}22)$$

其中 p 和 q 是任意函数, p_0 和 q_0 由 (4-20) 确定, r 和 s 满足方程 (4-19).

特别地, 场量 u 的模平方为

$$|u|^2 = U \alpha^{-1} \quad (4\text{-}23)$$

$$= \frac{\alpha^{-1} \Delta P_x Q_y}{2\left(\sqrt{a_0 a_3} \cosh \frac{1}{2}\left(P + Q + \ln \frac{a_3}{a_0}\right) + \sqrt{a_1 a_2} \cosh \frac{1}{2}\left(P - Q + \ln \frac{a_1}{a_2}\right)\right)^2}, \quad (4\text{-}24)$$

其中

$$p = e^P, \qquad q = e^Q, \quad (4\text{-}25)$$

$$U = \frac{2\Delta p_x q_y}{(a_1 + a_1 p + a_2 q + a_3 pq)^2}, \qquad \Delta = a_1 a_2 - a_0 a_3, \quad (4\text{-}26)$$

P 和 Q 分别是 $\{x,t\}$ 和 $\{y,t\}$ 的任意函数. (4-23) 表示了 DS 系统的场量 u 的模平方, 因此 $p, q, a_0, a_1, a_2, a_3, \alpha$ 之间需满足约束条件

$$\alpha \Delta p_x q_y > 0. \quad (4\text{-}27)$$

4.2.2 BLMP 系统的多线性分离变量解

BLMP 系统

$$q_t + q_{xxx} - 3(q\partial_y^{-1}q_x)_x = 0 \tag{4-28}$$

可以看作是 Nizhnik-Novikov-Veselov(NNV) 方程

$$q_t + q_{xxx} + q_{yyy} - 3(q\partial_y^{-1}q_x)_x - 3(q\partial_x^{-1}q_y)_y = 0 \tag{4-29}$$

的空间变量 $\{x,y\}$ 的非对称化形式. 文献 [158] 中研究了可积模型的共形不变性并由此给出一个可积的 sinh-Gordon 方程. BLMP 方程也可以写成方程组形式

$$q_t + q_{xxx} - 3(qr)_x = 0, \tag{4-30}$$

$$q_x = r_y. \tag{4-31}$$

上式也称为 2+1 维 KdV 方程或者非对称 NNV 方程.

这里讨论系统 (4-28) 的另一个形式, 即经替换 $q = w_y$ 得到的

$$w_{yt} + w_{xxxy} - 3w_{xx}w_y - 3w_x w_{xy} = 0. \tag{4-32}$$

为方便起见, 称其为势 BLMP 系统. (4-32) 的 Painlevé 分析、Lax 对和一些严格解在文献 [66] 中给予了详细讨论.

多线性分离变量法的第一步骤要求场量按某种形式展开, 计算后得

$$w = -2(\ln f)_x + w_0, \tag{4-33}$$

其中 $f \equiv f(x,y,t)$ 是所示变量的函数, $w_0 \equiv w_0(x,t)$ 是势 BLMP 系统的任意种子解. 把 (4-33) 代入 (4-32) 得三线性方程

$$(-f_{xyt} + 3f_{xxy}w_{0x} + 3f_{xy}w_{0xx} - f_{xxxxy})f^2 + [(-3f_{xx}w_{0x} + f_{xxxx})f_y$$
$$+(4f_{xxxy} - 6f_{xy}w_{0x} - 3f_y w_{0xx} + f_{yt})f_x + f_{xy}f_t + f_{xt}f_y - 2f_{xxx}f_{xy}]f$$
$$+6(f_y w_{0x} - f_{xxy})f_x^2 - 2(f_t f_y + f_{xxx}f_y - 3f_{xx}f_{xy})f_x = 0. \tag{4-34}$$

把上式关于 x 积分一次可得双线性方程

$$[D_y D_t + D_x^3 D_y - 3w_{0x}D_x D_y + h]f \cdot f = 0, \tag{4-35}$$

其中 $h \equiv h(y,t)$ 是积分函数.

把变量分离假设 (4-4), 其中 $a_i(i=0,1,2,3)$ 是 t 的函数而不仅仅是常数, 代入双线性方程 (4-35), 得

$$(a_3a_0 - a_1a_2)(-p_{xxx} - p_t + 3p_xw_{0x}) + (a_{1t}a_3 - a_{3t}a_1)p^2$$
$$+(a_{0t}a_3 - a_{3t}a_0 + a_{1t}a_2 - a_{2t}a_1)p - a_{2t}a_0 + a_{0t}a_2$$
$$+(a_3p + a_2)[(a_3p + a_2) - fq_y^{-1}\partial_y]q_t + \frac{1}{2}hq_y^{-1}f^2 = 0. \quad (4\text{-}36)$$

分离上述方程得两个变量分离方程

$$(a_3a_0 - a_1a_2)[(a_3a_0 - a_1a_2)(c_0 + c_1p + c_2p^2) + p_t$$
$$+p_{xxx} - 3p_xw_{0x}] - (a_{1t}a_3 - a_{3t}a_1)p^2 + a_{2t}a_0 - a_{0t}a_2$$
$$-(a_{0t}a_3 - a_{3t}a_0 + a_{1t}a_2 - a_{2t}a_1)p = 0, \quad (4\text{-}37)$$

$$q_t - c_1(a_1 + qa_3)(a_0 + a_2q) + c_2(a_0 + a_2q)^2 + c_0(a_1 + qa_3)^2 = 0 \quad (4\text{-}38)$$

以及条件

$$h = -2(a_3^2c_0 - a_2c_1a_3 + a_2^2c_2)q_y, \quad (4\text{-}39)$$

其中 c_0, c_1, c_2 是 t 的任意函数.

最后, 求解变量分离方程 (4-37)~(4-38). 类似地, 从方程 (4-37) 中解出 w_{0x},

$$w_{0x} = -\frac{1}{3}p_x^{-1}(a_3a_0 - a_1a_2)^{-1}\Big[(a_3a_0 - a_1a_2)(-p_{xxx} - p_t$$
$$-(a_3a_0 - a_1a_2)(c_0 + c_1p + c_2p^2)) + (a_{1t}a_3 - a_{3t}a_1)p^2$$
$$+(a_{0t}a_3 - a_{3t}a_0 + a_{1t}a_2 - a_{2t}a_1)p - a_{2t}a_0 + a_{0t}a_2\Big]. \quad (4\text{-}40)$$

方程 (4-38) 的一般解为

$$q = \frac{A_1}{A_3 + F} + A_2, \quad (4\text{-}41)$$

其中 F 是 y 的任意函数, $A_1 \equiv A_1(t), A_2 \equiv A_2(t), A_3 \equiv A_3(t)$ 与 c_0, c_1, c_2 之间满足关系

$$c_0 = \frac{a_2(a_0 + a_2A_2)A_{1t} + (a_0 + a_2A_2)^2A_{3t} - a_2^2A_1A_{2t}}{A_1(a_1a_2 - a_0a_3)^2}, \quad (4\text{-}42)$$

$$c_1 = \frac{(a_3a_0 + a_1a_2 + 2a_3a_2A_2)A_{1t} - 2a_3a_2A_1A_{2t}}{A_1(a_1a_2 - a_0a_3)^2}$$
$$+\frac{2(A_2a_3 + a_1)(a_0 + a_2A_2)A_{3t}}{A_1(a_1a_2 - a_0a_3)^2}, \quad (4\text{-}43)$$

$$c_2 = \frac{a_3(A_2a_3 + a_1)A_{1t} + (A_2a_3 + a_1)^2A_{3t} - A_{2t}A_1a_3^2}{A_1(a_1a_2 - a_0a_3)^2}. \quad (4\text{-}44)$$

至此得到了势 BLMP 系统 (4-32) 的多线性分离变量解

$$w = -\frac{2p_x(a_1+a_3q)}{a_0+a_1p+a_2q+a_3pq} + w_0, \qquad (4\text{-}45)$$

其中 p 是关于 $\{x,t\}$ 的任意函数, w_0, q 分别由 (4-40) 和 (4-41) 以及条件 (4-42)~(4-44) 确定. 把上述结果 (4-45) 对 y 求一次导数得式 (4-26), 即

$$u \equiv w_y = U. \qquad (4\text{-}46)$$

4.2.3 其他非线性系统的多线性分离变量解

上两小节里详细写出了用多线性分离变量法求解非线性系统的过程. 这一节里将忽略具体的计算过程而直接给出一些非线性系统的多线性分离变量解. 特别需要指出的是后面章节中提到的 U 都由式 (4-26) 表示.

1. NNV 系统

NNV 系统

$$u_t - au_{xxx} - bu_{yyy} + 3a(uv)_x + 3b(uw)_y = 0, \qquad (4\text{-}47)$$

$$u_x = v_y, \qquad u_y = w_x \qquad (4\text{-}48)$$

的多线性分离变量解为

$$u = U, \qquad (4\text{-}49)$$

$$v = \frac{2(a_1+a_3q)^2 p_x^2}{(a_0+a_1p+a_2q+a_3pq)^2} - \frac{2(a_1+a_3q)p_{xx}}{(a_0+a_1p+a_2q+a_3pq)} + v_0, \qquad (4\text{-}50)$$

$$w = \frac{2(a_2+a_3p)^2 q_y^2}{(a_0+a_1p+a_2q+a_3pq)^2} - \frac{2(a_2+a_3p)q_{yy}}{(a_0+a_1p+a_2q+a_3pq)} + w_0, \qquad (4\text{-}51)$$

其中 $p \equiv p(x,t)$ 和 $q \equiv q(y,t)$ 分别是 $\{x,t\}$ 和 $\{y,t\}$ 的任意函数, a_0, a_1, a_2, a_3 是任意常数, v_0, w_0 分别为

$$v_0 = (3ap_x)^{-1}[(a_1c_2+a_3c_0)p^2+(a_1c_1+a_2c_0+c_2a_0)p$$
$$-p_t+ap_{xxx}+c_1a_0], \qquad (4\text{-}52)$$

$$w_0 = (3bq_y)^{-1}[-(a_2c_2-a_3c_1)q^2+(a_1c_1+a_2c_0-c_2a_0)q$$
$$-q_t+bq_{yyy}+c_0a_0], \qquad (4\text{-}53)$$

这里 c_0, c_1, c_2 都是 t 的任意函数.

可以看出, NNV 系统的多线性分离变量解中的 p 和 q 不需要满足任何条件.

2. 2+1 维长波色散方程

2+1 维长波色散方程

$$u_{yt} + \eta_{xx} + u_x u_y + u u_{xy} = 0, \tag{4-54}$$

$$\eta_t + u_x + \eta u_x + u\eta_x + u_{xxy} = 0 \tag{4-55}$$

的多线性分离变量解为

$$v \equiv \eta + 1 = -U, \tag{4-56}$$

$$u = \pm \frac{2p_x(a_1 + a_3 q)}{a_0 + a_1 p + a_2 q + a_3 pq} + u_0, \tag{4-57}$$

其中 p 是 $\{x,t\}$ 的任意函数, $q \equiv q(y,t)$ 满足 Riccati 方程

$$q_t - a_0 c_0 - (a_1 c_1 + a_2 c_0 - a_0 c_2) q - (a_3 c_1 - a_2 c_2) q^2 = 0, \tag{4-58}$$

种子解 u_0 为

$$\begin{aligned}u_0 = -p_x^{-1}[p_t &\pm p_{xx} - a_0 c_1 - (a_1 c_1 + a_2 c_0 + a_0 c_2)p \\ &- (a_1 c_2 + a_3 c_0)p^2].\end{aligned} \tag{4-59}$$

3. $M+N$ 分量 AKNS 系统

一般 2+1 维 $M+N$ 分量 AKNS 系统

$$ip_{it} + p_{ixx} + p_i u_x = 0, \qquad i = 1, 2, \cdots, N, \tag{4-60}$$

$$-iq_{jt} + q_{jxx} + q_j u_x = 0, \qquad j = 1, 2, \cdots, M, \tag{4-61}$$

$$u_y + \sum_{i=1}^{N} \sum_{j=1}^{M} a_{ij} p_i q_j = 0 \tag{4-62}$$

的多线性分离变量解为

$$p_i = \frac{P_i}{f}, \qquad q_j = \frac{Q_j}{f}, \qquad u = \frac{2f_x}{f} + u_0,$$

其中 f 满足变量分离假设 (4-4),

$$P_i = F_{1i}(x,t) G_{1i}(y,t) \exp(iR_{1i}(x,t) + iS_{1i}(y,t)), \tag{4-63}$$

$$Q_j = F_{2j}(x,t) G_{2j}(y,t) \exp(-iR_{2j}(x,t) - iS_{2j}(y,t)), \tag{4-64}$$

$$G_{1i} = \frac{b_{1i}}{a_{1i}(t)} \sqrt{G_y}, \qquad G_{2j} = \frac{b_{2j}}{a_{2j}(t)} \sqrt{G_y}, \tag{4-65}$$

4.2 多线性分离变量解

$$F_{1i} = a_{1i}(t)\sqrt{F_x}, \quad F_{2j} = a_{2j}(t)\sqrt{F_x}, \tag{4-66}$$

$$S_{1i} = B + s_{1i}(y), \quad S_{2j} = B + s_{2j}(y), \tag{4-67}$$

$$R_{1ix} = R_{2jx} \equiv R_x = \frac{1}{2\Delta p_x}(a_2^2 \alpha_0 - \Delta p_t + a_2 \alpha_2 p + \alpha_1 p^2), \tag{4-68}$$

$$\begin{aligned} u_{0x} = \frac{1}{4\Delta^2 p_x^2} \big\{ & \Delta^2 p_t^2 - 2\Delta(a_2 \alpha_0 + a_2 \alpha_2 p + \alpha_1 p^2) p_t \\ & + \Delta^2 [p_{xx}^2 - 2 p_x p_{xxx} + 4 p_x^2 (B_t + R_t)] \\ & + (a_2 \alpha_2 p + a_2^2 \alpha_0 + p^2 \alpha_1)^2 \big\}, \end{aligned} \tag{4-69}$$

$$\begin{aligned} q_t = \frac{1}{\Delta^2} \big\{ & a_0^2 \alpha_1 - q[(a_0 a_3 + a_1 a_2)\alpha_2 - 2 a_0 \alpha_1 - 2 a_1 a_2 a_3 \alpha_0] \\ & + q^2 (a_3^3 \alpha_0 - a_3 \alpha_2 + \alpha_1) - a_0 a_1 a_2 \alpha_2 + a_1^2 a_2^2 \alpha_0 \big\}, \end{aligned} \tag{4-70}$$

b_{1i}, b_{2j} 是任意常数, $p(x,t)$, $a_{1i}(t)$, $a_{2j}(t)$, $s_{1i}(y)$, $s_{2j}(y)$, $B \equiv B(t)$, $\alpha_0 \equiv \alpha_0(t)$, $\alpha_1 \equiv \alpha_1(t)$, $\alpha_2 \equiv \alpha_2(t)$ 是所示变量的任意函数且需满足条件

$$\sum_{i=1}^{N}\sum_{j=1}^{M} a_{ij} b_{1i} b_{2j} \exp(i(s_{1i}(y) - s_{2j}(y))) = -2\Delta. \tag{4-71}$$

对于物理量 $v \equiv \sum_{i=1}^{N}\sum_{j=1}^{M} a_{ij} p_i q_j$ 有

$$v = U. \tag{4-72}$$

4. AKNS、ADS 和长波短波相互作用系统

对一般 2+1 维 $M+N$ 分量 AKNS 系统, 当 $M = N = -a_{11} = 1$, $p_1 = \psi$, $q_1 = \phi$ 时给出的就是特殊的 AKNS 系统

$$i\psi_t + \psi_{xx} + \psi u_x = 0, \tag{4-73}$$

$$-i\phi_t + \phi_{xx} + \phi u_x = 0, \tag{4-74}$$

$$u_y = \phi\psi.$$

特别地, 当 $\phi = \psi^*$ 时上述系统就是非对称 DS(ADS) 系统.

若作变量变换

$$\psi(x,y,t) = L(x, y+t, t) \equiv L(x', y', t'), \tag{4-75}$$

$$\phi(x,y,t) = S(x, y+t, t) \equiv S(x', y', t'), \tag{4-76}$$

那么特殊的 AKNS 系统就简化成了长波短波相互作用系统

$$i(L_{t'} + L_{y'}) + L_{x'x'} + L u_{x'} = 0, \tag{4-77}$$

$$-i(S_{t'} + S_{y'}) + S_{x'x'} + S u_{x'} = 0, \tag{4-78}$$

$$u_y = LS. \tag{4-79}$$

所以，AKNS、ADS 和长波短波相互作用系统都可以从上一小节中的一般 2+1 维 M+N 分量 AKNS 系统得到，即它们的多线性分离变量解可以从 2+1 维 M+N 分量 AKNS 系统的多线性分离变量解经过相应的变换得到.

5. BKK 系统

BKK 系统

$$H_{ty} - H_{xxy} + 2(HH_x)_y + 2G_{xx} = 0, \tag{4-80}$$

$$G_t + G_{xx} + 2(HG)_x = 0 \tag{4-81}$$

的多线性分离变量解是

$$G = -\frac{U}{2}, \tag{4-82}$$

$$H = \frac{(a_1 + a_3 q)p_x}{a_0 + a_1 p + a_2 q + a_3 pq} + H_0, \tag{4-83}$$

其中 p 是 $\{x,t\}$ 的任意函数,

$$H_0 = -(2p_x)^{-1}[p_t + p_{xx} - \Delta(c_1 p^2 - c_3 p + c_2)], \tag{4-84}$$

q 满足 Riccati 方程

$$q_t = c_1(a_0 + a_1 q)^2 + c_2(a_1 + a_3 q)^2 + c_3(a_0 + a_2 q)(a_1 + a_3 q). \tag{4-85}$$

6. Maccari 系统

文献 [125], [181], [227] 和 [244] 中导出了一个新的 2+1 维非线性系统

$$iA_t + A_{xx} + LA = 0, \tag{4-86}$$

$$iB_t + B_{xx} + LB = 0, \tag{4-87}$$

$$L_y = (|A|^2 + |B|^2)_x. \tag{4-88}$$

事实上，若取 $M = N = 2, p_1 = A, p_2 = B, q_1 = A^*, q_2 = B^*$，那么一般 M+N 分量 AKNS 系统就化为了此系统. 显然 Maccari 系统的多线性分离变量解需要满足约束条件 (4-27).

4.2.4 2+1 维不可积 KdV 系统的多线性分离变量解

前面几节里被用来求解的都是在某些意义下可积的非线性系统. 但是对于非线性系统而言，可积系统是非常有限的. 因此，很自然地，我们想到多线性分离变量法

4.2 多线性分离变量解

是否可以求解不可积系统呢? 为了回答这一问题, 这一小节研究 2+1 维不可积 KdV 系统

$$u_t + u_{xxx} - av_x u - bvu_x = 0, \tag{4-89}$$

$$u_x = v_y. \tag{4-90}$$

利用截断 Painlevé 分析方法可知 (4-89) 中的场量具有如下展开形式

$$u = \frac{12\phi_x\phi_y}{(b+a)\phi^2} - \frac{12\phi_{xy}}{(b+a)\phi} + u_2, \tag{4-91}$$

$$v = \frac{12\phi_x^2}{(b+a)\phi^2} - \frac{12\phi_{xx}}{(b+a)\phi} + v_2, \tag{4-92}$$

其中 u_2, v_2 是系统 (4-89)~(4-90) 的种子解. 显然, 种子解可取为

$$u_2 = 0, \quad v_2 = v_2(x,t), \tag{4-93}$$

其中 v_2 是 $\{x,t\}$ 的任意函数.

把式 (4-91)~(4-93) 代入系统 (4-89)~(4-90) 得三线性方程

$$[2bv_2(a+b)\phi_y - 12\phi_{xxy}a]\phi_x^2 + \{[-2bv_2\phi(a+b) + 12\phi_{xx}a]\phi_{xy}$$
$$+[4(a-2b)\phi_{xxx} - (a+b)(av_{2x}\phi + 2\phi_t)]\phi_y + (a+b)\phi(\phi_t + 4\phi_{xxx})_y\}\phi_x$$
$$+[(a+b)\phi(av_{2x}\phi + \phi_t) - 4\phi(2a-b)\phi_{xxx}]\phi_{xy}$$
$$+[6(b-a)\phi_{xx}^2 + \phi(a+b)(\phi_{tx} + \phi_{xxxx} - bv_2\phi_{xx})]\phi_y$$
$$+6\phi(a-b)\phi_{xxy}\phi_{xx} + (a+b)\phi^2(bv_2\phi_x - \phi_t - \phi_{xxx})_{xy} = 0. \tag{4-94}$$

只有当 $a = b$ 时 (4-94) 式才能积分一次得到双线性方程.

把变量分离假设 (4-4) 代入三线性方程, 得

$$2(a_1 + Aq)\left(bv_2 p_x - p_t + 2\frac{a-2b}{a+b}p_{xxx} - 3\frac{a-b}{a+b}\frac{p_{xx}^2}{p_x}\right)$$
$$-2(Ap + a_2)q_t + (1 + a_1p + a_2q + Apq)[(\ln q_y)_t$$
$$-(bv_2 p_{xx} + ap_x v_{2x} - p_{xxxx} - p_{tx})p_x^{-1}] = 0. \tag{4-95}$$

变量分离上述方程可得

$$q_t = c_0 + c_1 q + c_2 q^2, \tag{4-96}$$

$$v_2 = \frac{1}{bp_x}\left[p_t + p_{xxx} - 3\frac{a-b}{a+b}\left(p_{xxx} - \frac{p_{xx}^2}{p_x}\right) + \frac{a_1c_1A - c_2a_1^2 - A^2c_0}{-a_1a_2 + A}p^2\right.$$
$$\left.+ \frac{Ac_1 - 2c_0Aa_2 - 2a_1c_2 + a_1a_2c_1}{-a_1a_2 + A}p + \frac{-c_0a_2^2 + a_2c_1 - c_2}{-a_1a_2 + A}\right], \tag{4-97}$$

$$(a-b)[v_{2x}(a+b) - 3p_{xxxx}p_x^{-1} + 6p_{xxx}p_{xx}p_x^{-2} - 3p_{xx}^3 p_x^{-3}] = 0, \tag{4-98}$$

其中 $c_0 \equiv c_0(t), c_1 \equiv c_1(t), c_2 \equiv c_2(t)$ 是 t 的任意函数. 对于不可积的情形 $a \neq b$, 函数 p 不再任意而需满足由式 (4-97) 和 (4-98) 消去 v_2 后得到的方程.

所以, 2+1 维可积 KdV 方程的多线性分离变量解是

$$u = \frac{12 q_y p_x (a_1 a_2 - A)}{(a+b)(1 + a_1 p + a_2 q + Apq)^2}, \tag{4-99}$$

$$v = -\frac{12 p_{xx}(a_1 + Aq)}{(a+b)(1 + a_1 p + a_2 q + Apq)}$$
$$+ \frac{12(a_1 + Aq)^2 p_x^2}{(a+b)(1 + a_1 p + a_2 q + Apq)^2} + v_2, \tag{4-100}$$

其中 v_2 由式 (4-97) 确定, p 由式 (4-98) 确定, q 由式 (4-96) 确定.

因为 c_0, c_1, c_2 是 t 的任意函数, 所以可以改写为

$$c_2 = -\frac{A_{3t}}{A_1}, \tag{4-101}$$

$$c_1 = \frac{A_{1t} + 2A_2 A_{3t}}{A_1}, \tag{4-102}$$

$$c_0 = \frac{A_1 A_{2t} - A_2 A_{1t} - A_2^2 A_{3t}}{A_1}, \tag{4-103}$$

其中 A_1, A_2, A_3 是新的关于变量 t 的任意函数. 由此可得方程 (4-96) 的一个特解

$$q = \frac{A_1}{A_3 + q_0(y)} + A_2, \tag{4-104}$$

其中 $q_0(y)$ 是 y 的任意函数.

对于 KdV 型方程, N 孤子解假设为

$$\phi = 1 + \sum_{i=1}^{N} f_i + \sum_{i<j}^{N} A_{ij} f_i f_j \sum_{i<j<k} A_{ij} A_{jk} A_{ik} f_i f_j f_k + \cdots$$
$$+ \prod_{i<j} A_{ij} \prod_{i=1}^{N} f_i, \tag{4-105}$$

其中 f_i ($i = 1, 2, \cdots, N$) 是行波型指数函数. 与分离变量假设 (4-4) 比较后很自然地想到一个问题: 式 (4-105) 中的 f_i 是否可以为 $\{x,t\}$ 和 $\{y,t\}$ 的一般函数? 由于计算的复杂性, 先考虑在所有的 f_i 中只有一个是 $\{y,t\}$ 而其他都是 $\{x,t\}$ 的函数. 不失一般性, 式 (4-105) 通过重新定义可以写成

$$\phi = P_2 + qP_1 \equiv P_1(q + P_3), \tag{4-106}$$

其中 q 是 $\{y,t\}$ 的函数, P_1, P_2(而后 P_3) 是 $\{x,t\}$ 的函数. 把式 (4-106) 代入方程 (4-94) 得

$$\begin{aligned}&(((P_1^3(P_{3xxxx}+P_{3tx}-bv_2P_{3xx}-aP_{3x}v_{2x})q_y+P_1^3q_{ty}P_{3x})(a+b)\\&+12(2aP_{3x}P_{1x}^3-bP_1P_{1x}^2P_{3xx}-3aP_{3x}P_1P_{1x}P_{1xx}+bP_1^2P_{1xx}P_{3xx}\\&+aP_{3x}P_1^2P_{1xxx})q_y)(q+P_3)+(24bP_1P_{3x}^2(P_{1x}^2-P_1P_{1xx})\\&-P_1^3(4(2b-a)P_{3xxx}+2(P_{3t}+q_t)(a+b))P_{3x}\\&+2P_1^3(bv_2(a+b)P_{3x}^2-3(a-b)P_{3xx}^2))q_y=0.\end{aligned} \quad (4\text{-}107)$$

变量分离上述方程得到特殊的多线性分离变量解

$$\begin{aligned}v_2=&\frac{1}{b(a+b)P_1^2P_{3x}^2}\big\{12bP_{3x}^2(P_1P_{1xx}-P_{1x}^2)+3P_1^2(a-b)P_{3xx}^2+P_1^2P_{3x}\\&\times[(a+b)(P_{3t}-P_3c_1+c_0+P_3^2c_2)-2(a-2b)P_{3xxx}]\big\},\end{aligned} \quad (4\text{-}108)$$

$$\begin{aligned}(a-b)\big\{&-(a+b)P_{3x}[P_{3x}(2P_{3x}P_3c_2-P_{3x}c_1+P_{3tx})\\&+P_{3xx}(P_{3t}+P_3^2c_2-P_3c_1+c_0)]+(2a-b)[P_{3xxxx}P_{3x}^2\\&+P_{3xx}(3P_{3xx}^2-4P_{3x}P_{3xxx})]\big\}=0,\end{aligned} \quad (4\text{-}109)$$

其中 c_0, c_1, c_2 是 t 的任意函数, q 由式 (4-96) 确定. 因此得 2+1 维 KdV 系统的解

$$u=\frac{12q_yP_{3x}}{(a+b)(q+P_3)^2}, \quad (4\text{-}110)$$

$$v=-\frac{12(P_1P_{1xx}-P_{1x}^2)}{(a+b)P_1^2}-\frac{12[(q+P_3)P_{3xx}-P_{3x}^2]}{(a+b)(q+P_3)^2}+v_2. \quad (4\text{-}111)$$

与后面第三小节中的一般多线性分离变量解比较可以发现, 假设 (4-106) 是一般多线性分离变量法的特殊情况.

4.2.5 3+1 维非线性系统的多线性分离变量解

这一小节讨论如何用多线性分离变量法来求解 3+1 维非线性系统. 目前已成功求解了两个模型, 3+1 维 Burgers 方程[234] 和 Jimbo-Miwa 方程[222]. 这里只给出 3+1 维 Burgers 系统的多线性分离变量解. 对于 3+1 维 JM 方程的多线性分离变量解, 有兴趣的读者可以查阅文献 [222].

3+1 维 Burgers 系统为

$$\begin{cases}u_t=2uu_y+2vu_x+2wu_z+u_{xx}+u_{yy}+u_{zz},\\u_x=v_y,\\u_z=w_y.\end{cases} \quad (4\text{-}112)$$

如果 u 与 z 无关 (或 $z=x, w=u$), (4-112) 退化为已知的 2+1 维 Burgers 方程, 该方程可以从一般 Painlevé 可积性分类得到. 如果 u 与 z 和 y 都无关 (或 $y=z=x, v=w=u$), 那么就是著名的 1+1 维 Burgers 方程. 系统 (4-112) 的另一个等价形式可以由热传导方程的不可逆形变得到[164, 172].

与 2+1 维情况类似, 要利用多线性分离变量法求解方程的第一步就是把所研究的模型变换成一个多线性形式. 对于 3+1 维 Burgers 系统 (4-112), 做变换

$$u=(\ln f)_y+u_0,\quad v=(\ln f)_x+v_0,\quad w=(\ln f)_z+w_0, \tag{4-113}$$

其中 $\{u_0, v_0, w_0\}$ 是任意已知种子解, 可得双线性形式

$$2u_0(ff_{yy}-f_y^2)+2v_0(ff_{xy}-f_xf_y)+2w_0(ff_{zy}-f_zf_y)+2u_{0x}ff_x$$
$$+2u_{0z}ff_z-(f\partial_y-f_y)(f_t-f_{yy}-f_{xx}-f_{zz})+2u_{0y}ff_y=0. \tag{4-114}$$

显然, (4-112) 具有种子解

$$u_0=0,\quad v_0=v_0(x,z,t),\quad w_0=w_0(x,z,t), \tag{4-115}$$

其中 v_0 和 w_0 是所示变量的任意函数.

利用上述特殊的种子解 (4-115), 双线性方程通过对 y 的一次积分可以简化为线性方程

$$f_t-f_{yy}-f_{xx}-f_{zz}-Af-2v_0f_x-2w_0f_z=0, \tag{4-116}$$

其中 A 是 $\{x, z, t\}$ 的任意函数.

虽然 (4-116) 只是一个线性方程, 但是要对于任意的函数 A, v_0 和 w_0 求解该方程还是非常困难的. 解决的关键是要采用一个合适的分离变量假设. 非常幸运地是, 与 2+1 维的情况类似, 我们可以采用一个非常简单而又基本的假设

$$f=a_0+a_1p(x,z,t)+a_2q(y,t)+a_3p(x,z,t)q(y,t), \tag{4-117}$$

其中 p 是 $\{x, z, t\}$ 的函数而 q 是 $\{y, t\}$ 的函数.

把 (4-117) 代入 (4-116) 得

$$A(a_0+a_1p+a_2q+a_3pq)+(a_2+a_3p)(q_{yy}-q_t)$$
$$+(a_1+a_3q)(2v_0p_x+2w_0p_z+p_{xx}+p_{zz}-p_t)=0. \tag{4-118}$$

因为式 (4-118) 中 q 与 x 和 z 无关而其他的函数都与 y 无关, 所以此式可以分离成

如下方程组

$$A = (c_1(t)a_3 - a_1c_2(t))(a_2 + a_3p), \tag{4-119}$$

$$q_t = q_{yy} + (a_0a_3 - a_1a_2)(c_1(t) + c_2(t)q), \tag{4-120}$$

$$p_t = 2v_0p_x + 2w_0p_z + p_{xx} + p_{zz}$$
$$+ (a_2 + a_3p)[c_1(t)(a_2 + a_3p) - c_2(t)(a_0 + a_1p)], \tag{4-121}$$

其中 $c_1(t) \equiv c_1$ 和 $c_2(t) \equiv c_2$ 是关于 t 的两个任意函数. 方程 (4-120) 可以用通常的线性分离变量法求解, 即

$$q = e^{(a_0a_3 - a_1a_2)\int c_2 \mathrm{d}t}\left[(a_0a_3 - a_1a_2)\int c_1 e^{(a_1a_2 - a_0a_3)\int c_2 \mathrm{d}t}\mathrm{d}t\right.$$
$$+ \int F_1(k)\cos(ky + \theta(k))e^{-k^2 t}\mathrm{d}k + \int F_2(k)e^{k^2 t - ky}\mathrm{d}k$$
$$\left.+ \int F_3(k)e^{k^2 t + ky}\mathrm{d}k\right], \tag{4-122}$$

其中 $F_1(k), F_2(k), F_3(k)$ 和 $\theta(k)$ 是任意函数 (包含了 δ 函数). 尽管变系数偏微分方程 (4-121) 的求解非常困难, 但是由于函数 v_0 和 w_0 的任意性使得我们可以采用类似的手段解决这一困难. 即认为 p 是 $\{x, z, t\}$ 的任意函数从而从中求解出 w_0 (或 v_0)

$$w_0 = \frac{1}{2p_z}\{-(a_2 + a_3p)[c_1(t)(a_2 + a_3p) - c_2(t)(a_0 + a_1p)] + p_t$$
$$- 2v_0p_x - p_{xx} - p_{zz}\}. \tag{4-123}$$

把 (4-117)、(4-123) 和 (4-120) 的解代入 (4-113) 得系 (4-112) 的多线性分离变量解. 其中重要的一点是, 势量

$$P \equiv 2u_x = 2v_y = \frac{2(a_1a_2 - a_0a_3)q_y p_x}{(a_0 + a_1p + a_2q + a_3pq)^2} \tag{4-124}$$

与通式 (4-26) 的形式完全一致, 唯一的不同之处就在于 q 是 1+1 维变系数热传导方程的解而 p 是关于三个变量的任意函数.

最后需要指出的是, 文献 [169] 已经证明普适公式中的 a_0 和 a_3 可以简单地取为零. 但是本书中仍采用这种形式. 其原因一方面是由于它的物理意义明确 (当 p, q 简单地取定为指数函数时, 它即代表标准的单个 dromion 解), 另一方面是由于这种形式更易于研究各种各样的非线性激发模式极其相互作用性质.

4.3 一般多线性分离变量法

在上两节中我们建立了多线性分离变量法并且给出了诸多非线性系统的多线性分离变量解. 从中可以看到, 所有多线性分离变量可解系统的某个物理量都可以

表示成一个通式, 而且此通解中引入了一些低维的变量分离的任意函数. 由于非线性系统不允许线性迭加原理, 因此如何推广多线性分离变量法使得更多的变量分离函数进入多线性分离变量解成为了一个重要的问题. 为此, 我们进一步推广了多线性分离变量法并因此提出了一般多线性分离变量法, 得到了含有更多变量分离函数的一般多线性分离变量解.

相比于多线性分离变量法求解的一般描述, 一般多线性分离变量法的求解过程也可类似地分成四个步骤, (1) 多线性化非线性系统, (2) 做变量分离假设, (3) 分离方程, (4) 求解变量分离方程. 一般多线性分离变量法比基本的多线性分离变量法的推广之处主要集中在第一和第二步骤, 即多线性化非线性系统和做分离变量假设.

第一类一般多线性分离变量法是通过推广多线性分离变量法的第一步骤实现的. 对于多线性分离变量法, 把非线性系统的场量仅按一个任意函数展开并由此给出多线性方程, 因而此多线性方程仅是关于单个函数的. 对于第一类一般多线性分离变量法, 把非线性系统的场量按多个任意函数 (主要考虑了两个函数的情况) 展开由此得到关于多个函数的多线性方程. 对这些任意函数做相同的变量分离假设, 从而解得第一类一般多线性分离变量解. 利用第一类一般多线性分离变量法主要求解了修正 NNV 系统和 2+1 维 sG 系统.

第二类一般多线性分离变量法是通过推广多线性分离变量法的第二步骤实现的, 即推广变量分离假设. 在 4.3.2 节中我们将会给出具体的推广的变量分离假设表示式并由此得到第二类一般多线性分离变量解. 第二类推广方法主要求解了长波色散方程、BKK 系统、高阶 BKK 系统和 2 + 1 维势 Burgers 系统.

下面具体给出两类一般多线性分离变量法和相应的一般多线性分离变量解.

4.3.1 第一类一般多线性分离变量解

1. 修正 NNV 系统的一般多线性分离变量解

修正 NNV(MNNV) 系统[194]

$$u_t + u_{xxx} + u_{yyy} + \sigma^2 u_x^3 + \sigma^2 u_y^3 + 3u_x v_{xx} + 3u_y v_{yy} = 0, \qquad (4\text{-}125)$$

$$v_{xy} + \sigma^2 u_x u_y = 0, \qquad (4\text{-}126)$$

其中 $\sigma^2 = \pm 1$, 是 MNNV 族的主要成员, 它与一般 Lamé 系统相联系[219]. 式中, 若 $\sigma^2 = -1$, (4-125)~(4-126) 称为 MNNV I 系统; 若 $\sigma^2 = 1$, 则称为 MNNV II 系统. 2+1 维 sG 系统是 MNNV I 族负方向的一个方程[198].

从第一类一般多线性分离变量法的基本描述可知, 首先要得到系统 (4-125)~(4-126) 的场量 $\{u, v\}$ 关于多个函数的展开形式. 经计算得

$$u = \pm \sigma \ln \frac{f}{g} + u_0, \qquad v = -\ln(fg) + v_0, \qquad (4\text{-}127)$$

4.3 一般多线性分离变量法

其中 $\{u_0, v_0\}$ 是 MNNV 系统的一个任意种子解. 把 (4-127) 代入 MNNV 系统得双线性方程

$$(D_t + D_x^3 + D_y^3 + 3v_{0xx}D_x + 3v_{0yy}D_y)f \cdot g$$
$$+ [\sigma^2(u_{0x}^2 D_x + u_{0y}^2 D_y) \pm \sigma^{-1}(u_{0x}D_x^2 \pm u_{0y}D_y^2)]f \cdot g = 0, \quad (4\text{-}128)$$
$$[\sigma D_x D_y \pm u_{0y}D_x \pm u_{0x}D_y]f \cdot g = 0. \quad (4\text{-}129)$$

接着, 对展开函数 f 和 g 作相同形式的变量分离假设

$$f = a_0 + a_1 p + a_2 q + a_3 pq, \quad (4\text{-}130)$$
$$g = b_0 + b_1 p + b_2 q + b_3 pq, \quad (4\text{-}131)$$

其中 $p \equiv p(x,t)$ 与 y 无关, $q \equiv q(y,t)$ 与 x 无关, 常数 $a_i, b_i (i = 0, \cdots, 3)$ 仅需满足一个条件:

$$b_3 a_0 + a_3 b_0 - a_1 b_2 - a_2 b_1 = 0. \quad (4\text{-}132)$$

显然 MNNV 系统的种子解可取为

$$u_0 = 0, \qquad v_0 = v_1(x,\ t) + v_2(y,\ t) \equiv v_1 + v_2. \quad (4\text{-}133)$$

把 (4-130)~(4-133) 代入 (4-129) 可知 (4-129) 是恒满足的. 再把式 (4-130) ~(4-133) 代入方程 (4-128), 得

$$\frac{q_t + q_{yyy} + 3v_{2yy}q_y}{(a_3 b_2 - a_2 b_3)q^2 + 2(a_3 b_0 - a_2 b_1)q + a_1 b_0 - a_0 b_1}$$
$$= -\frac{p_t + p_{xxx} + 3v_{1xx}p_x}{(a_3 b_1 - a_1 b_3)p^2 + 2(a_3 b_0 - a_1 b_2)p + a_2 b_0 - a_0 b_2}. \quad (4\text{-}134)$$

根据上式的左边与 x 无关而右边与 y 无关分离上式, 可得两个变量分离方程

$$p_t + p_{xxx} + 3v_{1xx}p_x$$
$$= -c[(a_1 b_3 - a_3 b_1)p^2 + 2(a_1 b_2 - a_3 b_0)p + a_0 b_2 - a_2 b_0], \quad (4\text{-}135)$$
$$q_t + q_{yyy} + 3v_{2yy}q_y$$
$$= c[(a_3 b_2 - a_2 b_3)q^2 + 2(a_3 b_0 - a_2 b_1)q + a_1 b_0 - a_0 b_1], \quad (4\text{-}136)$$

其中 $c \equiv c(t)$ 是 t 的任意函数.

类似于多线性分离变量法, 视 p 和 q 为任意的, 从而由式 (4-135) 和 (4-136)

分别解出 v_1 和 v_2，分别为

$$v_{1xx} = -\frac{1}{3p_x}\{p_t + p_{xxx} + c(t)[a_2b_0 - a_0b_2 + 2(a_3b_0 - a_1b_2)p$$
$$+(a_3b_1 - a_1b_3)p^2]\}, \tag{4-137}$$

$$v_{2yy} = -\frac{1}{3q_y}\{q_t + q_{yyy} - c(t)[a_1b_0 - a_0b_1 + 2(a_3b_0 - a_2b_1)q$$
$$+(a_3b_2 - a_2b_3)q^2]\}. \tag{4-138}$$

至此，得到了 MNNV 系统的一般多线性分离变量解

$$u = \pm\sigma\ln\frac{a_0 + a_1p + a_2q + a_3pq}{b_0 + b_1p + b_2q + b_3pq}, \tag{4-139}$$

$$v = -\ln[(a_0 + a_1p + a_2q + a_3pq)(b_0 + b_1p + b_2q + b_3pq)]$$
$$+ v_1 + v_2, \tag{4-140}$$

其中 p 和 q 是任意函数，常数满足关系式 (4-132)，v_1, v_2 分别由 (4-137) 和 (4-138) 确定.

如果考虑势量 $F(\equiv -2u_{xy}/\sigma)$ 和 $G(\equiv -2v_{xy})$，那么有

$$F = \pm\left\{\frac{2(a_1a_2 - a_0a_3)p_xp_y}{(a_0 + a_1p + a_2q + a_3pq)^2} - \frac{2(b_1b_2 - b_0b_3)p_xp_y}{(b_0 + b_1p + b_2q + b_3pq)^2}\right\}$$
$$\equiv \pm(U_a - U_b),$$
$$G = \frac{2(a_1a_2 - a_0a_3)p_xp_y}{(a_0 + a_1p + a_2q + a_3pq)^2} + \frac{2(b_1b_2 - b_0b_3)p_xp_y}{(b_0 + b_1p + b_2q + b_3pq)^2} \tag{4-141}$$
$$\equiv U_a + U_b, \tag{4-142}$$

其中 U_a 和 U_b 就是多线性分离变量解的通式 (4-26). 由此可见, 势量 F 和 G 的解是两个多线性分离变量解的通式的条件线性迭加. 称其为条件线性迭加是因为这两个多线性分离变量解 U_a 和 U_b 表达式中的常数并不是完全独立的, 需要满足关系式 (4-132). 此外值得一提的是解 (4-141) 和 (4-142) 正好为一加一减的相反情况.

2. 2+1 维 sG 系统的一般多线性分离变量解

2+1 维 sG(2DsG) 系统[121, 195]

$$u_{xyt} + u_yv_{xt} + u_xv_{yt} = 0, \tag{4-143}$$

$$v_{xy} = u_xu_y \tag{4-144}$$

的一般多线性分离变量解与 MNNV 系统完全类似.

对 2+1 维 sG 系统的场量做关于两个函数的展开

$$u = \pm i\ln\frac{f}{g} + u_0, \qquad v = \ln(fg) + v_0, \tag{4-145}$$

4.3 一般多线性分离变量法

其中 u_0, v_0 是任意种子解, 被取为

$$u_0 = 0, \qquad v_0 = v_1(x,t) + v_2(y,t), \tag{4-146}$$

把 (4-145)~(4-146) 代入 2DsG 系统得双线性方程

$$[D_x D_y D_t + v_{1xt} D_y + v_{2yt} D_x] f \cdot g = 0, \tag{4-147}$$

$$D_x D_y f \cdot g = 0. \tag{4-148}$$

把变量分离假设 (4-130)~(4-131) 代入方程 (4-148) 得关系式 (4-132), 再把 (4-130)~(4-131) 代入方程 (4-147) 得

$$2B_1 q_t - 2A_1 p_t \{[A_1 p^2 + 2A_2 p + a_2 b_0 - b_2 a_0]v_{1xt} + 2[A_1 p - A_2]p_{xt}\}p_x^{-1}$$
$$-\{[B_1 q^2 - 2A_2 q + b_1 a_0 - a_1 b_0]v_{2yt} + 2[B_1 q - A_2]q_{yt}\}q_y^{-1} = 0, \tag{4-149}$$

其中

$$A_1 = a_3 b_1 - a_1 b_3, \quad A_2 = a_3 b_0 - b_2 a_1, \quad B_1 = a_2 b_3 - a_3 b_2. \tag{4-150}$$

类似地, 视 p 和 q 为任意函数从而由 (4-149) 和 (4-150) 分别解出 v_1 和 v_2, 分别为

$$v_{1xt} = \frac{(c + 2A_1 p_t)p_x - 2(A_1 p - A_2)p_{xt}}{A_1 p^2 + 2A_2 p + a_2 b_0 - b_2 a_0}, \tag{4-151}$$

$$v_{2yt} = \frac{(c + 2B_1 q_t)q_y - 2(B_1 q - A_2)q_{yt}}{B_1 q^2 - 2A_2 q + b_1 a_0 - a_1 b_0}, \tag{4-152}$$

其中 $c \equiv c(t)$ 为任意函数.

对于 2DsG 系统, 定义

$$F \equiv 2iu_{xy}, \qquad G \equiv -2v_{xy}, \tag{4-153}$$

则得结果 (4-141) 和 (4-142).

对于实的 2DsG 系统和实的 MNNV I 系统, 常量 u 本身就非常重要. u 是实数这一条件说明 g 是 f 的复共轭, 即

$$g = f^*. \tag{4-154}$$

因此, u 的解变为

$$u = 2\arctan\left[\frac{(a_{1r} + Aq_r - a_{3i}q_i)p_i + (a_{2r} + Ap_r)q_i + p_r(a_{1i} + a_{3i}q_r) + a_{0i} + a_{2i}q_r}{(a_{1i} + Aq_i + a_{3i}q_r)p_i + (a_{3i}p_r + a_{2i})q_i - p_r(a_{1r} + Aq_r) - a_{0r} - a_{2r}q_r}\right],$$
$$\tag{4-155}$$

其中下标 r 和 i 分别表示函数的实部和虚部,

$$a_{1r} = \Re(a_1), \qquad a_{1i} = \Im(a_1). \tag{4-156}$$

事实上, 表达式 (4-127) 和 (4-133) 暗示着对于实的 MNNV I 和 2DsG 系统, f 和 g 可以简单地取为[168]

$$f = 1 + ipq, \quad g = 1 - ipq, \tag{4-157}$$

由此可得

$$u = 2\arctan(pq). \tag{4-158}$$

值得指出的是, 此多线性分离变量解等价于用 Moutard 变换得到的结果[62, 63, 122, 168].

4.3.2 第二类一般多线性分离变量解

1. 长波色散方程的一般多线性分离变量解

2+1 维长波色散方程

$$u_{yt} + \eta_{xx} + u_x u_y + u u_{xy} = 0, \tag{4-159}$$

$$\eta_t + u_x + \eta u_x + u\eta_x + u_{xxy} = 0 \tag{4-160}$$

通过变换

$$u = \pm 2\frac{f_x}{f} + u_0, \qquad \eta = 2\frac{f_{xy}}{f} - 2\frac{f_x f_y}{f^2} + \eta_0, \tag{4-161}$$

其中 $\{u_0, \eta_0\}$ 是任意种子解, 成为三线性方程

$$2f_x f_y (f_{xx} \pm f_t) - [\pm(f_t f_{xy} + f_y f_{x,t} + f_x f_{yt}) + f_{xx} f_{xy} + f_y f_{xxx}$$
$$+ f_x f_{xxy}]f \pm [u_0(f^2 f_{xxy} - ff_y f_{xx} - 2ff_x f_{xy} + 2f_y f_x^2) + f^2 f_x u_{0xy}$$
$$+ f(ff_{xy} - f_x f_y)u_{0x} + f(ff_{xx} - f_x^2)u_{0y}] + (f_{xxxx} \pm f_{xyt})f^2 = 0. \tag{4-162}$$

$$(\eta_0 + 1 \mp u_{0y})(ff_{xx} - f_x^2) + ff_x(\eta_{0x} \mp u_{0xy}) = 0. \tag{4-163}$$

取长波色散方程的种子解为

$$u_0 = u_0(x, t) \equiv u_0, \qquad \eta_0 = -1, \tag{4-164}$$

其中 u_0 是 $\{x, t\}$ 的任意函数.

4.3 一般多线性分离变量法

已经知道长波色散系统 (4-159)~(4-160) 有两组无穷多对称并且每一组对称中都含有一个关于变量 y 或 t 的任意函数[154],这预示着可以得到含有无穷多关于 y 或 t 的任意函数的解. 为此可以把基本的变量分离假设 (4-130)(或 (4-4)) 推广成

$$f = q_0 + \sum_{i=1}^{N} p_i q_i, \qquad (4\text{-}165)$$

其中 $\{q_i\ (i=0,1,2,\cdots,N)\}$ 和 $\{p_i\ (i=1,2,\cdots,N)\}$ 分别是 $\{y,t\}$ 和 $\{x,t\}$ 的函数. 把 (4-164) 和 (4-165) 代入到三线性方程 后求解得

$$q_{it} = \sum_{j=0}^{N}(c_{ij}+q_iC_j)q_j, \qquad i=0,1,\cdots,N, \qquad (4\text{-}166)$$

$$p_{it} = (c_{00}-u_0\partial_x-\partial_x^2)p_i-c_{0i}+\sum_{j=1}^{N}(c_{j0}p_i-c_{ji})p_j, \qquad (4\text{-}167)$$

$$i=1,2,\cdots,N,$$

其中 $\{c_{ij},C_j\ (i,j=0,1,2,\cdots,N)\}$ 是 t 的任意函数.

显然, 当 $N=3$, $q_0=a_0$, $q_1=a_1$, $q_2=a_2q$, $q_3=a_3q$, $p_1=p_3=p$, $p_2=1$ 时, 推广的变量假设 (4-165) 退化到了原基本的变量分离假设 (4-130).

至此得到了长波色散系统的一般多线性分离变量解

$$v \equiv -\eta - 1$$

$$= \frac{-2\sum_{i=1}^{N}p_{ix}q_{iy}}{q_0+\sum_{i=1}^{N}p_iq_i} + \frac{2\sum_{i=1}^{N}p_{ix}q_i\left(q_{0y}+\sum_{j=1}^{N}p_jq_{jy}\right)}{\left(q_0+\sum_{i=1}^{N}p_iq_i\right)^2} \equiv U_E, \qquad (4\text{-}168)$$

$$u = \pm\frac{2\sum_{i=1}^{N}p_{ix}q_i}{q_0+\sum_{i=1}^{N}p_iq_i} + u_0. \qquad (4\text{-}169)$$

可以看出, 除了一个 1+1 维 $\{x,t\}$ 的任意函数 (u_0 和 p_i 中的一个) 之外, $(N+1)(N+2)-1$ 个关于 t 的任意函数出现在了一般多线性分离变量解中. 求解方程组 (4-166) 和 (4-167) 的过程中可以引入更多的分别是 y 和 $\{x,t\}$ 的任意函数. 选取 $N=1$, $c_{ij}=C_i=0$, $p_1=p$, $q_0\to a_0+q_0$, 则解 (4-168) 被简化为

$$v = \frac{2p_x(q_1q_{0y}-(a_0+q_0)q_{1y})}{(a_0+q_0+pq_1)^2} \equiv V, \qquad (4\text{-}170)$$

其中 q_0 和 q_1 是 y 的任意函数, p 是 $\{x,t\}$ 的任意函数.

2. BKK 系统的一般多线性分离变量解

BKK 系统

$$H_{ty} - H_{xxy} + 2(HH_x)_y + 2G_{xx} = 0, \qquad (4\text{-}171)$$

$$G_t + G_{xx} + 2(HG)_x = 0 \qquad (4\text{-}172)$$

经过变换

$$H = (\ln f)_x + H_0, \qquad G = (\ln f)_{xy} + G_0, \qquad (4\text{-}173)$$

其中 $\{H_0, G_0\}$ 是任意种子解, 得到多线性方程

$$2H_0(2f_x^2 f_y + f^2 f_{xxy} - f f_y f_{xx} - 2 f f_x f_{xy}) + 2H_{0y} f(f f_{xx} - f_x^2)$$
$$+ 2f^2 f_x H_{0xy} - f(f_x f_{ty} + f_y f_{tx} + f_t f_{xy} + f_x f_{xxy} + f_y f_{xxx} + f_{xx} f_{xy})$$
$$+ 2H_{0x} f(f f_{xy} - f_x f_y) + f^2 (f_{txy} + f_{xxxy}) + 2 f_x f_y (f_t + f_{xx}) = 0, \qquad (4\text{-}174)$$

$$(f f_{xx} - f_x^2 + f f_x \partial_x)(G_0 - H_{0y}) = 0. \qquad (4\text{-}175)$$

取 BKK 系统的种子解为

$$G_0 = 0, \qquad H_0 = h(x, t) \equiv h, \qquad (4\text{-}176)$$

其中 h 是所示变量的任意函数. 把推广的变量分离假设 (4-165) 和种子解 (4-176) 分别代入多线性方程 (4-174) 和 (4-175) 后可解得

$$q_{it} = \sum_{j=0}^{N} (c_{i,j} + q_i C_j) q_j, \qquad i = 0, 1, \cdots, N, \qquad (4\text{-}177)$$

$$p_{it} = (c_{00} - 2h\partial_x - \partial_x^2) p_i - c_{0i} + \sum_{j=1}^{N} (c_{j0} p_i - c_{ji}) p_j, \qquad i = 1, 2, \cdots, N, \quad (4\text{-}178)$$

其中 $\{c_{ij}, C_j\ (i, j = 0, 1, 2, \cdots, N)\}$ 是 t 的任意函数.

BKK 系统的一般多线性分离变量解为

$$G = -\frac{1}{2} U_E, \qquad H = \frac{2 \sum_{i=1}^{N} p_{ix} q_i}{q_0 + \sum_{i=1}^{N} p_i q_i} + h, \qquad (4\text{-}179)$$

其中 U_E 由式 (4-168) 给出.

3. 高阶 BKK 系统的一般多线性分离变量解

高阶 BKK 系统[157]

$$H_{yt} + 4(H_{xx} + H^3 - 3HH_x + 3Hg_y)_{xy} + 12(Hg_y)_{xx} = 0, \qquad (4\text{-}180)$$

$$g_{yt} + 4(g_{xxy} + 3H^2 g_y + 3Hg_{xy} + 3g_y g_x)_x = 0 \qquad (4\text{-}181)$$

4.3 一般多线性分离变量法

经过变换

$$H = (\ln f)_x + H_0, \qquad g = (\ln f)_x + g_0, \qquad (4\text{-}182)$$

其中 $\{H_0, g_0\}$ 是任意种子解, 得到一个三线性方程

$$\begin{aligned}
&f^2(4f_{xxxxy} + f_{xyt}) + 12[2f_x f_y f_{xx} + f(ff_{xxxy} - f_y f_{xxx} - (f_x f_{xy})_x)]H_0 \\
&+ 12[2f_x(f_x f_y - ff_{xy}) + f^2 f_{xxy} - ff_y f_{xx}](H_0^2 + g_{0x}) + 2f_x f_y(f_t + 4f_{xxx}) \\
&- f(f_y f_{xt} + 4f_y f_{xxxx} + 4f_{xy} f_{xxx} + 4f_x f_{xxxy} + f_t f_{xy} + f_x f_{yt}) \\
&+ 12f(ff_{xy} - f_x f_y)(g_{0x} + H_0^2)_x + 12f(ff_{xxy} - f_y f_{xx})H_{0x} = 0. \qquad (4\text{-}183)
\end{aligned}$$

取种子解为

$$H = H_0 \equiv H_0(x,t), \qquad g = g_0 \equiv g_0(x,t), \qquad (4\text{-}184)$$

其中 H_0 和 g_0 都是 $\{x,t\}$ 的任意函数. 把种子解 (4-184) 和一般变量分离假设 (4-165) 代入三线性系统 (4-183) 后求解得

$$q_{it} = \sum_{j=0}^{N}(c_{ji} + C_j q_i)q_j, \quad i = 0, 1, \cdots, N, \qquad (4\text{-}185)$$

$$p_{it} = -4p_{ixxx} - 12H_0 p_{ixx} - 12(g_{0x} + H_0^2)p_{ix} + c_{00}p_i - c_{0i}$$

$$+ \sum_{j=1}^{N}(c_{j0}p_i - c_{ji})p_j, \qquad i = 1, 2, \cdots, N, \qquad (4\text{-}186)$$

其中 $\{c_{ij}, C_j \ (i,j = 0,1,2,\cdots,N)\}$ 是 t 的任意函数.

对于势 $G_1 \equiv 2H_y = 2g_y$, 有

$$G_1 = U_E. \qquad (4\text{-}187)$$

文献 [138] 给出了与此系统等价的高维 BKK 系统的一般多线性分离变量解.

4. 2+1 维势 Burgers 系统的一般多线性分离变量解

2+1 维势 Burgers 系统

$$v_{yt} - v_y v_{yy} - av_x v_{xy} - bv_{yyy} - abv_{xxy} = 0, \qquad (4\text{-}188)$$

其中 a 和 b 是任意常数, 经展开式

$$v = 2b \ln f + v_0, \qquad (4\text{-}189)$$

其中 v_0 是任意种子解, 变换成双线性系统

$$v_{0y}(ff_{yy} - f_y^2) + av_{0x}(ff_{xy} - f_xf_y) + v_{0yy}ff_y + av_{0xy}ff_x$$
$$-(f\partial_y - f_y)(f_t - bf_{yy} - abf_{xx}) = 0. \tag{4-190}$$

取系统 (4-188) 的种子解为

$$v_0 = v_0(x,t), \tag{4-191}$$

其中 v_0 是所示变量的任意函数. 计算发现一般变量分离假设 (4-165) 在条件

$$p_{it} = \left(ab\partial_x^2 + av_0\partial_x - \alpha_i + \sum_{j=1}^{N}\beta_j p_j\right)p_i, \quad i=1,2,\cdots,N, \tag{4-192}$$

$$q_{it} = bq_{iyy} + (\alpha_0 + \alpha_i)q_i, \quad i=0,1,\cdots,N \tag{4-193}$$

下可以求解双线性系统 (4-190), 其中 α_i $(i=0,1,2,\cdots,N)$, β_j $(j=1,2,\cdots,N)$ 都是关于 t 的任意函数. 由此可得

$$w \equiv \frac{1}{b}v_{xy} = U_E. \tag{4-194}$$

4.4 非线性局域激发模式

寻找高维可积系统的局域激发模式是孤立子理论中重要而又困难的研究内容之一. 按常理, 由于高维空间变量的进入, 局域激发模式应该会丰富得多. 比如在 1+1 维的情况下, 局域性只能限制在某点附近 (点状的局域激发); 而在 2+1 维的情况下, 局域性就有可能限制在一条封闭的曲线 (环) 附近. 然而由于数学上的困难, 即使要寻找高维点状的局域激发模式也是非常困难的 (如著名的 KP 方程点状的指数收敛型激发至今尚未解决). 局域激发也很难找到. 直到 1988 年才对个别系统在点激发方向有所突破, 而要寻找其他类型的局域激发一直未有起色. 2000 年楼森岳的有关 NNV 方程的分离变量解的提出才使问题有了起色. 前面我们分别讨论了多线性分离变量法和一般多线性分离变量法并得到了大量非线性系统的多线性分离变量解和一般多线性分离变量解. 有意思的是不同系统的某些场量的多线性分离变量解或一般多线性分离变量解可以由一通式统一描述, 并且通式中包含了一些低维的任意函数. 正是这些低维任意函数的存在使得寻找非线性系统的局域激发模式变得非常容易入手, 直接导致了一些重要的发现和结论.

下面将给出多线性分离变量解 (或一般多线性分离变量解) 通式所描述的各类稳态局域激发模式, 主要是由不同的函数表示给出一些已知的激发模式, 随后依次研究 2+1 维 peakon 解、compacton 解和隐形孤子及其碰撞特性、孤立波 (子) 的裂变聚变现象、混沌孤子激发、分形孤子激发模式、折叠孤立波和折叠子等等, 最后给出 3+1 维激发模式.

4.4.1 共振 dromion 解和 solitoff 解

如果选取

$$p = \sum_{i=1}^{N} \exp(k_i x + \omega_i t + x_{0i}) \equiv \sum_{i=1}^{N} \exp(\xi_i), \qquad (4\text{-}195)$$

$$q = \sum_{i=1}^{M} \exp(K_{iy} + y_{0i}) \sum_{j=1}^{J} \exp(\Omega_j t), \qquad (4\text{-}196)$$

其中 $x_{0i}, y_{0i}, k_i, \omega_i, K_i$ 和 Ω_i 是任意常数，M, N 和 J 是任意正整数，那么就可以得到各种类型的共振 dromion 解或者多 solitoff 解(半直线孤子解). 图 4-1~图 4-4 是由四条直线孤子的共振效应引起的四类特殊局域激发模式在 $t = 0$ 时刻的结构.

图 4-1 描绘了第一类单共振 dromion 解，其对应参数选取为

$$M = N = 2, \quad a_0 = J = k_1 = K_1 = 1, \quad k_2 = K_2 = \frac{1}{3},$$
$$a_1 = a_2 = 3, \quad a_3 = \frac{1}{2} \qquad (4\text{-}197)$$

和

$$x_{01} = y_{01} = x_{02} = y_{02} = 0. \qquad (4\text{-}198)$$

图 4-2 描绘了四 dromion(正负 dromion 各 2 个) 的单共振解，其对应参数选定为 (4-198) 和

$$M = N = 2, \quad J = -k_1 = K_1 = a_0 = a_2 = a_3 = 1,$$
$$k_2 = -K_2 = \frac{1}{3}, \quad a_1 = \frac{1}{2}. \qquad (4\text{-}199)$$

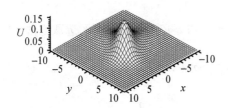
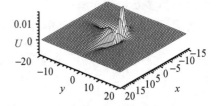

图4-1 第一类单共振dromion解，参数选取为(4-197)和(4-198)

图4-2 第二类单共振dromion解，参数选取为(4-198)和(4-199)

图 4-3 描绘了单共振 solitoff 解，其对应参数选定为 (4-198) 和

$$M = N = 2, \quad J = k_1 = K_1 = a_0 = 1, \quad k_2 = K_2 = \frac{1}{3},$$
$$a_1 = a_2 = 3, \quad a_3 = 0. \qquad (4\text{-}200)$$

图 4-4 描绘了四共振 solitoff 解,其对应参数选定为 (4-198) 和

$$M=N=2, \quad J=-k_1=K_1=a_1=1, \quad k_2=-K_2=\frac{1}{3},$$
$$a_0=a_2=3, \quad a_3=0. \tag{4-201}$$

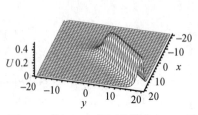
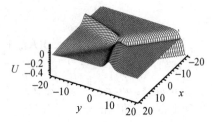

图4-3 单solitoff解,参数为(4-198)和(4-200)　　图4-4 四共振solitoff解,参数选取为(4-198)和(4-201)

4.4.2 多 dromion 解和 dromion 格点共振

在式 (4-195) 中,虽然存在着一些共振 dromion 解,但是还是无法给出非共振的多 dromion 解. 为了得到多 dromion 解,需要重新选择任意函数 p 和 q 的表达式.

如选取

$$p=\sum_{i=1}^{N} b_i \tanh^{\alpha_i}(k_i x+\omega_i t+x_{0i}) \equiv \sum_{i=1}^{N} b_i \tanh^{\alpha_i}(\xi_i), \tag{4-202}$$

$$q=\sum_{i=1}^{M} c_i \tanh^{\beta_i}(K_i y+y_{0i}) \sum_{j=1}^{J} \exp(\Omega_j t), \tag{4-203}$$

其中 $x_{0i}, y_{0i}, k_i, \omega_i, K_i, \beta_i, b_i, c_i, \alpha_i, \Omega_i$ 是任意常数,M, N, J 是任意正整数,那么可以得到第一类多 dromion 解.

当然,要得到多 dromion 解,对任意函数 p 和 q 还有很多不同的选取方法. 如

$$p=f(\theta), \qquad \theta=\sum_{i=1}^{N} b_i \tanh^{\alpha_i}(k_i x+\omega_i t+x_{0i}), \tag{4-204}$$

$$q=g(\eta), \qquad \eta=\sum_{i=1}^{M} c_i \tanh^{\beta_i}(K_i y+y_{0i}) \sum_{j=1}^{J} \exp(\Omega_j t), \tag{4-205}$$

其中 $f(\theta)$ 和 $g(\eta)$ 分别是关于 θ 和 η 的可微函数,那么就可以得到第二类多 dromion 解——dromion 格点结构. 图 4-5 描绘的是在 $t=0$ 时刻的一类特殊形式的 dromion 格点结构,对应的取值为

$$f(\theta)=\exp(\theta), \qquad g(\eta)=\exp(\eta) \tag{4-206}$$

4.4 非线性局域激发模式

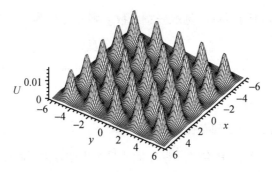

图4-5 一类特殊的dromion格点激发

和

$$M = N = 5,\ J = a_0 = 1,\ a_1 = a_2 = 10,\ a_3 = \frac{1}{2}, \tag{4-207}$$

$$k_i = K_i = 2,\ \alpha_i = \beta_i = 1,\ x_{0i} = y_{0i} = -15 + 5i, \tag{4-208}$$

$$b_i = c_i = 0.1,\ i = 1, 2, \cdots, 5. \tag{4-209}$$

多 dromion 解除了可以由直线孤子驱动之外,它还可以由曲线孤子驱动得到. 式 (4-24) 表明一般的多 dromion 解可以由二族直线孤子和一族曲线孤子形成. 第一族直线孤子出现在因子 Q_y 中,即可取

$$Q_y = \sum_{i=1}^{N} Q_i(y - y_{i0}), \tag{4-210}$$

其中 $Q_i \equiv Q_i(y-y_{i0})$ 代表一条直线孤子,即在直线 $y = y_{i0}$ 上有限而当远离直线时快速衰减;第二族直线孤子类似地出现在因子 P_x 中. 一族曲线孤子由 $\sqrt{a_0 a_3}\cosh\frac{1}{2}(P+Q+\ln\frac{a_3}{a_0})$ 和 $\sqrt{a_1 a_2}\cosh\frac{1}{2}(P-Q+\ln\frac{a_1}{a_2})$ 确定,其对应的曲线由

$$P + Q + \ln\frac{a_3}{a_0} = \min\left|P + Q + \ln\frac{a_3}{a_0}\right|, \tag{4-211}$$

$$P - Q + \ln\frac{a_1}{a_2} = \min\left|P - Q + \ln\frac{a_1}{a_2}\right| \tag{4-212}$$

确定,曲线孤子的个数等于式 (4-211)~(4-212) 中枝的个数. dromion 就位于这些直线和曲线的交点或者最近点处.

4.4.3 多 lump 解

在高维模型中,所有方向都收敛的局域激发模式除了指数收敛的 dromion 解外,另一个重要的是代数收敛的 lump 解. 2+1 维可积系统的多 lump 解可以通过对任

意函数的多种选取得到. 例如, 选取任意函数 p 和 q 分别为

$$p = \sum_{i=1}^{N} \frac{1}{1+(k_i x - \omega_i t - x_{i0})^2}, \quad q = \sum_{i=1}^{M} \frac{1}{1+(K_i y - y_{i0})^2}, \qquad (4\text{-}213)$$

其中 k_i, K_i, ω_i, x_{i0}, y_{i0} 为任意常数, 即可得一类特殊的多 lump 解.

4.4.4 多振荡 dromion 和多振荡 lump 解

如果任意函数 p 和 q 中包含一些空间变量的周期函数, 那么就可以得到具有振荡的多 dromion 和多 lump 解.

图 4-6 给出了振荡 lump 解在 $t=0$ 时刻的图像, 对应的函数和参数的选取为

$$p = \frac{1}{1+[(x-ct)(\cos(x-ct)+5/4)]^2}, \quad q = \frac{1}{1+y^2}, \qquad (4\text{-}214)$$

$$a_0 = a_3 = 1, \qquad a_1 = a_2 = 5. \qquad (4\text{-}215)$$

图 4-7 是振荡 dromion 解在 $t=0$ 时刻的图像, 对应的函数和参数取值为 (4-215) 和

$$p = \exp\left[3 + \sum_{i=0}^{10} \left(\frac{3}{2}\right)^{-i/2} \sin\left(\left(\frac{3}{2}\right)^i (x+\omega_i t)\right)\right], \qquad (4\text{-}216)$$

$$q = \exp\left[3 + \sum_{i=0}^{10} \left(\frac{3}{2}\right)^{-i/2} \sin\left(\left(\frac{3}{2}\right)^i (x+\Omega_i t)\right)\right]. \qquad (4\text{-}217)$$

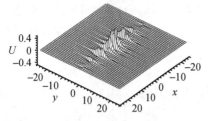

图4-6 振荡lump解(4-26)和(4-214)~(4-215)在t=0时刻的图像

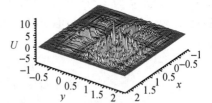

图4-7 振荡dromion解(4-26)和(4-215)~(4-217)在t=0时刻的图像

4.4.5 多瞬子解

如果任意函数 p 和 q 包含一些衰减函数, 那么可以得到瞬子解. 例如, 当

$$p = \frac{1}{1+x^2 \operatorname{sech}^2 t}, \quad q = \frac{2\operatorname{sech}^2 t}{1+y^2}, \qquad (4\text{-}218)$$

$$a_0 = 2a_3 = 1, \ a_1 = a_2 = 10 \qquad (4\text{-}219)$$

时, 得到的就是 lump 型瞬子解. 时间从 $|t| = 0$ 增加 $|t| = 5$ 时, lump 解的振幅 $|U|$ 从 ~ 0.42 快速衰减到 $\sim 8.4 \times 10^{-5}$.

4.4.6 多环孤子解

除了以上几节给出的点状的局域激发模式外, 高维模型中还存在其他具有物理意义的局域激发模式. 例如, 在 2+1 维模型中存在着环孤子解, 即在一些封闭的曲线上不恒等于零而当远离曲线时迅速衰减[162, 165]. 下面讨论二鞍型行波环孤子解及其碰撞特性和多环型呼吸子解及其各种呼吸模式.

1. 二鞍型行波环孤子解

要得到二鞍型行波环孤子解, 设定任意函数 p 和 q 的具体形式为

$$p = \exp\left\{-\frac{(x+20t)^4}{10000} + \frac{1}{5}(x+20t) + 1\right\} \\ + \exp\left\{-\frac{1}{10}(x-20)^2 + 5\right\}, \quad (4\text{-}220)$$

$$q = \exp\left(\frac{y^2}{10} - 5\right) \quad (4\text{-}221)$$

以及其他参数取值为

$$a_1 = a_2 = 5, \quad a_0 = a_3 = 0. \quad (4\text{-}222)$$

图 4-8 描绘了两个鞍型行波环孤子的碰撞过程, 时刻分别为 (a) $t = -2$, (b) $t = -0.3$, (c) $t = 0$ 和 (d) $t = 2$. 图 4-9 描绘了二鞍型行波环孤子碰撞前 $t = -1$ 和碰撞后 $t = 1$ 的等高线图. 从图上可以看出, 两个鞍型行波环孤子对碰之后完全保持了形状和速度. 因此, 这两个鞍型行波环孤子之间的碰撞是完全弹性的.

下面更具体地研究这两个鞍型环孤子之间的碰撞行为并给出完全弹性碰撞特性这一严格结论. 把图 4-8(d) 中左边的鞍型行波环孤子从其中心位置 $[x = -20c_1t_0 + \delta_1, y = \delta_2]$(其中 $t_0 = 2, c_1, \delta_1, \delta_2$ 是与速度和相移变化相关的常数) 移到图 4-8(a) 中右边的鞍型行波环孤子的中心位置 $[x = 20t_0, y = 0]$ 上, 由此产生的单个环孤子可以由下式描述

$$U_1 \equiv \left\{ \begin{array}{ll} U(t = t_0), & x \leqslant 0 \\ 0, & x > 0 \end{array} \right|_{x \to x - 20(c_1+1)t_0 + \delta_1,\ y \to y + \delta_2}. \quad (4\text{-}223)$$

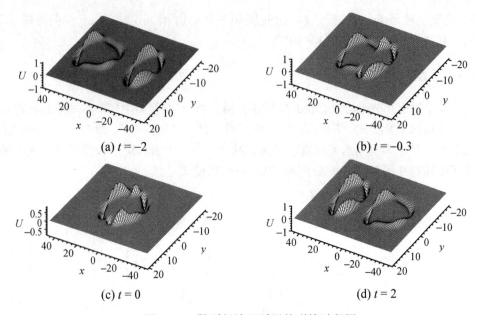

图4-8 二鞍型行波环孤子的碰撞过程图

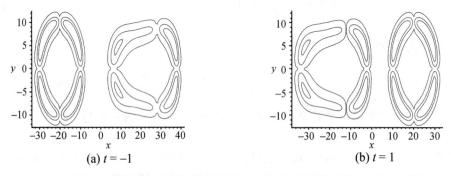

图 4-9 二鞍型行波环孤子碰撞前后的等高线图，等高线的值从里到外分别为 $|U|=0.01,0.1,0.3$

其中 $U(t=t_0)$ 由 (4-26) 和 (4-220)~(4-221) 以及 $t=t_0>0$ 确定. 类似地, 把图 4-8(d) 中右边的鞍型行波环孤子从其中心位置 $[x=20c_2t_0+\delta_3, y=\delta_4]$ 移到图 4-8(a) 中左边的鞍型行波环孤子的中心位置 $[x=-20t_0, y=0]$ 上, 由此产生单环孤子

$$U_2 \equiv \begin{cases} 0, & x \leqslant 0 \\ U(t=t_0), & x>0 \end{cases}\Bigg|_{x\to x+20(1+c_2)t_0+\delta_3,\ y\to y+\delta_4}. \quad (4\text{-}224)$$

4.4 非线性局域激发模式

适当选取任意常数 $c_1, c_2, \delta_1 \sim \delta_4$ 的值使得

$$v1 \equiv |U_1 + U_2 - U(t = -t_0)| \tag{4-225}$$

取得极小值.

通过计算发现: 当

$$c_1 = c_2 = 1, \tag{4-226}$$
$$\delta_1 = \delta_2 = \delta_3 = \delta_4 = 0 \tag{4-227}$$

时

$$v1_{\min} \to 2 \times 10^{-13} \sim 0. \tag{4-228}$$

图 4-10 描绘了 $t_0 = 2$ 时 (4-225) 在 (4-226) 和 (4-227) 条件下所得结果的图像. 参数 $c_1, c_2, \delta_1 \sim \delta_4$ 的微小变化都会导致 $v1 \sim U$ 的快速增加.

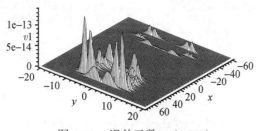

图 4-10 误差函数 $v1$(4-288)

式 (4-228)(即 $v1 \sim 0$) 表明了环孤子在碰撞之后完全保持了它们的形状; 式 (4-226) 表明环孤子在碰撞之后保持它们原有的速度不变; 式 (4-227) 意味着两个环孤子之间的对碰没有相移. 类似的研究表明两个行波环孤子的追碰过程有与对碰完全一致的结果.

2. 多环型呼吸子解

在 1+1 维模型中, 呼吸子是另外一类非常重要的非线性激发模式. 利用任意函数 p 和 q 可以非常容易地构造出具有丰富结构的 2+1 维呼吸子解.

在此给出一个特殊的例子, 即多环型呼吸子. 选取 p 和 q 分别为

$$p = \sum_{i=1}^{N} \exp\left(-(f_{1i}(t)x - f_{2i}(t))^2 + f_{3i}(t)\right), \tag{4-229}$$

$$q = \sum_{j=1}^{M} \exp\left((g_{1j}(t)y)^2 - g_{2j}(t)\right), \tag{4-230}$$

其中 $\{f_{1i} \equiv f_{1i}(t), f_{2i} \equiv f_{2i}(t), f_{3i} \equiv f_{3i}(t), g_{1j} \equiv g_{1j}(t), g_{2j} \equiv g_{2j}(t)\ (i = 1, 2, \cdots, N, j = 1, 2, \cdots, M)\}$ 是任意周期函数.

从表达式 (4-26) 和 (4-229)~(4-230) 可以看出, 这类多环型呼吸子可以通过多种方式 "呼吸", 如函数 f_{1i}, g_{1i}, f_{3i} 的周期性使得振幅 "呼吸"; $f_{3i}/f_{1i}, g_{2j}/g_{1j}$ 的周期性使得半径 "呼吸"; f_{2i} 的周期性使得位置 "呼吸". 具体可看图 4-11.

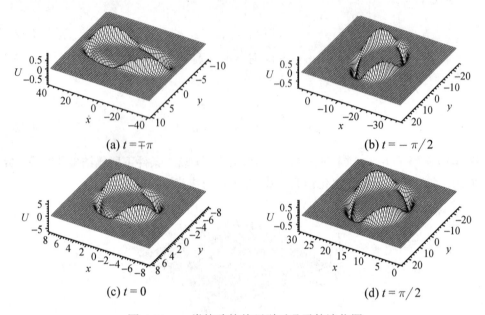

图 4-11 一类特殊的单环型呼吸子的演化图

图 4-11 对应的参数是 (4-229) 和 (4-229) 以及

$$M = N = a_1 = a_2 = g_{11} = 1, \quad a_0 = a_3 = 0, \tag{4-231}$$

$$f_{31} = g_{21} = 5, \quad f_{11} = \cos(t) + \frac{4}{3}, \quad f_{21} = -20\sin(t). \tag{4-232}$$

从图 4-11 可以看出, 单环型呼吸子的振幅在 ~ 0.8 和 ~ 6 之间 "呼吸", 半径在 x 方向在 ~ 5 和 ~ 20 之间 "呼吸", 中心位置在 ~ -15 和 ~ 15 之间 "呼吸".

4.4.7 2+1 维 peakon 解

Camassa 和 Holm[35] 关于 1+1 维非线性演化方程的弱解的开拓性工作引起了物理学家和数学家极大的兴趣[123, 203]. 由于这类孤立波解在其顶峰处是不连续的, 因此被称为 peakon 解[35]. 虽然早已知道 Camassa Holm(CH) 方程的 1+1 维 peakon 解之间的碰撞是完全弹性的而且 CH 方程已经通过多种途径被推广到了 2+1 维的情形[103], 但是 2+1 维 peakon 解的研究却是从多线性分离变量解的得到才得以开展的. 在此给出两类 2+1 维 peakon 解并研究了其碰撞特性.

4.4 非线性局域激发模式

第一类 2+1 维 peakon 解是通过选择函数 p 和 q 中的一个为分段函数而另一个为连续函数得到. 例如, 选取函数 q 为连续函数 (前面讨论过的任何一种连续函数), 而 p 为如下分段函数

$$p = \sum_{i=1}^{M} \begin{cases} F_i(x+c_it), & x+c_it \leqslant 0, \\ -F_i(-x-c_it) + 2F_i(0), & x+c_it > 0, \end{cases} \quad (4\text{-}233)$$

其中 $F_i(\xi) \equiv F_i(x+c_i)$ $(i=1,2,\cdots,M)$ 是可微函数, 满足边界条件

$$F_i(\pm\infty) = C_{\pm i}, \quad i=1,2,\cdots,M, \quad (4\text{-}234)$$

这里 $C_{\pm i}$ 是常数或者趋于 ∞.

第二类 2+1 维 peakon 解中的函数 p 和 q 都取为分段函数. p 由 (4-233) 给出而 q 取为

$$q = \sum_{i=1}^{N} \begin{cases} G_i(y), & y \leqslant 0, \\ -G_i(-y) + 2G_i(0), & y > 0, \end{cases} \quad (4\text{-}235)$$

其中 $G_i(y)$ $(i=1,2,\cdots,N)$ 是可微函数且满足相同的边界条件 (4-234).

图 4-12 描绘的是第二类 2+1 维 peakon 解的碰撞图像, 对应的常数和函数选择分别为 $a_0=0, a_1=a_2=2a_3=1$ 和

$$p = 1 + \begin{cases} -\ln\left(\tanh\left(\frac{1}{2}(1-x+t)\right)\right), & x \leqslant t \\ +\ln\left(\tanh\left(\frac{1}{2}(1+x-t)\right)\right) - 2\ln\left(\tanh\left(\frac{1}{2}\right)\right), & x > t \end{cases}$$
$$+ \begin{cases} -\ln\left(\tanh\left(\frac{1}{2}(1-x-2t)\right)\right), & x \leqslant -2t, \\ +\ln\left(\tanh\left(\frac{1}{2}(1+x+2t)\right)\right) - 2\ln\left(\tanh\left(\frac{1}{2}\right)\right), & x > -2t, \end{cases} \quad (4\text{-}236)$$

$$q = \begin{cases} -\ln\left(\tanh\left(\frac{1}{2}(1-y)\right)\right), & y \leqslant t, \\ +\ln\left(\tanh\left(\frac{1}{2}(1+y)\right)\right) - 2\ln\left(\tanh\left(\frac{1}{2}\right)\right), & y > 0. \end{cases} \quad (4\text{-}237)$$

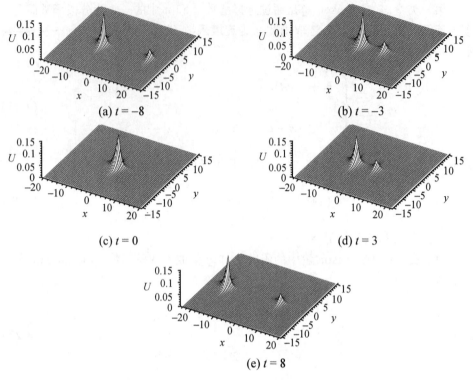

图 4-12 两个 peakon 解之间的碰撞过程图

从图 4-12 可以看出, 这两个 2+1 维 peakon 之间的碰撞不是完全弹性的. 碰撞后, 它们之间互相交换形状而保持了原有的速度. 为了更加清晰地看出这一特性, 把图 4-12(e) 中左边的 peakon 从其中心位置 $[x = -2c_1t_0 + \delta_1, y = \delta_2]$ 移至图 4-12(a) 中左边的 peakon 的中心位置 $[x = -t_0, y = 0]$ 上, 由此得到一个单 2+1 维 peakon 解

$$U_1 \equiv \left\{ \begin{array}{ll} U(t = t_0), & x \leqslant 0 \\ 0, & x > 0 \end{array} \right|_{x \to x-(2c_1-1)t_0+\delta_1,\ y \to y+\delta_2}, \qquad (4\text{-}238)$$

其中 $U(t = t_0)$ 由 (4-26), $a_0 = 0, a_1 = a_2 = 2a_3 = 1$, (4-236) 和 (4-237) 确定. 类似地, 把图 4-12(e) 中右边的 peakon 从 $[x = c_2t_0 + \delta_3, y = \delta_4]$ 移至图 4-12(a) 中右边的 peakon 的中心位置 $[x = 2t_0, y = 0]$ 得一个单 2+1 维 peakon 解

$$U_2 \equiv \left\{ \begin{array}{ll} 0, & x \leqslant 0 \\ U(t = 5), & x > 0 \end{array} \right|_{x \to x-(2-c_2)t_0+\delta_3,\ y \to y+\delta_4}. \qquad (4\text{-}239)$$

适当选取常数 $c_1, c_2, \delta_1 \sim \delta_4$ 使得

$$v1 \equiv |U_1 + U_2 - U(t = -t_0)| \tag{4-240}$$

取极小值. 经过计算发现, 当

$$c_1 = c_2 = 1, \tag{4-241}$$

$$\delta_1 = \delta_2 = \delta_3 = \delta_4 = 0 \tag{4-242}$$

时

$$v1_{\min} \to 7 \times 10^{-17} \sim 0. \tag{4-243}$$

图 4-13 描绘了 $v1$(4-240) 在参数选择为 (4-241) 和 (4-242) 下 $t_0 = 8$ 时刻的图像. 式 (4-243)(即 $v1 \sim 0$) 表明了两个 peakon 在碰撞过程中完全交换形状. 式 (4-241) 显示了这两个 peakon 在碰撞后保持了原有速度. 式 (4-242) 意味着两个 peakon 在对碰过程中不发生相移. 这些结论对于两个 peakon 之间的追碰过程也同样成立.

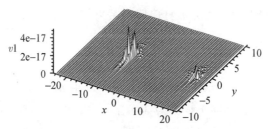

图 4-13 误差函数 $v1$(4-240) 在参数 (4-241)~(4-242) 下 $t_0=8$ 时刻的图像

4.4.8 2+1 维 compacton 解

除了 peakon 解, 1+1 维可积系统中还存在着另外一类被称为 compacton 的弱解. 这类解的特点是在一个非常有限的区域内有非零解而在其他区域内恒为零, 在这个区域的边界上函数及其一阶导数连续而二阶导数不连续. 类似于 2+1 维 peakon 解, 利用多线性分离变量解中的任意函数, 可以把 1+1 维 compacton 解推广到 2+1 维的情形.

如果选取

$$p = \sum_{i=1}^{N} \begin{cases} 0, & x + v_i t \leqslant x_{1i}, \\ p_i(x + v_i t) - p_i(x_{1i}), & x_{1i} < x + v_i t \leqslant x_{2i}, \\ p_i(x_{2i}) - p_i(x_{1i}), & x + v_i t > x_{2i}, \end{cases} \tag{4-244}$$

$$q = \sum_{j=1}^{M} \begin{cases} 0, & y \leqslant y_{1j}, \\ q_j(y) - q_j(y_{1j}), & y_{1j} < y \leqslant y_{2j}, \\ q_j(y_{2j}) - q_j(y_{1j}), & y > y_{2j}, \end{cases} \tag{4-245}$$

其中 p_i, q_j $(i=1,2,\cdots,N,\ j=1,2,\cdots,M)$ 是可微函数且满足条件

$$p_{ix}|_{x=x_{1i}} = p_{ix}|_{x=x_{2i}} = 0, \qquad q_{jy}|_{y=y_{1j}} = q_{jy}|_{y=y_{2j}} = 0, \tag{4-246}$$

那么多线性分离变量解通式 (4-26) 描述的就是一个 2+1 维 compacton.

下面对解 (4-26) 和 (4-244)~(4-245) 作渐近行为 $(t \to \mp\infty)$ 分析. 不失一般性, 假定

$$v_1 < v_2 < \cdots < v_N. \tag{4-247}$$

因为第 i 个 compacton 在有限区域内非零, 所以可以写出它在碰撞前后的严格的表达式.

碰撞前 $(t \to -\infty)$, 第 i 个 compacton 的表达式是

$$G_i^- = \frac{(a_0 a_3 - a_1 a_2) P_{ix} q_y}{(a_0 + a_1 P_i + a_2 q + a_3 P_i q)^2}, \tag{4-248}$$

其中 q 由 (4-245) 确定, P_i 与 p_i(4-244) 的关系为

$$P_i^- = \sum_{j<i}[p_j(x_{2j}) - p_j(x_{1j})]$$

$$+ \begin{cases} 0, & x + v_i t \leqslant x_{1i}, \\ p_i(x + v_i t) - p_i(x_{1i}), & x_{1i} < x + v_i t \leqslant x_{2i}, \\ p_i(x_{2i}) - p_i(x_{1i}), & x + v_i t > x_{2i}. \end{cases} \tag{4-249}$$

一般的多 compacton 解 (4-26) 为

$$G_{t \to -\infty} = \sum_{i=1}^{N} G_i^-. \tag{4-250}$$

碰撞之后 $(t \to +\infty)$, 有

$$G_{t \to +\infty} = \sum_{i=1}^{N} G_i^+, \tag{4-251}$$

$$G_i^+ = \frac{(a_0 a_3 - a_1 a_2) P_{ix}^+ q_y}{(a_0 + a_1 P_i^+ + a_2 q + a_3 P_i^+ q)^2}, \tag{4-252}$$

$$P_i^+ = \sum_{j>i}[p_j(x_{2j}) - p_j(x_{1j})]$$

$$+ \begin{cases} 0, & x + v_i t \leqslant x_{1i}, \\ p_i(x + v_i t) - p_i(x_{1i}), & x_{1i} < x + v_i t \leqslant x_{2i}, \\ p_i(x_{2i}) - p_i(x_{1i}), & x + v_i t > x_{2i}. \end{cases} \tag{4-253}$$

4.4 非线性局域激发模式

注 4.4.1 表达式 (4-248)~(4-253) 是严格的而不是近似的.

注 4.4.2 对于具体的问题, 作近似时没有必要考虑到 $t \to \infty$ 的情形. 事实上, 表达式 (4-250) 在碰撞之前的任何时刻都是成立的 (即对于所有没有发生碰撞的 compacton 而言); 表达式 (4-251) 在碰撞之后的任何时刻都是成立的 (即对于所有已经发生碰撞的 compacton 而言).

注 4.4.3 由 (4-26) 和 (4-244)~(4-245) 表示的 compacton 在碰撞过程中没有相移.

从渐近分析结果, 碰撞前的 (4-248)~(4-249) 和碰撞后的 (4-252)~(4-253) 可以看出, 如果 p_i 和 q_j 中至少有一个满足

$$p_i(x_{2i}) - p_i(x_{1i}) \neq 0, \tag{4-254}$$

那么由 (4-244) 和 (4-245) 构造得到的 compacton 之间的碰撞是非弹性的. 如果适当选择使得所有的 p_i 都满足

$$p_i(x_{2i}) - p_i(x_{1i}) = 0, \tag{4-255}$$

那么 compacton 之间的碰撞是完全弹性的.

进一步选取

$$p = \sum_{i=1}^{N} \begin{cases} 0, & x + v_i t \leqslant x_{0i} - \dfrac{\pi}{2k_i}, \\ b_i \sin(k_i(x + v_i t - x_{0i})) + b_i, & x_{0i} - \dfrac{\pi}{2k_i} < x + v_i t \leqslant x_{0i} + \dfrac{\pi}{2k_i}, \\ 2b_i, & x + v_i t > x_{0i} + \dfrac{\pi}{2k_i}, \end{cases} \tag{4-256}$$

$$q = \sum_{j=1}^{M} \begin{cases} 0, & y \leqslant y_{0j} - \dfrac{\pi}{2l_j}, \\ d_j \sin(l_j(y - y_{0j})) + d_j, & y_{0j} - \dfrac{\pi}{2l_j} < y \leqslant y_{0j} + \dfrac{\pi}{2l_j}, \\ 2d_j, & y > y_{0j} + \dfrac{\pi}{2l_j}, \end{cases} \tag{4-257}$$

其中 $b_i, k_i, v_i, x_{0i}, d_j, l_j, y_{0j}$ 是任意常数.

图 4-14 描述二 compacton 解 (4-26) 在 (4-256)~(4-257) 以及参数取值

$$\begin{aligned} & N = 2, \quad M = 1, \quad a_0 = 20, \quad a_1 = a_2 = 25 a_3 = 1, \\ & b_1 = -2, \quad v_1 = -1, \quad -b_2 = d_1 = k_1 = k_2 = l_1 = 1, \\ & x_{01} = x_{02} = y_{01} = 0, \quad v_2 = 2 \end{aligned} \tag{4-258}$$

下的相互碰撞过程. 从图 4-14 上可以看出, 这两个 compacton(具有性质 (4-254)) 之间的相互作用具有一个新的现象, 即这两个 compacton 之间的碰撞是非弹性的

且没有完全交换形状. 从图像上验证了表达式 (4-248)~(4-249), (4-256)~(4-258) 在 $t=-3$(碰撞前) 和 $t=3$(碰撞后) 的正确性.

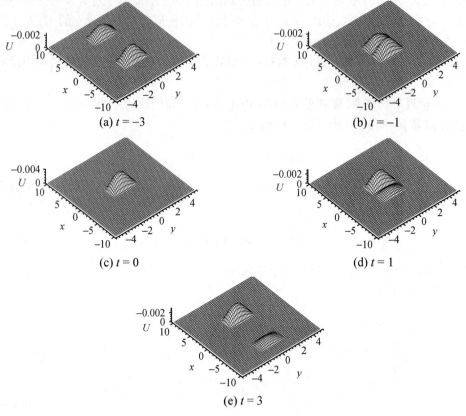

图 4-14 二 compacton 解 (4-26) 和 (4-256)~(4-258) 的演化图

换一种选择, 如果

$$p=\sum_{i=1}^{N}\begin{cases}0, & x+v_it\leqslant x_{0i}-\dfrac{\pi}{2k_i},\\ b_i\cos^{\alpha_i+1}(k_i(x+v_it-x_{0i})), & x_{0i}-\dfrac{\pi}{2k_i}<x+v_it\leqslant x_{0i}+\dfrac{\pi}{2k_i},\\ 0, & x+v_it>x_{0i}+\dfrac{\pi}{2k_i},\end{cases}$$
(4-259)

$$q=\sum_{j=1}^{M}\begin{cases}0, & y\leqslant y_{0j}-\dfrac{\pi}{2l_j},\\ d_j\cos^{\beta_j+1}(l_j(y-y_{0j})), & y_{0j}-\dfrac{\pi}{2l_j}<y\leqslant y_{0j}+\dfrac{\pi}{2l_j},\\ 0, & y>y_{0j}+\dfrac{\pi}{2l_j},\end{cases}$$
(4-260)

其中 $b_i, k_i, v_i, x_{0i}, d_j, l_j, y_{0j}$ 是任意常数，$\{\alpha_i, \beta_j\}$ 对所有的 $\{i,j\}$ 都是正整数.

图 4-15 描述的是二 compacton 解 (4-26) 在 (4-259)~(4-260) 以及

$$N=2, \quad M=a_3=1, \quad a_0=20, \quad a_1=a_2=25, \quad b_1=-2,$$
$$v_1=b_2=-1, \quad v_2=2, \quad d_1=k_1=k_2=l_1=1,$$
$$x_{01}=x_{02}=y_{01}=0, \quad \alpha_1=\alpha_2=\beta_1=3 \tag{4-261}$$

选取下的弹性碰撞过程. 从图 4-15 上可以看出两个 compacton 之间的碰撞是弹性的. 同样, 从图像上验证了表达式 (4-252)~(4-253) 和 (4-259)~(4-261) 在 $t=-1.5$(碰撞前) 和 $t=1.5$(碰撞后) 的正确性.

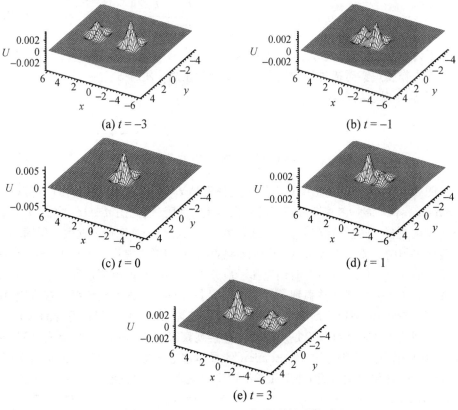

图 4-15 二 compacton 解的弹性碰撞过程

4.4.9 鬼 (隐形) 孤子

这一小节讨论一类神秘的孤子现象. 对于这类局域激发模式, 只有在与其他某种局域激发模式发生相互碰撞时才能被观察到而知道它存在的位置, 但是在其他时候不易被看到且很难确知它的位置, 所以我们称之为鬼孤子或隐形孤子.

下面仍然从多线性分离变量解出发来研究鬼孤子的神秘行为. 前面提到, 鬼孤子只有在与其他激发模式相互作用时才能被观察到, 所以为了研究鬼孤子, 必须使其与另外一类孤子相互作用, 这里选取的另外一种激发模式是 dromion. 为了得到鬼孤子和 dromion 激发模式, 可以选取

$$\begin{cases} p_x = A\operatorname{sech}^2(k_1\xi + v_1 t), \\ x = \xi + b_1 \tanh(k_1\xi + v_1 t) + b_2 \tanh(k_2\xi + v_2 t), \\ q = k_3^{-1} \tanh(k_3 y), \end{cases} \quad (4\text{-}262)$$

其中的参数需要满足条件

$$b_1 > -1, \qquad b_2 \neq 0, \qquad \frac{k_1}{v_1} \neq \frac{k_2}{v_2}. \quad (4\text{-}263)$$

为便于讨论, 设定 $v_1 = 0$, 即 dromion 静态.

首先作图观察碰撞过程并从图像上来判断碰撞性质.

图 4-16 对应的参数选为

$$a_0 = 5,\ a_3 = 0,\ a_1 = a_2 = A = C = k_2 = k_3 = 1,$$
$$v_2 = -1.5,\ b_1 = 0.2,\ b_2 = k_1 = 2. \quad (4\text{-}264)$$

图 4-16(a) 和图 4-16(b) 对应的时刻分别是 $t = -6$ 和 $t = -3$, 由此可以看出 dromion 是静态的, 它并没有随着时间而运动. 然而, 注意图 4-16(c) 中的 dromion 有所变化, 它所处的位置有了变动. 这是由于它已经与一个鬼孤子发生了碰撞, 因为在碰撞过程中鬼孤子对 dromion 产生影响变成图 4-16(c) 中 dromion 在 $t = -1.5$ 时刻所示的状态. 直到 $t = 1.5$ 时刻鬼孤子离开了 dromion, 即碰撞过程结束, dromion 又回复到了原先的形状并移到了另一个位置上. dromion 的变化说明它在碰撞过程中仅存在着相移. 碰撞之后的 dromion 在新的位置上继续保持静止不变的状态.

上面给出的描述都仅仅是从图形上直接观察得到的. 很自然地, 有人会问一些非常具体的问题, 如鬼孤子和 dromion 的具体位置在哪里? 是在什么时刻鬼孤子和 dromion 开始发生碰撞 (即鬼孤子出现)? 又是在什么时刻碰撞结束 (即鬼孤子消失)?

从表达式 (4-262) 出发可以得到所有这些问题的答案. 鬼孤子位于 $\{-\frac{v_2}{k_2}t, 0\}$, 是随着时间而变化的. 在与鬼孤子发生碰撞之前, dromion 位于 $\{-\frac{v_1}{k_1}t + b_2, 0\}$; 碰撞之后它移到了 $\{-\frac{v_1}{k_1}t - b_2, 0\}$(反之亦然, 这取决于参数 k_1, k_2, v_1, v_2). 因此, 当 $-\frac{v_2}{k_2}t = -\frac{v_1}{k_1}t + b_2$(或者 $-\frac{v_2}{k_2}t = -\frac{v_1}{k_1}t - b_2$), dromion 和鬼孤子位于同一位置, 即鬼孤子与 dromion 开始发生碰撞, 也正是这一时刻开始可以从图 4-16 看到鬼孤子的出现; 当 $-\frac{v_2}{k_2}t = -\frac{v_1}{k_1}t - b_2$(或者 $-\frac{v_2}{k_2}t = -\frac{v_1}{k_1}t + b_2$), 碰撞结束, 鬼孤子离开了 dromion,

4.4 非线性局域激发模式

从这一时刻开始将无法在图 4-16 上观察到鬼孤子而 dromion 有了 $2b_2$ 的相移之后又恢复了原形且保持原来速度运动 (此处是静止不动). 把参数 (4-264) 代入上面的表达式就可以得到鬼孤子的运动速度为 1.5, 在 $t = -\frac{4}{3}$ 时刻与静止的 dromion 碰撞然后在 $t = \frac{4}{3}$ 时刻离开 dromion 并使其发生值为 4 的相移.

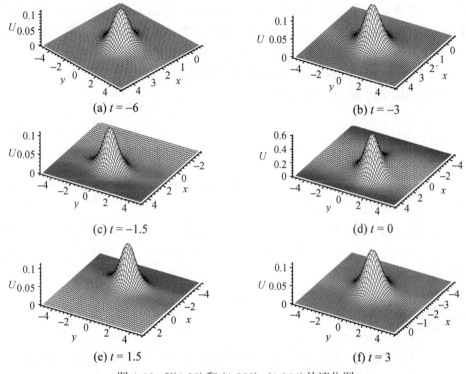

图 4-16 U(4-26) 和 (4-262), (4-264) 的演化图

这种新的非常神秘的局域激发模式 – 鬼孤子 (隐形孤子) – 是从最初的假设 (4-262) 和任意函数 p 得到的. 图 4-17 是关于表达式 (4-262) 在条件 (4-264) 下的图像, 图中 $px \equiv p_x$. 从此图上也可以非常清晰地观察到上面描述的奇异现象.

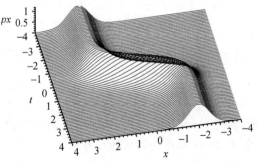

图 4-17 式 (4-262) 在条件 (4-264) 下的图像

4.4.10 孤子的裂变和聚变现象

在前面几部分有关各类孤子激发模式的碰撞特性研究中, 主要讨论两个或者多个局域激发模式之间碰撞弹性, 比如是完全弹性的还是非完全弹性的. 但是, 孤子之间的碰撞行为决不仅限于这些, 有着非常丰富的孤子行为. 这一小节将探讨孤子裂变和聚变现象, 主要研究对象是 1+1 维 Burgers 和 Sharma-Tasso-Olver(STO) 以及 2+1 维 Burgers 系统. 对这三个系统采用的研究手段有所不同, 前两者使用的是 Hirota 双线性方法, 后者使用的则是一般多线性分离变量法.

1. 1+1 维 Burgers 系统孤立波解的聚变现象

对简单的 1+1 维 Burgers 系统

$$u_t + 2uu_x - u_{xx} = 0, \tag{4-265}$$

作截断 Painlevé 展开

$$u = \sum_{j=0}^{\alpha} u_j \Phi^{j-\alpha}, \tag{4-266}$$

其中 u_α 是 Burgers 系统的任意种子解, $u_{\alpha-1}, u_{\alpha-2}, \cdots, u_0$ 是关于 Φ 及其导数的函数. 把 $u \sim u_0 \Phi^{-\alpha}$ 代入方程 (4-265) 然后平衡收敛最快的项, 得 $\alpha = 1$. 因此, 截断 Painlevé 展开式为

$$u = \frac{u_0}{\Phi} + u_1. \tag{4-267}$$

把上式代入 (4-265) 得

$$u_{1t} - 2u_0\Phi^{-3}(\Phi_x^2 + u_0^2\Phi_x) + \Phi^{-2}(2u_0 u_{0x} - 2u_0 u_1\Phi_x + u_0\Phi_{xx} + 2\Phi_x u_{0x}$$
$$-u_0\Phi_t) + \Phi^{-1}(u_{0t} - u_{0xx} + 2(u_1 u_0)_x) - u_{1xx} + 2u_1 u_{1x} = 0. \tag{4-268}$$

消去项 Φ^{-3} 的系数

$$2u_0\Phi_x(u_0 + \Phi_x) \tag{4-269}$$

得

$$u_0 = -\Phi_x. \tag{4-270}$$

为了简化计算, 取定种子解 u_1 为 0. 再把 (4-270) 和 (4-267) 代入原系统得

$$u = -\frac{\Phi_x}{\Phi}. \tag{4-271}$$

显然上式就是著名的 Cole-Hopf 变换, 此变换可把 Burgers 系统变换到经典热方程. 把 (4-271) 代入 Burgers 系统得到双线性方程

$$\Phi\Phi_{xxx} - \Phi\Phi_{xt} + \Phi_t\Phi_x - \Phi_{xx}\Phi_x = 0. \tag{4-272}$$

4.4 非线性局域激发模式

用 Hirota 直接法可以得到方程 (4-265) 的任意多孤立波解. 以二孤立波解和三孤立波解来描述孤立波的裂变聚变现象. 把单孤立波假设

$$\Phi = 1 + e^{kx+\omega t} \tag{4-273}$$

代入 (4-272) 得到色散关系

$$\omega = k^2. \tag{4-274}$$

把 (4-273)~(4-274) 代入 (4-271), 计算后给出单行波孤立波解

$$u = -\frac{ke^{k(x+kt)}}{1 + e^{k(x+kt)}}. \tag{4-275}$$

图 4-18 描述的是单行波孤立波解 (4-275) 在 $k = 1$ 时势场 $v(v \equiv -u_x)$ 的图像.

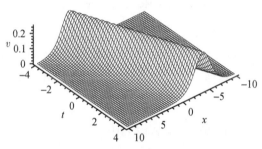

图 4-18 Burgers方程的单行波孤立波解

为了得到二孤立波解, 设

$$\Phi = 1 + e^{k_1 x + \omega_1 t} + e^{k_2 x + \omega_2 t}. \tag{4-276}$$

由单孤立波解的色散关系 (4-274) 导出的二孤立波解的色散关系

$$\omega_1 = k_1^2, \qquad \omega_2 = k_2^2. \tag{4-277}$$

把 (4-276) 和 (4-277) 代入方程 (4-271) 后计算得到二孤立波解

$$u = -\frac{k_1 e^{k_1(x+k_1 t)} + k_2 e^{k_2(x+k_2 t)}}{1 + e^{k_1(x+k_1 t)} + e^{k_2(x+k_2 t)}}. \tag{4-278}$$

相应的势场为

$$v = \frac{k_1^2 e^{k_1(x+k_1 t)} + k_2^2 e^{k_2(x+k_2 t)}}{1 + e^{k_1(x+k_1 t)} + e^{k_2(x+k_2 t)}} - \frac{(k_1 e^{k_1(x+k_1 t)} + k_2 e^{k_2(x+k_2 t)})^2}{(1 + e^{k_1(x+k_1 t)} + e^{k_2(x+k_2 t)})^2}. \tag{4-279}$$

图 4-19 描绘的是二孤立波解的聚变现象, 对应参数选取为 $k_1 = 1, k_2 = -1$. 可以清晰地看到, 在 $t = 0$ 时刻两单孤立波聚变成为一个 (共振) 孤立波解.

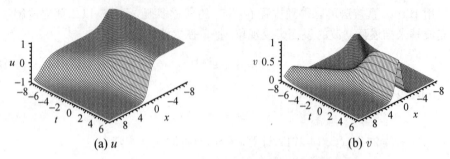

图 4-19 Burgers方程二孤立波解的聚变过程图

经过分析发现, 不管参数 k_1 和 k_2 如何取值, 二孤立波解 (4-278) 或者 (4-279) 只有聚变现象不会出现弹性碰撞或者裂变现象.

如果 $k_1 k_2 < 0$, 方程 (4-279) 的极限表达式为

$$v \to \begin{cases} s_1 + s_2, & t \to -\infty, \\ s_3, & t \to +\infty, \end{cases} \tag{4-280}$$

其中

$$s_1 = \frac{1}{4} k_1^2 \operatorname{sech}^2 \left[\frac{1}{2} k_1 (x + k_1 t) \right], \tag{4-281}$$

$$s_2 = \frac{1}{4} k_2^2 \operatorname{sech}^2 \left[\frac{1}{2} k_2 (x + k_2 t) \right], \tag{4-282}$$

$$s_3 = \frac{1}{4} (k_1 - k_2)^2 \operatorname{sech}^2 \left[\frac{1}{2} (k_1 - k_2)(x + (k_1 + k_2)t) \right]. \tag{4-283}$$

从表达式 (4-280) 可以看出, 聚变之前 ($t < 0$) 两个单孤立波 (振幅分别为 k_1^2 和 k_2^2) 分别位于 $x \sim -k_1 t$ 和 $x \sim -k_2 t$. 每一个单孤立波解分别由 (4-281) 和 (4-282) 表示, 是 Burgers 系统的势场 $v = -u_x$ 的严格解. 随着时间的推移, 这两个孤立波分别以速度 $-k_1$ 和 $-k_2$ 互相靠近然后发生碰撞. 碰撞之后, 两个孤立波聚变成一个由式 (4-283) 给出的共振孤立波 (因为 (4-283) 不是 Burgers 系统的严格解). 聚变的共振孤立波位于 $x = -(k_1 + k_2)t$, 振幅是 $(k_1 - k_2)^2$, 速度是 $-(k_1 + k_2)$.

如果 $k_1 k_2 > 0$, 不失一般性, 假定 $|k_1| > |k_2|$, 二孤立波解 (4-279) 具有特性

$$v \to \begin{cases} s_2 + s_3, & t \to -\infty, \\ s_1, & t \to +\infty. \end{cases} \tag{4-284}$$

这时, 单孤立波 (位于 $x = -k_2 t$) 和共振孤立波 (位于 $x = -(k_1 + k_2)t$) 聚变成一单孤立波解 (位于 $x = -k_1 t$).

为了证实前面的分析, 对量

$$v1 \equiv v - \begin{cases} s_1 + s_2, & t \leqslant 0, \\ s_3, & t > 0, \ k_1 = 1.5, \ k_2 = -1 \end{cases} \tag{4-285}$$

和

$$v2 \equiv v - \begin{cases} s_3 + s_2, & t \leqslant 0, \\ s_1, & t > 0, \ k_1 = 1.5, \ k_2 = 1 \end{cases} \tag{4-286}$$

作图, 分别见图 4-20 和图 4-21. 从图 4-20 和图 4-21 上可以看出, $v1$ 和 $v2$ 快速趋向于 0, 这说明二孤立波解 (4-279) 当 $|t| \to \infty$ 时近似于式 (4-280) 或者 (4-284).

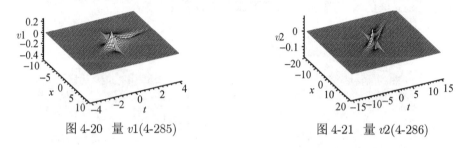

图 4-20 量 $v1$(4-285)　　　　图 4-21 量 $v2$(4-286)

上面的讨论中设定 u_1 为 0, 然而还可以由方程 (4-268) 解出 u_1 的值. 把式 (4-270) 代入方程 (4-268) 得

$$-u_{1xx} + 2u_1 u_{1x} + u_{1t} + \Phi^{-1}(\Phi_{xxx} - 2u_1 \Phi_{xx} - \Phi_{xt} - 2\Phi_x u_{1x})$$
$$+ \Phi^{-2}(\Phi_t \Phi_x + 2u_1 \Phi_x^2 - \Phi_{xx} \Phi_x) = 0. \tag{4-287}$$

令项 Φ^{-2} 的系数

$$\Phi_t \Phi_x + 2u_1 \Phi_x^2 - \Phi_{xx} \Phi_x \tag{4-288}$$

为零得

$$u_1 = \frac{1}{2} \frac{-\Phi_t + \Phi_{xx}}{\Phi_x}, \qquad \Phi_x \neq 0. \tag{4-289}$$

把 (4-270) 和 (4-289) 代入 (4-267) 得

$$u = -\frac{2\Phi_x^2 + \Phi \Phi_t - \Phi \Phi_{xx}}{2\Phi \Phi_x}. \tag{4-290}$$

再把上式代入方程 (4-265) 得到三线性方程

$$-4\Phi_x \Phi_{xt} \Phi_{xx} + 2\Phi_x \Phi_{xt} \Phi_t + 2(2\Phi_{xx} - \Phi_t)\Phi_x \Phi_{xxx} + 2\Phi_x^2 \Phi_{xxt}$$
$$-\Phi_x^2 \Phi_{tt} - 3\Phi_{xx}^3 + 4\Phi_t \Phi_{xx}^2 - \Phi_t^2 \Phi_{xx} - \Phi_x^2 \Phi_{xxxx} = 0. \tag{4-291}$$

类似地求解三线性方程 (4-291).

若
$$\Phi = 1 + e^{k_1 x + \omega_1 t} + e^{k_2 x + \omega_2 t} + e^{k_3 x + \omega_3 t}, \tag{4-292}$$

其中 k_1 和 ω_1 无关而 k_2 和 ω_2, k_3 和 ω_3 分别满足
$$\omega_2 = \frac{k_2(k_1 k_2 - k_1^2 + \omega_1)}{k_1}, \qquad \omega_3 = \frac{k_3(k_1 k_3 - k_1^2 + \omega_1)}{k_1}, \tag{4-293}$$

则可得到三孤立波解. 由于 u 和 v 的表达式非常复杂, 不在此给出具体表达式, 而是直接对不同的参数取值进行作图分析. 图 4-22 描绘的就是一个三孤立波解, 对应参数取为 $k_1 = -1, k_2 = -2, k_3 = 1, \omega_1 = \frac{1}{2}$. 同样地, 不论 k_1, k_2, k_3, ω_1 如何取值都只能得到孤立波的聚变现象, 无法得到孤立波的裂变现象.

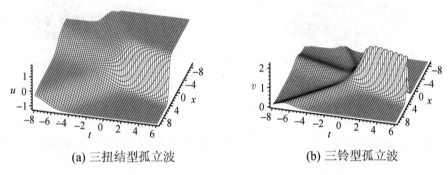

(a) 三扭结型孤立波　　　　　　　　(b) 三铃型孤立波

图 4-22　Burgers 方程的三孤立波聚变过程图

Burgers 方程 (4-265) 的一个一般的聚变型 N 孤立波解为
$$\Phi = 1 + \sum_{n=1}^{N} \exp(k_n x + \omega_n t), \tag{4-294}$$

其中 k_1, ω_1 是任意常数, k_n, ω_n 满足色散关系
$$\omega_n = \frac{k_n(k_1 k_n - k_1^2 + \omega_1)}{k_1}. \tag{4-295}$$

2. 1+1 维 STO 系统孤子解的裂变和聚变现象

1+1 维 STO 系统
$$u_t + 3\alpha u_x^2 + 3\alpha u^2 u_x + 3\alpha u u_{xx} + \alpha u_{xxx} = 0 \tag{4-296}$$

具有 Bäcklund 变换
$$u = \frac{u_0}{\Phi} + u_1, \tag{4-297}$$

4.4 非线性局域激发模式

其中 u_1 是 (4-296) 的任意种子解. 类似地, 选取

$$u_1 = 0. \tag{4-298}$$

把式 (4-297) 和 (4-298) 代入方程 (4-296) 然后设定 Φ 的不同幂次的系数为 0, 得确定 u_0 和 Φ 的确定方程组. 例如, 项 Φ^{-4} 的系数

$$-2\alpha\Phi_x^3 u_0 + 3\alpha\Phi_x^2 u_0^2 - \alpha u_0^3 \qquad \forall\, \Phi_x \neq 0 \tag{4-299}$$

为 0 得

$$u_0 = \Phi_x \tag{4-300}$$

或

$$u_0 = 2\Phi_x. \tag{4-301}$$

首先讨论 $u_0 = \Phi_x$ 时的情形.

把 (4-297) 和 (4-298)~(4-300) 代入 (4-296) 得到三线性方程

$$\alpha\Phi\Phi_{xxxx} + \Phi\Phi_{xt} - \alpha\Phi_x\Phi_{xxx} - \Phi_x\Phi_t = 0. \tag{4-302}$$

简单计算就能证明当且仅当

$$\omega_n = -\alpha k_n^3 \tag{4-303}$$

时, (4-294) 是 (4-302) 的 N 孤子解.

不同的色散关系 (4-303) 导致 STO 系统的孤子解并非只有聚变现象. 例如, 二孤子解

$$u = \frac{k_1 e^{k_1(x-\alpha k_1^2 t)} + k_2 e^{k_2(x-\alpha k_2^2 t)}}{1 + e^{k_1(x-\alpha k_1^2 t)} + e^{k_2(x-\alpha k_2^2 t)}} \tag{4-304}$$

和相应的势场

$$\begin{aligned} w &\equiv -u_x \\ &= -\frac{k_1^2 e^{k_1(x-\alpha k_1^2 t)} + k_2^2 e^{k_2(x-\alpha k_2^2 t)}}{1 + e^{k_1(x-\alpha k_1^2 t)} + e^{k_2(x-\alpha k_2^2 t)}} \\ &\quad + \frac{(k_1 e^{k_1(x-\alpha k_1^2 t)} + k_2 e^{k_2(x-\alpha k_2^2 t)})^2}{(1 + e^{k_1(x-\alpha k_1^2 t)} + e^{k_2(x-\alpha k_2^2 t)})^2} \end{aligned} \tag{4-305}$$

在 $\omega_1 > 0$ 时具有孤子聚变现象, 否则具有孤子裂变现象 (已经不失一般性地设定 $|k_1| > |k_2|$).

对于孤子聚变的情形, 当 $k_1 k_2 < 0$ 时, 两个单孤子聚变成一个共振孤子. 解 (4-305) 的近似表达式为

$$w \to w_1 = \begin{cases} w_{11} + w_{12}, & t \to -\infty, \\ w_{13}, & t \to +\infty, \end{cases} \tag{4-306}$$

其中

$$w_{11} = -\frac{1}{4}k_1^2 \text{sech}^2\left[\frac{1}{2}k_1(x - \alpha k_1^2 t)\right], \tag{4-307}$$

$$w_{12} = -\frac{1}{4}k_2^2 \text{sech}^2\left[\frac{1}{2}k_2(x - \alpha k_2^2 t)\right], \tag{4-308}$$

$$w_{13} = -\frac{1}{4}(k_1 - k_2)^2$$
$$\times \text{sech}^2\left[\frac{1}{2}(k_1 - k_2)(x - \alpha(k_1^2 + k_1 k_2 + k_2^2)t)\right]. \tag{4-309}$$

当 $k_1 k_2 > 0$ 时, 则

$$w \to w_2 = \begin{cases} w_{12} + w_{13}, & t \to -\infty, \\ w_{11}, & t \to +\infty. \end{cases} \tag{4-310}$$

对于孤子裂变现象, 当 $k_1 k_2 < 0$ 时有

$$w \to w_3 = \begin{cases} w_{13}, & t \to -\infty, \\ w_{11} + w_{12}, & t \to +\infty. \end{cases} \tag{4-311}$$

当 $k_1 k_2 > 0$ 时, 则

$$w \to w_4 = \begin{cases} w_{11}, & t \to -\infty, \\ w_{12} + w_{13}, & t \to +\infty. \end{cases} \tag{4-312}$$

图 4-23(a) 描绘的是孤子聚变现象, 对应参数取值为 $\alpha = 1, k_1 = -1.8, k_2 = 1$. 图 4-24(a) 描绘的是孤子裂变现象, 对应参数取为 $\alpha = -1, k_1 = -1.8, k_2 = -1$. 类似于 Burgers 系统, 得到了严格解和近似解之间的绝对差值, 图 4-23(b) 对应于

$$W1 \equiv w - \begin{cases} w_{11} + w_{12}, \\ w_{13}, \end{cases}$$

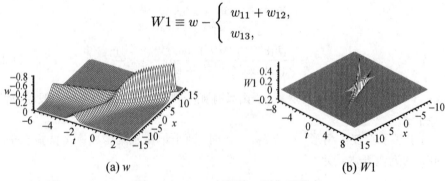

(a) w (b) $W1$

图 4-23 STO 方程的二孤立子聚变

而图 4-24(b) 对应于

$$W2 \equiv w - \begin{cases} w_{11}, \\ w_{12} + w_{13}, \end{cases}$$

其中的参数取值分别与图 4-23(a) 和图 4-24(a) 的参数取值一致.

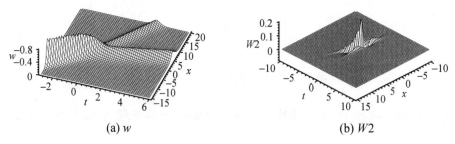

(a) w (b) $W2$

图 4-24 STO 方程的二孤立子裂变

对于 $u_0 = 2\Phi_x$ 的情形, 通过类似的分析发现不存在任何有意义的结论.

3. 2+1 维 Burgers 系统 Y 型孤子的聚变现象

这一小节里, 从 2+1 维 Burgers 系统的一般多线性分离变量解出发讨论 Y 型孤子的聚变现象. 前面我们给出了 2+1 维 Burgers 系统的一般多线性分离变量解. 在此先给出另一等价的 2+1 维 Burgers 系统

$$u_t = uu_y + avu_x + bu_{yy} + abu_{xx}, \tag{4-313a}$$

$$u_x = v_y \tag{4-313b}$$

的一般多线性分离变量解. 经过计算得 2+1 维 Burgers 系统 (4-313) 的势场 $w(w \equiv u_x/b = v_y/b)$ 的解为

$$w = 2 \frac{\sum_{i=1}^{N}\sum_{j=1}^{N} p_i p_{jx}(q_i q_{jy} - q_j q_{iy})}{\sum_{i=1}^{N}\sum_{j=1}^{N} p_i q_i p_j q_j}, \tag{4-314}$$

其中

$$p_{it} = (ab\partial_x^2 + av_0\partial_x + g - \alpha_i)p_i, \quad i = 1, 2, \cdots, N, \tag{4-315}$$

$$q_{it} = bq_{iyy} + \alpha_i q_i, \quad i = 1, 2, \cdots, N, \tag{4-316}$$

$\alpha_i \ (i = 1, 2, \cdots, N)$ 是 t 的任意函数.

显然, 一般多线性分离变量解 (4-314) 中含有任意多的变量分离函数. 但是在通常情况下, 这些变量分离函数不全是任意的. N 个函数 q_i 是 1+1 维热传导方程

的任意解, $N+2$ 个函数 v_0, g, p_i 中仅有两个是任意的而其余的需要满足 (4-315). 对于一些最简单的特殊情况, 比如 $g = v_0 = 0$, 解 (4-314) 也能描述一些非常有趣的现象. 2+1 维 KP 方程[99] 的 Y 型孤子解和耦合 KP-DS 系统[114] 的蜘蛛网状 ("spider web"-like) 孤子是特殊的 2 + 1 维共振线孤子 (多 solitoffs) 解. 在此主要讨论系统 (4-313) 的共振 Y 型孤子激发模式.

取

$$\alpha_i = 0, \quad g = 0, \quad v_0 = 0, \quad p_i = \exp(k_i x + abk_i^2 t + c_i),$$
$$q_i = \exp(l_i y + bl_i^2 t + C_i), \quad \forall i \tag{4-317}$$

就可以得到 2+1 维 Burgers 系统的共振 Y 型孤子. 研究发现, 共振 Y 型孤子具有聚变现象.

图 4-25 描绘了 Y 型孤子解 (4-314) 的聚变过程, 对应的参数为 (4-317) 和

$$N = 4, \quad a = b = 1, \quad k_1 = l_1 = c_1 = C_1 = 0, \quad k_2 = 1, \tag{4-318}$$
$$k_3 = 2, \quad k_4 = l_2 = 3, \quad l_3 = -1, \quad l_4 = -2, \quad c_2 = 1, \tag{4-319}$$
$$c_3 = 3, \quad c_4 = 5, \quad C_2 = -1, \quad C_3 = 3, \quad C_4 = -5. \tag{4-320}$$

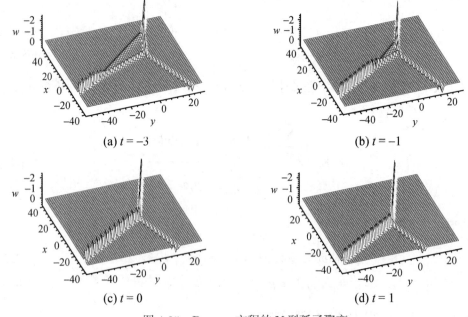

图 4-25 Burgers 方程的 Y 型孤子聚变

图 4-26 描绘了 2+1 维 Burgers 系统的 Y 型孤子聚变过程的等密度图.

4.4 非线性局域激发模式

从图 4-25 或图 4-26 上可以看到：碰撞之前，三个 Y 型孤子构成了一个简单的蜘蛛网状孤子；碰撞之后，三个 Y 型孤子聚变成为一个简单的 Y 型孤子. 与 1+1 维 Burgers 系统一样，没有发现孤子的裂变现象.

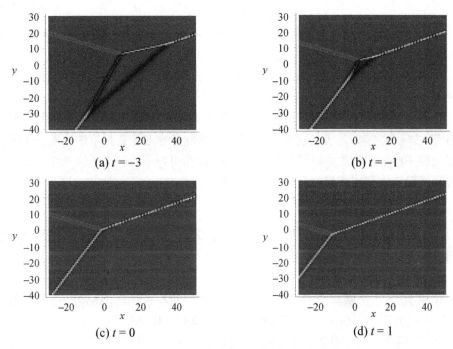

图 4-26 Burgers 方程的 Y 型孤子聚变的密度图

4. 孤子裂变和聚变现象的普遍性

比较 N 聚变 (裂变) 孤立波 (子) 解与传统的 Hirota 弹性碰撞孤子解，例如 KdV 型方程的 N 孤子解表达式 ($\eta_i = k_i x + \omega_i t$) 为

$$\Phi = 1 + \sum_{i=1}^{N} \exp(\eta_i) + \sum_{i<j} A_{ij} \exp(\eta_i + \eta_j)$$
$$+ \sum_{i<j<k} A_{ij} A_{ik} A_{jk} \exp(\eta_i + \eta_j + \eta_k)$$
$$+ L + \prod_{i<j} A_{ij} \exp\left(\sum_{k=1}^{N} \eta_k\right). \tag{4-321}$$

唯一的不同之处在于前者表达式中的耦合系数 A_{ij} 对于任何 i,j 都是 0. 如果参数 (k_i, ω_i) 的选取不能使得这些耦合系数为 0，那么所研究的系统就不存在孤子聚变和裂变现象. 例如，Burgers 方程、STO 方程、Boussinesq 方程和 Kupershmidt 方

程[235] 等. 如果某一个耦合系数 $A_{i_1j_1}$ 是 0 而其余的 A_{ij} 非 0, 那么第 i_1 个孤子和第 j_1 个孤子发生聚变或裂变现象, 而对其他的孤子不会发生聚变或裂变现象. 因此

$$A_{i_1j_1} = 0 \tag{4-322}$$

可能是确定第 i_1 个孤子和第 j_1 个孤子是否会发生聚变或裂变现象的充分必要条件.

dromion、peakon、compacton 等均有可能出现裂变和聚变现象[139]. 此处不再一一列举.

虽然已经得到了多聚变 (或裂变) 孤子解, 但是还有许多重要的问题有待于继续研究. 如: 式 (4-322) 是否是确定孤子聚变或裂变的充分必要条件? 孤子裂变或聚变过程中能量和动量是如何分配的? 是否可以用可积系统的孤子聚变或裂变现象来解释实验中观察到的聚变或裂变现象? 等等.

4.4.11 混沌斑图模式

除了前面给出的各类稳定型局域激发模式外, 任意函数 p 和 q 的特殊选取还能给出一些混沌孤子激发模式.

1. 混沌 - 混沌型斑图

如果 p 和 q 是某些 1+1 维或者 0+1 维的不可积模型的混沌解, 那么表达式 (4-26) 就能给出一些在 x 和 y 方向都是混沌的 2+1 维时空斑图.

例如, 选择 p 和 q 分别为 ($\tau_1 \equiv x + \omega_1 t$, $\tau_2 \equiv x + \omega_2 t$)

$$\begin{aligned}p_{\tau_1\tau_1\tau_1} =& \frac{p_{\tau_1\tau_1}p_{\tau_1} + (c+1)p_{\tau_1}^2}{p} - (p^2 + bc + b)p_{\tau_1} - (b+c+1)p_{\tau_1\tau_1} \\ &+ pc(ba - b - p^2),\end{aligned} \tag{4-323}$$

$$\begin{aligned}q_{\tau_2\tau_2\tau_2} =& \frac{q_{\tau_2\tau_2}q_{\tau_2} + (\gamma+1)q_{\tau_2}^2}{q} - (q^2 + \beta(\gamma+1))q_{\tau_2} - (\beta+\gamma+1)q_{\tau_2\tau_2} \\ &+ qc(\beta(\alpha-1) - q^2)\end{aligned} \tag{4-324}$$

的解, 其中 $\omega_1, \omega_2, a, b, c, \alpha, \beta$ 和 γ 是任意常数.

容易证明 (4-323) 和 (4-324) 等价于著名的 Lorenz 系统[145]

$$p_{\tau_1} = -c(p-g), \quad g_{\tau_1} = p(a-h) - g, \quad h_{\tau_1} = pg - bh. \tag{4-325}$$

显然, 消去式 (4-325) 中的函数 g 和 h 即可得到 (4-323).

图 4-27 给出的是一类特殊的混沌 - 混沌型斑图, 其对应参数为

$$a_0 = 200, \quad a_3 = 0, \quad a_1 = a_2 = 1, \tag{4-326}$$

其中 p 和 q 分别由 (4-323) 和 (4-324) 确定, 且

$$a = \alpha = 60, \qquad b = \beta = 8/3, \qquad c = \gamma = 10. \tag{4-327}$$

图 4-28 描绘的是 Lorenz 系统 (4-325) 和 (4-327) 的一个特殊混沌解.

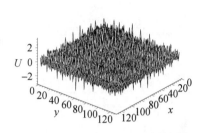
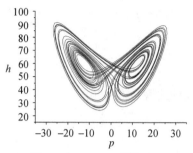

图 4-27 混沌-混沌型斑图 (4-26) 和 (4-326) 且 p 和 q 分别由 (4-323), (4-324) 和 (4-327) 确定

图 4-28 Lorenz 系统 (4-325) 和 (4-327) 的一个特殊混沌解

2. 混沌周期型斑图

如果函数 p 和 q 中的一个被选定为周期函数而另外一个被取为混沌解, 那么式 (4-26) 给出的是在一个方向周期而在另外一个方向混沌的混沌-周期型孤子.

图 4-29 即为混沌-周期型孤子, 满足条件 (4-326), p 为系统 (4-323) 在条件 $a = 60$, $b = 8/3$, $c = 10$ 下的混沌解, q 为系统 (4-324) 在条件

$$\alpha = 350, \qquad \beta = \frac{8}{3}, \qquad \gamma = 10 \tag{4-328}$$

下的周期解. 图 4-30 是 Lorenz 系统 (4-325) 和 (4-328) 的一个二周期解.

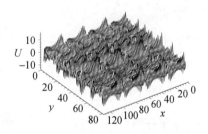
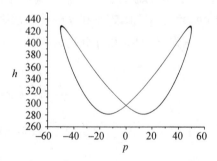

图 4-29 混沌-周期型斑图 (4-26) 和 (4-326), 以及 q 和 p 分别为 Lorenz 系统 (4-323)(其中 $a=60$, $b=8/3$, $c=10$) 和 (4-324)(其中 $a=350$, $b=8/3$, $c=10$) 的混沌和周期解

图 4-30 Lorenz 系统 (4-325) 和 (4-328) 的二周期解

3. 混沌线孤子

如果 p 和 q 中的某一个是局域的而另一个是混沌的, 那么 (4-26) 就可以成为一个混沌线孤子.

图 4-31 描绘的是混沌线孤子, 解 (4-26) 中的函数 p 由 (4-323) 和 $a = 60, b = 8/3, c = 8$ 给定, q 为

$$q = \tanh y, \tag{4-329}$$

以及参数满足 (4-326).

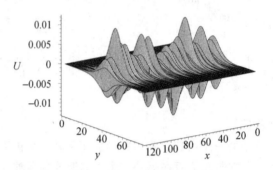

图 4-31 混沌线孤子斑图 (4-26) 和 (4-326), (4-329) 以及 p 由 (4-323) 和 $a=60, b=8/3, c=8$ 确定

4. 混沌 dromion 和混沌 lump 解

Dromion 是最重要的 2+1 维非线性局域激发之一, 它在所有方向都收敛. 很自然地, 我们想到了一个非常重要且有意思的问题: 是否能找到具有混沌行为的 dromion 激发? 函数 p 和 q 的任意性给予了肯定的答案.

例如, 选取 p 和 q 分别为 $(f_2(t) > 0, f_6(t) > 0)$

$$\begin{aligned} p &= \frac{f_1(t)}{f_4(t) + \exp(f_2(t)(x + f_3(t)))}, \\ q &= 1 + \frac{f_5(t)}{f_8(t) + \exp(f_6(t)(y + f_7(t)))}, \end{aligned} \tag{4-330}$$

其中 $f_i(t)$ $(i = 1, 2, \cdots, 8)$ 是混沌函数, 那么通式 (4-26) 就可以描绘混沌 dromion 解且可具有多种混沌方式. 如果 $f_1(t), f_4(t), f_5(t), f_8(t)$ 是混沌的, 那么由 (4-26) 和 (4-330) 给出的 dromion 的振幅是混沌的; 如果 $f_2(t), f_6(t)$ 是混沌的, 那么 dromion 的形状 (即宽度) 是混沌的; 如果 $f_3(t), f_7(t)$ 是混沌的, 那么 dromion 的位置是混沌的.

图 4-32 描绘了混沌 dromion 解在某一时刻 (由 $f(t) = 0$ 确定) 的图像, 对应的参数选择为 (4-326) 和

$$p = e^{-x}, \qquad q = \frac{100 + f(t)}{e^y + 1} + 1, \tag{4-331}$$

其中 $f(t)$ 是 Lorenz 系统[145]

$$f_t = -10(f - g), \ g_t = f(60 - h) - g, \ h_t = fg - \frac{8}{3}h \tag{4-332}$$

的解. 图 4-33 是图 4-32 中混沌 dromion 解的振幅演化图.

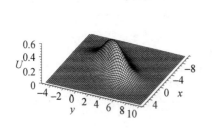

图 4-32 混沌 dromion 解 (4-26) 和 (4-329), (4-331) 和 $f(t)=0$

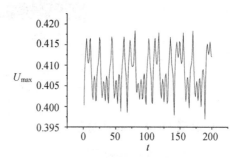

图 4-33 混沌 dromion 解的振幅演化图, f 由 (4-332) 确定

4.4.12 分形斑图模式

通式 (4-26) 中函数 p 和 q 的任意性不仅导致了混沌孤子激发模式, 而且可以构造各类分形激发模式. 下面仅给出两类特殊的分形激发模式.

1. 非局域分形结构

如果选择 ($\xi = x + t$)

$$p = \frac{1}{4}\xi|\xi|[\sin(\ln(\xi^2)) - \cos(\ln(\xi^2))], \tag{4-333}$$

$$q = 1 + \frac{1}{4}y|y|[\sin(\ln(y^2)) - \cos(\ln(y^2))] \tag{4-334}$$

和 $a_1 = a_2 = 1, a_0 = a_3 = 0$, 那么可以得到一个在 $x + t = 0$ 和 $y = 0$ 邻域内具有分形结构的非局域严格解.

图 4-34 是 $t = 0$ 时刻在 $\{x = [-0.185, 0.185], y = [-0.185, 0.185]\}$ 范围内的等密度图. 如果缩小这个区域, 如 $\{x = [-0.065, 0.065], y = [-0.065, 0.065]\}$, $\{x = [-0.0078, 0.0078], y = [-0.0078, 0.0078]\}$, $\cdots$, $\{x = [-1.45 \times 10^{-10}, 1.45 \times 10^{-10}], y = [-1.45 \times 10^{-10}, 1.45 \times 10^{-10}]\}$, $\cdots$, 则得到的等密度图像与图 4-34 完全相同. 对 x

和 y 采用不同的尺度, 如 $\{x = [-0.185, 0.185], y = [-1.45\times 10^{-10}, 1.45\times 10^{-10}]\}$, 也可以得到与图 4-34 一样的等密度图.

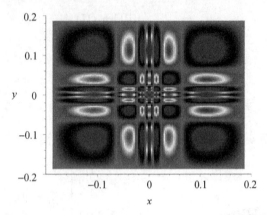

图 4-34 解 U(4-26) 和 (4-333)~(4-334) 在 $t = 0$ 时刻的等密度图
$\{x = [-0.185, 0.185], y = [-0.185, 0.185]\}$

2. 分形 dromion 和分形 lump

如果 dromion(lump) 解在大尺度上是指数 (代数) 收敛而在其中心位置附近具有自相似结构, 那么称其为分形 dromion(lump) 解. 例如, 选取

$$p = \exp(\sqrt{(x-c_1 t)^2}\left(\frac{3}{2}+\sin(\ln((x-c_1 t)^2))\right), \tag{4-335}$$

$$q = \exp(\sqrt{(y-c_2 t)^2}\left(\frac{3}{2}+\sin(\ln((y-c_2 t)^2))\right), \tag{4-336}$$

则 (4-26) 即为分形 dromion 解.

图 4-35 描绘的是 $t = 0$ 时刻的分形 dromion 解 (4-26) 和 (4-335)~(4-336) 的结构, 其对应参数被取为

$$a_0 = a_1 = a_2 = 2a_3 = 1. \tag{4-337}$$

图 4-35(a) 描绘了分形 dromion 解的局域性质. 图 4-35(b) 是分形 dromion 解在 $\{x = [-0.11, 0.11], y = [-0.11, 0.11]\}$ 范围内的等密度图. 缩小此图中心位置所在的区域之后可以得到完全一致的等密度图像, 如 $\{x = [-0.005, 0.005], y = [-0.005, 0.005]\}$, $\{x = [-0.0002, 0.0002], y = [-0.0002, 0.0002]\}$, $\cdots$, $\{x = [-5.9\times 10^{-14}, 5.9\times 10^{-14}], y = [-5.9\times 10^{-14}, 5.9\times 10^{-14}]\}$, $\cdots$, $\{x = [-0.005, 0.005], y = [-0.0002, 0.0002]\}$, $\cdots$

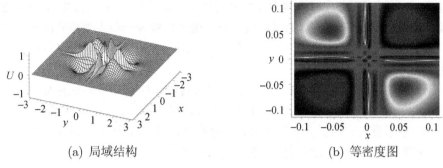

(a) 局域结构　　　　　　　　(b) 等密度图

图 4-35　分形 dromion 解 (4-26) 和 (4-335)~(4-337)

4.4.13　折叠孤立波和折叠子

多线性分离变量解和一般多线性分离变量解显示出了丰富的局域激发模式, 但是这些激发模式都是单值的. 事实上, 有关孤立子理论的绝大多数研究, 特别是对于高维模型的研究, 主要是针对单值情况的. 可是在很多情况下, 真实的自然现象非常复杂以至于无法用单值解来描述, 例如对于大自然中的各种折叠现象, 如折叠蛋白质、大脑和皮肤表层等. 目前还无法也不可能给出这些复杂的折叠现象非常满意的解析描述. 但对于一些相对简单的折叠现象还是有可能给以满意的解析描述的, 如 1+1 维空间的圈孤子 (loop soliton) 解. 最简单的高维多值波可能就是所谓的流体表面上的泡沫、流体内部的气泡、海浪等等. 虽然在现阶段要对所有的这类复杂的自然现象给出完整的特别是解析的解答是不可能的, 但是从一些简单的情况开始研究它们还是非常值得的. 幸运地是, 从一般多线性分离变量解出发, 可以构造不少多值激发模式, 把这种多值局域激发定义为**折叠孤立波**. 如果折叠孤立波具有弹性碰撞性质, 那么就称之为**折叠子**. 本小节的研究重点是折叠孤立波和折叠子.

首先给出 1+1 维局域函数 p_f 的表达式,

$$p_f \equiv \sum_{j=1}^{M} f_j(\xi - c_j t), \tag{4-338}$$

$$x = \xi + \sum_{j=1}^{M} g_j(\xi - c_j t), \tag{4-339}$$

其中 $c_1 < c_2 < \cdots c_M$ 是任意常数, $\{f_j, g_j\}$, $\forall j$ 是局域函数, 具有如下特性

$$f_j(\pm\infty) = F^{\pm}, \qquad g_j(\pm\infty) = G_j^{\pm} = 常数. \tag{4-340}$$

从表达式 (4-339) 可以看出: 通过适当选择函数 g_j 可以使得 ξ 在 x 的某些区域内是多值的. 因此, 虽然 p_f 是 ξ 的单值函数, 但是 x 的多值函数. 此外由于

$$\xi|_{x\to\infty} \to x \to \infty, \tag{4-341}$$

所以 p_f 是描述 M 个局域的弹性碰撞的行波解. 事实上, 大多数已知的 1+1 维多圈孤子解是 (4-339) 的特例. 如果多线性分离变量解或者一般多线性分离变量解中的某些任意函数具有类似 (4-338)~(4-340) 的性质, 那么就可以构造出各种各样的 2+1 维折叠孤立波和折叠子.

下面, 首先给出一些定态折叠孤立波; 然后讨论几种 (一般) 多线性分离变量解的渐近行为; 接着有针对性地给出 MNNV I 系统和 2DsG 系统的折叠子激发, 主要讨论二折叠子激发和四折叠子激发及其碰撞特性; 最后探讨所有多线性分离变量可解系统的折叠孤立波激发和折叠子激发及其碰撞特性.

1. 折叠孤立波

对于普适量 U,
$$U = \frac{2p_x q_y}{(p+q+a_0)^2}, \tag{4-342}$$

即通式 (4-26) 取 $a_1 = a_2 = 1, a_3 = 0$ 时的情况, 当任意函数 p, q 被取为

$$p_x = -k_1 \mathrm{sech}^2(k_2\xi - k_3 t), \tag{4-343}$$

$$p = -\frac{k_1}{3k_2}[3 + 2k_2 k_4 + k_2 k_4 \mathrm{sech}^2(k_2\xi - k_3 t)]$$
$$\times \tanh(k_2\xi - k_3 t), \tag{4-344}$$

$$x = \xi + k_4 \tanh(k_2\xi - k_3 t), \tag{4-345}$$

$$q_y = -l_1 \mathrm{sech}^2(l_2 \eta), \tag{4-346}$$

$$q = -\frac{l_1}{3l_2}[3 + 2l_2 l_3 + l_2 l_3 \mathrm{sech}^2(l_2\eta)]\tanh(l_2\eta), \tag{4-347}$$

$$y = \eta + l_3 \tanh(l_2\eta) \tag{4-348}$$

时, 可以描绘多种不同的折叠孤立波.

适当选取参数 $k_1 \sim k_4, l_1 \sim l_3$ 可以使得 p 在 $k_2 x - k_3 t$ 的小区域内多值而 q 在 y 的整个取值范围内都是单值的. 下面给出这种情形下的四类折叠孤立波 (在 $t = 0$ 时刻).

图 4-36 中 "帐篷式" 折叠孤立波的参数被取为

$$k_1 = k_2 = k_3 = l_1 = l_2 = 1, \ l_3 = 0, \ k_4 = -2.5, \ a_0 = 1.9. \tag{4-349}$$

图 4-37 中 "蠕虫状" 折叠孤立波对应的参数取值为

$$k_1 = k_2 = k_3 = l_1 = l_2 = 1, \ l_3 = 0, \ k_4 = -2.5, \ a_0 = 8. \tag{4-350}$$

图 4-38 中"蠕虫状"dromion 型折叠孤立波 (看上去像一个 "蠕虫" 爬在 dromion 上面) 对应的参数取值是

$$k_1 = 10, \ k_2 = k_3 = l_1 = l_2 = l_3 = 1, \ k_4 = -1.15, \ a_0 = 10. \tag{4-351}$$

图 4-39 描绘了"蠕虫状"solitoff 型折叠孤立波 (看上去像一个"蠕虫"爬在 solitoff 头上) 对应的参数值为

$$k_1 = k_2 = k_3 = l_1 = l_2 = l_3 = 1, \quad k_4 = -1.15, \ a_0 = 1.9. \tag{4-352}$$

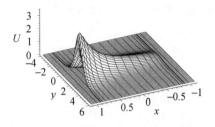

图 4-36 "帐篷状"折叠孤立波 (4-349)　图 4-37 "蠕虫状"折叠孤立波 (4-350)

图 4-38 "蠕虫状"dromion 型折叠孤立波 (4-351)　图 4-39 "蠕虫状"solitoff 型折叠孤立波 (4-352)

显然, 适当选择参数可以使得量 U(4-342) 中的函数 p 和 q 都是多值的. 下面给出此情形下的三类折叠孤立波 (在 $t = 0$ 时刻).

图 4-40 对应的参数为

$$k_1 = k_2 = k_3 = l_1 = l_2 = 1, \ l_3 = -1.4, \ k_4 = -2.5, \ a_0 = 1.9. \tag{4-353}$$

图 4-41 的参数取值为

$$k_1 = k_2 = k_3 = l_1 = l_2 = 1, \ l_3 = k_4 = -1.6, \ a_0 = 8. \tag{4-354}$$

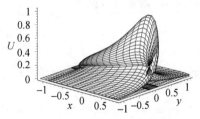
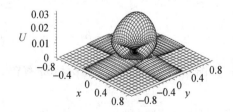

图 4-40　参数选取为 (4-353)　图 4-41　参数选取为 (4-354)

图 4-42 的参数被取为

$$k_1 = k_2 = k_3 = l_1 = l_2 = 1, \ l_3 = k_4 = -1.15, \ a_0 = 4. \tag{4-355}$$

当然,适当选取参数可以使得函数 p 和 q 都是单值的,从而使得量 U(4-342) 是单值的. 下面给出此情形下的单值局域激发模式.

图 4-43 显示了单 dromion 结构, 其对应参数为

$$k_1 = k_2 = k_3 = l_1 = l_2 = l_3 = k_4 = 1, \ a_0 = 4. \tag{4-356}$$

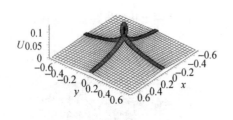 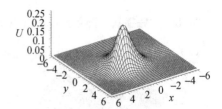

图 4-42 参数选取为 (4-355)　　　图 4-43 单 dromion 解, 其参数选取为 (4-356)

由于 p 和 q 的任意性, 可以利用分段连续函数来构造 2+1 维 peakon 解和 compacton 解. 参数的选取存在着三种特殊的临界状态, 即

$$k_2 k_4 = -1, \qquad l_2 l_3 \neq -1, \tag{4-357}$$

$$k_2 k_4 \neq -1, \qquad l_2 l_3 = -1 \tag{4-358}$$

和

$$k_2 k_4 = -1, \qquad l_2 l_3 = -1. \tag{4-359}$$

当参数选取满足上述条件时得到的就是不同类型的 peakon 解.

图 4-44 显示了 $t = 0$ 时刻的第一类 peakon 结构, 其参数取值为

$$k_1 = k_2 = k_3 = l_1 = l_2 = l_3 = 1, \ k_4 = -1, \ a_0 = 4. \tag{4-360}$$

图 4-45 给出了第二类 peakon 解在 $t = 0$ 时刻的结构, 其对应参数取值为

$$k_1 = k_2 = k_3 = l_1 = l_2 = 1, \ l_3 = -1, \ k_4 = -1, \ a_0 = 4. \tag{4-361}$$

4.4 非线性局域激发模式

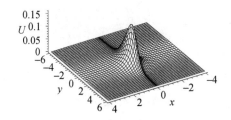

图 4-44 第一类 peakon 解，其参数选取为 (4-360)

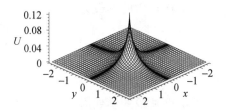

图 4-45 第二类 peakon 解，其参数选取为 (4-361)

更加复杂一点的折叠孤立波可以通过选择复杂一点的多值函数来得到. 例如对量 v(4-170), 即

$$v = \frac{2p_x\left(q_1 q_{0y} - (a_0 + q_0)q_{1y}\right)}{(a_0 + q_0 + pq_1)^2}$$

中的函数作如下选取

$$p_x = -k_1 \operatorname{sech}^2(k_2\xi - k_3 t), \tag{4-362}$$

$$\begin{aligned}p = -\frac{k_1}{15k_2}&\{15 + k_2\left[10k_4 + (5k_4 + 3k_6)\operatorname{sech}^2(k_2\xi - k_3 t)\right.\\ &\left. + 6k_6 - 9k_6\operatorname{sech}^4(k_2\xi - k_3 t)\right]\tanh(k_2\xi - k_3 t)\}\\ &+\frac{1}{2}k_1 k_5(\operatorname{sech}^4(k_2\xi - k_3 t) - 1),\end{aligned} \tag{4-363}$$

$$\begin{aligned}x = \xi &+ k_4 \tanh(k_2\xi - k_3 t) + k_5 \tanh^2(k_2\xi - k_3 t)\\ &+ k_6 \tanh^3(k_2\xi - k_3 t),\end{aligned} \tag{4-364}$$

$$q_{0y} = -l_1 \operatorname{sech}^2(l_2\eta), \tag{4-365}$$

$$\begin{aligned}q_0 = \frac{1}{2}l_1 l_5 [\operatorname{sech}^4(l_2\eta) - 1] &- \frac{l_1}{15l_2}[15 + 6l_2 l_6 + 10l_2 l_4\\ &+ l_2(5l_4 + 3l_6)\operatorname{sech}^2(l_2\xi) - 9l_2 l_6 \operatorname{sech}^4(l_2\xi)]\tanh(l_2\eta),\end{aligned} \tag{4-366}$$

$$q_{1y} = -l_3 \operatorname{sech}(l_2\eta), \tag{4-367}$$

$$\begin{aligned}q_1 = \frac{l_3}{8}&\operatorname{sech}(l_2\eta)\tanh(l_2\eta)[6l_6\operatorname{sech}^2(l_2\eta) - 3l_6 - 4l_4]\\ &-\frac{l_3}{4l_2}(8 + 4l_2 l_4 + 3l_2 l_6)\arctan\exp(l_2\eta)\\ &+\frac{2}{3}l_3 l_5 \operatorname{sech}^3(l_2\eta),\end{aligned} \tag{4-368}$$

$$y = \eta + l_4 \tanh(l_2\eta) + l_5 \tanh^2(l_2\eta) + l_6 \tanh^3(l_2\eta), \tag{4-369}$$

适当选取参数就可以得到一些稍显复杂的折叠孤立波. 下面给出此种情形下的四类折叠孤立波 (在 $t=0$ 时刻).

图 4-46 所取的参数为

$$k_1 = -1, \quad k_2 = k_3 = k_5 = l_1 = l_2 = l_3 = l_5 = 1,$$
$$k_4 = l_5 = 2, \quad k_6 = l_6 = -4, \quad a_0 = 50. \tag{4-370}$$

图 4-47 所取的参数为

$$k_1 = 72, \quad k_2 = k_3 = k_5 = l_1 = l_2 = l_3 = l_5 = 1,$$
$$k_4 = l_4 = 2, \quad k_6 = l_6 = -4, \quad a_0 = 250. \tag{4-371}$$

图 4-48 所取的参数为

$$k_1 = -\frac{6}{5}, \quad k_2 = k_3 = k_5 = l_1 = l_2 = l_3 = l_5 = 1,$$
$$k_4 = l_4 = 2, \quad k_6 = l_6 = -\frac{27}{5}, \quad a_0 = 50. \tag{4-372}$$

图 4-49 所取的参数为

$$k_1 = -3, \quad k_2 = k_3 = k_5 = l_1 = l_2 = l_3 = l_5 = 1,$$
$$k_4 = l_4 = 2, \quad k_6 = l_6 = -10, \quad a_0 = 250. \tag{4-373}$$

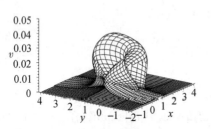

图 4-46　参数选取为 (4-370)

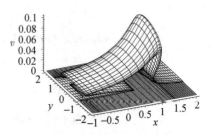

图 4-47　参数选取为 (4-371)

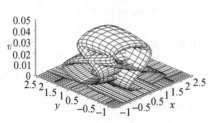

图 4-48　参数选取为 (4-372)

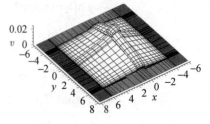

图 4-49　参数选取为 (4-373)

前面指出过，实 MNNV I 系统和实 2DsG 系统的场量 u 是非常重要的. 对于此场量 u(4-145) 或 (4-158)，可以类似地构造出各种单值局域激发模式和折叠孤立波. 下面先给出实 MNNV I 系统和实 2DsG 系统的场量 u(4-158), 即

$$u = 2\arctan(pq)$$

描绘的四类折叠孤立波，其中任意函数 p 和 q 分别取为

$$p = k_1 \mathrm{sech}^2(k_2\xi - k_3 t), \tag{4-374}$$

$$x = \xi + k_4 \tanh(k_2\xi - k_3 t) + k_5 \tanh^2(k_2\xi - k_3 t)$$
$$+ k_6 \tanh^3(k_2\xi - k_3 t), \tag{4-375}$$

$$q = l_1 \mathrm{sech}^2(l_2\eta), \tag{4-376}$$

$$y = \eta + l_3 \tanh(l_2\eta) + l_4 \tanh^2(l_2\eta) + l_5 \tanh^3(l_2\eta). \tag{4-377}$$

图 4-50 中的参数选为

$$k_1 = 1.2, \quad l_1 = l_2 = k_2 = k_3 = 1,$$
$$l_3 = k_4 = -2, \quad l_4 = l_5 = k_5 = k_6 = 0. \tag{4-378}$$

图 4-51 中的参数选为

$$k_1 = k_2 = k_3 = k_5 = l_1 = l_2 = l_3 = l_5 = 1,$$
$$k_4 = l_4 = 2, \quad k_6 = -4. \tag{4-379}$$

图 4-52 中的参数选为

$$k_1 = 120, \quad k_2 = k_3 = k_5 = l_2 = l_3 = l_5 = 1,$$
$$l_1 = 6, \quad k_4 = l_4 = 2, \quad k_6 = -4. \tag{4-380}$$

图 4-53 中的参数选为

$$k_1 = 3, \quad k_2 = k_3 = k_5 = l_1 = l_2 = l_3 = 1,$$
$$l_5 = -8, \quad k_4 = l_4 = 2, \quad k_6 = -12. \tag{4-381}$$

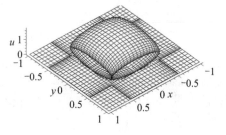

图 4-50 参数选取为 (4-378)

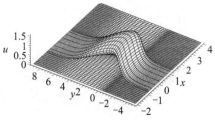

图 4-51 参数选取为 (4-379)

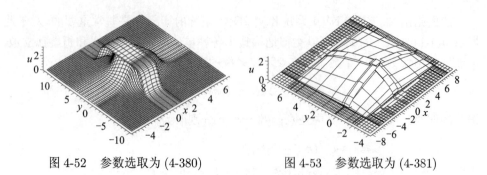

图 4-52　参数选取为 (4-380)　　　图 4-53　参数选取为 (4-381)

2. 局域激发模式的渐近行为

为了便于分析各种折叠孤立波和折叠子的碰撞行为, 更为了严格给出具有弹性碰撞的折叠子, 首先详细分析由多线性分离变量解和一般多线性分离变量解描述的局域激发模式的渐近行为.

I. 多线性分离变量解描述的局域激发模式的渐近行为.

一般地, 如果多线性分离变量解 (4-26) 中的函数 p 和 q 都是多值函数, 且满足

$$p|_{t\to \mp\infty} = \sum_{i=1}^{M} f_i^{\mp}, \quad f_i^{\mp} \equiv f_i(x - c_i t + \delta_i^{\mp}), \tag{4-382}$$

$$q|_{t\to \mp\infty} = \sum_{j=1}^{N} h_j^{\mp}, \quad h_j^{\mp} \equiv h_j(y - C_j t + \Delta_j^{\mp}), \tag{4-383}$$

其中 $\{f_i, h_j\}(\forall i,j)$ 是局域函数, 那么普适量 U(4-26) 包含 $M \times N$ 个 $2+1$ 维局域激发模式, 具有如下渐近行为

$$U|_{t\to\mp\infty} \to \sum_{i=1}^{M}\sum_{j=1}^{N} \frac{2(a_1 a_2 - a_3 a_0) f_{ix}^{\mp} h_{jy}^{\mp}}{(a_0 + a_1(f_i^{\mp} + F_i^{\mp}) + a_2(h_j^{\mp} + H_j^{\mp}) + a_3(f_i^{\mp} + F_i^{\mp})(h_j^{\mp} + H_j^{\mp}))^2}$$

$$\equiv \sum_{i=1}^{M}\sum_{j=1}^{N} U_{ij}^{\mp}, \tag{4-384}$$

其中

$$F_i^{\mp} = \sum_{j<i} f_j(\mp\infty) + \sum_{j>i} f_j(\pm\infty), \tag{4-385}$$

$$H_i^{\mp} = \sum_{j<i} h_j(\mp\infty) + \sum_{j>i} h_j(\pm\infty). \tag{4-386}$$

不失一般性地设定了当 $i > j$ 时, $C_i > C_j$, $c_i > c_j$.

从表达式 (4-384) 可以推断出: 第 ij 个局域激发模式 U_{ij} 在碰撞过程中保持形状不变当且仅当

$$F_i^+ = F_i^-, \tag{4-387}$$

$$H_j^+ = H_j^-. \tag{4-388}$$

F_{ij} 在 x 方向的相移为

$$\delta_i^+ - \delta_i^-, \tag{4-389}$$

在 y 方向的相移为

$$\Delta_j^+ - \Delta_j^-. \tag{4-390}$$

可见, 若构造出满足条件 (4-382)~(4-383), (4-387)~(4-388) 的 1+1 维多局域激发模式, 那么普适量 U 就可描述多局域孤立子激发模式. 事实上, 任何具有弹性碰撞性质的任意 1+1 维多局域激发解 (或者是导数形式) 都可以用来构造具有弹性碰撞性质的 2+1 维多局域孤立子解. 文献 [168] 中利用 1+1 维 sine-Gordon 方程和 KdV 方程的解构造得到了 2+1 维 sine-Gordon 系统的多局域激发模式.

如果式 (4-382) 和 (4-383) 中的 f_i 和 h_j 都被取成 1+1 维多值局域解 (如圈孤子解), 那么通解 (4-26) 就描述多折叠孤立波 (i,j 中至少有一个满足 $F_i^+ \neq F_i^-$, $H_j^+ \neq H_j^-$) 或多折叠子 (对所有的 i,j 都满足 $F_i^+ = F_i^-$, $H_j^+ = H_j^-$).

II. 一般多线性分离变量解 (4-170) 描述的局域激发模式的渐近行为

如果一般多线性分离变量解 (4-170) 中的 p 取为 (4-382) 而 q_0 和 p_0 为任意静态函数, 那么场 v(4-170) 具有如下形式的渐近行为

$$v|_{t\to\mp\infty} \to \sum_{i=1}^M \frac{2f_{ix}^\mp[q_1 q_{0y} - (a_0 + q_0)q_{1y}]}{(a_0 + q_0 + (f_i^\mp + F_i^\mp)q_1)^2} \equiv \sum_{i=1}^M v_j^\mp. \tag{4-391}$$

如果条件 (4-387) 满足, 上述渐近行为特性 (4-391) 说明场 v 具有孤立子的特性, 即其描述的局域激发模式具有弹性碰撞的特性.

要想使一般多线性分离变量解 v(4-170) 描述的是折叠孤立波或折叠子, 可以通过选择函数 p 使其满足 (4-382) 从而使得 f_i 为多值局域函数来实现. 具体地说, 若 (4-170) 中 p 为多值函数 (4-338)~(4-340), 则 (4-391) 中的 $v_j^\mp$ 变为 ($z_j \equiv \xi - c_j t$)

$$v_j^\mp = \frac{2f_{jz_j}^\mp[q_1 q_{0y} - (a_0 + q_0)q_{1y}]}{(1 + g_{jz_j}^\mp)[a_0 + q_0 + q_1(f_j^\mp(z_j) + F_j^\mp)]^2}, \tag{4-392}$$

$$x = \xi + \delta_j^\mp + g_j^\mp(z_j), \tag{4-393}$$

其中相因子 $\delta_j^\mp$ 为

$$\delta_j^\mp = \sum_{i<j} G_i^\mp + \sum_{i>j} G_i^\pm. \tag{4-394}$$

从渐近结果 (4-392)~(4-394) 可以得到四个重要结论：

(i) 由 (4-170) 和 (4-338)~(4-340) 给出的第 j 个局域激发解是行波. 若此行波的速度 $c_j < 0$, 则其沿着 x 轴的负方向行进; 反之若 $c_j > 0$ 则沿着 x 轴正向行进.

(ii) 第 j 个局域激发的多值特性仅仅由 (4-339) 中的 g_j 确定.

(iii) 如果

$$F_j^+ \neq F_j^-, \tag{4-395}$$

那么第 j 个局域激发模式的形状将会发生变化. 反之, 如果

$$F_j^+ = F_j^-, \tag{4-396}$$

那么它将保持形状不变.

(iv) 第 j 个局域激发模式的总相移为

$$\delta_j^+ - \delta_j^-. \tag{4-397}$$

III. 一般多线性分离变量解 (4-158) 描述的局域激发模式的渐近行为

前面已指出, 对于实 MNNV I 系统和实 2DsG 系统, 最重要的量为场 u(4-158). 因此研究式 (4-158) 所能描述的局域激发模式的渐近行为是非常有意义的. 选取该式中的任意函数 p 和 q 分别为 (4-382) 和 (4-383), 由此可得

$$u|_{t\to \mp\infty} \;\to\; 2\arctan\sum_{i=1}^{M}\sum_{j=1}^{N}(f_i^\mp + F_i^\mp)(h_j^\mp + H_j^\mp). \tag{4-398}$$

对任意函数 p 和 q 存在着一个非常重要选择, 即使得

$$f_i(\pm\infty) = 0, \; h_j(\pm\infty) = 0, \quad \forall\, i,j, \tag{4-399}$$

从而有

$$f_i^\mp h_j^\mp|_{x^2+y^2\to\infty} \to 0. \tag{4-400}$$

因此式 (4-398) 可以简化为

$$u|_{t\to\mp\infty} \to \sum_{i=1}^{M}\sum_{j=1}^{N} 2\arctan(f_i^\mp h_j^\mp) \equiv \sum_{i=1}^{M}\sum_{j=1}^{N} u_{ij}. \tag{4-401}$$

4.4 非线性局域激发模式

由渐近特性 (4-401) 可以得到以下结论：只要任意函数 p 和 q 的选取满足性质 (4-382)~(4-383) 和 (4-399)，那么不论 p 和 q 是单值的还是多值的，MNNV I 系统和 2DsG 系统的场 u 描述的局域激发模式具有弹性碰撞的性质. 文献 [168] 中已经给出了一些具有弹性碰撞的高地型和盆地型环孤子激发 (为方便起见，以后合称高盆型环孤子). 下面，首先类似地给出 MNNV I 系统和 2DsG 系统的场 u 描述的具有弹性碰撞行为的高盆型环孤子，然后给出两个系统的折叠子激发及其相应的碰撞图像.

3. MNNV I 系统和 2DsG 系统的局域激发

I. 高盆型环孤子激发.

为了得到具有弹性碰撞行为的高盆型 (或碗型) 环孤子解，作如下选取

$$p = \sum_{i=1}^{M} \alpha_i \exp[r_{1i} - (k_i x - c_i t)^2],$$

$$q = \sum_{j=1}^{N} \beta_j \exp[r_{2j} - (l_i y - C_i t)^2], \tag{4-402}$$

其中 $\alpha_i, \beta_j, k_i, l_j, c_i, C_j, r_{1i}, r_{2j}$ 是任意实数.

图 4-54 描绘的是二高盆型孤立子的完全弹性碰撞过程，对应的参数是

$$M = 2,\ N = 1,\ \alpha_1 = \frac{1}{3},\ \alpha_2 = \beta_1 = 1,\ k_1 = k_2 = l_1 = \frac{1}{\sqrt{10}},$$
$$c_2 = -c_1 = \frac{20}{\sqrt{10}},\ C_1 = 0,\ r_{11} = 10,\ r_{12} = 2,\ r_{21} = 5. \tag{4-403}$$

II. 二折叠子及其碰撞图像.

选取

$$p = \sum_{i=1}^{N} s_i\ \mathrm{sech}^{m_i}(k_i(\xi - c_i t)), \tag{4-404}$$

$$x = \xi + \sum_{i=1}^{N} y_i\ \tanh^{n_i}(k_i(\xi - c_i t)), \tag{4-405}$$

$$q = \sum_{i=1}^{M} S_i\ \mathrm{sech}^{M_i}(K_i(\eta - C_i t)), \tag{4-406}$$

$$y = \eta + \sum_{i=1}^{M} Y_i\ \tanh^{N_i}(K_i(\eta - C_i t)), \tag{4-407}$$

其中 $s_i, y_i, S_i, Y_i, c_i, C_i, k_i, K_i$ 是实任意常数，M, N, m_i, n_i, M_i, N_i 是实正整数，那么场 u(4-158) 描述的是特殊类型的多折叠子解.

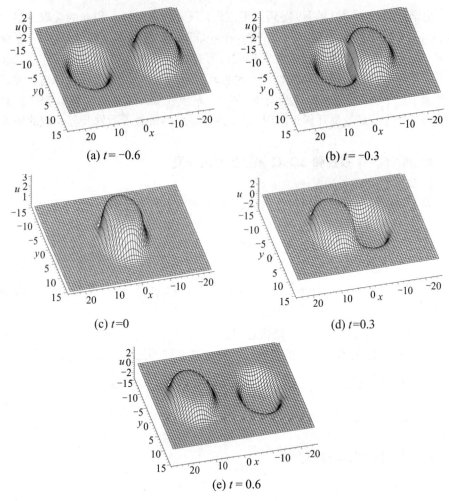

图 4-54 二高盆型孤立波 u(4-158), (4-402)~(4-403) 的完全弹性碰撞过程

图 4-55 描绘了二折叠子碰撞, 其对应的参数具体取值为

$$p = 2\,\text{sech}^2\xi + \text{sech}^2\left(\xi - \frac{1}{4}t\right), \tag{4-408}$$

$$x = \xi - 1.8\,\tanh\xi - 1.7\,\tanh\left(\xi - \frac{1}{4}t\right), \tag{4-409}$$

$$q = \text{sech}^2\eta, \tag{4-410}$$

$$y = \eta - 2\,\tanh\eta. \tag{4-411}$$

从图 4-55 可以看到 MNNV I 系统和 2DsG 系统的场 u(4-158) 描述的两折叠子之间的碰撞是完全弹性的. 为了便于从图上观察确定折叠子的相移, 设定了其中一

4.4 非线性局域激发模式

个折叠子的速度为 0. 显然, 在碰撞之前, 静态的折叠子 (大的那个) 位于 $x = -1.7$ 而碰撞之后它移到了 $x = 1.7$ 的位置上. 事实上, 一旦满足条件 (4-399), 那么 MNNV I 系统和 2DsG 系统的场 u(4-158) 的多局域激发的完全弹性碰撞性质完全由 1+1 维场 p 和 q 的弹性碰撞性质所决定. 例如, 由 (4-408) 和 (4-409) 给定的函数 p 所给出的两圈孤子保证了图 4-55 所示的二折叠子之间的碰撞是弹性的. 图 4-56 是函数 p(4-408)~(4-409) 所描述的两个 1+1 维圈孤子的演化图.

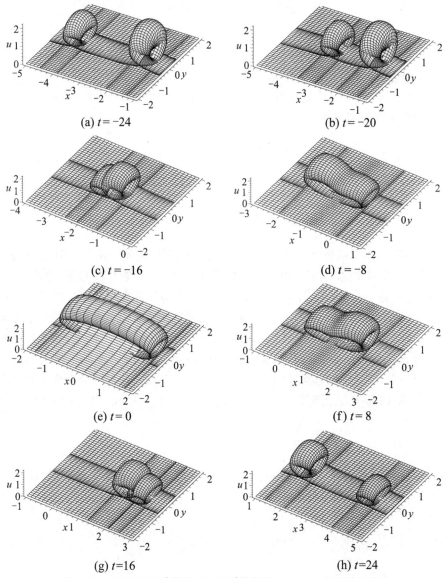

图 4-55 MNNV I 系统和 2DsG 系统的场 u(4-158) 在参数取值为 (4-408)~(4-411) 时的二折叠子演化图

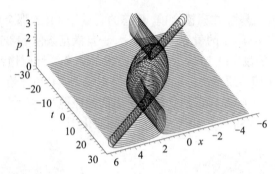

图 4-56　函数 p(4-408)~(4-409) 所描述的两个 1+1 维圈孤子的演化图

III. 四折叠子及其碰撞图像.

图 4-57 是 MNNV I 系统和 2DsG 系统的 u(4-158) 给出的四折叠子之间的碰撞, 其函数 p 和 q 被取为

$$p = 0.6\, \text{sech}^2\xi + \text{sech}^2(\xi - t), \tag{4-412}$$

$$x = \xi - 1.15\, \tanh\xi - 1.15\, \tanh(\xi - t), \tag{4-413}$$

$$q = \text{sech}^2\eta + 2\, \text{sech}^2(\eta - t), \tag{4-414}$$

$$y = \eta - 1.15\, \tanh\eta - 1.15\, \tanh(\eta - t). \tag{4-415}$$

图 4-57 给出了四折叠子的弹性碰撞过程. 类似地, 为便于从图 4-57 上直接观察折叠子的总相移变化, 设定其中一个折叠子 (p 或 q) 的速度为 0. 可见, 碰撞之前, 最小的静态折叠子的中心位于 $\{x = -1.15, y = -1.15\}$, 最大的运动折叠子的中心位于 $\{x = t + 1.15, y = t + 1.15\}$, 另外两个折叠子在一个方向上静止在另一个方向上运动且其中心分别位于 $\{x = -1.15, \eta = t + 1.15\}$ 和 $\{x = t + 1.5, y = -1.15\}$; 碰撞之后, 静止折叠子保持形状不变而其中心移至 $\{x = 1.15, y = 1.15\}$, 最大的折叠子保持形状不变而其中心移至 $\{\xi = t - 1.15, y = t - 1.15\}$, 其余两个折叠子保持形状和速度不变而其中心分别移至 $\{x = 1.15, y = t - 1.15\}$ 和 $\{x = t - 1.15, y = 1.15\}$.

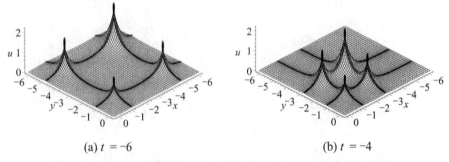

(a) $t = -6$　　　　　　(b) $t = -4$

图 4-57　MNNV I 系统和 2DsG 系统的场 u(4-158) 在参数取值为 (4-412)~(4-415) 时的四折叠子演化图

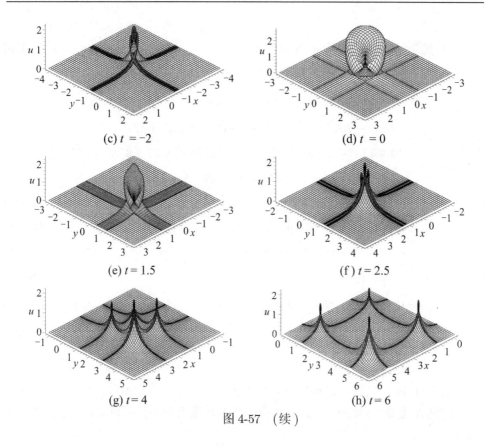

图 4-57 （续）

4. 多线性分离变量可解系统的折叠孤立波激发

对其他多线性分离变量可解系统, 通式 (4-26)(或是其推广形式 (4-168)) 也可以描述多折叠孤立波和折叠子. 这里再给出两种不同结构的二折叠孤立波和四折叠子激发.

图 4-58 是多线性分离变量解 U(4-342) 描述的二折叠孤立波碰撞前后的图像, 对应的参数选择为

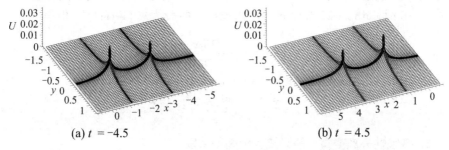

图 4-58　二折叠孤立波 U(4-342), (4-416)~(4-423)碰撞前后图像

$$p_x = -12\operatorname{sech}^2\xi - 10\operatorname{sech}^2(\xi - t), \tag{4-416}$$

$$\begin{aligned}p = &\frac{253}{5}\coth t\,\operatorname{csch}^2 t\,\ln\frac{\alpha+1}{\alpha+\beta} + \frac{2}{15(\beta+1)^3(\beta+\alpha)^3(\alpha-1)^2}\\ &\times\{(150\alpha^3 + 1398\alpha^2 + 1308\alpha + 180)\beta^5 + (4116\alpha^3 + 4134\alpha\\ &-45\alpha^4 + 7029\alpha^2 - 54)\beta^4 + (35\alpha^5 + 1853\alpha^4 + 13175\alpha^3\\ &+13533\alpha^2 + 1722\alpha + 42)\beta^3 + 3\alpha(1735\alpha^3 + 92 + 95\alpha^4 + 6457\alpha^2\\ &+1741\alpha)\beta^2 + 3\alpha^2(27 + 2493\alpha + 2523\alpha^2 + 17\alpha^3)\beta\\ &+11\alpha^3(262\alpha + 7 + 7\alpha^2)\},\end{aligned}\tag{4-417}$$

$$\alpha \equiv \exp(2\xi), \qquad \beta \equiv \exp(2t), \tag{4-418}$$

$$x = \xi - 1.15\tanh\xi - 1.15\tanh(\xi - t), \tag{4-419}$$

$$q_y = -\operatorname{sech}^2\eta, \tag{4-420}$$

$$q = -\frac{1}{30}\tanh\eta\left(7 - \frac{23}{2}\operatorname{sech}^2\eta\right), \tag{4-421}$$

$$y = \eta - 1.15\tanh\eta, \tag{4-422}$$

$$a_0 = 30. \tag{4-423}$$

从图 4-58 可以直接观察到量 U(4-342) 和 (4-416)∼(4-423) 描述的二折叠孤立波之间的碰撞是非弹性的. 对此二折叠孤立波做渐近行为分析可知: 对于静态折叠孤立波

$$F_1^+ - F_1^- = \frac{14}{3} \neq 0, \tag{4-424}$$

对于运动的折叠孤立波

$$F_2^+ - F_2^- = -\frac{28}{5} \neq 0. \tag{4-425}$$

可见, 完全弹性碰撞条件 (4-387) 并不满足. 由此证明二折叠孤立波之间的碰撞是非弹性的. 二折叠孤立波在碰撞过程中并不会出现奇性, 这是因为虽然奇性因子 (出现在 $t = 0$ 时) $\coth t, \operatorname{csch} t, 1/(\alpha-1)$ 出现在 p 的表达式 (4-417) 中, 但是

$$p|_{t=0} = \lim_{t\to 0} p = \frac{44(15\alpha^2 - 39\alpha - 8)}{15(\alpha+1)^3}, \tag{4-426}$$

$$\begin{aligned}\max|p+q| &\leqslant \max|p| + \max|q|\\ &= \frac{359}{30} + \frac{286}{345}\sqrt{299} \approx 26.3 < a_0 = 30.\end{aligned}\tag{4-427}$$

5. 多线性分离变量可解系统的折叠子激发

要使普适量 U(4-342) 描述折叠子激发, 那么 (4-342) 中函数 p 和 q 的选取必须满足条件 (4-387)∼(4-388) 或者 (4-396).

4.4 非线性局域激发模式

下面给出一组参数的选取 ($\alpha \equiv \exp(2\xi), \beta \equiv \exp(2t)$)

$$p_x = -\frac{4}{5}\text{sech}^2\xi - \frac{1}{2}\text{sech}^2(\xi - t), \tag{4-428}$$

$$p = \frac{39}{10}\coth t\ \text{csch}^2 t\ \ln\frac{\alpha+1}{\alpha+\beta} + \frac{1}{5(\beta+1)^3(\beta+\alpha)^3(\alpha-1)^2}$$
$$\{(67\alpha + 76\alpha^2 + 5\alpha^3 + 8)\beta^5 - (8 - 211\alpha$$
$$- 205\alpha^3 - 377\alpha^2 + 5\alpha^4)\beta^4 + 3\alpha(23 + 243\alpha + 225\alpha^2$$
$$+ 29\alpha^3)\beta^3 + \alpha\beta^2(8\alpha^4 + 257\alpha^3 + 1027\alpha^2 + 263\alpha + 5)$$
$$- \alpha^2(5 - 401\alpha^2 - 392\alpha + 8\alpha^3)\beta + 156\alpha^4\}, \tag{4-429}$$

$$x = \xi - 1.5\tanh\xi - 1.5\tanh(\xi - t), \tag{4-430}$$
$$q_y = -\text{sech}^2\eta, \tag{4-431}$$
$$q = \frac{1}{3}\tanh\eta\left(1 + 2\text{sech}^2\eta\right), \tag{4-432}$$
$$y = \eta - 2\tanh\eta, \tag{4-433}$$
$$a_0 = 20. \tag{4-434}$$

通过分析可以证明静止的和运动的局域激发模式都满足完全弹性碰撞条件 (4-387), 因此这组参数给出的是二折叠子激发.

图 4-59 是此二折叠子碰撞前后的图像. 同样地, 在碰撞过程中不会出现奇性, 这是因为

$$p|_{t=0} = \lim_{t \to 0} p = \frac{13(\alpha^2 - 4\alpha - 1)}{5(\alpha + 1)^3} \tag{4-435}$$

和

$$\max|p+q| \leqslant \max|p| + \max|q| = \frac{13}{10} + \frac{26}{45}\sqrt{6} + \frac{\sqrt{2}}{3} \approx 3.12 < a_0 = 20. \tag{4-436}$$

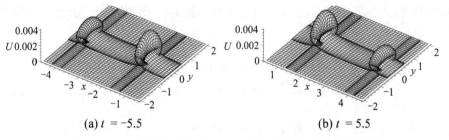

(a) $t = -5.5$ (b) $t = 5.5$

图 4-59 二折叠子 U(4-342), (4-428)~(4-434) 碰撞前后图像

4.4.14 3+1 维局域激发

在 2+1 维中存在着曲线孤子或者曲线孤立波, 相应地, 在 3+1 维情况下可以得

到各类曲面孤子或曲面孤立波, 即在曲面上具有非零值而远离曲面时迅速衰减. 例如, 选取

$$a_0 = a_3 = 1, \quad a_1 = a_2 = c_1 = c_2 = 0,$$
$$p = e^{y-v_1 t}, \quad q = e^{5-(x-v_2 t)^2-(z-v_3 t)^2}, \tag{4-437}$$

那么 (4-124) 给出的是抛物型孤立子解

$$P = P_1$$
$$= -(x-v_2 t) \times \operatorname{sech}^2 \frac{1}{2}[5 + y - v_1 t - (x-v_2 t)^2 - (z-v_3 t)^2], \tag{4-438}$$

其中 v_1, v_2, v_3 是任意常数.

图 4-60(a) 是抛物型孤立子解 (4-438) 在 $t = 0$ 时 $P^2 = P_1^2 = 0.005$ 的等势图, 图 4-60(b) 是与图 4-60(a) 同参数条件下 $u = 0.00001$ 的等值图.

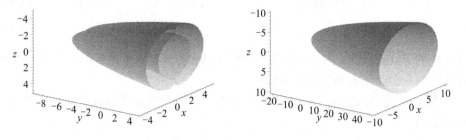

(a) 抛物型孤立解 (4-438) 在 t =0 时刻的等势图, $P^2 = P_1^2$ =0.005

(b) 同参数情况下场量 u=0.00001 的等值图

图 4-60　抛物型孤立子解

在 3+1 维情形中, 一个非常重要的问题就是是否可以找到各个方向都衰减的局域激发模式? 事实上, 可以非常容易构造出这类相干结构. 在此给出一个简单例子, 选取

$$a_0 = 1, \quad c_1 = c_2 = a_3 = 0, \quad a_1 = a_2 = 1,$$
$$p = e^{-(x-v_2 t)^2-(z-v_3 t)^2}, \quad q = e^{y-v_1 t} \tag{4-439}$$

时, 解 (4-124) 描述 3+1 维偶极子型 dromion 解

$$P = P_2 = \frac{4(x-v_2 t)e^{-(x-v_2 t)^2-(z-v_3 t)^2+y-v_1 t}}{(1 + e^{y-v_1 t} + e^{-(x-v_2 t)^2-(z-v_3 t)^2})^2}, \tag{4-440}$$

其中 v_1, v_2 和 v_3 是任意行波常速度.

图 4-61(a) 是单偶极子型 dromion 解的势量 P(4-440) 在 $t=0$ 时的等值图, 内圈对应 $P^2=0.001$, 外圈对应 $P^2=0.000001$. 图 4-61(b) 是势量 P 在 $y=0$ 平面上的投影图, 灰色背景对应着 $P\sim 0$, 深色对应了 P 的负值区域而亮色对应正值区域.

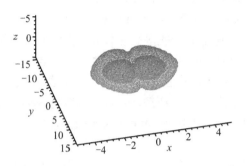 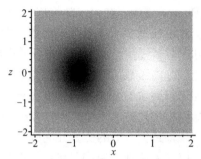

(a) t=0 时刻势量 P(4-440) 等势图, 内圈对应 P^2=0.001, 外圈对应 P^2=0.000001

(b) 势量 P 在 y=0 平面上的投影等势图, 灰色背景对应着 $P\sim 0$, 深色对应了 P 的负值区域而亮色对应正值区域

图 4-61 3+1 维偶极子型 dromion 解

从图 4-61 中可以看到, 当 $\sqrt{x^2+y^2+z^2}$ 从 ~ 4 增加到 ~ 8 时, 势量 P 的平方从 0.1 迅速衰减到了 0.00001.

4.5 讨论与小结

可积系统的多线性分离变量解可以用通式

$$U \equiv \frac{2(a_1 a_2 - a_0 a_3) p_x q_y}{(a_0 + a_1 p + a_2 q + a_3 pq)^2} \tag{4-441}$$

来表示, 其中 p 是任意函数而 q 或是任意函数或是变量分离方程的解, a_0, a_1, a_2, a_3 是任意常数 (亦可以是 t 的任意函数). 对于不同的具体物理问题, 普适量 U 具体对应不同的物理量, 在某些情况下是场量 $U=u$, 如 NNV; 对于另一些问题, U 对应于某些势场如 $U=u_x, U=u_y$, 如 BLMP; 还有可能对应于振幅的模平方, 如 DS、ADS等等. 对于可积模型通式中至少有一个任意函数存在, 然而对于不可积模型这些任意函数必须满足附加条件. 由此我们可以定义多线性分离变量可解模型: 多线性分离变量可解模型中的两个变量分离函数中至少应有一个是任意的. 不可积模型也不是多线性分离变量可解模型.

在线性物理问题中, 线性迭加原理是一个非常重要的原理, 使得线性方程的任意数目的变量分离解可以自然地进入. 然而在非线性物理问题中, 线性迭加原理不再成立. 因此如何使得更多的变量分离函数进入变量分离解成为一个重要而困难的问题. 本章讨论了多线性分离变量法的两种推广, 以得到一般多线性分离变量解, 即使得解中包含有更多的变量分离函数. 第一种推广适用于 2+1 维 SG 方程和修正 NNV 方程. 第二种推广适用于 2+1 维色散长波方程、BK 方程、高阶 BK 方程和 Burgers 方程. 在第一类推广中两个通式可以有条件地线性相加; 在第二类推广中引入了任意多个变量分离函数. 本章所讨论的一般多线性分离变量法只是从两个方面对多线性分离变量法进行了推广, 相信还有很多途径可以使得解中含有更多的变量分离函数. 此外, 要得到这类解, 也存在着其他方法. 例如可以从达布变换的角度来得到含有任意数目的变量分离函数的变量分离解. 这部分内容将在第八章中给以详细讨论. 同样的思考方法, 我们可以用 Bäcklund 变换非线性迭加原理等方法来得到更一般的变量分离解.

由于多线性分离变量解中包含了任意函数使得高维非线性系统可以具有非常丰富的激发模式. 从多线性分离变量解和一般多线性分离变量解出发构造得到了丰富的局域激发模式, 如多 solitoff 解、多 dromion 解、dromion 格点解、多呼吸子解、多 lump 解、多瞬子解、多环孤子解和鬼 (隐形) 孤子解等等并得到了丰富的孤子碰撞行为. 其中重要现象之一是发现并定义了混沌孤子和分形孤子. 那么为什么 2+1 维可积系统具有如此多的局域激发模式呢? 为什么低维混沌和分形解进入了高维可积系统中呢? 这都是由于多线性分离变量解和一般多线性分离变量解中存在着特征函数. 事实上, 类似的现象也会出现在线性系统中, 如波动方程

$$u_{tt} - c^2 u_{xx} = 0. \tag{4-442}$$

众所周知, 波动方程 (4-442) 的一般解中有两个特征函数 $f(x-ct)$ 和 $g(x+ct)$. 如果一个 n 阶 $m+1$ 维非线性可积系统有一般解, 那么这个解中一定有 n 个 m 维特征函数. 当然非线性系统中的这些特征函数是高度非线性耦合的. 多线性分离变量解仅存在着两个特征函数, 一般多线性分离变量解可有多个特征函数. 外界行为在边界上的变化沿着特征线传播引起了可积系统的局域激发模式的变化. 因此, 在某种意义上, 某些物理量描述的 dromion 和其他局域激发模式可以受其他一些具有非零边值条件的量或势的控制.

本章从一般多线性分离变量解出发构造了高维可积模型的多值局域激发模式并研究了这些多值局域激发模式 (折叠孤立波和折叠子) 的相互作用性质. 在 1+1 维情况下, 一种特殊的多值局域激发, 即圈孤子 (loop soliton) 已经被较透彻地研究过. 然而在高维情况下, 多值局域激发首先在所有多线性分离变量可解模型中得以实现. 虽然折叠孤立波和折叠子可以认为是 1+1 维圈孤子的 2+1 维推广, 但是两者还有一些本质的区别. 如对于 1+1 维的情况, 多值局域激发存在的模型通常不存在单值局域激发, 单值局域激发存在的可积模型也不存在多值局域激发. 而 2+1 维多

4.5 讨论与小结

线性分离变量可解模型都同时具有丰富的单值局域激发和多值局域激发. 1+1 维圈孤子的函数形式对一个具体模型是确定的, 在 2+1 维中则是任意的多值函数.

目前, 对高维可积模型的研究还主要集中在 2+1 维, 对更高维的系统的研究比较贫乏, 特别是对更高维可积系统的局域激发模式研究. 另外, 如何得到更多有意义的激发模式, 如何利用构造得到的各类激发模式去解释诸多实验或自然现象等等都非常值得深入研究.

第五章 泛函分离变量法

本章重点介绍另外一种非常重要的非线性分离变量法, 即泛函分离变量法和导数相关泛函分离变量法. 泛函分离变量法是由 Zhdanov, 屈长征和张顺利等建立和发展的, 而导数相关泛函分离变量法是由张顺利, 楼森岳和屈长征建立的. 本章首先以一般非线性波动型方程为例给出一般条件对称 (GCS)、泛函分离变量解 (FSS) 和导数相关泛函分离变量解 (DDFSS) 的基本理论; 然后给出泛函分离变量法的一般求解过程; 接着给出具有 FSS 的 1+1 维和 2+1 维一般非线性扩散方程和一般非线性波动方程的严格解; 最后给出导数相关泛函分离变量法的一般求解过程并依次解决三大类方程: 一般非线性扩散方程、一般 KdV 方程和一般非线性波动方程的 DDFSS 问题, 完成上述一般方程的 DDFSS 可解的完全归类, 建立所得分类方程的 DDFSS 严格解, 描述一些解的局域激发等性质, 给出解的对称群解释.

5.1 GCS、FSS 和 DDFSS 的基本理论

考察一般二阶非线性波动型偏微分方程

$$u_{tt} = E(u, u_x, u_t, u_{xx}), \tag{5-1}$$

E 是所示变量的光滑函数. 设

$$V = \eta \frac{\partial}{\partial u} = \eta(u, u_x, u_t, u_{xx}, u_{xt}, u_{xxt}) \frac{\partial}{\partial u} \tag{5-2}$$

是发展向量场, η 为其特征.

定义 5.1.1 发展向量场 (5-2) 是方程 (5-1) 的一般条件对称 (GCS) 当且仅当

$$V^{(2)}(u_{tt} - E)|_{L \cap W} = 0, \tag{5-3}$$

其中 $V^{(2)}$ 表示 (5-2) 的二阶延长, L 是 (5-1) 的解流形, W 是 $\eta = 0$ 关于 x 的所有全导数序列集, 即 $D_x^i \eta = 0$ $(i = 0, 1, 2, \cdots)$, 也就是附加给方程 (5-1) 的不变曲面条件及其关于 x 的各阶全导数.

定义 5.1.2 如果方程 (5-1) 的解 $u = u(x,t)$ 具有预设形式

$$f(u, u_x) = a(x) + b(t), \tag{5-4}$$

其中 $f(u, u_x)$ 是 u 和 u_x 的光滑函数, $a(x)$ 和 $b(t)$ 分别是 x 和 t 的待定函数, 那么 u 叫做该方程的一个导数相关泛函分离变量解 (DDFSS). 如果 $f_{u_x}(u, u_x) = 0$ 即 f 不

5.1 GCS、FSS 和 DDFSS 的基本理论

依赖于变量 u_x, 那么 DDFSS(5-4) 退化为泛函分离变量解 (FSS)

$$f(u) = a(x) + b(t). \tag{5-5}$$

注 5.1.1

- 如果 $f(u, u_x) = u$, 那么 FSS 化为和式分离解; 如果 $f(u) = \ln u$, 那么 FSS 化为乘积型分离解.
- Galaktionov 的非线性分离解 [85] 满足约束 $\ln(u_x) = a(x) + b(t)$, 所以这些非线性分离解可由导数相关泛函分离变量法 (DDFSV) 得到. 换言之, DDFSV 方法提供了 Galaktionov 的非线性分离解的对称群解释.

有人自然会问: 什么样的偏微分方程具有 DDFSS? 如何描绘和导出相应的 DDFSS? 为此, 我们首先建立一些基本定理.

定理 5.1.1 (相容性) 如果方程 (5-1) 具有 DDFSS, 那么该解满足下列关系

$$f_{u_x}(E_u u_x + E_{u_x} u_{xx} + E_{u_t} u_{xt} + E_{u_{xx}} u_{xxx})$$
$$+ 2f_{uu_x} u_{xt} u_t + f_{uu} u_t^2 + f_{u_x u_x} u_{xt}^2 + f_u E = b''(t). \tag{5-6}$$

证明 如果方程 (5-1) 具有 DDFSS, 那么相容性条件 $u_{ttx} = u_{xtt}$ 必须成立. 方程 (5-1) 关于 x 求全导数给出

$$u_{ttx} = D_x E = E_u u_x + E_{u_x} u_{xx} + E_{u_t} u_{xt} + E_{u_{xx}} u_{xxx}. \tag{5-7}$$

表达式 (5-4) 关于 t 求两次全导数得

$$f_{uu} u_t^2 + 2f_{uu_x} u_{xt} u_t + f_{u_x u_x} u_{xt}^2 + f_u u_{tt} + f_{u_x} u_{xtt} = b''(t). \tag{5-8}$$

最后把 (5-8) 中的 u_{tt} 和 u_{xtt} 分别用 (5-1) 和 (5-7) 的右端代换可得 (5-6).

DDFSV 可用 GCS 方法描述如下:

定理 5.1.2 (等价性) 假定 $a'(x)b'(t) \neq 0$, 那么一个 DDFSS(5-4) 满足

$$\eta \equiv (f_{uu} u_t + f_{uu_x} u_{xt}) u_x + (f_{uu_x} u_t + f_{u_x u_x} u_{xt}) u_{xx}$$
$$+ f_{u_x} u_{xxt} + f_u u_{xt} = 0. \tag{5-9}$$

证明 关于 x 和 t 微分 (5-4) 可得 (5-9); 关于 t 再关于 x 积分 (5-9) 得到 (5-4).

注 5.1.2 如果 $f(u, u_x) \equiv f(u) = a(x) + b(t)$, 那么

$$\eta \equiv f_{uu} u_t u_x + f_u u_{xt} = 0, \tag{5-10}$$

此时解 u 退化为 FSS. 更进一步, 如果 $u = a(x) + b(t)$, 那么 $\eta = u_{xt} = 0$, 这正是和式分离解.

定理 5.1.3 (判定性) 方程 (5-1) 具有 DDFSS(5-4) 当且仅当它具有 GCS

$$V = \eta\frac{\partial}{\partial u} = [(f_{uu}u_t + f_{uu_x}u_{xt})u_x + (f_{uu_x}u_t + f_{u_xu_x}u_{xt})u_{xx}$$
$$+ f_{u_x}u_{xxt} + f_u u_{xt}]\frac{\partial}{\partial u}. \tag{5-11}$$

证明 如果方程 (5-1) 具有 DDFSS(5-4), 由定理 5.1.2 可知 (5-9) 成立, 而且有 $D_x^i\eta = 0, i = 0, 1, 2, \cdots$, 此为流形 W 上的不变曲面条件及其关于 x 的各阶全导数, 方程 (5-1) 的 GCS 为

$$V^{(2)}(u_{tt} - E)|_{L\cap W}$$
$$= \left(\eta\frac{\partial}{\partial u} + D_x\eta\frac{\partial}{\partial u_x} + D_t\eta\frac{\partial}{\partial u_t} + D_t^2\eta\frac{\partial}{\partial u_{tt}} + D_x^2\eta\frac{\partial}{\partial u_{xx}}\right)$$
$$\times(u_{tt} - E(u, u_x, u_t, u_{xx})|_{L\cap W}$$
$$= (D_t^2\eta - E_u\eta - E_{u_x}D_x\eta - E_{u_t}D_t\eta - E_{u_{xx}}D_x^2\eta)|_{L\cap W}$$
$$= (D_t^2\eta - E_{u_t}D_t\eta)|_{L\cap W}, \tag{5-12}$$

其中 L 是方程 (5-1) 的解流形, W 是集 $D_x^i\eta = 0\ (i = 0, 1, 2, \cdots)$. 由于 (5-4) 是方程 (5-1) 的一个 DDFSS, 所以方程 (5-1) 和 (5-4) 相容. 因此, 将 η 的表达式代入 (5-12) 的右端并借助 $D_x^i\eta = 0\ (i = 0, 1, 2, \cdots)$ 和方程 (5-1) 消去 u 的高阶非独立导函数, 最后 (5-12) 在流形 $L\cap W$ 上恒为零. 此表明方程 (5-1) 具有 GCS(5-11).

反之, 如果方程 (5-1) 具有 GCS(5-11), 则有

$$\eta \equiv (f_{uu}u_t + f_{uu_x}u_{xt})u_x + (f_{uu_x}u_t + f_{u_xu_x}u_{xt})u_{xx}$$
$$+ f_{u_x}u_{xxt} + f_u u_{xt} = 0$$

且 $D_x^i\eta = 0\ (i = 0, 1, 2, \cdots)$. 由定理 5.1.2 可知, 约束条件 $\eta = 0$ 对应方程 (5-1) 的一个 DDFSS.

对于 FSS, 有

定理 5.1.4 (判定性) 方程 (5-1) 具有 FSS(5-5) 当且仅当具有 GCS

$$V = \eta\frac{\partial}{\partial u} \equiv (u_{xt} + g(u)u_xu_t)\frac{\partial}{\partial u}$$
$$= \left(u_{xt} + \frac{f''(u)}{f'(u)}u_xu_t\right)\frac{\partial}{\partial u}. \tag{5-13}$$

5.2 泛函分离变量法

在文献 [204] 中, 屈长征和张顺利等对于非线性发展方程的泛函分离解提出了利用一般条件对称对方程进行归类和求解的步骤和实现方法, 称之为泛函分离变量

法$^{[64, 204\sim 208, 246]}$.

对于非线性发展方程, 为叙述简明, 以下考察 Klein-Gordon 方程

$$u_{tt} - u_{xx} = F(u). \tag{5-14}$$

我们对其乘积型分离解

$$u = \phi(x)\psi(t) \tag{5-15}$$

或和式分离解

$$u = \phi(x) + \psi(t) \tag{5-16}$$

感兴趣. 然而, 对绝大多数的非线性方程, 没有此种解. 因此需要寻求一般形式的分离解 —— 泛函分离解 (FSS)

$$f(u) = \phi(x) + \psi(t), \tag{5-17}$$

其中 $f(u)$ 为可逆函数. 泛函分离解 (5-17) 满足约束条件

$$\eta \equiv u_{xt} + g(u)u_x u_t = 0, \tag{5-18}$$

其中 $g(u) \equiv f''(u)/f'(u)$. 而寻求 FSS 的问题等价于寻求方程 (5-14) 的一般条件对称

$$V = \eta \frac{\partial}{\partial u} \equiv [u_{xt} + g(u)u_x u_t]\frac{\partial}{\partial u}. \tag{5-19}$$

定义 5.2.1 一般向量场 (5-19) 叫做方程 (5-14) 的一般条件对称 (GCS), 如果

$$V^{(2)}(\Delta)|_{E \cap W} = 0, \tag{5-20}$$

其中 E 是方程 (5-14) 的解流形, W 是附加于 (5-14) 的方程列集 $D_x^i \eta = 0$ ($i = 0, 1, 2, \cdots$), 相当于不变曲面条件及其关于 x 的各阶全导数.

以下具体计算 $V^{(2)}(\Delta)|_{E \cap W}$.

对于方程 (5-14), V 的二阶延长为

$$V^{(2)} = \eta \frac{\partial}{\partial u} + D_t^2 \eta \frac{\partial}{\partial u_{tt}} + D_x^2 \eta \frac{\partial}{\partial u_{xx}}.$$

$V^{(2)}$ 作用于一般波动方程 (5-14), 便有

$$V^{(2)}(u_{tt} - u_{xx} - F(u))|_{E \cap W} = [D_t^2 \eta - D_x^2 \eta - F'(u)\eta]|_{E \cap W}.$$

借助于表达式 $D_x^i \eta = 0$ ($i = 0, 1, 2, \cdots$) 和方程 (5-14), 从上式中消去 u 的高阶导函数后得只含有 u 的独立偏导数项的表达式

$$\begin{aligned}
V^{(2)}&(u_{tt} - u_{xx} - F(u))|_{E \cap W} \\
&= D_t^2 \eta|_{E \cap W} \\
&= [g''(u) - 2g(u)g'(u)]u_t^3 u_x + [2g(u)g'(u) - g''(u)]u_t u_x^3 \\
&\quad + [F''(u) + g(u)F'(u) + (3g'(u) - 2g(u)^2)F(u)]u_t u_x.
\end{aligned} \quad (5\text{-}21)$$

方程 (5-14) 具有一般条件对称 (5-19) 当且仅当表达式 (5-21) 为零, 这就给出方程 (5-14) 具有泛函分离解的充要条件定理:

定理 5.2.1 方程 (5-14) 具有泛函分离解 (5-17) 当且仅当

$$g'' - 2gg' = 0, \quad F'' + gF' + (3g' - 2g^2)F = 0. \quad (5\text{-}22)$$

通过求解 (5-22) 可给出方程 (5-14) 具有泛函分离解 (5-17) 的完全归类. 对任一等价类, 由 $g(u)$ 定出 $f(u)$, 再取逆得 $u = f^{-1}(\phi(x) + \psi(t))$, 将它代入对应方程得到确定 $\phi(x)$ 和 $\psi(t)$ 的常微分方程组, 求解常微分方程组可得泛函分离变量解.

5.3 泛函分离变量解

5.3.1 具有 FSS 的 1+1 维一般非线性扩散方程的严格解

文献 [64] 与 [204] 分别讨论了用一般条件对称方法求解一般多孔渗水介质方程

$$w_t = (D(w)w_x^n)_x + F(w). \quad (5\text{-}23)$$

当 $n = 1$ 和 $n \neq 1$ 时, (5-23) 的泛函分离变量解是

$$q^{-1}(w) = \phi(t) + \psi(x) \quad (5\text{-}24)$$

或

$$w = q(\phi(t) + \psi(x)), \quad (5\text{-}25)$$

其中 q^{-1} 表示 q 的逆函数.

非常直接地, 可以证明对一般非线性扩散方程

$$v_t = a(v, v_x)v_{xx} + b(v, v_x) \quad (5\text{-}26)$$

可以由泛函分离变量假设

$$v = f(\phi(t) + \psi(x)), \quad (5\text{-}27)$$

5.3 泛函分离变量解

(其中 f 是任意可逆光滑函数) 求解, 那么对某些非线性扩散方程

$$u_t = A(u,u_x)u_{xx} + B(u,u_x) \tag{5-28}$$

用和形式的分离变量

$$u = \phi(t) + \psi(x) \tag{5-29}$$

就足以给出它们的分离变量解.

事实上, 对于 (5-26) 中的每一个可以用 (5-27) 求解的方程一定存在一个类似 (5-28) 的方程可以通过 (5-29) 来求解, 这两个方程之间的联系为

$$v = f(u), \tag{5-30}$$
$$a(v,v_x) = A(u,u_x), \tag{5-31}$$
$$b(v,v_x) = B(u,u_x)f'(u) - A(u,u_x)f''(u)u_x^2. \tag{5-32}$$

所以, 只需要通过光滑可逆变换 (5-30) 给出方程 (5-28) 的和形式的分离变量解的归类, 可以得到 (5-26) 的所有泛函分离变量解. 因此, 我们只需将重点放在求解方程 (5-28) 的和式分离变量解.

$v = f(u) = f(\phi(t) + \psi(x))$ 和 (5-26) 或者 (5-29) 和 (5-28) 的相容性条件可以用一般条件对称来描述. 一般条件对称是一般对称和条件对称[73, 206, 243] 的自然推广.

考虑一般 m 阶 1+1 维演化方程

$$u_t = E(t,x,u,u_1,u_2,\cdots,u_m), \tag{5-33}$$

其中 $u_k = \frac{\partial^k u}{\partial x^k}, 1 \leqslant k \leqslant m, E$ 是所示变量的光滑函数. 取

$$V = \eta(t,x,u,u_1,u_2,\cdots,u_j)\frac{\partial}{\partial u} \tag{5-34}$$

为演化向量场, η 是其特征向量.

定义 5.3.1 演化向量场 (5-34) 是 (5-33) 的一般对称当且仅当

$$V^{(m)}(u_t - E)|_L = 0,$$

其中 L 是 (5-33) 的解集, $V^{(m)}$ 是 V 的 m 阶延长结构.

定义 5.3.2 演化向量场 (5-34) 是 (5-33) 的一般条件对称当且仅当

$$V^{(m)}(u_t - E)|_{L \cap W} = 0, \tag{5-35}$$

其中 W 是 $D_x^i \eta = 0$ $(i = 0,1,2,\cdots)$ 的解集.

由式 (5-35) 可知 (5-33) 具有一般条件对称 (5-34) 当且仅当

$$D_t\eta = 0, \tag{5-36}$$

其中 D_t 表示对 t 全导数. 而且, 如果 η 不显含 t, 那么

$$\eta'E|_{L\cap W} = 0,$$

其中

$$\eta'(u)E = \lim_{\varepsilon\to 0}\frac{d}{d\varepsilon}\eta(u+\varepsilon E)$$

表示 η 沿着 E 方向的 Fréchet 导数.

文献 [204] 中证明了下述定理:

定理 5.3.1 方程 (5-33) 具有和式分离变量解

$$u = \phi(t) + \psi(x)$$

当且仅当它具有一般条件对称

$$V = u_{xt}\frac{\partial}{\partial u}. \tag{5-37}$$

由定理 5.3.1 可知, 方程 (5-28) 具有和式分离变量解 (5-29) 当且仅当它们具有一般条件对称 (5-37).

定理 5.3.2 方程 (5-28) 具有和式分离变量解 (5-29) 当且仅当系数 $A(u,u_x)$ 和 $B(u,u_x)$ 满足

$$\left(\frac{A_u}{A}\right)_{u_x} = 0, \quad \left(\frac{A_u u_x + B_{u_x}}{A}\right)_u = 0, \quad \left(\frac{B_u}{A}\right)_u = 0. \tag{5-38}$$

证明 取 V 为一般条件对称 (5-37), 则

$$\begin{aligned}
&V^{(2)}(u_t - A(u,u_x)u_{xx} - B(u,u_x))\\
&= u_t\left[\left(A_{uu}u_x + B_{u_xu} - \frac{A_uB_{u_x} + A_u{}^2u_x}{A}\right)u_{xx}\right.\\
&\quad\left. + \left(A_{uu_x} - \frac{A_uA_{u_x}}{A}\right)u_{xx}^2 + \left(B_{uu}u_x - \frac{A_uB_u}{A}u_x\right)\right] = 0,
\end{aligned} \tag{5-39}$$

其中 $D_x^i\eta = 0\ (i=0,1,2,\cdots)$, $u_t = A(u,u_x)u_{xx} + B(u,u_x)$,

$$\eta \equiv u_{xt}. \tag{5-40}$$

消去表达式 (5-39) 即得 (5-38).

求解偏微分方程组 (5-38) 给出

定理 5.3.3 方程
$$u_t = A(u, u_x)u_{xx} + B(u, u_x)$$

有非平庸和式分离变量解 (5-29) 当且仅当它等价于下列 6 种方程中的任何一个:

(1)
$$u_t = g(u_x)u_{xx} + c_1 u + h(u_x); \tag{5-41}$$

(2)
$$u_t = g(u_x)e^{u\alpha}u_{xx} + e^{u\alpha}h(u_x) + c_1, \quad \alpha \neq 0; \tag{5-42}$$

(3)
$$u_t = \frac{g'(u_x)e^{u\alpha}(c_2 - c_3 u)u_{xx}}{u_x} + e^{u\alpha}g(u_x)(\alpha(c_2 - c_3 u) + c_3) + c_1, \quad \alpha \neq 0; \tag{5-43}$$

(4)
$$u_t = \frac{g'(u_x)(c_2 - c_3 u)u_{xx}}{u_x} + 2c_1 c_2 u - c_1 c_3 u^2 + c_3 g(u_x) + c_4; \tag{5-44}$$

(5)
$$u_t = -2\frac{g'(u_x)\left(c_2 e^{\frac{1}{2}u\alpha} - c_3 e^{-\frac{1}{2}u\beta}\right)u_{xx}}{u_x}$$
$$+ \left(c_2 \beta e^{\frac{1}{2}u\alpha} + c_3 \alpha e^{-\frac{1}{2}u\beta}\right)g(u_x) + c_1, \quad \alpha\beta \neq 0; \tag{5-45}$$

(6)
$$u_t = \frac{g'(u_x)(c_2 e^{u\alpha} + c_3)u_{xx}}{u_x} + c_1 c_2 e^{u\alpha} + c_3 \alpha(c_1 u + g(u_x)), \alpha \neq 0, \tag{5-46}$$

其中 $g(u_x)$ 和 $h(u_x)$ 是关于 u_x 的任意光滑函数, α, β, c_i ($i = 1, 2, \cdots$) 是任意复常数.

注 5.3.1 文献 [64] 中的定理 2 是定理 5.3.3 的一个特例. 事实上, 如果对定理 5.3.3 设定
$$A(u, u_x) = \beta(u)u_x^{n-1}, B(u, u_x) = \alpha(u)u_x^{n+1} + \gamma(u),$$

那么方程 (5-28) 就变为文献 [64] 中定理 2 讨论的方程
$$u_t = \beta(u)u_x^{n-1}u_{xx} + \alpha(u)u_x^{n+1} + \gamma(u).$$

注 5.3.2 对于定理 5.3.3 中的任何一个方程, 通过可逆光滑变换 $v = f(u)$ 就可以得到相应的具有 (5-26) 形式的方程以及泛函分离变量解.

由于任意函数和复常数的存在, 得到的方程有着非常丰富的严格解. 这里, 仅给出定理 5.3.3 中列出的模型通过和式泛函分离变量法得到的严格解.

例 5.3.1 方程 (5-41) 具有两类和式分离变量解 (5-29), 其中 $\phi(t)$ 和 $\psi(x)$ 满足

(i)
$$\phi(t) = -\frac{\lambda}{c_1} + e^{c_1 t} a_1, \; g(\psi'(x))\psi''(x) + c_1 \psi(x) + h(\psi'(x)) = 0, \; c_1 \neq 0;$$

(ii)
$$\phi(t) = \lambda t + a_1, \qquad \psi(x) = \int p(x)\mathrm{d}x + a_3,$$
$$x + \int^{p(x)} \frac{g(s)}{h(s)} \mathrm{d}s + a_2 = 0, \qquad c_1 = 0,$$

其中 $\lambda, \mu, a_i, c_i (i \in Z)$ 是任意常数 (以下类同).

例 5.3.2 方程 (5-42) 有两类和式分离变量解 (5-29), 其中 $\phi(t)$ 和 $\psi(x)$ 满足

(i)
$$\phi(t) = \frac{\ln(c_1) - \ln(1 - \lambda e^{\alpha c_1 (t+a_1)})}{\alpha} + c_1 (t + a_1),$$
$$g(\psi'(x))\psi''(x) + h(\psi'(x)) = \lambda e^{-\alpha \psi(x)}, \; c_1 \alpha \neq 0;$$

(ii)
$$\phi(t) = -\frac{\ln(-\lambda \alpha (t + a_1))}{\alpha}, g(\psi'(x))\psi''(x) + h(\psi'(x)) = \lambda e^{-\alpha \psi(x)},$$
$$c_1 = 0, \; \alpha \neq 0.$$

例 5.3.3 方程 (5-43) 具有三类分离变量解 (5-29), 其中 $\phi(t)$ 和 $\psi(x)$ 分别由下式确定

(i)
$$\int^{\phi(t)} ((\mu - \lambda s)e^{\alpha s} + c_1)^{-1} \mathrm{d}s = t + a_1, \quad \int^{\psi(x)} (p(s))^{-1} \mathrm{d}s = x + a_2,$$
$$g(p(s)) = \frac{(-\lambda c_2 + c_3(\lambda s + \mu)) e^{-\alpha s}}{c_3^2}, \; c_3 \neq 0;$$

(ii)
$$\phi(t) = -\frac{-\ln(c_1) + \ln(1 - \mu e^{\alpha c_1 (t+a_1)})}{\alpha} + c_1(t + a_1),$$
$$\int^{\psi(x)} (p(s))^{-1} \mathrm{d}s = x + a_2,$$
$$g(p(s)) = \frac{\mu s - a_2}{c_2 e^{\alpha s}}, \; c_3 = 0, \; c_1 c_2 \alpha \neq 0;$$

(iii)
$$\phi(t) = -\frac{\ln(-\mu\alpha(t+a_1))}{\alpha}, \quad \int^{\psi(x)} (p(s))^{-1}\mathrm{d}s = x + a_3,$$
$$g(p(s)) = \frac{\mu s - a_2}{c_2 e^{\alpha s}}, \quad c_3 = 0, \quad c_1 = 0, \quad c_2\alpha \neq 0.$$

例 5.3.4 方程 (5-44) 有和式分离变量解 (5-29), 其中 $\phi(t)$ 和 $\psi(x)$ 分别为

(i)
$$\phi(t) = \frac{c - \lambda + \tanh\left(\frac{1}{2}\sqrt{4\mu c_1 c_3 + c^2}(t+a_1)\right)\sqrt{4\mu c_1 c_3 + c^2}}{2c_1 c_3},$$
$$g(p(s)) = -c_1 s^2 + \frac{\lambda(c_3 s - c_2) + c_3(-c_4 + \mu)}{c_3^2},$$
$$\int^{\psi(x)} (p(s))^{-1}\mathrm{d}s = x + a_2, \quad c = 2c_1 c_2 - \lambda, \quad c_1 c_2 c_3 \neq 0;$$

(ii)
$$\phi(t) = \frac{\mu}{\lambda} + e^{-\lambda t} a_1, \quad \int^{\psi(x)} (p(s))^{-1}\mathrm{d}s = x + a_2,$$
$$g(p(s)) = \frac{\lambda(c_3 s - c_2) + c_3(-c_4 + \mu)}{c_3^2}, \quad c_1 = 0, \quad c_2 c_3 \lambda \neq 0;$$

(iii)
$$\phi(t) = -\frac{\mu}{2c_1 c_2} + e^{2tc_1 c_2} a_1, \quad \int^{\psi(x)} (p(s))^{-1}\mathrm{d}s = x + a_3,$$
$$g(p(s)) = -c_1 s^2 + \frac{s(-c_4 + \mu) - a_2}{c_2}, \quad c_3 = 0, \quad c_1 c_2 \neq 0;$$

(iv)
$$\phi(t) = \mu t + a_1, \quad \psi(x) = \int p(x)\mathrm{d}x + a_3,$$
$$\int^{p(x)} \frac{g'(s)}{s}\mathrm{d}s = \frac{(-c_4 + \mu)(x + a_2)}{c_2}, \quad c_1 = 0, \quad c_3 = 0, \quad c_2 \neq 0;$$

(v)
$$\phi(t) = \frac{-\lambda + \tanh\left(\frac{1}{2}\sqrt{4\mu c_1 c_3 + \lambda^2}(t+a_1)\right)\sqrt{4\mu c_1 c_3 + \lambda^2}}{2c_1 c_3},$$
$$\int^{\psi(x)} (p(s))^{-1}\mathrm{d}s = x + a_2, \quad g(p(s)) = -c_1 s^2 + \frac{\lambda s - c_4 + \mu}{c_3},$$
$$c_2 = 0, \quad c_1 c_3 \neq 0;$$

(vi)
$$\phi(t) = \frac{\mu}{\lambda} + e^{-\lambda t}a_1, g(p(s)) = \frac{\lambda s - c_4 + \mu}{c_3},$$
$$\int^{\psi(x)} (p(s))^{-1}\mathrm{d}s = x + a_2, \quad c_1 = 0, \quad c_2 = 0, \quad c_3\lambda \neq 0;$$

(vii)
$$\phi(t) = \mu t + a_1, g\left(\frac{\psi(x) - a_2}{x}\right) = \frac{-c_4 + \mu}{c_3},$$
$$c_1 = 0, \quad c_2 = 0, \quad \lambda = 0, \quad c_3 \neq 0.$$

方程 (5-45) 有和式分离变量解 (5-29),其中 $\phi(t)$ 和 $\psi(x)$ 分别为

(i)
$$\int^{\phi(t)} \left(\lambda e^{\frac{1}{2}\alpha s} + \mu e^{-\frac{1}{2}\beta s} + c_1\right)^{-1} \mathrm{d}s = t + a_1,$$
$$\int^{\psi(x)} (p(s))^{-1}\mathrm{d}s = x + a_2,$$
$$g(p(s)) = \frac{1}{\beta + \alpha}\left(\frac{\mu}{c_3 e^{-\frac{1}{2}\beta s}} + \frac{\lambda}{c_2 e^{\frac{1}{2}\alpha s}}\right), \quad c_2 c_3 \neq 0;$$

(ii)
$$\phi(t) = -2\frac{\ln(c_1) - \ln(e^{\frac{1}{2}\beta c_1(t+a_1)} - \mu)}{\beta}, \int^{\psi(x)} (p(s))^{-1}\mathrm{d}s = x + a_3,$$
$$g(p(s)) = \frac{e^{\frac{1}{2}\beta s}\mu}{c_3(\beta + \alpha)} - \frac{1}{2}\frac{a_2 e^{-\frac{1}{2}\alpha s}}{c_3}, \quad c_2 = 0, \quad c_3 c_1 \beta \neq 0;$$

(iii)
$$\phi(t) = \frac{2\ln(c_1) - 2\ln(1 - \lambda e^{\frac{1}{2}\alpha c_1(t+a_1)})}{\alpha} + c_1(t + a_1),$$
$$\int^{\psi(x)} (p(s))^{-1}\mathrm{d}s = x + a_3,$$
$$g(p(s)) = \frac{\lambda e^{-\frac{1}{2}\alpha s}}{c_2(\beta + \alpha)} + \frac{1}{2}\frac{a_2}{e^{-\frac{1}{2}\beta s}c_2}, \quad c_3 = 0, \quad c_1 c_2 \alpha \neq 0;$$

(iv)
$$\phi(t) = -2\frac{\ln(2) - \ln(\mu\beta(t+a_1))}{\beta}, \int^{\psi(x)} (p(s))^{-1}\mathrm{d}s = x + a_3,$$
$$g(p(s)) = \frac{e^{\frac{1}{2}\beta s}\mu}{c_3(\beta + \alpha)} - \frac{1}{2}\frac{a_2}{c_3 e^{\frac{1}{2}\alpha s}}, \quad c_1 = 0, \quad c_2 = 0, \quad c_3\beta \neq 0;$$

(v)
$$\phi(t) = 2\frac{\ln(2) - \ln(-\lambda\alpha(t+a_1))}{\alpha}, \quad \int^{\psi(x)}(p(s))^{-1}\mathrm{d}s = x + a_3,$$
$$g(p(s)) = \frac{\lambda e^{-\frac{1}{2}\alpha s}}{c_2(\beta+\alpha)} + \frac{1}{2}\frac{a_2}{c_2 e^{-\frac{1}{2}\beta s}}, \quad c_3 = 0, \quad c_2\alpha \neq 0.$$

例 5.3.5 方程 (5-46) 有和式分离变量解 (5-29), 其中 $\phi(t)$ 和 $\psi(x)$ 分别为

(i)
$$\int^{\phi(t)}(c_3\alpha c_1 s + \lambda e^{\alpha s} + \mu)^{-1}\mathrm{d}s = t + a_1, \quad \int^{\psi(x)}(p(s))^{-1}\mathrm{d}s = x - a_2,$$
$$g(p(s)) = \frac{c_1}{\alpha} - \frac{\lambda}{\alpha\, c_2 e^{\alpha s}} - c_1 s + \frac{\mu}{c_3\alpha}, \quad c_2 c_3 \neq 0;$$

(ii)
$$\phi(t) = -\frac{\mu}{c_3\alpha c_1} + a_1 e^{c_3\alpha c_1 t}, \quad \int^{\psi(x)}(p(s))^{-1}\mathrm{d}s = x + a_3,$$
$$g(p(s)) = -\frac{c_3 c_1(\alpha s - 1) - \mu + e^{-\alpha s}a_2\alpha}{c_3\alpha}, \quad c_2 = 0, \quad c_1 c_3 \neq 0;$$

(iii)
$$\phi(t) = \mu t + a_1, \psi(x) = \int p(x)\mathrm{d}x + a_3,$$
$$\int^{p(x)} \frac{g'(s)}{s(c_3\alpha g(s) - \mu)}\mathrm{d}s = -\frac{x+a_2}{c_3}, \quad c_1 = 0, \quad c_2 = 0, \quad c_3 \neq 0;$$

(iv)
$$\phi(t) = -\frac{\ln(-\lambda\alpha(t+a_1))}{\alpha}, \quad \int^{\psi(x)}(p(s))^{-1}\mathrm{d}s = x + a_3,$$
$$g(p(s)) = -c_1 s - \frac{\lambda}{\alpha c_2 e^{\alpha s}} + a_2, \quad c_3 = 0, \quad c_2\alpha \neq 0.$$

5.3.2 具有 FSS 的 2+1 维一般非线性扩散方程的严格解

与上一小节类似, 对 2+1 维一般非线性扩散方程

$$u_t = A(u, u_x, u_y)u_{xx} + B(u, u_x, u_y)u_{yy} + C(u, u_x, u_y), \tag{5-47}$$

我们只需要对其做和式分离变量解

$$u = p(x) + q(y) + r(t) \tag{5-48}$$

的归类, 因为分离变量解

$$v = f(p(x) + q(y) + r(t)), \tag{5-49}$$

其中 f 是任意可逆光滑函数,(5-48) 及

$$v_t = a(v, v_x, v_y)v_{xx} + b(v, v_x, v_y)v_{yy} + c(v, v_x, v_y) \tag{5-50}$$

和方程 (5-47) 之间的联系为

$$v = f(u), \tag{5-51}$$

$$a(v, v_x, v_y) = A(u, u_x, u_y), \tag{5-52}$$

$$b(v, v_x, v_y) = B(u, u_x, u_y), \tag{5-53}$$

$$c(v, v_x, v_y) = C(u, u_x, u_y)f'(u) - [A(u, u_x, u_y)u_x^2$$
$$+ B(u, u_x, u_y)u_y^2]f''(u). \tag{5-54}$$

因此将重点放在方程 (5-47) 允许有和式分离变量解 (5-48). (5-48) 和 (5-47) 或者 (5-49) 和 (5-50) 的相容性条件可以由一般条件对称方法给出.

考虑如下形式的一般二阶 2+1 维演化方程

$$u_t = E(t, x, y, u_x, u_y, u_{xx}, u_{xy}, u_{yy}), \tag{5-55}$$

其中 E 是所示变量的光滑函数. 取

$$V = \eta(t, x, y, u_x, u_y, u_{xx}, u_{xy}, u_{yy})\frac{\partial}{\partial u}, \tag{5-56}$$

为演化向量场,η 是它的特征向量.

定义 5.3.3 演化向量场 (5-56) 是方程的一般条件对称当且仅当

$$V^{(2)}(u_t - E)|_{L \cap W} = 0, \tag{5-57}$$

其中 $V^{(2)}$ 是 V 的 2 阶延长结构,W 是 $D_x^i \eta = 0, D_y^i \eta = 0\ (i = 0, 1, 2, \cdots)$ 的解集, L 是方程 (5-55) 的解集,D_x^i 和 D_y^i 分别表示对 x 和 y 的 i 阶全导数.

(5-57) 表明方程 (5-55) 具有一般条件对称 (5-56) 当且仅当

$$D_t \eta = 0, \tag{5-58}$$

D_t 表示对 t 的全导数. 而且, 如果 η 不显含时间变量 t, 那么

$$\eta' E|_{L \cap W} = 0,$$

5.3 泛函分离变量解

其中

$$\eta'(u)E = \lim_{\varepsilon \to 0} \frac{\mathrm{d}}{\mathrm{d}\varepsilon}\eta(u+\varepsilon E)$$

表示 η 沿着 E 方向的 Fréchet 导数.

与上一小节类似, 可以证明

定理 5.3.4　方程 (5-55) 具有和式分离变量解

$$u = p(x) + q(y) + r(t)$$

当且仅当它具有如下形式的一般条件对称

$$V_1 = u_{xt}\frac{\partial}{\partial u}, \tag{5-59}$$

$$V_2 = u_{yt}\frac{\partial}{\partial u}, \tag{5-60}$$

$$V_3 = u_{xy}\frac{\partial}{\partial u}. \tag{5-61}$$

定理 5.3.4 说明方程 (5-55) 有和式分离变量解 (5-48) 当且仅当它们具有一般条件对称 (5-59)~(5-61).

定理 5.3.5　方程 (5-47) 有和式分离变量解 (5-48) 当且仅当 A, B, C 满足偏微分方程组

$$\Gamma_1 \equiv AA_{uu_x} - A_u A_{u_x} = 0, \tag{5-62}$$

$$\Gamma_2 \equiv AB_{uu_x} - A_u B_{u_x} = 0, \tag{5-63}$$

$$\Gamma_3 \equiv A(A_{uu}u_x + C_{uu_x}) - A_u(u_x A_u + C_{u_x}) = 0, \tag{5-64}$$

$$\Gamma_4 \equiv u_x(AB_{uu} - A_u B_u) = 0, \tag{5-65}$$

$$\Gamma_5 \equiv u_x(AC_{uu} - A_u C_u) = 0, \tag{5-66}$$

$$\Omega_1 \equiv BB_{uu_y} - B_u B_{u_y} = 0, \tag{5-67}$$

$$\Omega_2 \equiv BA_{uu_y} - B_u A_{u_y} = 0, \tag{5-68}$$

$$\Omega_3 \equiv B(B_{uu}u_y + C_{uu_y}) - B_u(u_y B_u + C_{u_y}) = 0, \tag{5-69}$$

$$\Omega_4 \equiv u_y(BA_{uu} - B_u A_u) = 0, \tag{5-70}$$

$$\Omega_5 \equiv u_y(BC_{uu} - B_u C_u) = 0. \tag{5-71}$$

证明　取 V_1, V_2, V_3 分别为 (5-59)~(5-61) 的一般条件对称, 通过直接运算就可以得到

$$\begin{aligned}&V_1^{(2)}[u_t - A(u, u_x, u_y)u_{xx} - B(u, u_x, u_y)u_{yy} - C(u, u_x, u_y)] \\ &= \frac{u_t}{A}\left[\Gamma_1 u_{xx}^2 + (\Gamma_2 u_{yy} + \Gamma_3)u_{xx} + \Gamma_4 u_{yy} + \Gamma_5\right] = 0,\end{aligned} \tag{5-72}$$

$$V_2^{(2)}[u_t - A(u,u_x,u_y)u_{xx} - B(u,u_x,u_y)u_{yy} - C(u,u_x,u_y)]$$
$$= \frac{u_t}{B}\left[\Omega_1 u_{yy}^2 + (\Omega_2 u_{xx} + \Omega_3)u_{yy} + \Omega_4 u_{xx} + \Omega_5\right] = 0, \tag{5-73}$$

$$V_3^{(2)}[u_t - A(u,u_x,u_y)u_{xx} - B(u,u_x,u_y)u_{yy} - C(u,u_x,u_y)] = 0. \tag{5-74}$$

利用 $D_x^i\eta = 0, D_y^i\eta = 0 \ (i=0,1,2,\cdots)$ 和

$$u_t = A(u,u_x,u_y)u_{xx} + B(u,u_x,u_y)u_{yy} + C(u,u_x,u_y)$$

消去式 (5-72) 和 (5-73) 就得到了偏微分方程组 (5-62)~(5-71). 由于 (5-74) 满足 (5-72) 和 (5-73) 的相容性条件, 因此恒成立. 特别地, 用同样的方法可以证明如果 $A(u,u_x,u_y) \equiv 0$ 或者 $B(u,u_x,u_y) \equiv 0$, 那么方程组 (5-62)~(5-71) 也同样成立.

求解方程组 (5-62)~(5-71) 可得

定理 5.3.6 假定 $|A(u,u_x,u_y)| + |B(u,u_x,u_y)| \neq 0$, 那么具有形如

$$u_t = A(u,u_x,u_y)u_{xx} + B(u,u_x,u_y)u_{yy} + C(u,u_x,u_y)$$

的方程都有非平庸和式分离变量解 (5-48) 当且仅当它是下述方程中的任何一种情形:

(1)
$$\begin{aligned}u_t = &\, h(u_x,u_y) + c_1 u + [g_1(u_x)\phi_2(u_x,u_y) + \psi_2(u_x)]u_{xx}\\ &+ [f_1(u_y)\phi_1(u_x,u_y) + \psi_1(u_y)]u_{yy};\end{aligned} \tag{5-75}$$

(2)
$$u_t = \frac{[u+f_1(u_y)]g_2'(u_x)u_{xx}}{u_x} + g_1(u_y)u_{yy} - g_2(u_x) + h(u_y); \tag{5-76}$$

(3)
$$u_t = f_1(u_x)u_{xx} + \frac{[u+g_1(u_x)]g_2'(u_y)u_{yy}}{u_y} + h(u_x) - g_2(u_y); \tag{5-77}$$

(4) $c_1^2 = c_2^2$,
$$\begin{aligned}u_t = &\,[c_1\cosh(\alpha u) + c_2\sinh(\alpha u)]g_1(u_x)u_{xx}\\ &+ [c_2\cosh(\alpha u) + c_1\sinh(\alpha u)]f_1(u_y)u_{yy} + c_0;\end{aligned} \tag{5-78}$$

(5) $c_1^2 = -c_2^2$,
$$\begin{aligned}u_t = &\,[c_1\cos(\alpha u) + c_2\sin(\alpha u)]g_1(u_x)u_{xx}\\ &+ [c_2\cos(\alpha u) - c_1\sin(\alpha u)]f_1(u_y)u_{yy} + c_0;\end{aligned} \tag{5-79}$$

(6)

$$u_t = f_1(u_x,u_y)f_{2u}(u,u_y)u_{xx} + h_1(u_x,u_y) + h_2(u_x,u_y)f_2(u,u_y), \quad (5\text{-}80)$$

其中 $f_1, f_2, g_1, g_2, h_1, h_2$ 满足

$$h_1(u_x,u_y) + h_2(u_x,u_y)f_2(u,u_y) = (g_1(u,u_y) + g_2(u_x,u_y))f_{2u}(u,u_y)$$
$$- f_{2uu}(u,u_y)\int^{u_x} f_1(\xi,u_y)\xi d\xi; \quad (5\text{-}81)$$

(7)

$$u_t = f_1(u_x,u_y)f_{2u}(u,u_x)u_{yy} + h_1(u_x,u_y) + h_2(u_x,u_y)f_2(u,u_x), \quad (5\text{-}82)$$

其中 $f_1, f_2, g_1, g_2, h_1, h_2$ 满足

$$h_1(u_x,u_y) + h_2(u_x,u_y)f_2(u,u_x) = (g_1(u,u_x) + g_2(u_x,u_y))f_{2u}(u,u_x)$$
$$- f_{2uu}(u,u_x)\int^{u_y} f_1(u_x,\xi)\xi d\xi, \quad (5\text{-}83)$$

其中函数 $f_1, f_2, g_1, g_2, h, h_1, h_2, p_1, q_1, \phi_1, \phi_2, \psi_1, \psi_2$ 是所示变量的任意光滑函数, $f_{2u} = \partial f_2/\partial u, f_{2uu} = \partial^2 f_2/\partial u^2, \alpha, c_0, c_1, c_2$ 如果不特别指明, 即是在其定义范围内的任意常数.

注 5.3.3 定理 5.3.3 是定理 5.3.6 的特例. 适当选择 (5-80) 和 (5-81) 中的函数 f_1, f_2, g_1, g_2, h_1 和 h_2, 就可以得到定理 5.3.3. 在式 (5-80) 和 (5-81) 中,

(1) 取

$$f_1(u_x,u_y) = \frac{g(u_x)}{c_1}, \ f_2(u,u_y) = c_1 u, \ h_1(u_x,u_y) = h(u_x),$$

$$h_2(u_x,u_y) = 1, \ g_1(u,u_y) = u, \ g_2(u_x,u_y) = \frac{h(u_x)}{c_1},$$

那么就得定理 5.3.3 中的方程 (1)(即 (5-41)).

(2) 设

$$f_1(u_x,u_y) = \frac{g(u_x)}{\alpha}, \quad f_2(u,u_y) = e^{\alpha u}, \quad h_1(u_x,u_y) = c_1,$$

$$h_2(u_x,u_y) = h(u_x), \quad g_1(u,u_y) = \frac{c_1}{\alpha e^{\alpha u}},$$

$$g_2(u_x,u_y) = \frac{h(u_x) + \alpha \int^{u_x} f_1(\xi)\xi d\xi}{\alpha},$$

那么就得到定理 5.3.3 中的方程 (2)(即 (5-42)).

(3) 取
$$f_1(u_x, u_y) = \frac{g'(u_x)}{\alpha u_x}, \qquad f_2(u, u_y) = e^{\alpha u}[\alpha(c_2 - c_3 u) + c_3],$$
$$h_1(u_x, u_y) = c_1, \qquad h_2(u_x, u_y) = g(u_x),$$
$$g_1(u, u_y) = 0, \qquad g_2(u_x, u_y) = \frac{2g(u_x)}{\alpha},$$

那么就得到定理 5.3.3 中的方程 (3)(即 (5-43)).

(4) 取
$$f_1(u_x, u_y) = \frac{g'(u_x)}{2c_1 u_x}, \qquad f_2(u, u_y) = 2c_1 c_2 u - c_1 c_3 u^2,$$
$$h_1(u_x, u_y) = c_3 g(u_x) + c_4, \quad h_2(u_x, u_y) = 1, \quad g_2(u_x, u_y) = 1,$$
$$g_1(u, u_y) = \frac{-c_4 - 2c_1 c_2 u + c_1 c_3 u^2 + 2c_1 c_2 - 2c_1 c_3 u}{2c_1(-c_2 + c_3 u)},$$

则得定理 5.3.3 中的方程 (4)(即 (5-44)).

(5) 取
$$f_1(u_x, u_y) = -\frac{4g'(u_x)}{\alpha \beta\, u_x}, \quad f_2(u, u_y) = c_2 \beta e^{\frac{1}{2}\alpha u},$$
$$h_1(u_x, u_y) = c_1, \quad h_2(u_x, u_y) = g(u_x),$$
$$g_1(u, u_y) = 0, \quad g_2(u_x, u_y) = \frac{-2(\alpha - \beta)g(u_x)}{\alpha \beta},$$

则得定理 5.3.3 中的方程 (5)(即 (5-45)).

(6) 取
$$f_1(u_x, u_y) = \frac{g'(u_x)}{c_1 \alpha\, u_x}, \quad f_2(u, u_y) = c_1 c_2 e^{\alpha u} + c_3 c_1 \alpha u,$$
$$h_1(u_x, u_y) = c_3 \alpha\, g(u_x), \quad h_2(u_x, u_y) = 1,$$
$$g_1(u, u_y) = \frac{c_2 e^{\alpha u} + c_3 \alpha u}{\alpha(c_2 e^{\alpha u} + c_3)}, \quad g_2(u_x, u_y) = \frac{g(u_x)}{c_1},$$

则得定理 5.3.3 中的方程 (6)(即 (5-46)).

下面给出定理 5.3.6 中的模型 (1)～(5) 的一些和式分离变量解.

例 5.3.6 方程 (5-75) 有和式分离变量解 (5-48), 其中 $p = p(x)$, $q = q(y)$ 和 $r = r(t)$ 满足常微分方程组

$$r' - c_1 r = \alpha,$$
$$[\phi_2(p', q')g_1(p') + \psi_2(p')]p'' + [\phi_1(p', q')f_1(q') + \psi_1(q')]q''$$
$$+ h(p', q') + c_1(p + q) = \alpha,$$

其中 $\alpha, c_i\ (i \in Z)$ 是任意常数 (以下类同).

例 5.3.7 方程 (5-76) 有形如 (5-48) 的和式分离变量解, 且
(i) $c_2 = 0$,
$$u = c_1 t + c_4 x + \int^y \psi(z) \mathrm{d}z + c_3 + c_5 + c_7,$$
其中 $\psi(y)$ 满足
$$\int^{\psi(y)} \frac{g_1(\xi)}{g_2(c_4) - h(\xi) + c_1} \mathrm{d}\xi = y + c_6;$$
(ii) $c_2 \neq 0$,
$$u = p(x) + q(y) - \frac{c_1}{c_2} + c_3 e^{c_2 t},$$
其中 $p = p(x)$ 和 $q = q(y)$ 满足常微分方程组
$$g_2(p') - c_2 p = c_4,$$
$$g_1(q')q'' + h(q') + c_2(f_1(q') + q) - c_1 = c_4.$$

例 5.3.8 方程 (5-77) 有和式分离变量解 (5-48) 及
(i) $c_2 = 0$,
$$u = c_1 t + \int^x \phi(z) \mathrm{d}z + c_4 y + c_3 + c_5 + c_7,$$
其中 $\psi(y)$ 满足
$$\int^{\phi(x)} \frac{f_1(\xi)}{g_2(c_4) - h(\xi) + c_1} \mathrm{d}\xi = x + c_6;$$
(ii) $c_2 \neq 0$,
$$u = p(x) + q(y) - \frac{c_1}{c_2} + c_3 e^{c_2 t},$$
其中 $p = p(x)$ 和 $q = q(y)$ 满足常微分方程组
$$f_1(p')p'' + h(p') + c_2(g_1(p') + p) - c_1 = c_4,$$
$$g_2(q') - c_2 q = c_4.$$

例 5.3.9 方程 (5-78) 有和式分离变量解 (5-48), 其中 $p(x)$, $q(y)$ 是任意函数, $r(t)$ 满足
(i) $c_1 = c_2$,
$$\int^{r(t)} -\frac{1}{c_3[\cosh(\alpha\xi) + \sinh(\alpha\xi)] - c_0} \mathrm{d}\xi = t + c_5;$$
(ii) $c_1 = -c_2$,
$$\int^{r(t)} -\frac{1}{c_3[\cosh(\alpha\xi) - \sinh(\alpha\xi)] - c_0} \mathrm{d}\xi = t + c_5.$$

例 5.3.10 方程 (5-79) 有和式分离变量解 (5-48), 其中 $p(x), q(y)$ 是任意函数, $r(t)$ 满足

(i) $c_1 = ic_2$,

$$\int^{r(t)} -\frac{1}{c_3[\cos(\alpha\xi) - i\sin(\alpha\xi)] - c_0} d\xi = t + c_5;$$

(ii) $c_1 = -ic_2$,

$$\int^{r(t)} -\frac{1}{c_3[\cos(\alpha\xi) + i\sin(\alpha\xi)] - c_0} d\xi = t + c_5,$$

其中 i 是虚数单位.

5.3.3 具有 FSS 的一般非线性波动方程的归类和求解

本小节将致力于一般非线性波动方程

$$u_{tt} = A(u, u_x)u_{xx} + B(u, u_x, u_t), \quad A(u, u_x) \neq 0 \tag{5-84}$$

的泛函分离变量法问题.

对于 $A = 1, B = B(u, u_x, u_t)$ 和 $A = A(u), B = A_u u_x^2 + C(u)$ 的特殊情况的 FSV 问题在文献 [65] 和 [207] 中给出了详细的研究.

1. 具有 FSS 的一般非线性波动方程的归类

对于方程 (5-84), V 的二阶延长为

$$V^{(2)} = \eta\frac{\partial}{\partial u} + D_x\eta\frac{\partial}{\partial u_x} + D_t\eta\frac{\partial}{\partial u_t} + D_t^2\eta\frac{\partial}{\partial u_{tt}} + D_x^2\eta\frac{\partial}{\partial u_{xx}}.$$

$V^{(2)}$ 作用于一般非线性波动方程 (5-84), 便有

$$V^{(2)}(u_{tt} - A(u,u_x)u_{xx} - B(u,u_x,u_t))|_{L\cap W}$$
$$= [D_t^2\eta - (A_u\eta + A_{u_x}D_x\eta)u_{xx} - AD_x^2\eta$$
$$- (B_u\eta + B_{u_x}D_x\eta + B_{u_t}D_t\eta)]|_{L\cap W}.$$

考虑到表达式 $D_x^i \eta = 0 \ (i = 0, 1, 2, \cdots)$ 和方程 (5-84), 从上式中消去 u 的非独立高阶导函数之后转化为含有 u 的线性独立偏导数的表达式

$$V^{(2)}(u_{tt} - A(u,u_x)u_{xx} - B(u,u_x,u_t))|_{L\cap W}$$
$$= [D_t^2\eta - B_{u_t}D_t\eta]|_{L\cap W}$$
$$= \Gamma_1 u_{xx}^2 + \Gamma_2 u_{xx} + \Gamma_3, \tag{5-85}$$

其中 $\Gamma_i \equiv \Gamma_i(u, u_x, u_t)$ $(i = 1, 2, 3)$ 是包含 $g(u), A(u, u_x), B(u, u_x, u_t)$ 及其关于 u, u_x, u_t 的偏导数的待定函数.

式 (5-85) 必须为零要求 $g(u) \equiv f''/f', A(u, u_x), B(u, u_x, u_t)$ 满足下列偏微分方程组

$$\Gamma_i \equiv \Gamma_i(u, u_x, u_t) = 0, \quad i = 1, 2, 3, \tag{5-86}$$

其中

$$\Gamma_1 \equiv \left\{ \left[\left(-A_{u_x u_x} + \frac{A_{u_x}^2}{A} \right) u_x - A_{u_x} \right] g + A_{u u_x} - \frac{A_u A_{u_x}}{A} \right\} u_t$$
$$+ A B_{u_x u_t} = 0,$$

$$\Gamma_2 \equiv \left\{ \left[\left(\frac{g A_u}{A} + 2g^2 - 2g' \right) A_{u_x} - g A_{u u_x} \right] u_x^2 + B_{u u_x} - \frac{A_u B_{u_x}}{A} \right.$$
$$+ \left[\frac{g A_{u_x} B_{u_x}}{A} + A_{uu} - g A_u - g B_{u_t u_t} A - g B_{u_x u_x} + A B_{u u_t} \right.$$
$$\left. - \frac{A_u^2}{A} \right] u_x \bigg\} u_t + B B_{u_x u_t} = 0,$$

$$\Gamma_3 \equiv \left\{ \left[g'' - \frac{g(g^2 - g') A_{u_x} u_x}{A} - 2gg' + \frac{(g^2 - g') A_u}{A} \right] u_t^3 \right.$$
$$+ \left[\frac{(g A_u - g' A) B_{u_t}}{A} - \frac{g^2 (A_{u_x} B_{u_t} - A B_{u_x u_t}) u_x}{A} \right] u_t^2$$
$$- g B_{u u_t} u_t^2 + \left[\left(\frac{g(g B + B_u) A_{u_x}}{A} - g B_{u u_x} - g' B_{u_x} \right) u_x \right.$$
$$+ [(2gg' - g'') A + (g^2 - g') A_u] u_x^2 + B_{uu} + g B_u$$
$$- \frac{(g B + B_u) A_u}{A} - B(g B_{u_t u_t} - 3g' + 2g^2) \bigg] u_t$$
$$+ B B_{u u_t} \bigg\} u_x = 0.$$

为了求解偏微分方程组 (5-86), 分三种情形考察.

情形 1. $B_{u_t} = 0$.

此时, 方程组 (5-86) 可分解为下述偏微分方程组

$$\Gamma_{11} \equiv \left[\left(-A_{u_x u_x} + \frac{A_{u_x}^2}{A} \right) u_x - A_{u_x} \right] g + A_{u u_x} - \frac{A_u A_{u_x}}{A} = 0, \tag{5-87}$$

$$\Gamma_{12} \equiv -\frac{A_u B_{u_x}}{A} + \left[\left(\frac{g A_u}{A} + 2g^2 - 2g' \right) A_{u_x} - g A_{u u_x} \right] u_x^2 + B_{u u_x}$$
$$+ \left(A_{uu} - g A_u + \frac{g A_{u_x} B_{u_x}}{A} - \frac{A_u^2}{A} - g B_{u_x u_x} \right) u_x = 0, \tag{5-88}$$

$$\Gamma_{13} \equiv g'' - \frac{g(g^2 - g')A_{u_x}u_x}{A} - 2gg' + \frac{(g^2 - g')A_u}{A} = 0, \tag{5-89}$$

$$\Gamma_{14} \equiv [(2gg' - g'')A + (g^2 - g')A_u]u_x^2 - \frac{(gB + B_u)A_u}{A}$$

$$+ \left[\frac{g(gB + B_u)A_{u_x}}{A} - gB_{uu_x} - g'B_{u_x}\right]u_x$$

$$- B(2g^2 - 3g') + B_{uu} + gB_u = 0. \tag{5-90}$$

对 (5-87) 关于 u_x 积分可得

$$-A_1'(u) + \frac{A_u - u_x A_{u_x} g(u)}{A} = 0, \tag{5-91}$$

其中 $A_1'(u) \equiv \frac{\partial A_1(u)}{\partial u}$ 是积分函数. 该方程有一般解

$$A(u, u_x) = e^{A_1(u)} A_2(u_x e^{\int^u g(\xi)d\xi}). \tag{5-92}$$

把表达式 (5-92) 代入方程 (5-89) 并逐项分解因式, 可得

$$-(g'(u) - g^2(u))A_1'(u) + (g''(u) - 2g(u)g'(u)) = 0. \tag{5-93}$$

以下分三种情形讨论:

(1) $g'(u) - g^2(u) = 0$.

这时, $g(u)$ 的解为 $g(u) = 0$ 和 $g(u) = -\frac{1}{u}$. 式 (5-93) 自动成立. 将 $g(u)$ 的两个解分别代入 (5-92) 得 $A(u, u_x) = A_2(u_x)e^{A_1(u)}$ 和 $A(u, u_x) = A_2\left(\frac{u_x}{u}\right)e^{A_1(u)}$. 再将 $g(u)$ 和 $A(u, u_x)$ 的表达式代入余下方程 (5-88) 和 (5-90) 就可解出 $A(u, u_x)$ 和 $B(u, u_x)$, 由此得到定理 5.3.7 中的 (1)~(4).

(2) $g'(u) - g^2(u) \neq 0, g''(u) - 2g(u)g'(u) = 0$.

在此情形, 由 (5-93) 知 $A_1(u) = 0$, 于是 (5-92) 简化为

$$A(u, u_x) = A_2\left(e^{\int^u g(\xi)d\xi} u_x\right). \tag{5-94}$$

可以解得 $g(u)$ 为 $g(u) = 1, \tan(u), -\cot(u), -\coth(u)$ 和 $-\tanh(u)$. 将 $g(u)$ 的这些解和 (5-94) 分别代入余下方程 (5-88) 和 (5-90) 后求解可确定相应的函数 $A(u, u_x)$ 和 $B(u, u_x)$, 经化简得到定理 5.3.7 中的 (5)~(9).

(3) $g'(u) - g^2(u) \neq 0, g''(u) - 2g(u)g'(u) \neq 0$.

为便于计算, 令 $g(u) = -\frac{h'(u)}{h(u)}$, 于是 (5-92) 化为

$$A = A_2\left(\frac{u_x}{h(u)}\right)e^{A_1(u)}. \tag{5-95}$$

5.3 泛函分离变量解

(5-87) 的一般解正是

$$A = A_2\left(\frac{u_x}{h(u)}\right) A_0(u), \ A_0(u) \equiv e^{A_1(u)}, \tag{5-96}$$

其中未知函数 $A_0(u)$ 和 $A_2\left(\frac{u_x}{h(u)}\right)$ 待定.

把 $g(u) = -\frac{h'(u)}{h(u)}$ 和 (5-96) 代入 (5-89) 可得

$$\frac{h'(u)}{h(u)} + \frac{A_0'(u)}{A_0(u)} - \frac{h'''(u)}{h''(u)} = 0, \tag{5-97}$$

其解为

$$A_0(u) = \frac{a_0 h''(u)}{h(u)}. \tag{5-98}$$

再把 $g(u) = -\frac{h'(u)}{h(u)}$ 和 (5-96) 代入 (5-88) 得

$$\left[\frac{u_x h'(u) A_0'(u)}{h(u)} - \frac{u_x (A_0'(u))^2}{A_0(u)} + u_x A_0''(u)\right] A_2\left(\frac{u_x}{h(u)}\right) + \frac{u_x h'(u) B_{u_x u_x}}{h(u)}$$

$$u_x^2 A_2'\left(\frac{u_x}{h(u)}\right) A_0(u) h''(u)(h(u))^{-2} - \frac{A_0'(u) B_{u_x}}{A_0(u)} + B_{u u_x} = 0. \tag{5-99}$$

关于 u_x 对 (5-99) 积分, 有

$$\left[\frac{h'(u) A_0'(u)}{h(u)} - \frac{(A_0'(u))^2}{A_0(u)} + A_0''(u) - 2\frac{A_0(u) h''(u)}{h(u)}\right] \int u_x A_2\left(\frac{u_x}{h(u)}\right) \mathrm{d}u_x$$

$$+ u_x^2 A_0(u) h''(u) A_2\left(\frac{u_x}{h(u)}\right)(h(u))^{-1} + B_u - \frac{A_0'(u) B}{A_0(u)}$$

$$+ B_1(u) + \frac{h'(u)(u_x B_{u_x} - B)}{h(u)} = 0. \tag{5-100}$$

把 (5-98) 代入 (5-100) 并求解 B, 发现 B 具有下述形式

$$B = B_1(u) \int u_x A_2\left(\frac{u_x}{h(u)}\right) \mathrm{d}u_x + B_2(u) u_x^2 A_2\left(\frac{u_x}{h(u)}\right)$$

$$+ B_3(u) + b_4 h''(u) B_5\left(\frac{u_x}{h(u)}\right), \tag{5-101}$$

其中 $B_i(u)$ $(i=1,2,3), A_2\left(\frac{u_x}{h(u)}\right)$ 和 $B_5\left(\frac{u_x}{h(u)}\right)$ 待定. 把 $g(u) = -\frac{h'(u)}{h(u)}$,(5-96),(5-98)

和 (5-101) 代入 (5-88) 有

$$\left[\frac{B_2'(u)}{h(u)} - \frac{h'''(u)B_2(u)}{h''(u)h(u)} + 2\frac{h'(u)B_2(u)}{(h(u))^2} + \frac{a_1(h''(u))^2}{(h(u))^3}\right]u_x{}^2 A_2'\left(\frac{u_x}{h(u)}\right)$$

$$+\left[-\frac{a_1(h''(u))^2}{(h(u))^2} - 2\frac{h'''(u)B_2(u)}{h''(u)} - \frac{h'''(u)B_1(u)}{h''(u)} + \frac{h'(u)a_1 h'''(u)}{(h(u))^2}\right.$$

$$+2B_2'(u) + \frac{a_1 h^{(4)}(u)}{h(u)} + 2\frac{h'(u)B_1(u)}{h(u)} - \frac{a_1(h'''(u))^2}{h''(u)h(u)} + B_1'(u)$$

$$\left.+4\frac{h'(u)B_2(u)}{h(u)}\right]u_x A_2\left(\frac{u_x}{h(u)}\right) = 0. \tag{5-102}$$

上式得求解又可分为两个子情形讨论:

$1°$ $\frac{\eta A_2'(\eta)}{A_2(\eta)} = $ 常数.

在此子情形, 可以得到一般解

$$A_2\left(\frac{u_x}{h(u)}\right) = \left(\frac{u_x}{h(u)}\right)^\alpha. \tag{5-103}$$

把 (5-103) 分别代入 (5-96),(5-98),(5-101) 和 (5-102), 利用 (5-103) 并把随之得到的所有 $g(u), A_1(u), A$ 和 B 的表达式代入 (5-90) 后, 从 (5-102) 和 (5-90) 中确定未知函数. 经过繁复的分析和计算, 得出定理 5.3.7 中的 (10) 和 (12).

$2°$ $\frac{\eta A_2'(\eta)}{A_2(\eta)} \neq $ 常数.

对此子情形, 由于 $u_x^2 A_2'\left(\frac{u_x}{h(u)}\right)$ 和 $u_x A_2\left(\frac{u_x}{h(u)}\right)$ 是函数独立的, 所以 (5-102) 中两者的系数必须为零. 类似于子情形 $1°$, 通过由已知关系式固定未定函数, 最后可得定理 5.3.7 中的 (11).

总之, 我们证明了下述定理:

定理 5.3.7 假定 $A(u, u_x) \neq 0$, 方程

$$u_{tt} = A(u, u_x)u_{xx} + B(u, u_x)$$

具有 (5-17) 形式的非平凡 FSS, 当且仅当它在对 u 的平移和标度变换的意义下与下列方程之一等价:

(1)

$$u_{tt} = A(u_x)u_{xx} + B(u_x) + b_1 u + b_2, \tag{5-104}$$

$$u = \phi(t) + \psi(x); \tag{5-105}$$

(2) $\alpha \neq 0$,

$$u_{tt} = A(u_x)e^{\alpha u}u_{xx} + \frac{e^{\alpha u}B(u_x)}{\alpha} + b_1, \tag{5-106}$$

$$u = \phi(t) + \psi(x); \tag{5-107}$$

(3)
$$u_{tt} = A\left(\frac{u_x}{u}\right)u_{xx} + u\left[B\left(\frac{u_x}{u}\right) + b_2\ln(u) + b_1\right], \tag{5-108}$$

$$u = \exp(\phi(t) + \psi(x)); \tag{5-109}$$

(4) $\alpha \neq 0$,
$$u_{tt} = A\left(\frac{u_x}{u}\right)u^\alpha u_{xx} + u^{1+\alpha}\left[B\left(\frac{u_x}{u}\right) + b_2\right] + b_1 u, \tag{5-110}$$

$$u = \exp(\phi(t) + \psi(x)); \tag{5-111}$$

(5)
$$u_{tt} = A(u_x e^u) u_{xx} + b_1 e^u + b_2 e^{-2u} + e^{-2u}\int^{u_x e^u} \xi^2 A'(\xi)\mathrm{d}\xi, \tag{5-112}$$

$$u = \ln(\phi(t) + \psi(x)); \tag{5-113}$$

(6)
$$u_{tt} = b_1 \sin(2u) + b_2[2\cos(u) - \sin(2u)\ln(\sec(u) + \tan(u))]$$
$$+ A\left(\frac{u_x}{\cos(u)}\right)u_{xx} + \frac{1}{2}\sin(2u)\int^{\frac{u_x}{\cos u}} \xi^2 A'(\xi)\mathrm{d}\xi, \tag{5-114}$$

$$u = \arcsin\tanh(\phi(t) + \psi(x)); \tag{5-115}$$

(7)
$$u_{tt} = b_1 \sin(2u) + b_2[2\sin(u) - \sin(2u)\ln(\csc(u) + \cot(u))]$$
$$+ A\left(\frac{u_x}{\sin(u)}\right)u_{xx} + -\frac{1}{2}\sin(2u)\int^{\frac{u_x}{\sin u}} \xi^2 A'(\xi)\mathrm{d}\xi, \tag{5-116}$$

$$\ln(\cot(u) + \csc(u)) = \phi(t) + \psi(x); \tag{5-117}$$

(8)
$$u_{tt} = b_1 \sinh(2u) + b_2[2\sinh(u) + \sinh(2u)\ln(\operatorname{csch}(u) - \coth(u))]$$
$$+ A\left(\frac{u_x}{\sinh(u)}\right)u_{xx} - \frac{1}{2}\sin(2u)\int^{\frac{u_x}{\sinh u}} \xi^2 A'(\xi)\mathrm{d}\xi, \tag{5-118}$$

$$u = \operatorname{arccosh} \coth(\phi(t) + \psi(x)); \tag{5-119}$$

(9)
$$u_{tt} = b_1 \sinh(2u) + b_2[2\cosh(u) + \sinh(2u)\arctan(\sinh(u))]$$
$$+ A\left(\frac{u_x}{\cosh(u)}\right)u_{xx} - \frac{1}{2}\sin(2u)\int^{\frac{u_x}{\cosh u}} \xi^2 A'(\xi)\mathrm{d}\xi, \tag{5-120}$$

$$u = \operatorname{arcsinh} \tan(\phi(t) + \psi(x)); \tag{5-121}$$

(10) $g'(u) - g(u)^2 \neq 0$, $\alpha = -2$,
$$u_{tt} = \frac{hh'' u_{xx}}{u_x^2} + B(u), \tag{5-122}$$

$$g = -\frac{h'}{h}, \qquad f(u) = \int^u \frac{1}{h(\xi)}\mathrm{d}\xi, \tag{5-123}$$

其中 $h = h(u)$ 和 $B(u)$ 满足
$$2(h')^2 - hh'' + c_1 h' + c_2 = 0,$$
$$hh'' B'' + (h'h''' - 3(h'')^2)B - hh'''(B' - 2h''^2) = 0;$$

(11) $g'(u) - g(u)^2 \neq 0$,
$$u_{tt} = \frac{h''}{h} A\left(\frac{u_x}{h}\right) u_{xx} + \frac{(b_1 - h')h''}{(h)^2} A\left(\frac{u_x}{h}\right) u_x^2$$
$$+ B(u) + h'' C\left(\frac{u_x}{h}\right), \tag{5-124}$$

$$g = -\frac{h'}{h}, \qquad f(u) = \int^u \frac{1}{h(\xi)}\mathrm{d}\xi, \tag{5-125}$$

其中 $h = h(u)$ 和 $B(u)$ 满足
$$2(h')^2 - hh'' + c_1 h' + c_2 = 0,$$

$$hh'' B'' - h''' h B' + (h'h''' - 3(h'')^2)B = 0;$$

(12) $g'(u) - g(u)^2 \neq 0$, $\alpha \neq -2$,
$$u_{tt} = \frac{a_1 h'' u_x^\alpha u_{xx}}{h^{\alpha+1}} + \frac{B(u) u_x^{\alpha+2}}{h^\alpha} + C(u), \tag{5-126}$$

$$g(u) = -\frac{h'}{h}, \qquad f(u) = \int^u \frac{1}{h(\xi)} d\xi, \tag{5-127}$$

其中 $C(u), h(u), B(u)$ 满足

$$hh''C'' - hh'''C' + (h'h''' - 3(h'')^2)C = 0,$$

$$h^2(hh'''h'' - hh'''^2 - 3(h'')^3 + h'h'''h'')h^{(6)} - (h''(h^{(5)})^2 + (h^{(4)})^3)h^3$$
$$+[2h^3h^{(4)}h''' + (4h''(h')^2h + 16h^2(h'')^2)h''' - 4h'h^2(h''')^2$$
$$-12(h'')^3h'h]h^{(5)} + (3h'h^2h''' - 2h''(h')^2h - 6h^2(h'')^2)(h^{(4)})^2$$
$$+[2h'h''(6h''h + (h')^2)h''' + 36h(h'')^4 - 2h(10h''h + (h')^2)(h''')^2$$
$$-6(h'')^3(h')^2]h^{(4)} - (h'')^2(11(h')^2 + 34h''h)(h''')^2 + 13h^2(h''')^4$$
$$-2h(h''')^3h'h'' - 27(h'')^6 + 42h'''(h'')^4h' = 0,$$

$$B = [a_1(-h''h(\alpha h'h'' + 2hh''')h^{(4)} + h^2(h''')^3 + (1+\alpha)hh'h''(h''')^2$$
$$-(h'')^2(5h''h + (2+\alpha)(h')^2)h''' + 3(2+\alpha)h'(h'')^4 + (h'')^2h^2h^{(5)})]$$
$$/[(2+\alpha)h^2(h'h'''h'' + hh^{(4)}h'' - 3(h'')^3 - h(h''')^2)],$$

其中 $\alpha, a_1, b_i, c_i\ (i = 1, 2)$ 是任意常数, $C\left(\frac{u_x}{h}\right), B(u_x), B\left(\frac{u_x}{u}\right), A\left(\frac{u_x}{H(u)}\right)$ 是所示变量的任意函数, 此处 $H(u) = \{h, 1, u, \sinh(u), \sin(u), e^{-u}, \cosh(u), \cos(u)\}$.

注 5.3.4

• 文献 [207] 的表达式 (20) 或定理 2(1) 是定理 5.3.7(1) 的特殊情形;

• 文献 [207] 的表达式 (17) 或定理 2(3) 是定理 5.3.7(3) 的特殊情形;

• 定理 5.3.7(5)、(6)、(8)、(9) 当 $A(\xi) = 1$ 时分别对应文献 [207] 的定理 2(2)、(4)∼(6). 特别地, 当 $A(u_x e^u) = 1$ 时, 定理 5.3.7 中的 (5-112) 是著名的 Bullough-Dodd 方程 (或 Tzitzéica 方程),(5-114) 和 (5-118) 分别是推广的 sine-Gordon 方程和 sinh-Gordon 方程;

• 文献 [65] 的方程 (6) 和方程 (9) 分别是定理 5.3.7 中 (5-110) 和 (5-106) 的特殊情形;

• 文献 [65] 的 $G' - G^2 \neq 0$ 中的情形 2 被定理 5.3.7 中的 (12) 所包含, 因为如果在定理 5.3.7(12) 中取 $\alpha = 0$, 文献 [65] 中的情形 2 的所有关系式都是定理 5.3.7(12) 的特例.

情形 2. $B_{u_t} \neq 0$, $B_{u_x} = 0$.

在此情形, 偏微分方程组 (5-86) 化为

$$\Gamma_{21} \equiv \left[\left(-A_{u_x u_x} + \frac{A_{u_x}^2}{A}\right) u_x - A_{u_x}\right] g + A_{uu_x} - \frac{A_u A_{u_x}}{A} = 0, \tag{5-128}$$

$$\Gamma_{22} \equiv \left[\left(\frac{gA_u}{A} + 2g^2 - 2g'\right)A_{u_x} - gA_{uu_x}\right]u_x^2 + AB_{uu_t}u_x$$
$$+ \left(-gA_u - gB_{u_tu_t}A - \frac{A_u^2}{A} + A_{uu}\right)u_x = 0, \tag{5-129}$$

$$\Gamma_{23} \equiv \left[-\frac{g(g^2-g')A_{u_x}u_x}{A} - 2gg' + \frac{(g^2-g')A_u}{A} + g''\right]u_t^3$$
$$+ \left[-\frac{g^2 A_{u_x}B_{u_t}u_x}{A} - gB_{uu_t} + \frac{(gA_u - g'A)B_{u_t}}{A}\right]u_t^2$$
$$+ \left[((2gg' - g'')A + (g^2-g')A_u)u_x^2 + \frac{g(gB+B_u)A_{u_x}u_x}{A}\right.$$
$$\left. -\frac{(gB+B_u)A_u}{A} + B_{uu} + gB_u - B(gB_{u_tu_t} - 3g' + 2g^2)\right]u_t$$
$$+ BB_{uu_t} = 0. \tag{5-130}$$

求解 (5-128)∼(5-130) 可得下列分类结果:

定理 5.3.8 假定 $A(u, u_x) \neq 0, B_{u_t}(u, u_t) \neq 0$, 方程

$$u_{tt} = A(u, u_x)u_{xx} + B(u, u_t)$$

具有 (5-17) 形式的非平凡 FSS, 当且仅当它在关于 u 的平移和标度意义下等价于下列方程之一:

(1)
$$u_{tt} = A(u_x)u_{xx} + B(u_t) + b_1 u, \tag{5-131}$$
$$u = \phi(t) + \psi(x); \tag{5-132}$$

(2) $a_1 \neq 0$,
$$u_{tt} = A(u_x)e^{a_1 u}u_{xx} + b_1 e^{a_1 u} + B(u_t), \tag{5-133}$$
$$u = \phi(t) + \psi(x); \tag{5-134}$$

(3)
$$u_{tt} = \frac{A(u_x)e^{b_1 u}u_{xx}}{\cosh(a_1(u+a_2))} + [4(a_1^2 - b_1^2)\cosh(a_1(u+a_2))]^{-1}$$
$$\times \left[b_3 e^{b_1 u} + 2[b_2 + (a_1^2 - b_1^2)u_t^2][a_1 \sinh(a_1(u+a_2))\right.$$
$$\left. + b_1 \cosh(a_1(u+a_2))]\right], \tag{5-135}$$
$$u = \phi(t) + \psi(x); \tag{5-136}$$

(4)
$$u_{tt} = \frac{A(u_x)e^{b_1 u}u_{xx}}{\sinh(a_1(u+a_2))} - [4(a_1^2 - b_1^2)\sinh(a_1(u+a_2))]^{-1}$$
$$\times \Big[b_3 e^{b_1 u} - 2[b_2 + (a_1^2 - b_1^2)u_t^2][a_1 \cosh(a_1(u+a_2))$$
$$+ b_1 \sinh(a_1(u+a_2))]\Big], \tag{5-137}$$
$$u = \phi(t) + \psi(x); \tag{5-138}$$

(5)
$$u_{tt} = A\left(\frac{u_x}{u}\right)u^\alpha u_{xx} + u\left[b_1 + b_2 u^\alpha + B\left(\frac{u_t}{u}\right)\right], \tag{5-139}$$
$$u = \exp(\phi(t) + \psi(x)); \tag{5-140}$$

(6)
$$u_{tt} = \frac{2 + b_1 - a_1 \tanh(a_1(a_2 - \ln u))}{2u}u_t^2 + \Big[A\left(\frac{u_x}{u}\right)u^{b_1}u_{xx} + b_3 u^{b_1+1}$$
$$- \frac{b_2 u(a_1 + b_1 - (a_1 - b_1)e^{2a_1(a_2 - \ln u)})e^{-a_1(a_2 - \ln u)}}{2(a_1^2 - b_1^2)}\Big]$$
$$\times \operatorname{sech}(a_1(a_2 - \ln u)), \tag{5-141}$$
$$u = \exp(\phi(t) + \psi(x)); \tag{5-142}$$

(7) $\alpha \neq -2$,
$$u_{tt} = a_1 h^{-2-2\alpha} u_x^\alpha \exp\left[-a_2 \int^u (h(\xi))^{-1} d\xi\right] u_{xx}$$
$$+ b_2 h \int^u (h(\xi))^{-3-\alpha} \exp\left[-a_2 \int^u (h(\xi))^{-1} d\xi\right] d\xi$$
$$+ \frac{(h' + b_1)u_t^2}{h} + hC\left(\frac{u_t}{h}\right), \tag{5-143}$$
$$g(u) = -\frac{h'}{h}, \qquad f(u) = \int^u \frac{1}{h(\xi)} d\xi, \tag{5-144}$$

其中 $h = h(u)$ 满足
$$hh'' - (2 + \alpha)(h')^2 - a_2 h' = c_1;$$

(8) $\alpha = -2$,
$$u_{tt} = \frac{a_1 h^2 \exp\left[-a_2 \int^u (h(\xi))^{-1} d\xi\right] u_{xx}}{u_x^2} + \frac{(h' + b_1) u_t^2}{h} + hC\left(\frac{u_t}{h}\right)$$
$$-h(a_1 h' - b_2) \exp\left[-a_2 \int^u (h(\xi))^{-1} d\xi\right], \tag{5-145}$$
$$g(u) = -\frac{h'}{h}, \quad f(u) = \int^u \frac{1}{h(\xi)} d\xi, \quad h = h(u); \tag{5-146}$$

(9) $\alpha = -2$,
$$u_{tt} = \frac{a_1 h^2 u_{xx}}{u_x^2 \exp\left[\int^u A(\xi) d\xi\right]} + B(u) u_t^2 + C(u), \tag{5-147}$$

其中 $h = h(u), B(u), A(u), C(u)$ 满足常微分方程
$$B'' = -\frac{1}{h^2}\left[\left(-3(h')^2 - 3h''h - 2b_1 h' + 4h^2 B'\right) B\right.$$
$$\left. + 4hh' B^2 - h(h' + 2b_1) B' + h''(2b_1 + 3h') - hh'''\right],$$

$$C'' = \frac{1}{h^2}\left\{\left[Ch(A - 2B) - a_1 h'' h^2 \exp\left(-\int^u A(\xi) d\xi\right) + C'h\right] h'\right.$$
$$-C(u) h'^2 + h\left[3C + h^2 a_1 \exp\left(-\int^u A(\xi) d\xi\right) A\right] h''$$
$$\left. - h^2[C'A + 2CB'] - a_1 h^3 h''' \exp\left(-\int^u A(\xi) d\xi\right)\right\},$$

$$A = 2\left[B - \frac{h' + b_1}{h}\right], \quad g(u) = -\frac{h'}{h}, \quad f(u) = \int^u \frac{1}{h(\xi)} d\xi;$$

(10) $\alpha \neq -2$,
$$u_{tt} = C(u) + a_1 h^{-\alpha} u_x^\alpha \exp\left[-\int^u A(\xi) d\xi\right] u_{xx}$$
$$+ \left[\frac{1}{2} A(u) + \frac{-\alpha h' + 2b_1}{2h}\right] u_t^2, \tag{5-148}$$

其中 $h(u), A(u), C(u)$ 满足下列常微分方程
$$-\left[h''(2(3\alpha + 4) h'' h + h'((1 + \alpha) 3h' - 2b_1)) + h^2 h^{(4)}\right] h'''$$
$$+ \left[3(2\alpha + 3)(1 + \alpha)(h'')^3 - (3\alpha + 1) hh^{(4)} h''\right] h' - 2b_1(2\alpha + 3)(h'')^3$$
$$+ hh''\left[2b_1 h^{(4)} + hh^{(5)}\right] + h\left[3(1 + \alpha) h' - 2b_1\right] h'''^2 = 0,$$

5.3 泛函分离变量解

$$C'' = \left[-A' - \frac{(h')^2}{h^2} + \frac{(3+\alpha)h''}{h}\right]C + \left[\frac{h'}{h} - A\right]C',$$

$$A(u) = \frac{h'''}{h''} - \frac{(1+\alpha)h'}{h}, \quad g = -\frac{h'}{h}, \quad f(u) = \int^u \frac{1}{h(\xi)}\mathrm{d}\xi,$$

其中 $\alpha, c_1, a_1, a_2, b_i$ ($i=1,2,3$) 是任意常数,$A(u_x)$, $A\left(\frac{u_x}{u}\right)$, $B(u_t)$, $B\left(\frac{u_t}{u}\right)$, $C\left(\frac{u_t}{h}\right)$ 是所示变量的任意函数.

情形 3. $B_{u_t}B_{u_x} \neq 0$.

在这种情况下,(5-278) 在变换 $u \to v = h(u)$ 下是形式不变的, 所以只需寻求方程 (5-278) 的和式分离解 $u = \phi(t) + \psi(x)$, 即 $g(u) = 0$. 把 $g(u) = 0$ 代入偏微分方程组 (5-86), 得到下列确定函数 $A(u, u_x)$ 和 $B(u, u_x, u_t)$ 的方程组:

$$\Gamma_{31} \equiv \left[A_{uu_x} - \frac{A_u A_{u_x}}{A}\right] u_t + AB_{u_x u_t} = 0, \tag{5-149}$$

$$\Gamma_{32} \equiv \left[B_{uu_x} - \frac{A_u B_{u_x}}{A} + \left(A_{uu} - \frac{A_u^2}{A}\right) u_x\right] u_t + AB_{uu_t} u_x + BB_{u_x u_t} = 0, \tag{5-150}$$

$$\Gamma_{33} \equiv \left[\frac{A_u B_u}{A} + B_{uu}\right] u_t + BB_{uu_t} = 0. \tag{5-151}$$

类似地, 有

定理 5.3.9 假定 $A(u, u_x) \neq 0$, $B_{u_x}(u, u_x, u_t) B_{u_t}(u, u_x, u_t) \neq 0$, 方程

$$u_{tt} = A(u, u_x) u_{xx} + B(u, u_x, u_t)$$

具有和式分离解 $u = \phi(t) + \psi(x)$ 当且仅当它与下列方程之一等价:

(1)
$$u_{tt} = A(u_x)e^{\alpha u} u_{xx} + B(u_x)e^{\alpha u} + b_2 u_t^2 + b_3 u_t + b_1; \tag{5-152}$$

(2)
$$u_{tt} = A(u_x) u_{xx} + B(u_x) + b_2 u_t^2 + b_3 u_t + b_1 u; \tag{5-153}$$

(3)
$$u_{tt} = \frac{a_1 e^{(a_1+b_2)u} u_{xx}}{A(u_x)e^{2a_1 u} + B(u_x)} + \frac{1}{2}\left[\frac{a_1\left(A(u_x)e^{2a_1 u} - B(u_x)\right)}{A(u_x)e^{2a_1 u} + B(u_x)} + b_2\right] u_t^2; \tag{5-154}$$

(4)
$$u_{tt} = -\frac{1}{2}\left[b_2 - \frac{1}{a_1}\tan\left(\frac{u+a_2}{a_1}\right)\right](b_1 - u_t^2)$$
$$+ (A(u_x) u_{xx} + B(u_x))e^{b_2 u}\sec\left(\frac{u+a_2}{a_1}\right); \tag{5-155}$$

(5)
$$u_{tt} = A(u_x)u_{xx} + \frac{u_t^2 - 2\int^{u_x} A(\xi)\xi d\xi + b_1}{u} + b_2 u^2; \tag{5-156}$$

(6)
$$u_{tt} = A(u_x)u_{xx} - \left[u_t^2 - 2\int^{u_x} A(\xi)\xi d\xi\right]\tan u$$
$$+ (b_1 u + b_2)\tan(u) + b_1; \tag{5-157}$$

(7)
$$u_{tt} = A(u_x)u_{xx} + \left[u_t^2 - 2\int^{u_x} A(\xi)\xi d\xi\right]\coth u$$
$$- (b_1 u + b_2)\coth u + b_1; \tag{5-158}$$

(8)
$$u_{tt} = A(u_x)u_{xx} + \left[u_t^2 - 2\int^{u_x} A(\xi)\xi d\xi\right]\tanh u$$
$$- (b_1 u + b_2)\tanh u + b_1; \tag{5-159}$$

(9) $a_1 \neq 0$, $b_1 > 0$,
$$u_{tt} = A(u_x)e^{a_1 u}u_{xx} + \left[\frac{1}{2}a_1 + \sqrt{b_1}\tanh\left(\sqrt{b_1}u + \alpha\right)\right]u_t^2$$
$$- \left[2\sqrt{b_1}\tanh\left(\sqrt{b_1}u + \alpha\right) - a_1\right]e^{a_1 u}\int^{u_x} A(\xi)\xi d\xi; \tag{5-160}$$

(10) $a_1 \neq 0$,
$$u_{tt} = \left[1 - \frac{2c_1}{a_1(c_1 u + c_2)}\right]e^{a_1 u}\left(a_1 \int^{u_x} A(\xi)\xi d\xi + b_1\right)$$
$$+ \frac{1}{2}\left[a_1 + \frac{2c_1}{c_1 u + c_2}\right](u_t^2 + b_2) + A(u_x)u_{xx}e^{a_1 u}; \tag{5-161}$$

(11) $a_1 \neq 0$, $b_1 > 0$,
$$u_{tt} = A(u_x)u_{xx}e^{a_1 u} + \left[\frac{1}{2}a_1 - \sqrt{b_1}\tan\left(\sqrt{b_1}u + \alpha\right)\right]u_t^2$$
$$+ \left[2\sqrt{b_1}\tan(\sqrt{b_1}u + \alpha) + a_1\right]e^{a_1 u}\int^{u_x} A(\xi)\xi d\xi; \tag{5-162}$$

(12) $b_3 > 0$,
$$u_{tt} = \frac{A(u_x)e^{b_2 u}u_{xx}}{\sinh\left(\sqrt{b_3}u + \alpha\right)} - \frac{e^{b_2 u}\left[b_1 \int^{u_x} A(\xi)\xi d\xi + a_2\right]}{\sinh\left(\sqrt{b_3}u + \alpha\right)}$$
$$+ \frac{1}{2}\left[b_2 + \sqrt{b_3}\coth\left(\sqrt{b_3}u + \alpha\right)\right](u_t^2 + a_1); \tag{5-163}$$

(13)
$$u_{tt} = \frac{A(u_x)e^{b_2 u} u_{xx}}{c_1 u + c_2} + \frac{e^{b_2 u}\left[b_1 \int^{u_x} A(\xi)\xi \mathrm{d}\xi + a_1\right]}{c_1 u + c_2}$$
$$+ \frac{1}{2}\left[\frac{c_1}{c_1 u + c_2} + b_2\right](u_t^2 + a_2); \tag{5-164}$$

(14) $b_3 > 0$,
$$u_{tt} = \frac{A(u_x)e^{b_2 u} u_{xx}}{\sin\left(\sqrt{b_3}u + \alpha\right)} + \left[\frac{1}{2}\sqrt{b_3}\cot\left(\sqrt{b_3}u + \alpha\right) + \frac{1}{2}b_2\right](u_t^2 + a_1)$$
$$+ \frac{e^{b_2 u}\left[b_1 \int^{u_x}(\xi)\xi \mathrm{d}\xi + a_2\right]}{\sin\left(\sqrt{b_3}u + \alpha\right)}; \tag{5-165}$$

(15) $a_2 > 0$,
$$u_{tt} = A(u_x)e^{a_1 u}\sinh\left(\sqrt{a_2}u + \alpha\right)u_{xx} + b_2 u_t^2 + [a_1 \sinh\left(\sqrt{a_2}u + \alpha\right)$$
$$- \sqrt{a_2}\cosh\left(\sqrt{a_2}u + \alpha\right)]e^{a_1 u}\int^{u_x} A(\xi)\xi \mathrm{d}\xi + b_1; \tag{5-166}$$

(16)
$$u_{tt} = A(u_x)e^{a_1 u}(c_1 + c_2 u)u_{xx} + a_2 u_t^2$$
$$- e^{a_1 u}(c_1 + c_2 u)\left[\left(\frac{c_2}{c_1 + c_2 u} - a_1\right)\int^{u_x} A(\xi)\xi \mathrm{d}\xi - b_3\right]$$
$$- \frac{e^{a_1 u}[c_2 b_1 - a_1(b_1(c_1 + c_2 u) - c_2 b_3)]}{a_1^2} + b_2; \tag{5-167}$$

(17) $a_2 > 0$,
$$u_{tt} = A(u_x)e^{a_1 u}\sin\left(\sqrt{a_2}u + \alpha\right)u_{xx} + b_2 u_t^2 + [a_1 \sin\left(\sqrt{a_2}u + \alpha\right)$$
$$- \sqrt{a_2}\cos\left(\sqrt{a_2}u + \alpha\right)]e^{a_1 u}\int^{u_x} A(\xi)\xi \mathrm{d}\xi + b_1, \tag{5-168}$$

其中 α, a_i, b_j, c_i $(i = 1, 2, j = 1, 2, 3)$ 是任意常数,$A(u_x), B(u_x)$ 是 u_x 的任意函数.

注 5.3.5 文献 [207] 中的定理 3(1)~(5) 分别是定理 5.3.9 的 (5-153), (5-156)~(5-159) 的特殊情形.

2. 具有 FSS 的一般非线性波动方程的严格解

在这小节里将建立上小节中的定理 5.3.7、定理 5.3.8 和定理 5.3.9 中方程的严格解 FSSs,其中 $a_i, b_i, c_i, k_i(i \in Z), \alpha, \lambda, \mu$ 如无特别指明均为任意常数.

例 5.3.11 方程 (5-104) 具有分离解 (5-105), 其中 $\phi(t)$ 和 $\psi(x)$ 满足

(i) $b_1 > 0$,

$$\phi(t) = c_1 \cosh(\sqrt{b_1}t) + c_2 \sinh(\sqrt{b_1}t) - \frac{\lambda}{b_1},$$

$$A(\psi'(x))\psi''(x) + B(\psi'(x)) + b_1\psi(x) + b_2 = \lambda;$$

(ii) $b_1 < 0$,

$$\phi(t) = c_1 \cos(\sqrt{-b_1}t) + c_2 \sin(\sqrt{-b_1}t) - \frac{\lambda}{b_1},$$

$$A(\psi'(x))\psi''(x) + B(\psi'(x)) + b_1\psi(x) + b_2 = \lambda;$$

(iii) $b_1 = 0$,

$$\phi(t) = \frac{1}{2}\lambda t^2 + c_1 t + c_2,$$

$$\psi(x) = \int p(x)\mathrm{d}x + c_2,$$

$$\int^{p(x)} \frac{A(\eta)}{-B(\eta) - b_2 + \lambda}\mathrm{d}\eta = x + c_1.$$

例 5.3.12 方程 (5-106) 具有分离解 (5-107), 其中 $\phi(t)$ 和 $\psi(x)$ 满足

$$\int^{\phi(t)} \frac{\alpha}{\sqrt{\alpha(2b_1\alpha\xi + 2\lambda e^{\alpha\xi} + c_1\alpha)}}\mathrm{d}\xi = \pm t + c_2,$$

$$\alpha A(\psi'(x))\psi''(x) + B(\psi'(x)) = \lambda\alpha e^{-\alpha\psi(x)}.$$

例 5.3.13 方程 (5-108) 具有乘积型分离解 (5-109), 其中 $\phi(t)$ 和 $\psi(x)$ 满足

$$\int^{\phi(t)} \frac{1}{\sqrt{c_1 e^{-2\xi} + b_2\xi - \frac{1}{2}b_2 + \lambda}}\mathrm{d}\xi = \pm t + c_2,$$

$$[(\psi'(x))^2 + \psi''(x)]A(\psi'(x)) + B(\psi'(x)) + b_2\psi(x) + b_1 = \lambda.$$

如果 $A(\frac{u_x}{u}) = 1$, $B(\frac{u_x}{u}) = 0$, 则方程 (5-108) 化为

$$u_{tt} = u_{xx} + u(b_2 \ln u + b_1),$$

具有分离解 (5-109), 其中 $\phi(t)$ 和 $\psi(x)$ 满足

$$\int^{\phi(t)} \frac{1}{\sqrt{c_1 e^{-2\xi} + b_2 \xi + \lambda - \frac{1}{2}b_2}} \mathrm{d}\xi = \pm t + c_2,$$

$$\int^{\psi(x)} \frac{1}{\sqrt{c_3 e^{-2\eta} - b_2 \eta + (\lambda - b_1) + \frac{1}{2}b_2}} \mathrm{d}\eta = \pm x + c_4.$$

此解在文献 [207] 的例 2 中未给出.

例 5.3.14 方程 (5-110) 具有分离解 (5-111), 其中 $\phi(t)$ 和 $\psi(x)$ 满足

(i) $\alpha \neq -2$,

$$\int^{\phi(t)} \frac{1}{\sqrt{\dfrac{2\lambda}{2+\alpha} e^{\alpha \xi} + c_1 e^{-2\xi} + b_1}} \mathrm{d}\xi = \pm t + c_2,$$

$$[(\psi'(x))^2 + \psi''(x)]A(\psi'(x)) + B(\psi'(x)) + b_2 = \lambda e^{-\alpha \psi(x)};$$

(ii) $\alpha = -2$,

$$\int^{\phi(t)} \frac{1}{\sqrt{(2\lambda \xi + c_1)e^{-2\xi} + b_1}} \mathrm{d}\xi = \pm t + c_2,$$

$$[(\psi'(x))^2 + \psi''(x)]A(\psi'(x)) + B(\psi'(x)) + b_2 = \lambda e^{2\psi(x)}.$$

例 5.3.15 方程 (5-112) 当 $A(u_x e^u) = 1$ 时具有 FSS(5-113), 其中 $\phi(t), \psi(x)$ 满足

$$\int^{\phi(t)} \frac{1}{\sqrt{2b_1 \xi^3 + \lambda \xi^2 + \mu \xi + \rho}} \mathrm{d}\xi = \pm t + k_1,$$

$$\int^{\psi(x)} \frac{1}{\sqrt{-2b_1 \eta^3 + \lambda \eta^2 - \mu \eta + b_2 + \rho}} \mathrm{d}\eta = \pm x + k_2.$$

例 5.3.16 方程 (5-114) 当 $A\left(\dfrac{u_x}{\cos u}\right) = 1$ 时具有 FSS(5-115), 其中 $\phi(t), \psi(x)$ 满足

$$\int^{\phi(t)} \frac{1}{\sqrt{\lambda e^{2\xi} + \mu e^{-2\xi} + 2b_2 \xi + \rho}} \mathrm{d}\xi = \pm t + k_1,$$

$$\int^{\psi(x)} \frac{1}{\sqrt{-\mu e^{2\eta} - \lambda e^{-2\eta} - 2b_2 \eta + 2b_1 + \rho}} \mathrm{d}\eta = \pm x + k_2.$$

例 5.3.17 方程 (5-118) 当 $A\left(\frac{u_x}{\sinh u}\right) = 1$ 时具有 FSS(5-119)，其中 $\phi(t), \psi(x)$ 满足

$$\int^{\phi(t)} \frac{1}{\sqrt{\mu e^{2\xi} + \lambda e^{-2\xi} - 2b_2\xi + \rho}} \mathrm{d}\xi = \pm t + k_1,$$

$$\int^{\psi(x)} \frac{1}{\sqrt{\lambda e^{2\eta} + \mu e^{-2\eta} + 2b_2\eta - 2b_1 + \rho}} \mathrm{d}\eta = \pm x + k_2.$$

例 5.3.18 方程 (5-120) 当 $A\left(\frac{u_x}{\cosh u}\right) = 1$ 时具有 FSS(5-121)，其中 $\phi(t), \psi(x)$ 满足

$$\int^{\phi(t)} \frac{1}{\sqrt{\lambda \sin(2\xi) - \mu \cos(2\xi) + 2b_2\xi + \rho}} \mathrm{d}\xi = \pm t + k_1,$$

$$\int^{\psi(x)} \frac{1}{\sqrt{\lambda \sin(2\xi) + \mu \cos(2\xi) - 2b_2\xi + \rho - 2b_1}} \mathrm{d}\xi = \pm x + k_2.$$

例 5.3.19 对于方程 (5-122) 和 (5-123)，很难求出

$$2(h')^2 - hh'' + c_1 h' + c_2 = 0 \tag{5-169}$$

的所有解. 考察以下三种特殊情形：

(i) $c_1 = c_2 = 0$.

方程 (5-169) 的一特解为 $g(u) = \frac{1}{u}$，将其代入其他关系式并求解 $B(u)$，得到方程 (5-122) 的一种特殊形式

$$u_{tt} = \frac{2u_{xx}}{u^4 u_x^2} + \frac{b_2}{u^3} + \frac{2}{u^5}.$$

它具有下列 FSS：

对于 $b_2 > 0$，

$$u = \pm \frac{1}{21} \sqrt{126\sqrt{-7b_2}t + 441k_1 + \frac{2058 \ln\left(-\frac{3}{7}b_2(k_2 x + k_3)\right)}{b_2}}$$

和

$$u = \pm \frac{1}{21} \sqrt{-126\sqrt{-7b_2}t + 441k_1 + \frac{2058 \ln\left(-\frac{3}{7}b_2(k_2 x + k_3)\right)}{b_2}}.$$

5.3 泛函分离变量解

对于 $b_2 = 0$,
$$u = \pm\sqrt{k_1 t + k_2 + 2k_1^{-2}\ln(k_3 x + k_4)}.$$

(ii) $c_1 \neq 0$, $c_2 = 0$.

在此情形, 方程 (5-169) 化为
$$2(h')^2 - hh'' + c_1 h' = 0,$$

有解
$$h(u) = -\frac{\sqrt{2}\sqrt{c_1 k_1}}{2k_1}\tanh\left(\frac{\sqrt{2}}{2}\sqrt{c_1 k_1}(u + k_2)\right).$$

将其代入 $h(u)$ 和 $B(u)$ 的关系式并求解 $B(u)$, 可得下列解
$$B(u) = -\frac{\sqrt{2}}{120 c_1^2} h(u)(2k_1 h(u)^2 - c_1)[60 c_1^2 k_1^2 \sqrt{2} h(u)^2 \\ - 13 c_1^3 k_1 \sqrt{2} + 120 a_2 \sqrt{c_1 k_1}].$$

此时原方程 (5-122) 化为
$$u_{tt} = \frac{h(u)h''(u)u_{xx}}{u_x^2} - \frac{\sqrt{2}}{120 c_1^2} h(u)(2k_1(h(u))^2 - c_1) \\ \times [60 c_1^2 k_1^2 \sqrt{2}(h(u))^2 - 13 c_1^3 k_1 \sqrt{2} + 120 a_2 \sqrt{c_1 k_1}],$$

具有 FSS
$$u = \pm\sqrt{\frac{2}{c_1 k_1}}\operatorname{arctanh}\left(\frac{\sqrt{1 - e^{\phi(t)+\psi(x)}}}{e^{\phi(t)+\psi(x)} - 1}\right) - k_2,$$

其中 $\phi(t)$ 和 $\psi(x)$ 满足
$$\phi(t) = -\frac{1}{2}\ln 2 + \frac{1}{2}\ln\left[\frac{b_1}{\mu^2}\operatorname{sech}^4\left(\frac{\sqrt{15}\sqrt[4]{b_1}}{60}(t+b_2)\right)\right],$$

$$\int^{\psi(x)} \exp\left[-\frac{1}{120}\frac{(120 a_2 \sqrt{c_1 k_1}\sqrt{2} + 34 c_1^3 k_1 + \sqrt{b_1})\xi + \sqrt{2}\sqrt{\mu^2}e^{-\xi}}{c_1^3 k_1}\right]\mathrm{d}\xi \\ = b_3 x + b_4$$

或
$$\phi(t) = \ln\left(\frac{\sqrt{2}\lambda}{15}\right) - 2\ln\left[b_2 - b_1 \exp\left(-\frac{\sqrt{15}\sqrt[4]{2}}{30}\sqrt{\lambda}t\right)\right] - \frac{\sqrt{15}\sqrt[4]{2}}{30}\sqrt{\lambda}t,$$

$$\int^{\psi(x)} \exp\left[-\frac{1}{120}\frac{\left[\lambda\sqrt{2} + 120a_2\sqrt{c_1 k_1}\sqrt{2} + 34c_1{}^3 k_1\right]\xi - 60b_1 b_2 e^{-\xi}}{c_1{}^3 k_1}\right]\mathrm{d}\xi$$
$$= b_3 x + b_4.$$

(iii) $c_1 = 0,\ c_2 \neq 0$.

在此情形, 方程 (5-169) 化为
$$2(h')^2 - hh'' + c_2 = 0,$$

其解为 Jacobi 椭圆函数
$$h(u) = \frac{c_2 \mathrm{sn}\left(\frac{\sqrt{2}}{2}\sqrt{k_1}(u - k_2), i\right)}{\sqrt{k_1}},$$

其中 i 为虚数单位. 原则上, 类似于情形 (ii), 可得方程 (5-122) 的 FSS.

例 5.3.20 类似于例 5.3.19, 对方程 (5-124) 和 (5-125), 考察 (5-169) 的三种特殊情形:

(i) $c_1 = c_2 = 0$.

方程 (5-169) 的一特解为 $g(u) = \frac{1}{u}$, 将其代入其他关系式并求解 $B(u)$, 得到方程 (5-124) 的下列特殊形式
$$u_{tt} = \frac{2A(uu_x)u_{xx}}{u^2} + \frac{2(u^{-2} + b_1)u_x^2 A(uu_x)}{u} + \frac{b_1}{u^3} + \frac{2C(uu_x)}{u^3},$$

具有 FSS
$$u = \pm\sqrt{k_1 t + k_2 + 2\int p(x)\mathrm{d}x + k_4},$$

其中 $p(x)$ 由下式确定
$$\int^{p(x)} \frac{A(\xi)}{k_1^2 + 8b_1\xi^2 A(\xi) + 4b_1 + 8C(\xi)}\mathrm{d}\xi = -\frac{1}{8}x - \frac{1}{8}k_3.$$

(ii) $c_1 \neq 0, c_2 = 0$.

对于此情形, 方程 (5-169) 化为
$$2(h')^2 - hh'' + c_1 h' = 0,$$

其一解为
$$h(u) = -\frac{\sqrt{2}\sqrt{c_1 k_1}}{2k_1}\tanh\left(\frac{\sqrt{2}}{2}\sqrt{c_1 k_1}(u + k_2)\right).$$

5.3 泛函分离变量解

将其代入 $h(u)$ 和 $B(u)$ 的关系式并求解 $B(u)$, 我们得到 $B(u)$ 的下述表示

$$B(u) = -\frac{\sqrt{2}k_1 a_2[2(h(u))^2 k_1 - c_1]h(u)}{\sqrt{c_1 k_1} c_1}.$$

此时原方程 (5-124) 化为

$$u_{tt} = \frac{h''(u)}{h(u)} A\left(\frac{u_x}{h(u)}\right) u_{xx} + \frac{(b_1 - h'(u))h''(u) u_x^2}{(h(u))^2} A\left(\frac{u_x}{h(u)}\right)$$
$$- \frac{\sqrt{2}k_1 a_2[2(h(u))^2 k_1 - c_1]h(u)}{\sqrt{c_1 k_1} c_1} + h''(u) C\left(\frac{u_x}{h(u)}\right),$$

具有 FSS

$$u = \pm\sqrt{\frac{2}{c_1 k_1}} \operatorname{arctanh}\left(\frac{\sqrt{1-e^{\phi(t)+\psi(x)}}}{e^{\phi(t)+\psi(x)}-1}\right) - k_2,$$

其中 $\phi(t)$ 和 $\psi(x)$ 满足

$$\phi(t) = -\frac{1}{2}\ln(2) + \frac{1}{2}\ln\left[\frac{b_1}{\mu^2}\operatorname{sech}^4\left(\frac{\sqrt{2}\sqrt[4]{b_1}}{4}(t+b_2)\right)\right],$$

$$\left[4k_1\left(c_1\psi''(x) + b_1(\psi'(x))^2\right) A\left(\frac{\psi'(x)}{c_1}\right) + 4k_1 c_1^2 C\left(\frac{\psi'(x)}{c_1}\right)\right.$$
$$\left. -\sqrt{b_1} - 4\sqrt{2}\sqrt{c_1 k_1} a_2\right] e^{\psi(x)} + \sqrt{2\mu^2} = 0$$

或

$$\phi(t) = -2\ln\left(b_1 e^{\frac{1}{\sqrt[4]{2}}\sqrt{\lambda}t} - b_2\right) + \frac{3}{2}\ln 2 + \ln\lambda + \frac{1}{\sqrt[4]{2}}\sqrt{\lambda}t,$$

$$\left[-4k_1(c_1\psi''(x) + b_1(\psi'(x))^2) A\left(\frac{\psi'(x)}{c_1}\right) - 4k_1 c_1^2 C\left(\frac{\psi'(x)}{c_1}\right)\right.$$
$$\left. +\lambda\sqrt{2} + 4\sqrt{2}a_2\sqrt{c_1 k_1}\right] e^{\psi(x)} + 2b_1 b_2 = 0.$$

(iii) $c_1 = 0, c_2 \neq 0$.

在此情形, 方程 (5-169) 化为

$$2(h')^2 - hh'' + c_2 = 0,$$

其解为 Jacobi 椭圆函数

$$h(u) = \frac{c_2 \operatorname{sn}\left(\frac{\sqrt{2}}{2}\sqrt{k_1}(u-k_2), i\right)}{\sqrt{k_1}},$$

其中 i 为虚数单位. 如同情形 (ii), 可求得方程 (5-124) 的 FSS.

例 5.3.21 方程 (5-131) 具有分离解 (5-132),其中 $\phi(t)$ 和 $\psi(x)$ 满足

$$\phi''(t) - B(\phi'(t)) - b_1\phi(t) = \lambda,$$

$$\int^{\psi(x)} \frac{1}{p(\xi)} d\xi = x + c_2,$$

$$\int^{p(\xi)} A(\eta)\eta d\eta = -\frac{1}{2}b_1\xi^2 + \lambda\xi + c_1.$$

例 5.3.22 方程 (5-133) 具有分离解 (5-134),其中 $\phi(t)$ 和 $\psi(x)$ 满足

$$\phi''(t) - B(\phi'(t)) = \lambda e^{a_1\phi(t)},$$

$$\int^{\psi(x)} \frac{1}{p(\xi)} d\xi = x + c_2,$$

$$\int^{p(\xi)} A(\eta)\eta d\eta = -b_1\xi - \frac{e^{-a_1\xi}\lambda}{a_1} + c_1.$$

例 5.3.23 方程 (5-135) 具有分离解 (5-136),其中 $\phi(t)$ 和 $\psi(x)$ 满足

$$\int^{\phi(t)} \frac{a_1(b_1^2 - a_1^2)}{\sqrt{(b_1^2 - a_1^2)a_1(-\mu e^{(a_1+b_1)\xi} + \lambda e^{(b_1-a_1)\xi} + 2b_2 a_1)}} d\xi = \pm\frac{t}{\sqrt{2}} + c_1,$$

$$\int^{\psi(x)} \frac{1}{p(\xi)} d\xi = x + c_4,$$

$$\left[4\left(b_1^2 - a_1^2\right)\int^{p(\xi)} A(\eta)\eta d\eta - b_3\xi\right] e^{a_1 a_2 + (a_1+b_1)\xi}$$

$$-c_3 e^{(a_1+b_1)\xi} + \frac{\lambda e^{2a_1(\xi+a_2)}}{a_1 - b_1} - \frac{\mu}{a_1 + b_1} = 0.$$

例 5.3.24 方程 (5-137) 具有变量分离解 (5-138),其中 $\phi(t)$ 和 $\psi(x)$ 满足

$$\int^{\phi(t)} \frac{a_1(b_1^2 - a_1^2)}{\sqrt{a_1(b_1^2 - a_1^2)((\lambda e^{-a_1\xi} + \mu e^{a_1\xi})e^{b_1\xi} + 2b_2 a_1)}} d\xi = \pm\frac{t}{\sqrt{2}} + c_1,$$

$$\int^{\psi(x)} \frac{1}{p(\xi)} d\xi = x + c_4,$$

其中 $p(\xi)$ 由下式

$$\left[4(a_1^2 - b_1^2)\int^{p(\xi)} A(\eta)\eta d\eta - b_3\xi\right] e^{a_1 a_2 + (a_1+b_1)\xi}$$

$$+\frac{\lambda e^{2a_1(\xi+a_2)}}{b_1 - a_1} + \frac{\mu}{a_1 + b_1} - c_3 e^{(a_1+b_1)\xi} = 0$$

隐式确定.

5.3 泛函分离变量解

例 5.3.25 方程 (5-139) 具有变量分离解 (5-140),其中 $\phi(t)$ 和 $\psi(x)$ 满足

$$\phi''(t) - B(\phi'(t)) + (\phi'(t))^2 - b_1 = \lambda e^{\alpha\phi(t)},$$

$$[\psi''(x) + (\psi'(x))^2]A(\psi'(x)) + b_2 = \lambda e^{-\alpha\psi(x)}.$$

例 5.3.26 方程 (5-141) 具有变量分离解 (5-142),其中 $\phi(t)$ 和 $\psi(x)$ 满足

$$\int^{\phi(t)} \frac{a_1(-a_1^2 + b_1^2)}{\sqrt{a_1(-a_1^2+b_1^2)(-\mu e^{(a_1+b_1)\xi - 2a_1 a_2} + \lambda e^{(-a_1+b_1)\xi} - 4b_2 a_1)}} d\xi$$
$$= \pm\frac{t}{\sqrt{2}} + c_1,$$

$$4(a_1{}^2 - b_1{}^2)[(\psi''(x) + (\psi'(x))^2)A(\psi'(x)) + b_3]e^{(a_1+b_1)\psi(x)+a_1 a_2}$$
$$-\lambda e^{2a_1\psi(x)} = \mu.$$

例 5.3.27 方程 (5-152) 具有和式分离解 (5-105),其中 $\phi(t)$ 和 $\psi(x)$ 满足

$$\phi''(t) - b_2(\phi'(t))^2 - b_3\phi'(t) - b_1 = \lambda e^{\alpha\phi(t)},$$

$$A(\psi'(x))\psi''(x) + B(\psi'(x)) = \lambda e^{-\alpha\psi(x)}.$$

例 5.3.28 方程 (5-153) 具有和式分离解 (5-105),其中 $\phi(t)$ 和 $\psi(x)$ 满足

$$\phi''(t) - b_2(\phi'(t))^2 - b_3\phi'(t) - b_1\phi(t) = \lambda,$$

$$A(\psi'(x))\psi''(x) + B(\psi'(x)) + b_1\psi(x) = \lambda.$$

例 5.3.29 方程 (5-154) 具有和式分离解 (5-105),其中 $\phi(t)$ 和 $\psi(x)$ 满足

$$\int^{\phi(t)} \sqrt{\frac{e^{(a_1-b_2)z}}{a_1(\mu e^{2a_1 z} - \lambda)}} dz = \pm\frac{t}{\sqrt{2a_1}} + k_1,$$

$$\lambda e^{2a_1\psi(x)}A(\psi'(x)) + \mu B(\psi'(x)) - 2a_1 e^{(a_1+b_2)\psi(x)}\psi''(x) = 0.$$

例 5.3.30 方程 (5-155) 具有和式分离解 (5-105),其中 $\phi(t)$ 和 $\psi(x)$ 满足

$$\int^{\phi(t)} \frac{1}{\sqrt{-e^{b_2 z}\left[\lambda\cos\left(\frac{z+a_2}{a_1}\right) + \mu\sin\left(\frac{z+a_2}{a_1}\right)\right] + b_1}} dz = \pm t + k_1,$$

$$2a_1\,[A(\psi'(x))\psi''(x) + B(\psi'(x))]e^{b_2\psi(x)}$$
$$+\lambda\sin\left(\frac{\psi(x)}{a_1}\right) + \mu\cos\left(\frac{\psi(x)}{a_1}\right) = 0.$$

例 5.3.31 方程 (5-156) 具有和式分离解 (5-105), 其中 $\phi(t)$ 和 $\psi(x)$ 满足

$$\int^{\phi(t)} \frac{1}{\sqrt{2b_2\xi^3 + \lambda\xi^2 + \mu\xi + \rho}} \mathrm{d}\xi = \pm t + k_1,$$

$$2\int^{\psi'(x)} A(\xi)\xi \mathrm{d}\xi = -2b_2(\psi(x))^3 + \lambda(\psi(x))^2 - \mu\psi(x) + b_1 + \rho.$$

例 5.3.32 方程 (5-157) 具有和式分离解 (5-105), 其中 $\phi(t)$ 和 $\psi(x)$ 满足

$$\int^{\phi(t)} \frac{1}{\sqrt{\lambda\sin(2\xi) + \mu\cos(2\xi) + b_1\xi + \rho}} \mathrm{d}\xi = \pm t + k_1,$$

$$2\int^{\psi'(x)} A(\xi)\xi \mathrm{d}\xi = \lambda\sin(2\psi(x)) - \mu\cos(2\psi(x)) - b_1\psi(x) - b_2 + \rho.$$

例 5.3.33 方程 (5-158) 具有和式分离解 (5-105), 其中 $\phi(t)$ 和 $\psi(x)$ 满足

$$\int^{\phi(t)} \frac{1}{\sqrt{\mu e^{2\xi} - \lambda e^{-2\xi} + b_1\xi + b_2 - \rho}} \mathrm{d}\xi = \pm t + k_1,$$

$$2\int^{\psi'(x)} A(\xi)\xi \mathrm{d}\xi = -\lambda e^{2\psi(x)} + \mu e^{-2\psi(x)} - b_1\psi(x) - \rho.$$

例 5.3.34 方程 (5-159) 具有和式分离解 (5-105), 其中 $\phi(t)$ 和 $\psi(x)$ 满足

$$\int^{\phi(t)} \frac{1}{\sqrt{-\mu e^{2\xi} - \lambda e^{-2\xi} + b_1\xi + b_2 + \rho}} \mathrm{d}\xi = \pm t + k_1,$$

$$2\int^{\psi'(x)} A(\xi)\xi \mathrm{d}\xi = \lambda e^{2\psi(x)} + \mu e^{-2\psi(x)} - b_1\psi(x) + \rho.$$

例 5.3.35 方程 (5-160) 具有和式分离解 (5-105), 其中 $\phi(t)$ 和 $\psi(x)$ 满足

$$\int^{\phi(t)} \frac{e^{\sqrt{b_1}\xi+\alpha}}{\sqrt{e^{a_1\xi}(\lambda e^{4\sqrt{b_1}\xi+2\alpha}+\mu)}} \mathrm{d}\xi = \pm \frac{t}{2b_1^{\frac{1}{4}}} + c_1,$$

$$\int^{\psi'(x)} A(\xi)\xi \mathrm{d}\xi = -\frac{[\lambda + \mu e^{4\sqrt{b_1}\psi(x)+2\alpha}]e^{(-a_1-2\sqrt{b_1})\psi(x)-2\alpha}}{8\sqrt{b_1}}.$$

例 5.3.36 方程 (5-161) 具有和式分离解 (5-105), 其中 $\phi(t)$ 和 $\psi(x)$ 满足
(i) $c_1 \neq 0$,

$$\int^{\phi(t)} \frac{1}{\sqrt{-a_1[(2\lambda(c_1\xi+c_2)-\mu)e^{a_1\xi}+2a_1b_2c_1^2]}} \mathrm{d}\xi = \frac{\pm t}{\sqrt{2a_1c_1}} + k_1,$$

$$\int^{\psi'(x)} A(\xi)\xi \mathrm{d}\xi = \frac{2c_1\lambda\psi(x)+\mu}{4a_1c_1^2 e^{a_1\psi(x)}} - \frac{b_1}{a_1};$$

(ii) $c_1 = 0$,

$$\int^{\phi(t)} \frac{1}{\sqrt{(2\lambda\xi+k_1)e^{a_1\xi}-b_2}} \mathrm{d}\xi = \pm t + k_2,$$

$$\int^{\psi(x)} \frac{1}{p(s)} \mathrm{d}s = x + k_4,$$

$$\int^{p(s)} A(\xi)\xi \mathrm{d}\xi = \frac{\lambda s - k_3}{e^{a_1 s}} - \frac{b_1}{a_1}.$$

例 5.3.37 方程 (5-162) 具有和式分离解 (5-105), 其中 $\phi(t) \equiv \phi$ 和 $\psi(x) \equiv \psi$ 满足

$$\int^{\phi} \frac{\sec^2(\sqrt{b_1}\xi)}{\sqrt{2\sqrt{b_1}\sec^2\alpha e^{a_1\xi}\sec^2(\sqrt{b_1}\xi)[\mu\sec^2\alpha - \lambda(\tan\alpha+\tan(\sqrt{b_1}\xi))^2]}} \mathrm{d}\xi$$
$$= \pm \frac{t}{2\sqrt{b_1}} \cos^2\alpha + k_1,$$

$$\int^{\psi} \frac{1}{p(\eta)} \mathrm{d}\eta = x + k_2,$$

$$\left[4\sqrt{b_1}(\sec(\alpha))^2 e^{a_1\eta} \int^{p(\eta)} A(\xi)\xi \mathrm{d}\xi - \mu\right](\sec(\sqrt{b_1}\eta))^2$$
$$+2\mu[1-\tan(\alpha)\tan(\sqrt{b_1}\eta)] + (\lambda-\mu)(\sec(\alpha))^2 = 0.$$

例 5.3.38 方程 (5-163) 具有和式分离解 (5-105), 其中 ϕ 和 ψ 满足
(i) $b_1 \neq 0$, $\sqrt{b_3} + b_2 \neq 0$,

$$\phi = \frac{1}{2(\sqrt{b_3}+b_2)}\left\{\ln\left[\frac{4b_3 a_1^2}{\mu^2}\sec^4\left(\frac{\sqrt{a_1}}{2}(\sqrt{b_3}+b_2)(k_1\pm t)\right)\right] - 2\alpha\right\},$$

$$\int^{\psi}\frac{1}{p(\eta)}\mathrm{d}\eta = x + k_3,$$

$$\int^{p(\eta)} A(\xi)\xi\mathrm{d}\xi = \frac{\lambda e^{-\eta(\sqrt{b_3}+b_2)}}{4(b_1+\sqrt{b_3}+b_2)} - \frac{1}{4}k_2 e^{b_1\eta} - \frac{a_2}{b_1}.$$

(ii) $b_1 \neq 0$, $b_2 = -\sqrt{b_3}$,

$$\phi(t) = \frac{1}{2b_2}\ln\left[\frac{2a_1 b_2 \sec^2(b_2\sqrt{a_1}(\pm t + k_1))}{\lambda}\right],$$

$$\int^{\psi(x)}\frac{1}{p(\eta)}\mathrm{d}\eta = x + k_3,$$

若 $b_1 \neq -2b_2$,

$$\int^{p(\eta)} A(\xi)\xi\mathrm{d}\xi = \frac{\lambda e^{\alpha-2b_2\eta}}{4(b_1+2b_2)} - \frac{1}{4}k_2 e^{b_1\eta} - \frac{a_2}{b_1};$$

若 $b_1 = -2b_2$,

$$\int^{p(\eta)} A(\xi)\xi\mathrm{d}\xi = -\frac{1}{4}(\lambda e^{\alpha}\eta + k_2)e^{-2b_2\eta} + \frac{a_2}{2b_2}.$$

(iii) $b_1 = 0$, $\sqrt{b_3} = -b_2$,

$$\phi(t) = \pm\frac{\sqrt{-2b_2(\mu e^{\alpha}+2a_1 b_2)}t}{2b_2} + k_1,$$

$$\psi(x) = \int p(x)\mathrm{d}x + k_3,$$

$$\int^{p(x)}\frac{A(\xi)}{4a_2-\lambda}\mathrm{d}\xi = \frac{1}{4}x + k_2.$$

(iv) $b_1 = 0$, $b_2 \neq -\sqrt{b_3}$,

$$\phi = \frac{1}{2(\sqrt{b_3}+b_2)}\left\{\ln\left[\frac{4b_3 a_1^2}{\mu^2}\sec^4\left(\frac{\sqrt{a_1}}{2}(\sqrt{b_3}+b_2)(k_1\pm t)\right)\right] - 2\alpha\right\},$$

$$\int^{\psi}\frac{1}{p(\eta)}\mathrm{d}\eta = x + k_3,$$

$$\int^{p(\eta)} A(\xi)\xi\mathrm{d}\xi = \frac{\lambda e^{-(\sqrt{b_3}+b_2)\eta}}{4(\sqrt{b_3}+b_2)} + a_2\eta - \frac{1}{4}k_2.$$

例 5.3.39 方程 (5-164) 具有和式分离解 (5-105), 其中 $\phi(t)$ 和 $\psi(x)$ 满足
(i) $c_1 \neq 0$,

$$\int^{\phi(t)} \frac{1}{\sqrt{[\lambda(-c_2 - c_1\xi) - c_1\mu]e^{b_2\xi} - a_2c_1^2}} d\xi = \pm\frac{t}{c_1} + k_1,$$

$$\int^{\psi(x)} \frac{1}{p(\eta)} d\eta = x + k_3.$$

若 $b_1 \neq 0$,

$$\int^{p(\eta)} A(\xi)\xi d\xi = \frac{(b_2 - b_1)(\lambda\eta - \mu) + \lambda}{2(b_2 - b_1)^2 e^{b_2\eta}} - \frac{k_2}{2e^{b_1\eta}} - \frac{a_1}{b_1}.$$

若 $b_1 = 0$,

$$\int^{p(\eta)} A(\xi)\xi d\xi = \frac{1}{2}\frac{(b_2(\lambda\eta - \mu) + \lambda)e^{-b_2\eta}}{b_2^2} - a_1\eta - \frac{1}{2}k_2.$$

(ii) $c_1 = 0$,

$$\int^{\phi(t)} \frac{c_2}{\sqrt{c_2[(\lambda\xi + k_1c_2)e^{b_2\xi} - a_2c_2]}} d\xi = t + k_2,$$

$$\int^{\psi(x)} \frac{1}{p(\eta)} d\eta = x + k_4.$$

若 $b_1 \neq 0$,

$$\int^{p(\eta)} A(\xi)\xi d\xi = \frac{\lambda}{2(b_1 - b_2)e^{b_2\eta}} - \frac{k_3}{2e^{b_1\eta}} - \frac{a_1}{b_1}.$$

若 $b_1 = 0$,

$$\int^{p(\eta)} A(\xi)\xi d\xi = -\frac{\lambda}{2b_2 e^{b_2\eta}} - a_1\eta - \frac{1}{2}k_3.$$

例 5.3.40 方程 (5-165) 具有和式分离解 (5-105), 其中 $\phi(t)$ 和 $\psi(x)$ 满足

$$\int^{\phi(t)} \frac{1}{\sqrt{[-\mu\cos(\sqrt{b_3}\xi) + \lambda\sin(\sqrt{b_3}\xi)]e^{b_2\xi} - a_1\sqrt{b_3}}} d\xi = \pm\frac{t}{\sqrt[4]{b_3}} + k_1,$$

$$\int^{\psi(x)} \frac{1}{p(\eta)} d\eta = x + k_3.$$

若 $b_1 \neq 0$,

$$\int^{p(\eta)} A(\xi)\xi d\xi = -\frac{a_2}{b_1} - \frac{1}{2}k_2 e^{-b_1\eta} - \frac{e^{-b_2\eta}}{2((b_1-b_2)^2+b_3)}\Big[(\lambda\sqrt{b_3}+$$
$$(b_2-b_1)\mu)\cos(\sqrt{b_3}\eta+\alpha) + [(b_2-b_1)\lambda - \mu\sqrt{b_3}]\sin(\sqrt{b_3}\eta+\alpha)\Big].$$

若 $b_1 = 0$,

$$\int^{p(\eta)} A(\xi)\xi d\xi = -a_2\eta + \frac{1}{2}k_2 - \frac{1}{2(b_2^2+b_3)}\Big[(\lambda\sqrt{b_3}+\mu b_2)$$
$$\times \cos(\sqrt{b_3}\eta+\alpha) + (\lambda b_2 - \mu\sqrt{b_3})\sin(\sqrt{b_3}\eta+\alpha)\Big]e^{-b_2\eta}.$$

例 5.3.41 方程 (5-166) 具有和式分离解 (5-105), 其中 $\phi(t)$ 和 $\psi(x)$ 满足

$$\phi''(t) - b_2(\phi'(t))^2 - b_1 = \frac{1}{2}e^{-\alpha}[\lambda e^{(a_1+\sqrt{a_2})\phi(t)} - \mu e^{(a_1-\sqrt{a_2})\phi(t)}],$$

$$\int^{\psi'(x)} A(\xi)\xi d\xi = \frac{[\mu e^{2\alpha+2\sqrt{a_2}\psi(x)} - \lambda]e^{-2\alpha-(a_1+\sqrt{a_2})\psi(x)}}{2\sqrt{a_2}}.$$

例 5.3.42 方程 (5-167) 具有和式分离解 (5-105), 其中 $\phi(t)$ 和 $\psi(x)$ 满足
(i) $c_2 \neq 0$,

$$a_1^2[\phi''(t) - a_2(\phi'(t))^2 - b_2] = (\lambda\phi(t)+\mu)e^{a_1\phi(t)},$$

$$\int^{\psi(x)} \frac{1}{p(\eta)}d\eta = x + k_3,$$

$$\int^{p(\eta)} A(\xi)\xi d\xi = \frac{(c_1+c_2\eta)\lambda - c_2\mu}{a_1^2 c_2^2 e^{a_1\eta}} - \frac{b_1}{a_1^2} - \frac{b_3}{a_1}.$$

(ii) $c_2 = 0$,

$$a_1^2[\phi''(t) - a_2(\phi'(t))^2 - b_2] = \mu e^{a_1\phi(t)},$$

$$\int^{\psi(x)} \frac{1}{p(\eta)}d\eta = x + k_4,$$

$$\int^{p(\eta)} A(\xi)\xi d\xi = \frac{\mu\eta - k_3}{a_1^2 c_1 e^{a_1\eta}} - \frac{b_1}{a_1^2} - \frac{b_3}{a_1}.$$

例 5.3.43 方程 (5-168) 具有和式分离解 (5-105), 其中 $\phi(t)$ 和 $\psi(x)$ 满足

$$\phi''(t) - b_2(\phi'(t))^2 - [\lambda\sin(\sqrt{a_2}\phi(t)) + \mu\cos(\sqrt{a_2}\phi(t))]e^{a_1\phi(t)} - b_1 = 0,$$

$$\int^{\psi(x)} \frac{1}{p(\eta)} \mathrm{d}\eta = x + k_3,$$

$$\int^{p(\eta)} A(\xi)\xi \mathrm{d}\xi = \frac{\lambda\sin(\sqrt{a_2}\eta + \alpha) - \mu\cos(\sqrt{a_2}\eta + \alpha)}{\sqrt{a_2}e^{a_1\eta}}.$$

5.4 导数相关泛函分离变量法

在泛函分离变量法的基础上, 可以通过减弱一般对称约束条件以便包含更多的解, 由此可以将泛函分离变量解 (FSS) 的概念提升到导数相关泛函分离变量解 (DDFSS)

$$f(u, u_x) = a(x) + b(t). \tag{5-170}$$

显然, 当 $f_{u_x}(u, u_x) = 0$ 时, (5-170) 蜕化为 (5-17).

考察一般 m 阶 1+1 维演化方程

$$u_t = E(t, x, u, u_1, u_2, \cdots, u_m), \tag{5-171}$$

其中 $u_k = \frac{\partial^k u}{\partial x^k}, 1 \leqslant k \leqslant m$, E 是所标变量的光滑函数.

$$V = \eta(t, x, u, u_1, u_2, \cdots, u_j) \frac{\partial}{\partial u} \tag{5-172}$$

是发展向量场, η 是其特征.

定义 5.4.1 发展向量场 (5-172) 是方程 (5-171) 的一般对称当且仅当

$$V^{(m)}(u_t - E)|_L = 0,$$

其中 L 是方程 (5-171) 的解集, 向量场 $V^{(m)}$ 是向量场 V 的 m 阶延长结构.

定义 5.4.2 发展向量场 (5-172) 是方程 (5-171) 的一般条件对称当且仅当

$$V^{(m)}(u_t - E)|_{L \cap W} = 0, \tag{5-173}$$

其中 W 是各阶全导数 $D_x^i \eta = 0$ $(i = 0, 1, 2, \cdots)$ 的集合.

由 (5-173) 可见, 方程 (5-171) 具有 GCS(5-172) 当且仅当

$$D_t \eta = 0, \tag{5-174}$$

其中 D_t 表示关于 t 的全导数. 而且, 如果 η 不显含 t, 那么

$$\eta' E|_{L\cap W} = 0,$$

其中

$$\eta'(u)E = \lim_{\varepsilon\to 0}\frac{\mathrm{d}}{\mathrm{d}\varepsilon}\eta(u+\varepsilon E)$$

表示 η 沿方向 E 的 Fréchet 导数.

在前文中证明了下述定理:

定理 5.4.1　方程 (5-171) 具有和式分离解

$$u = a(x) + b(t),$$

当且仅当它具有 GCS

$$V = u_{xt}\frac{\partial}{\partial u}. \tag{5-175}$$

定理 5.4.2　方程 (5-171) 具有导数相关泛函分离解 (5-170) 当且仅当它具有 GCS

$$V = \frac{1}{f_u}\Big[(f_{uu}u_t + f_{uu_x}u_{xt})u_x + (f_{uu_x}u_t + f_{u_xu_x}u_{xt})u_{xx}$$
$$+ f_{u_x}u_{xxt} + f_u u_{xt}\Big]\frac{\partial}{\partial u}, \tag{5-176}$$

证明　记 $v = f(u,u_x) = a(x) + b(t)$, 将定理 5.4.1 中 u 的位置用 $v = f(u,u_x)$ 替换, 再化简式 (5-175), 可得

$$v = f(u,u_x) = a(x) + b(t)$$

当且仅当

$$V = v_{xt}\frac{\partial}{\partial v} = \frac{1}{f_u}\Big[(f_{uu}u_t + f_{uu_x}u_{xt})u_x + (f_{uu_x}u_t + f_{u_xu_x}u_{xt})u_{xx}$$
$$+ f_{u_x}u_{xxt} + f_u u_{xt}\Big]\frac{\partial}{\partial u}. \tag{5-177}$$

下一节里将利用定理 5.4.2 分别讨论一般非线性扩散方程、KdV 型方程以及一般非线性波动方程的 DDFSS 归类和解.

5.5　导数相关泛函分离变量解

上节简单笼统地介绍了导数相关泛函分离变量法. 这一节主要讨论一般非线性扩散方程、KdV 型方程和一般非线性波动方程的 DDFSS 归类和解. 通过这几个具体例子可以具体理解和掌握导数相关泛函分离变量法.

5.5.1 一般非线性扩散方程的 DDFSS 归类和求解

本小节研究一般非线性扩散方程

$$u_t = A(u, u_x)u_{xx} + B(u, u_x) \tag{5-178}$$

的分离变量问题. 首先做出一般非线性扩散方程的 DDFSS 可解的完全归类；随后建立所得归类方程的 DDFSS 严格解, 描述一些解的局域激发等性质.

1. 具有 DDFSS 的一般非线性扩散方程的归类

由定理 5.4.2 可知, 一般非线性扩散方程 (5-178) 具有 DDFSS(5-170) 当且仅当它具有 GCS(5-177).

借助乘积函数求 n 阶微分运算的 Leibnitz 法则, 可得下述引理：

引理 5.5.1 设 $G(r) \neq 0, F(r)$ 和 $G(r)$ 是任意光滑函数, 则 $D_r^i F(r) = 0$ ($i = 0, 1, \cdots, N$), 当且仅当 $D_r^i \left(\frac{F(r)}{G(r)} \right) = 0$ ($i = 0, 1, \cdots, N$).

为了能够包含公式 (5-170) 中的特殊情形 $f_u = 0$, 基于引理 5.5.1 可以拿掉式 (5-176) 的分母, 选取 η 和 V 如下形式

$$\begin{aligned} V = \Big[& (f_{uu}u_t + f_{uu_x}u_{xt})u_x + (f_{uu_x}u_t + f_{u_xu_x}u_{xt})u_{xx} \\ & + f_{u_x}u_{xxt} + f_u u_{xt} \Big] \frac{\partial}{\partial u}. \end{aligned} \tag{5-179}$$

方程 (5-178) 的不变条件为

$$\begin{aligned} & V^{(2)}(u_t - A(u, u_x)u_{xx} - B(u, u_x)) \\ & = D_t\eta - (A_u\eta + A_{u_x}D_x\eta)u_{xx} - A(u, u_x)D_x^2\eta - (B_u\eta + B_{u_x}D_x\eta) \\ & = D_t\eta = 0, \end{aligned} \tag{5-180}$$

当 $D_x^i\eta = 0$ ($i = 0, 1, 2, \cdots$) 和 $u_t = A(u, u_x)u_{xx} + B(u, u_x)$ 时, 其中

$$\begin{aligned} \eta \equiv & (f_{uu}u_t + f_{uu_x}u_{xt})u_x + (f_{uu_x}u_t + f_{u_xu_x}u_{xt})u_{xx} \\ & + f_{u_x}u_{xxt} + f_u u_{xt}. \end{aligned} \tag{5-181}$$

将 (5-178) 代入 (5-181) 给出

$$\begin{aligned} \eta = & f_{u_x}(Au_{xx} + B)_{xx} + (u_{xx}f_{u_xu_x} + u_x f_{uu_x} + f_u)(Au_{xx} + B)_x \\ & + (u_{xx}f_{uu_x} + u_x f_{uu})(Au_{xx} + B) \\ = & f_{u_x}Au_{xxxx} + (f_{u_x}A_{u_xu_x} + f_{u_xu_x}A)u_{xx}^3 + (f_{u_x}A_u + f_{uu_x}A + f_u A_{u_x} \\ & + f_{u_x}B_{u_xu_x} + f_{u_xu_x}B_{u_x} + (f_{uu_x}A_{u_x} + f_{u_xu_x}A_u + 2f_{u_x}A_{uu_x})u_x)u_{xx}^2 \\ & + ((f_{uu_x}B_{u_x} + 2f_{u_x}B_{uu_x} + f_u A_u + f_{uu}A + f_{u_xu_x}B_u)u_x \end{aligned}$$

$$+(f_{u_x}A_{uu}+f_{uu_x}A_u)u_x{}^2+(3f_{u_x}A_{u_x}+f_{u_xu_x}A)u_{xxx}+f_{u_x}B_u$$
$$+f_uB_{u_x}+f_{uu_x}B)u_{xx}+(f_uA+f_{u_x}B_{u_x}+(f_{uu_x}A+2f_{u_x}A_u)u_x)u_{xxx}$$
$$+(f_{uu_x}B_u+f_{u_x}B_{uu})u_x^2+(f_{uu}B+f_uB_u)u_x=0. \tag{5-182}$$

为了从 (5-180) 确定所有可能的 f, A 和 B，直接代入可得

$$D_t\eta=\frac{\partial}{\partial t}\Big[f_{u_x}Au_{xxxx}+(f_{u_x}A_{u_x})_uu_{xx}^3+((f_{uu_x}A_{u_x}+f_{u_xu_x}A_u$$
$$+2f_{u_x}A_{uu_x})u_x+f_{u_x}A_u+f_{uu_x}A+f_uA_{u_x}+f_{u_x}B_{u_xu_x}$$
$$+f_{u_xu_x}B_{u_x})u_{xx}^2+((f_{uu_x}B_{u_x}+2f_{u_x}B_{uu_x}+f_uA_u$$
$$+f_{uu}A+f_{u_xu_x}B_u)u_x+(f_{u_x}A_{uu}+f_{uu_x}A_u)u_x{}^2$$
$$+(3f_{u_x}A_{u_x}+f_{u_xu_x}A)u_{xxx}+f_{u_x}B_u+f_uB_{u_x}+f_{uu_x}B)u_{xx}$$
$$+(f_uA+f_{u_x}B_{u_x}+(f_{uu_x}A+2f_{u_x}A_u)u_x)u_{xxx}$$
$$+(f_{uu_x}B_u+f_{u_x}B_{uu})u_x{}^2+(f_{uu}B+f_uB_u)u_x\Big]. \tag{5-183}$$

利用 (5-178) 和 $\eta=0$ 的可积性条件，可以把高阶偏导数 $u_{xxxxxx}, u_{xxxxx}, u_{xxxx}$ 用 u, u_x, u_{xx}, u_{xxx} 表示，再把这些表达式代入 (5-183)，便有

$$D_t\eta=(h_1u_{xx}+h_2)u_{xxx}^2+(h_3u_{xx}^3+h_4u_{xx}^2+h_5u_{xx}+h_6)u_{xxx}$$
$$+h_7u_{xx}^5+h_8u_{xx}^4+h_9u_{xx}^3+h_{10}u_{xx}^2+h_{11}u_{xx}+h_{12}=0 \tag{5-184}$$

或

$$h_i=h_i(u,u_x)=0, \quad i=1,2,\cdots,12, \tag{5-185}$$

其中表达式 h_i 是复杂函数，列于附录 A. 方程 (5-178) 具有 DDFSS(5-170) 当且仅当 (5-184) 成立，即偏微分方程组 (5-185) 成立. 从方程组 (5-185) 出发可得 A, B, f 之间有如下关系

$$\Big(3+5\sqrt{1+g_0(u)}\Big)\ln A-\sqrt{1+g_0(u)}\ln\Big[-g_2-2g_0(u)A^3(u)$$
$$+2\sqrt{3A_{u_x}{}^2g_1(u)(1+g_0(u))}+2\sqrt{3}g_0(u)A^3\sqrt{g_1(u)}A_{u_x}$$
$$-3A_{u_x}{}^2g_1(u)(2+g_0(u))\Big]-2\ln\Big[A_{u_x}\sqrt{3}\sqrt{g_1(u)(1+g_0(u))}$$
$$+\sqrt{3A_{u_x}{}^2g_1(u)(1+g_0(u))+2g_0(u)A^3}\Big]=0, \tag{5-186}$$

$$f_{u_x}=f_0(u)\frac{A_{u_x}}{A}\exp\Big(-\frac{2}{3g_1(u)}\int\frac{A^2}{A_{u_x}}\mathrm{d}u_x\Big), \tag{5-187}$$

$$B = \int A \int \frac{1}{A^2 f_{u_x}^2} \Big(-4 f_{u_x u_x} f_{uu} u_x A^2 - 2 f_{u_x u_x} f_u A^2$$
$$-2(f_{u_x})^2 A_u A + 2(f_{u_x})^2 A_u A_{u_x} u_x + 3 f_{u_x} A f_u A_{u_x}$$
$$-2(f_{u_x})^2 A u_x A_{u u_x} + 3 f_{u_x} f_{u u_x} A u_x A_{u_x} + 2 f_{u_x} f_{u u_x} A^2$$
$$+ 2 u_x f_{u u_x u_x} f_{u_x} A^2 \Big) \mathrm{d}u_x + b_0(u) \mathrm{d}u_x + b_1(u),$$

其中 $f_0(u), g_0(u), g_1(u), g_2(u), b_0(u)$ 和 $b_1(u)$ 是 u 的任意函数.

对于任意函数 $g_0(u), g_1(u), g_2(u)$, 似乎不可能从超越方程 (5-186) 求出一般解 $A(u, u_x)$. 欲从 (5-186) 求出显式严格解 $A(u, u_x)$, 可能的结果是

(i) 因子 A_{u_x} 只出现在其中两个对数函数之一,

(ii) (5-186) 中的两个对数函数的系数之比为整数.

经过冗长繁复的计算分析, 最终得到以下归类结果:

定理 5.5.1 设 $f_{u_x}(u, u_x) \neq 0$, 方程

$$u_t = A(u, u_x) u_{xx} + B(u, u_x)$$

具有非平凡的 (5-170) 形式的 DDFSS, 当且仅当在对 u 的平移和标度变换下局部等价于下列方程之一:

(1)

$$u_t = \exp[c_3 \phi + \phi_u u_x] \left[u_{xx} + \frac{\phi_{uu}}{\phi_u} u_x^2 + c_3 u_x + c_1 \phi_u^{-1} \right] + c_2 \phi_u^{-1}, \qquad (5\text{-}188)$$

$$f(u, u_x) = \phi_u u_x + c_3 \phi + c_4; \qquad (5\text{-}189)$$

(2)

$$u_t = u_{xx} + c_1 u_x + \frac{\phi_{uu}}{\phi_u} u_x^2 + (c_4 + c_5 \phi) \phi_u^{-1}, \qquad (5\text{-}190)$$

$$f(u, u_x) = \phi_u u_x + c_3 \phi + c_2; \qquad (5\text{-}191)$$

(3)

$$u_t = (c_1 u + c_2)(-u_x)^{\alpha-1} u_{xx} - \frac{2 c_2}{1+\alpha}(-u_x)^{\alpha+1} + c_4 u + c_3, \qquad (5\text{-}192)$$

$$f(u, u_x) = \ln(-u_x); \qquad (5\text{-}193)$$

(4)

$$u_t = (-u_x)^{\alpha-1} u_{xx} + c_2 (-u_x)^\alpha + c_3 u + c_4, \qquad (5\text{-}194)$$

$$f(u, u_x) = \ln(-u_x); \qquad (5\text{-}195)$$

(5)
$$u_t = u_x u_{xx} + c_3 u_x^2 + c_4 u^2 + c_2 u + c_1, \tag{5-196}$$

$$f(u, u_x) = \ln(-u_x); \tag{5-197}$$

(6)
$$u_t = \frac{1}{c_3(c_1 u + c_2) - u_x}\left[(c_1 u + c_2)u_{xx} - 2c_1 u_x^2\right.$$
$$+\left(\left(2c_3 c_1^2 - \frac{c_1 c_4}{c_2}\right)u + 2c_3 c_1 c_2 - c_4\right)u_x$$
$$+2c_1 c_3(c_4 - c_3 c_1 c_2)u + c_2 c_3(c_4 - c_3 c_1 c_2)$$
$$\left.+c_3 c_1\left(c_3 c_1^2 + \frac{c_1 c_4}{c_2}\right)u^2\right], \tag{5-198}$$

$$f(u, u_x) = \ln[c_3(c_1 u + c_2) - u_x]; \tag{5-199}$$

(7)
$$u_t = (c_1 u + c_3 - u_x)^{-1}[u_{xx} - (c_4 u + c_2)u_x + c_1 c_4 u^2$$
$$+(c_1 c_2 - c_1^2 + c_3 c_4)u + c_3(c_2 - c_1)], \tag{5-200}$$
$$f(u, u_x) = \ln(c_1 u + c_3 - u_x); \tag{5-201}$$

(8)
$$u_t = (c_1 - u_x)^{-1} u_{xx} - c_3 \ln(c_1 - u_x) + c_4 u + c_2, \tag{5-202}$$
$$f(u, u_x) = \ln(c_1 - u_x); \tag{5-203}$$

(9)
$$u_t = [c_1(c_2 u + c_3) - u_x]^2 [u_{xx} + (c_2 u + c_3)u_x^2 - (c_4 + 2c_1 c_3^2$$
$$+4c_1 c_2 c_3 u + 2c_1 c_2^2 u^2)u_x + c_1^2 c_2^3 u^3 + 2c_1^2 c_2^2 c_3 u^2$$
$$+c_1 c_2(c_4 + 3c_1 c_3^2 - c_1 c_2)u + c_1^2 c_3^3 + c_1 c_3 c_4 - c_1^2 c_2 c_3], \tag{5-204}$$
$$f(u, u_x) = \ln[c_1(c_2 u + c_3) - u_x]; \tag{5-205}$$

(10)
$$u_t = (c_1 - u_x)^\alpha u_{xx} + c_2, \quad \alpha \neq -1, \alpha \neq -2, c_1 \neq 0, \tag{5-206}$$
$$f(u, u_x) = \ln(c_1 - u_x); \tag{5-207}$$

(11)
$$u_t = u_{xx} + c_4, \tag{5-208}$$
$$f(u, u_x) = c_2 \operatorname{arcsinh}[\tan(u_x + c_1)] + c_3; \tag{5-209}$$

(12)
$$u_t = \frac{6c_3^2}{(\phi_u u_x - c_3\phi - c_3 c_4)^2}\left[-u_{xx} - \frac{\phi_{uu}}{\phi_u}u_x^2 + 2c_3 u_x \right.$$
$$\left. - c_3^2 \phi \phi_u^{-1} - c_3^2 c_4 \phi_u^{-1}\right], \tag{5-210}$$

$$f(u, u_x) = \frac{1}{(\phi_u u_x - c_3\phi - c_3 c_4)^2}[c_1 \phi_u^2 u_x^2 - 2c_1 c_3(\phi + c_4)\phi_u u_x$$
$$+ c_1 c_3^2(\phi + c_4)^2 + c_2 c_3^2]; \tag{5-211}$$

(13)
$$u_t = \frac{6\phi^2}{(u_x - c_3\phi)^2}\left[-u_{xx} + \frac{6\phi_u + c_4}{6\phi}u_x^2 - \frac{c_3 c_4}{3}u_x + \frac{1}{6}c_3^2 c_4 \phi\right], \tag{5-212}$$

$$f(u, u_x) = \frac{c_1 u_x{}^2 - 2c_1 c_3 \phi u_x + (c_2 + c_1 c_3^2)\phi^2}{(u_x - c_3\phi)^2}; \tag{5-213}$$

(14)
$$u_t = \frac{-3(c_4\phi - c_3)^2}{2(\phi u_x - 1)^2}\left[u_{xx} + \frac{\phi_{uu}}{\phi_u}u_x^2\right], \tag{5-214}$$

$$f(u, u_x) = \frac{1}{4(\phi_u u_x - 1)^2}[4c_1 \phi_u^2 u_x^2 - 8c_1 \phi_u u_x + c_2 c_4^2 \phi^2$$
$$- 2c_2 c_3 c_4 \phi + 4c_1 + c_2 c_3^2]; \tag{5-215}$$

(15)
$$u_t = -\frac{-6\phi^2}{(u_x - c_4\phi)^2 - \phi^2}\left[u_{xx} - \left(\frac{\phi_u}{\phi} + c_3\right)u_x^2 + 2c_3 c_4 u_x + c_3(1 - c_4^2)\phi\right], \tag{5-216}$$

$$f(u, u_x) = c_1 \ln\left[\frac{(u_x - c_4\phi)^2}{(u_x - c_4\phi)^2 - \phi^2}\right] + c_2; \tag{5-217}$$

(16)
$$u_t = \frac{\sqrt{6}}{3}g_u u_x \left[u_{xx} + \frac{g_{uu}}{g}u_x^3 + \frac{\sqrt{6}}{2}c_1 u_x + \frac{c_5}{3c_2 g_u}(g + c_4)\right], \tag{5-218}$$

(17)
$$u_t = \frac{\sqrt{6}}{18(c_2\phi - 2c_3)}[6(c_2\phi - 2c_3)\phi_{uu} - 5c_2\phi_u^2]u_x^3 + \frac{\sqrt{6}}{3}u_x\phi_u u_x u_{xx}, \tag{5-220}$$

$$f(u,u_x) = c_1 \ln\left(\sqrt{\frac{3c_1}{c_2\phi - 2c_3}}\phi_u u_x\right); \tag{5-221}$$

(18)
$$u_t = \sqrt{\frac{2}{3}}\phi_u u_x^3 + \frac{c_2}{c_5}\left(c_4\phi - \frac{(4c_3 - 3c_5)\phi_u}{\phi}\right)u_x^2$$
$$+ \frac{\sqrt{6}c_2^2}{c_5}\left(c_4 - \frac{2(2c_3 - c_5)\phi_u}{\phi^2}\right)u_x + \left(\sqrt{\frac{2}{3}}\phi u_x + c_2\right)u_{xx}$$
$$- \frac{3c_2^3(2c_3 - c_5)\phi_u}{c_5\phi^3} + \frac{c_2(3c_4c_2^2 + 2c_1c_5)}{2c_5}\phi^{-1}, \tag{5-222}$$

$$f(u,u_x) = \ln(\sqrt{6}\phi u_x + 3c_2), \tag{5-223}$$

其中 $\phi(u), g(u)$ 是 u 的任意函数,$\alpha_i, \mu, c_i\ (i = 1, 2, \cdots)$ 是任意常数.

2. 具有 DDFSS 的一般非线性扩散方程的严格解

本小节将经由 DDFSS 假设推导上小节所得归类方程的严格解. 这些方程具有丰富的严格解, 由于方程中包含任意函数和常数. 对定理 5.5.1 中的所有模型在此只给出经由 DDFSS 步骤得到的那部分解.

例 5.5.1 对于方程 (5-188), 经由 DDFSS 步骤求严格解, 首先将 (5-189) 代入 DDFSS 假设 (5-170) 初步确定解的形式, 然后将此结果代入原始方程 (5-188) 以确定解中的未知函数 $a(x), b(t)$ 和某些积分函数. 最后发现方程 (5-188) 具有下述隐式分离解

$$\phi(u) = tc_2 + \frac{c_1}{c_3^2} + \frac{\ln(c_2c_3) - \ln\left(1 - \lambda\exp\left[c_2c_3(t + a_2)\right]\right)}{c_3} + a_2c_2$$
$$- \frac{c_1x}{c_3} + \left[a_1 - \frac{\exp(c_3x)\left(c_3x - 1 + \ln(c_3c_1(c_1 - c_3))\right)}{c_3}\right.$$
$$\left. - \frac{\mu\ln\left(\lambda\exp[c_2c_3(t + a_2)] - 1\right)}{c_3\lambda}\right]\exp(-c_3x),$$

其中 $c_3 \neq 0$. 本小节中 $\lambda, \mu, a_i, c_i\ (i \in Z)$ 均是任意常数.

当 $c_3 = 0$ 时, 方程 (5-188) 具有两个隐式导数相关泛函分离解

$$\phi(u) = \frac{1}{2c_1} \ln\left(\frac{c_1}{1 - e^{c_1(x+a_1)}\lambda}\right) \ln\left[\frac{c_1\left(1 - e^{c_1(x+a_1)}\lambda\right)}{e^{2c_1(x+a_1)}\lambda^2}\right] - \frac{1}{2}c_1 x^2$$
$$- \frac{1}{2}\frac{(2a_1c_1^2 - 2a_0c_1 + 2c_1c_4)}{c_1}x - \left(\lambda e^{c_1(-c_4+a_0)} - c_2\right)t$$
$$- \frac{1}{c_1}\left[\text{dilog}\left(\frac{e^{c_1(x+a_1)}\lambda}{e^{c_1(x+a_1)}\lambda - 1}\right) - a_2c_1\right]$$

和

$$\phi(u) = \int \ln\frac{(\mu c_1 x - \mu - c_1\lambda)e^{c_1 x} - e^{a_1}}{c_1^2 e^{c_1 x}}\mathrm{d}x - x\ln[\mu(t+a_3)] + c_2 t + a_2,$$

其中函数 $\text{dilog}(x)$ 是通常的二重对数函数, 定义如下:

$$\text{dilog}(x) = \int_1^x \frac{\ln(t)}{1-t}\mathrm{d}t.$$

例 5.5.2 类似上例做法, 方程 (5-190) 有下列隐式解

$$\phi(u) = -\frac{1}{2c_3 c_5 C_1}\exp(-c_3 x)\Big[2c_3 c_4 \exp(c_3 x) - 2a_1 c_5 c_3 \exp(C_1 t)$$
$$+ 2a_2 c_5 C_1 \exp(c_3 x + c_5 t) - c_3 a_4 c_5 C_2 \exp\left(\frac{1}{2}C_3 x\right)$$
$$- c_3 a_3 c_5 C_3 \exp\left(\frac{1}{2}C_2 x\right)\Big], \tag{5-224}$$

其中 $c_5 \neq 0, C_3 = 2c_3 - c_1 + \sqrt{c_1^2 - 4c_5}, C_2 = 2c_3 - c_1 - \sqrt{c_1^2 - 4c_5}, C_1 = c_5 + c_3^2 - c_1 c_3$.

当 $c_5 = 0$ 时, 方程有 DDFSS

$$\phi(u) = -\frac{a_1 e^{-c_1 x}}{c_1(c_3 - c_1)} + \frac{c_3[c_4 + \mu + c_1(\mu t - c_2 + a_2 + a_4)] - \mu}{c_3^2 c_1}$$
$$- \frac{c_4 x}{c_1} + a_3 \exp[-c_3(x + (c_1 - c_3)t)].$$

注意: 当 $c_1 = 0, c_4 = 0, c_5 = 0, \phi(u) = e^u$ 时, 方程变为势 Burgers 方程

$$u_t = u_{xx} + u_x^2,$$

它经变换 $v = u_x$ 与 Burgers 方程

$$v_t = v_{xx} + 2v v_x$$

相联系.

此时, 解 DDFSS(5-224) 化为

$$v = u_x = \{\ln[(a_4 + a_2 + a_3)c_3^{-1} + a_1 \exp(c_3^2 t - c_3 x)]\}_x.$$

通常, 如果恰当地定义 (5-190) 中 $\phi(u)$ 的反函数, 那么解 (5-224) 表示一个多孤子共振解. 比如, 取

$$\phi(u) = \tan u,$$

则非线性扩散方程 (5-190) 化为

$$u_t = u_{xx} + c_1 u_x + 2u_x^2 \tan(u) + c_4 \cos^2(u) + \frac{1}{2}c_5 \sin(2u), \tag{5-225}$$

相应的解 (5-224) 变为

$$u = \arctan \left\{ \frac{2a_3 \exp\left[-\frac{1}{2}\left(\sqrt{c_1^2 - 4c_5} + c_1\right)x\right]}{2c_3 - c_1 - \sqrt{c_1^2 - 4c_5}} + \frac{a_2}{c_3}\exp(c_5 t) \right.$$

$$+ \frac{2a_4 \exp\left[\frac{1}{2}\left(\sqrt{c_1^2 - 4c_5} - c_1\right)x\right]}{2c_3 - c_1 + \sqrt{c_1^2 - 4c_5}} - \frac{c_4}{c_5}$$

$$\left. + a_1 \exp[(c_3^2 - c_3 c_1 + c_5)t - c_3 x] \right\}. \tag{5-226}$$

- 当 $a_2 = a_3 = a_4 = 0, a_1 \neq 0$ 时解 (5-226) 表示行波扭结解.
- 当 $a_1 = a_2 = a_4 = 0, a_3 \neq 0$ 或 $a_1 = a_2 = a_3 = 0, a_4 \neq 0$ 时 (5-226) 是静态扭结解.
- 当 $a_1 = a_3 = a_4 = 0, a_2 \neq 0$ 时解 (5-226) 是瞬子解.

一般说来, 解 (5-226) 可以是行波扭结、静态扭结和瞬子激发形式的共振解. 图 5-1 是单扭结解 (5-226) 的演化图, 其中

$$a_1 = 1, \ a_2 = 0, \ a_3 = 0, \ a_4 = 0, \ c_4 = 4, \ c_5 = 4, \ c_1 = 5, \ c_3 = 3. \tag{5-227}$$

图 5-2 是行波扭结和静态扭结共振解的演化图, 其中参数取值

$$a_1 = 1, \ a_2 = 0, \ a_3 = 1, \ a_4 = 0, \ c_4 = 4, \ c_5 = 4, \ c_1 = 5, \ c_3 = 3. \tag{5-228}$$

图 5-2 中的共振解表示扭结和反扭结之间的聚变相互作用, 作用前是一个大的行波扭结和一个小的行波扭结, 作用后它们退化成一个单的较小的静态扭结.

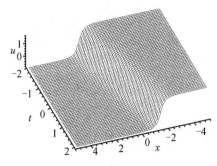
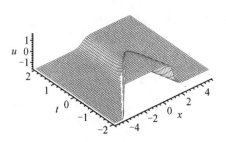

图 5-1　条件 (5-227) 下单扭结解 (5-226) 演化图　　图 5-2　条件 (5-228) 下解 (5-226) 的扭结聚变相互作用图

例 5.5.3　方程 (5-192) 具有显式分离解

$$u = \left[\int \left[\gamma(c_2 c_4 - c_1 c_3 - (-1)^{1+2\alpha} 2 c_2 c_3) e^{a_2 \alpha c_4} + (\alpha-1) c_4 t - c_3 e^{-c_4 t} \right] \right.$$

$$\left. \times \left[\gamma((-1)^{2\alpha} 2 c_2 - c_1) e^{c_4 \alpha (t+a_2)} - 1 \right]^{\frac{c_1 - c_1 \alpha + (-1)^{2\alpha} 2\alpha c_2}{\alpha(c_1 - 2 c_2 (-1)^{2\alpha})}} dt + a_3 \right]$$

$$\times \left[\gamma((-1)^{2\alpha} 2 c_2 - c_1) e^{c_4 \alpha (t+a_2)} - 1 \right]^{\frac{c_1}{\alpha}(2(-1)^{2\alpha} c_2 - c_1)} e^{c_4 t}$$

$$- \frac{\gamma^{\frac{1}{\alpha}} (\alpha(x+a_1))^{\frac{1+\alpha}{\alpha}}}{1+\alpha} \left[\frac{c_4 \exp(\alpha_4 c_4 (t+a_2))}{\gamma(c_1 + (-1)^{1+2\alpha} 2 c_2) \exp(c_4 \alpha (t+a_2)) + 1} \right]^{\frac{1}{\alpha}}.$$

若 $c_1 = 0, c_2 = (-1)^n, c_3 = 0, \alpha = n$，上述方程化为

$$u_t = -u_x^{n-1} u_{xx} + \frac{2}{1+n} u_x^{n+1} + c_4 u.$$

它正是文献 [64] 中定理 2 中的方程 (A.2)，此时

$$g_1 = 0, \quad b_1 = -1, \quad b_2 = 0, \quad \beta = -2, \quad \gamma = -c_4.$$

这里得到它的一个新 DDFSS，由下式显式给出

$$u = \left\{ \int \frac{\gamma c_4 \exp[c_4 (a_2 n + t(n-1))]}{2\gamma \exp[c_4 n (t+a_2)] - (-1)^n} dt + a_3 \right\} e^{c_4 t} - \frac{[n(x+a_1)]^{\frac{1+n}{n}}}{1+n}$$

$$\times \left\{ \frac{2(-1)^{n+1} \gamma \exp[c_4 n (t+a_2)] + 1}{c_4 \gamma} \right\}^{\frac{1}{n}} \exp(c_4 t + a_2 c_4).$$

例 5.5.4　方程 (5-194) 的显式分离解为

$$u = -\left(\int \exp(a(x) + c_3(a_3 + t)) dx - \frac{\mu \exp(c_3 t)}{\lambda} \right)$$

$$\times \left(\frac{c_3 \alpha}{1 - \lambda \exp(c_3 (\alpha - 1)(t + a_3))} \right)^{\frac{1}{\alpha-1}} + a_2 \exp(c_3 t) - \frac{c_4}{c_3},$$

其中 $c_3 \neq 0, a(x)$ 满足

$$a''(x) + \alpha a'^2 + c_2 a' - \frac{\lambda}{\alpha} e^{(1-\alpha)a(x)} = 0.$$

若 $c_3 = 0$, 则解 DDFSS 为

$$u = -e^{a_0} \int \left(\frac{a_1 c_1^{\frac{2}{3}}}{c_2} e^{\frac{\alpha a_0 c_1^{\frac{2}{3}} + \alpha c_2 x \exp(-\alpha a_0)}{c_1^{\frac{2}{3}}}} + \alpha a_2 \right)^{\frac{1}{\alpha}} \mathrm{d}x$$

$$+ (c_4 + \alpha \sqrt[3]{c_1} a_2 c_2) t + a_3.$$

例 5.5.5 方程 (5-196) 有以下分离解

$$u = -e^{b(t)} \int e^{a(x)} \mathrm{d}x + s(t),$$

其中 $c_4 \neq 0, a(x), b(t), s(t)$ 满足

$$a''' + (5a'(x) + 2c_3)a'' + 2a'^3 + c_3 a'^2 + 2c_4 = 0,$$

$$b(t) = \ln \frac{4 a_1 C^2}{4C^2(\mu^2 + 4\lambda c_4) - a_1^2 (e^{-Ct} + a_2 C)^2} - Ct,$$

$$C \equiv \sqrt{c_5^2 - 4 c_1 c_4},$$

$$s(t) = \frac{-c_5 + b'(t) + \mu e^{b(t)}}{2 c_4}.$$

若 $c_4 = 0$, 方程 (5-196) 的解 DDFSS 为

$$u = \frac{1}{c_5 \lambda \left(\lambda e^{c_5(t+a_0)} - 1 \right)} \left[-\lambda a_1 c_5 \left(e^{c_5 t} + c_1 + \lambda e^{c_5(2t+a_0)} \right) \right.$$

$$\left. - \left(\lambda^2 c_1 + \mu c_5^2 + c_5^2 \lambda \int e^{a(x)} \mathrm{d}x \right) e^{c_5(t+a_0)} \right],$$

其中 $a(x)$ 满足

$$a'' - 2a'^2 + c_3 a' - \lambda e^{-a} = 0.$$

例 5.5.6 方程 (5-198) 具有如下形式的显式分离解

$$u = \frac{1}{\mu c_1} \left[2 c_1^2 \exp \left(-\frac{(c_1 \mu c_2 - 2 c_1^2 c_4) t + c_2 \mu x - 4 c_2 a_1 c_1}{2 c_1 c_2} \right) \right.$$

$$\left. - c_2 \mu \exp(-c_3 c_1 x) + \frac{a_2 \mu c_1 (\mu c_2 + 2 c_1 c_4)}{2 c_2} t \right] e^{c_1 c_3 x}.$$

若 $c_1 = 0$, 方程 (5-198) 的解 DDFSS 显式给出如下:

$$u = -\sqrt{c_2 a_1}(t + a_3)\tan\left(\frac{1}{2}\frac{\sqrt{c_2 a_1}(x + a_2)}{c_2}\right) + c_4 t$$

$$+ c_2 c_3 x + a_4 + \frac{1}{2}a_1 a_2 a_3.$$

若 $c_4 = 0, c_3 = 0$, 方程 (5-198) 化为

$$u_t = -\frac{(c_1 u + c_2)u_{xx}}{u_x} + 2c_1 u_x,$$

等价于文献 [64] 中定理 2 中的方程 (A.3), 此处

$$g_1 = 0,\ \beta = 0,\ n = 0,\ b_1 = -c_2,\ b_2 = -c_1,\ g_2 = 0.$$

该方程有如下新解

$$u = \frac{2c_1}{\mu}\exp\left(\frac{4a_1 c_1 - c_1\mu t - \mu x}{2c_1}\right) - \frac{c_2}{c_1} + a_2\exp\left(\frac{1}{2}\mu t\right).$$

例 5.5.7 方程 (5-200) 具有显式分离变量解

$$u = \frac{\left(\mu c_1 - c_1 e^{c_4(t+a_2)}\right)\int e^{-c_1 x + a(x)}\mathrm{d}x + a_1 c_1 c_4 e^{c_4 t} + \lambda c_1}{c_1 c_4 e^{-c_1 x}} - \frac{c_3}{c_1},$$

其中 $c_1 c_4 \neq 0, a(x)$ 满足

$$a''(x) - c_1 a'(x) - \mu e^{a(x)} - c_3 c_4 - c_1^2 + c_1 c_2 = 0.$$

若 $c_1 = 0, c_4 = 0$, 其解 DDFSS 为

$$u = \frac{\left(e^{c_4(t+a_1)} - \lambda\right)}{c_4}\int e^{a(x)}\mathrm{d}x + c_3 x + a_2 e^{c_4 t} - \frac{c_2 + \mu}{c_4},$$

其中 $a(x)$ 满足

$$\pm \int^{a(x)}\frac{1}{\sqrt{-2\lambda e^s + 2c_4 c_3 s + a_3}}\mathrm{d}s = x + a_4.$$

若 $c_1 \neq 0, c_4 = 0$, 其解 DDFSS 为

$$u = \lambda(t + a_1)e^{c_1 x}\int e^{a(x) - c_1 x}\mathrm{d}x + (\mu t + a_2)e^{c_1 x} - \frac{c_3}{c_1},$$

其中 $a(x)$ 满足

$$a'' - c_1 a' + \lambda e^a + c_1 c_2 - c_1^2 = 0.$$

若 $c_1 = c_4 = 0$, 方程 (5-200) 的导数相关泛函分离解为

$$u = c_3 x + b_2 t + b_0 - \frac{2c_2 b_3 (b_1 t + t_0)}{b_1 (\exp(b_3(x + b_4)) + 1)},$$

其中 b_0, b_2, b_3, b_4, t_0 均为任意常数.

例 5.5.8 对于 $c_4 \neq 0$, 方程 (5-202) 的导数相关泛函分离解为

$$u = \frac{1}{c_4 \lambda} \left(e^{c_4(t+a_3)} - \lambda \right) \left[\lambda \int e^{a(x)} \mathrm{d}x - c_3 \ln \frac{\lambda - \exp(c_4(t+a_3))}{c_4} \right]$$
$$+ c_1 x + a_2 e^{c_4 t} + \frac{c_3 t}{\lambda} e^{c_4 t + a_3} - \frac{\mu + c_2}{c_4},$$

其中 $a(x)$ 满足

$$a'' + c_3 a' + \lambda e^a - c_1 c_4 = 0.$$

若 $c_4 = 0$, 方程 (5-202) 的解 DDFSS 为

$$u = -\lambda (t + a_2) \int e^{a(x)} \mathrm{d}x - c_3 (t + a_2) \ln[\lambda (t + a_2)]$$
$$+ (\mu + c_3 + c_2) t + c_1 x + c_3 a_2 + a_1,$$

其中 $a(x)$ 满足

$$a'' + c_3 a' - \lambda e^a = 0.$$

例 5.5.9

$$u = \left[-\frac{\sqrt{e^{2c_2(t+a_2)} - \lambda} \left(\lambda \int e^{-c_1 c_2 x + a(x)} \mathrm{d}x + \mu \right)}{\sqrt{c_2} \lambda} + a_1 e^{c_2 t} \right] e^{c_1 c_2 x} - \frac{c_3}{c_2},$$

其中 $a(x)$ 是

$$a'' - a'^2 + (c_4 - 2c_1 c_2) a' - \lambda e^{2a} + c_1 c_2 (c_4 - c_1 c_2) = 0$$

的解, 通过求解分离变量公式 (5-170) 与方程 (5-205), 得到方程 (5-204) 的上述严格解.

当 $c_2 = 0$ 时, 解 DDFSS 为

$$u = -\sqrt{2} \sqrt{\lambda (t + a_2)} \left(\int e^{a(x)} \mathrm{d}x - \mu \lambda \right) + a_1 + c_1 c_3 x + c_3 t,$$

其中 $a(x)$ 满足

$$a''(x) - a'(x)^2 + c_4 a'(x) - \lambda e^{2a(x)} = 0.$$

例 5.5.10 方程 (5-206) 具有下述分离变量特解

$$u = -\left(\frac{1}{\mu\alpha(t+a_4)}\right)^{\frac{1}{\alpha}}\left(\int e^{a(x)}\mathrm{d}x + \frac{\lambda}{\mu}\right) + c_1 x + c_2 t + a_3,$$

其中 $a(x)$ 满足

$$\pm\sqrt{(\alpha+2)}\int^{a(x)}\frac{e^{(\alpha+1)\xi}}{\sqrt{a_1 - 2\mu e^{(\alpha+2)\xi}}}\mathrm{d}\xi - x - a_2 = 0.$$

例 5.5.11 方程 (5-208) 是平凡的线性扩散方程, 当然有无穷多乘积型分离变量解. 易见, 它的解 DDFSS 等价于平凡的和式分离变量特解

$$u = a_1 x + c_4 t.$$

例 5.5.12 当 $c_2 \neq 0$ 时, 方程 (5-210) 的解 DDFSS 为

$$\phi(u) = -i\sqrt{c_2}\,e^x\Bigg[\int\frac{e^x}{\sqrt{2\sqrt{a_2 a_3}\tanh\left(\dfrac{24\sqrt{a_2 a_3}(t+a_1)}{c_2}\right) - a_3 e^{-2x} - a_2 e^{2x}}}\mathrm{d}x$$

$$+\frac{1}{a_2 a_3}\arctan\left(\sqrt{2\sqrt{a_3 a_2}\tanh\left(\frac{48\sqrt{a_2 a_3}(t+a_1)}{c_2}\right) - a_3 - a_2}\right)\Bigg]$$

$$-a_4 e^x - c_4.$$

例 5.5.13 方程 (5-212) 有下列特解

$$\int^u (\phi(s))^{-1}\mathrm{d}s = -\frac{2}{\mu}\sqrt{\sqrt{3}\mu c_2 x + 3\mu^2 t + 3c_2(a_1 + a_2 - c_1)} + c_3 x + c_4 t.$$

在文献中可见方程 (5-212) 的三种特殊情形:

(i) 若 $c_3 = 0$, $\phi(u) = c_0$, 方程 (5-212) 为

$$u_t = -6 u_{xx} u_x^{-2} + c_4, \qquad (5\text{-}229)$$

其 DDFSS 为

$$u = \left(-2\frac{\sqrt{\sqrt{3}\mu c_2 x + 3\mu^2 t + 3(a_1 c_2 + a_2 c_2 - c_1 c_2)}}{\mu} + c_4 t\right).$$

(ii) 若 $c_3 = 0$, $\phi(u) = u$, 方程 (5-212) 可简化为

$$u_t = -6\frac{u^2 u_{xx}}{u_x^2} + (6+c_4)u, \qquad (5\text{-}230)$$

其 DDFSS 为

$$u = \exp\left(-2\frac{\sqrt{\sqrt{3}\mu c_2 x + 3\mu^2 t + 3(a_1 c_2 + a_2 c_2 - c_1 c_2)}}{\mu} + c_4 t\right).$$

(iii) 若 $c_4 = 0$, $c_3 = 0$, $\phi(u) = e^u$, 方程 (5-212) 化为

$$u_t = -6\frac{e^{2u} u_{xx}}{u_x^2} + 6e^{2u}, \tag{5-231}$$

其 DDFSS 为

$$u = \ln\left(\frac{\mu}{2\sqrt{\sqrt{3}\mu c_2 x + 3\mu^2 t + 3(a_1 c_2 + a_2 c_2 - c_1 c_2)} - a_3 \mu}\right).$$

经变换 $u = w/2$, 方程 (5-231) 可变为

$$w_t = 12(1 - 2w_{xx} w_x^{-2}) e^w.$$

例 5.5.14 方程 (5-214) 的隐式分离变量特解是

$$\phi(u) = -\frac{1}{c_4^2 c_2}\left[2c_4\sqrt{3a_0^2 t + c_2(a_0 x - c_1 + b_0)} + 2a_0 - c_3 c_2 c_4\right]$$
$$+ a_1 \exp\left(\frac{c_4}{a_0}\sqrt{3a_0^2 t + c_2(a_0 x - c_1 + b_0)} - \frac{3}{2}c_4^2 t\right).$$

例 5.5.15 方程 (5-216) 有下列形式的 DDFSS

$$\int^u (\phi(s))^{-1} ds = \frac{c_4 c_1}{a_2}\pi i + \frac{c_1}{a_2}\ln\left[\exp\left(\frac{3a_2^2 t + c_1(a_3 + a_1 + c_2)}{c_1^2}\right)\right.$$
$$-2\exp\left(\frac{c_1(2a_3 + 2a_1 + a_2 x) + 6a_2^2 t}{c_1^2}\right)$$
$$-2i\sqrt{-\exp\left(\frac{c_1(a_2 x + a_3 + a_1) + 3a_2^2 t}{c_1^2}\right) + \exp\left(\frac{c_2}{c_1}\right)}$$
$$\left.\times \exp\left(\frac{c_1(3a_3 + 3a_1 + a_2 x) + 9a_2^2 t}{2c_1^2}\right)\right] - \frac{(\ln 2) c_1}{a_2}$$
$$+ c_4 x + a_4 + \frac{(6c_3 a_2 c_1 - 3a_2^2) t + i c_1^2 \pi - c_1(a_3 + a_1 + c_2)}{c_1 a_2}.$$

例 5.5.16 方程 (5-218) 具有下述 DDFSS 特解

$$g(u) = \frac{\lambda}{\mu} \exp\left(\frac{2\mu t + 6a_2}{3c_2}\right) + \left[-3c_2 a_1 \mu^{-1} e^{-\frac{\mu t + 3a_2}{3c_2}}\right.$$
$$+ \frac{1}{c_1^{3/2}\sqrt{c_2}} \left(\sqrt{2\lambda} \ln 2 - \sqrt{2\lambda - 2e^{-\sqrt{6}c_1(x+a_3)}}\right.$$
$$+ \sqrt{2\lambda} \ln\left(\lambda + \sqrt{\lambda^2 - \lambda e^{-\sqrt{6}c_1(x+a_3)}}\right)$$
$$\left.\left.+ \sqrt{3\lambda} c_1(x + a_3) + 3a_4 \sqrt{c_2 c_3} c_1^{3/2}\right)\right] e^{\frac{\mu t + 3a_2}{3c_2}}.$$

例 5.5.17 方程 (5-220) 当 $c_2 \neq 0$ 时的 DDFSS 解由下式隐式确定

$$\phi(u) = \frac{1}{2916 c_2 c_1^3} \left[243 c_1^2 c_2^2 e^{\frac{2a_2}{c_1}} \left(e^{\frac{2a_1}{c_1}} x^2 + a_3^2\right) + 486 e^{\frac{2a_2 + a_1}{c_1}} c_1^2 c_2^2 a_3 x\right.$$
$$\left.- 18\sqrt{6} c_1 c_2^3 e^{\frac{4a_2}{c_1}} \left(e^{\frac{4a_1}{c_1}} x + a_3 e^{\frac{3a_1}{c_1}}\right) t + 2e^{6\frac{a_1 + a_2}{c_1}} c_2^4 t^2 + 5832 c_1^3 c_3\right].$$

若 $c_2 = 0$, 方程 (5-220) 具有隐式严格解 DDFSS

$$\phi(u) = \frac{\sqrt{6}}{3c_1 \lambda^2(t + a_2)} \left(i\lambda c_1^{3/2} \sqrt{c_3} \int e^{\frac{a(x)}{c_1}} dx + c_1 \mu\right) - \frac{\sqrt{6} a_1}{3c_1},$$

其中 $a(x)$ 满足

$$\int^{a(x)} \frac{\sqrt{c_3} e^{\frac{2s}{c_1}}}{\sqrt{-e^{\frac{3a_3}{c_1}} + ic_1^{\frac{3}{2}} \sqrt{c_3} \lambda e^{\frac{3s}{c_1}}}} ds = x + a_4.$$

例 5.5.18 方程 (5-222) 的特解 DDFSS 如下确定

$$\int^u \phi(s) ds = \frac{1}{\sqrt{6}} \left[e^{b(t)} \int e^{a(x)} dx - 3c_2 x - s(t)\right]$$

且

$$\frac{\phi_u}{\phi^2} = \frac{1}{6c_2(2c_3 - c_5)e^{2a(x) + 2b(t)}} \left[-3\sqrt{6} c_5 b'(t) e^{b(t)} \int e^{a(x)} dx\right.$$
$$\left.+ (\sqrt{6} c_5 a'(x) + 3c_2 c_4) e^{2a(x) + 2b(t)} + 18c_1 c_2 c_5 + 3\sqrt{6} c_5 s'(t)\right].$$

任给函数 $\phi(u)$, 由上述两个关系式可定 $a(x), b(t), s(t)$, 于是分离解 u 随之确定.

5.5.2 KdV 型方程的 DDFSS 归类和求解

本小节分别探讨一般 KdV 型方程

$$u_t = A(u, u_x) u_{xxx} + B(u, u_x) \tag{5-232}$$

和
$$u_t = u_{xxx} + A(u, u_x)u_{xx} + B(u, u_x)$$
$$\equiv u_{xxx} + Au_{xx} + B \tag{5-233}$$

的 DDFSS 问题.

注意, 如果 $f_{u_x}(u, u_x) = 0$, DDFSS(5-170) 退化为 FFS(5-17), 所以假定 $f_{u_x}(u, u_x) \neq 0$.

1. 具有 DDFSS 的一般 KdV 方程的归类和严格解

定义 5.5.1 发展向量场

$$V = \eta(t, x, u, \cdots)\frac{\partial}{\partial u} \tag{5-234}$$

叫做方程 (5-232) 的一个 GCS, 如果

$$V^{(3)}(u_t - A(u, u_x)u_{xxx} - B(u, u_x))|_{L \cap W} = 0 \tag{5-235}$$

成立, 其中 L 是方程 (5-232) 的解流形, W 是方程 (5-232) 的三阶方程组, 由不变曲面条件 $\eta = 0$ 及其对 x 的各阶全导数得到, $V^{(3)}$ 是无穷小算子 V 的三阶延拓.

一个重要的事实是: 如果方程 (5-232) 容许 GCS

$$V = [(f_{uu}u_t + f_{uu_x}u_{xt})u_x + (f_{uu_x}u_t + f_{u_xu_x}u_{xt})u_{xx}$$
$$+ f_{u_x}u_{xxt} + f_u u_{xt}]\frac{\partial}{\partial u}, \tag{5-236}$$

则有 DDFSS(5-170), 其中

$$\eta \equiv (f_{uu}u_t + f_{uu_x}u_{xt})u_x + (f_{uu_x}u_t + f_{u_xu_x}u_{xt})u_{xx}$$
$$+ f_{u_x}u_{xxt} + f_u u_{xt}. \tag{5-237}$$

方程 (5-232) 的不变性条件是

$$V^{(3)}(u_t - A(u, u_x)u_{xxx} - B(u, u_x))$$
$$= (D_t\eta\frac{\partial}{\partial u_t} + D_x^3\eta\frac{\partial}{\partial u_{xxx}} + D_x\eta\frac{\partial}{\partial u_x} + \eta\frac{\partial}{\partial u})$$
$$\times (u_t - A(u, u_x)u_{xxx} - B(u, u_x))$$
$$= D_t\eta - (A_u\eta + A_{u_x}D_x\eta)u_{xxx} - A(u, u_x)D_x^3\eta - (B_u\eta + B_{u_x}D_x\eta)$$
$$= D_t\eta = 0, \tag{5-238}$$

其中 η 由 (5-237) 定义.

经过对 (5-238) 进行冗长的计算, 并结合 $D_x^i \eta = 0$ $(i = 0, 1, 2, \cdots)$ 和方程 (5-232), 可得

$$\begin{aligned}
D_t\eta =\ & h_1 + h_2 u_{xx} + h_3 u_{xx}^2 + h_4 u_{xx}^3 + h_5 u_{xx}^4 + h_6 u_{xx}^5 \\
& + (h_7 + h_8 u_{xx} + h_9 u_{xx}^2 + h_{10} u_{xx}^3 + h_{11} u_{xx}^4 + h_{12} u_{xx}^5) u_{xxx} \\
& + (h_{13} + h_{14} u_{xx} + h_{15} u_{xx}^2 + h_{16} u_{xx}^3) u_{xxx}^2 \\
& + (h_{17} + h_{18} u_{xx}) u_{xxx}^3 + [h_{19} + h_{20} u_{xx} + h_{21} u_{xx}^2 + h_{22} u_{xx}^3 \\
& + h_{23} u_{xx}^4 + (h_{24} + h_{25} u_{xx} + h_{26} u_{xx}^2) u_{xxx} + h_{27} u_{xxx}^2] u_{xxxx} \\
& + (h_{28} + h_{29} u_{xx}) u_{xxxx}^2 = 0.
\end{aligned} \tag{5-239}$$

上式可分解成自变量为 u, u_x, 因变量为 $f(u, u_x), A(u, u_x), B(u, u_x)$ 的五阶超定偏微分方程组

$$h_i = h_i(u, u_x) = 0, \quad i = 1, 2, \cdots, 29. \tag{5-240}$$

由于 (5-240) 中 h_i 的具体表达式非常复杂, 这里一并略去.

如果 (5-239) 成立或者偏微分方程组 (5-240) 成立, 那么方程 (5-232) 具有 DDFSS. 求解方程组 (5-240) 时, 首先从 $\{h_k = 0\}$ 中的某些方程, 譬如 $k = 1, \cdots, 12$, 求出包含任意函数的 $f(u, u_x), A(u, u_x), B(u, u_x)$ 的一般表达式, 然后将这些表达式代入 (5-240) 的其余方程以确定这些任意函数. 略去中间过程, 在此直接给出归类结果:

定理 5.5.2 假设 $f_{u_x}(u, u_x) \neq 0$, 那么具有非平凡 DDFSS(5-170) 的任一方程

$$u_t = A(u, u_x) u_{xxx} + B(u, u_x)$$

在平移和标度变换的意义下, 必与下列方程之一等价:

(1)

$$u_t = b_1 u_{xxx} + b_2 u_x + b_3 u + b_4, \tag{5-241}$$

$$f(u, u_x) = \frac{\ln(u_x + c_3 u + c_4)}{c_1} + c_2, \tag{5-242}$$

$$b_4 c_3 - b_3 c_4 = 0;$$

(2)

$$u_t = b_1 u_{xxx} + \frac{b_3 u_x}{c_1^{\frac{3}{2}}} + b_3 u + b_4, \tag{5-243}$$

$$f(u, u_x) = \frac{u_x}{c_1} + c_2; \tag{5-244}$$

(3)

$$u_t = \frac{b_1 u_{xxx} + b_1 c_2{}^2 (c_2 u + c_3)}{u_x + c_2 u + c_3} + b_2 u + b_3, \tag{5-245}$$

$$f(u, u_x) = \frac{\ln(u_x + c_2 u + c_3)}{c_1}; \tag{5-246}$$

(4)

$$u_t = b_1 e^{c_2 c_1 \left(\frac{3}{b_2} + b_2 + \frac{9}{2}\right)} (u_x + c_3)^{b_2} u_{xxx} + \frac{b_3 (u_x + c_3)^{b_2+1}}{b_2 + 1} + b_4, \tag{5-247}$$

$$b_2 \neq -1, b_2 \neq 0,$$

$$f(u, u_x) = \frac{\ln(u_x + c_3)}{c_1} + c_2; \tag{5-248}$$

(5)

$$u_t = b_1 u_x u_{xxx} + b_2 u_x{}^2 + b_3 u^2 + b_4 u + b_5, \tag{5-249}$$

$$f(u, u_x) = \frac{\ln(u_x) + c_2}{c_1}; \tag{5-250}$$

(6)

$$u_t = \frac{b_1 u_{xxx}}{u_x + c_2} + b_2 \ln(u_x + c_2) + b_3 u + b_4, \tag{5-251}$$

$$f(u, u_x) = \frac{\ln(u_x + c_2)}{c_1}; \tag{5-252}$$

(7)

$$u_t = b_1 \left(u_{xxx} - \frac{c_2^2}{b_2 c_1^3}(c_1 b_2 u_x - 1) \right) e^{b_2(c_1 u_x + c_2 u + c_3)}$$
$$+ b_3 e^{b_2(c_2 u + c_1 u_x)} + b_4, \qquad b_2 c_1 \neq 0, \tag{5-253}$$

$$f(u, u_x) = c_1 u_x + c_2 u + c_3, \tag{5-254}$$

其中 b_i, c_i $(i \in Z)$ 为其定义集上的任意常数.

下面给出定理 5.5.2 中所列方程的 (5-170) 形式的 DDFSS 严格解. 寻求 DDFSS 严格解, 首先联立 (5-170) 和定理 5.5.2 中任一种情形的 $f(u, u_x)$ 表达式, 从中解出 u 的一般表达式; 然后将其代入定理 5.5.2 中对应的方程以确定函数 $a(x), b(t)$ 和积分函数 $s(t)$. 一般地, 函数 $a(x), b(t)$ 和积分函数 $s(t)$ 满足某些常微分方程组, 所以原方程具有丰富的解. 以下给出定理 5.5.2 中所得模型的 DDFSS 严格解, 如无指明, $c_i, b_i\ (i \in Z), \alpha, \beta, \gamma$ 为其定义集上的任意常数.

例 5.5.19 对线性方程 (5-241), 其中 $b_4 c_3 - b_3 c_4 = 0$, 考察两个特殊情形:

(i) 若 $c_3 \neq 0$, 方程 (5-241) 的严格解 DDFSS 为

$$u = \frac{\alpha}{c_3{}^2(b_2 + b_1 c_3{}^2)}\left[\exp\left(-2c_3 x - (-2b_3 + c_3(b_2 + b_1 c_3{}^2))t\right.\right.$$
$$\left.\left. + c_3{}^2(b_2 + b_1 c_3{}^2)\int e^{c_3 x + c_1 a(x)}\mathrm{d}x + c_1(b_1 - c_2) + \beta\right)\right] - \frac{c_4}{c_3},$$

其中 $a(x)$ 满足

$$b_1(c_1^2(a')^3 + 3c_1 a' a'' + a''') + b_2 a' = 0;$$

(ii) 若 $c_3 = 0, c_4 = 0$, 解为

$$u = \exp((b_3 + \alpha e^{c_2 c_1})t + c_1(b_1 - c_2))\left(\int e^{c_1 a(x)}\mathrm{d}x + \frac{\beta}{\alpha}\right)$$
$$+ \gamma e^{b_3 t} - \frac{b_4}{b_3},$$

其中 $a(x)$ 满足

$$b_1 c_1 [c_1^2(a')^3 + 3c_1 a' a'' + a'''] + b_2 c_1 a' - \alpha e^{c_1 c_2} = 0.$$

例 5.5.20 线性方程 (5-243) 具有下列两分离解

(i) 若 $b_3 \neq 0$, 方程 (5-243) 的 DDFSS 为

$$u = \left(c_1 b_1 e^{b_3 t} - \frac{\alpha}{\sqrt{c_1} b_3}\right) x + \left(\frac{b_1 b_3 t}{\sqrt{c_1}} + \gamma\right) e^{b_3 t}$$
$$+ c_1 \int a(x)\mathrm{d}x + \frac{1}{b_3}\left(-b_4 + \frac{\alpha}{c_1{}^2} - \frac{\beta}{\sqrt{c_1}}\right),$$

其中 $a(x)$ 满足

$$\alpha - b_3 a' - c_1^{\frac{3}{2}}(b_1 a''' + b_3 a) = 0;$$

(ii) 若 $b_3 = 0$, 方程 (5-243) 的 DDFSS 为

$$u = \frac{\alpha x^4}{24 b_1 \sqrt{c_1}} + \frac{\beta x^3}{6 b_1 \sqrt{c_1}} + \frac{1}{2} a_1 c_1 x^2 + \left[\frac{\alpha t}{\sqrt{c_1}} + c_1(b_1 - c_2 + a_2)\right] x$$
$$+ \left(b_4 + \frac{\beta}{\sqrt{c_1}}\right) t + \gamma.$$

例 5.5.21 方程 (5-245) 具有下列 DDFSS:

(i) $c_2 b_2 \neq 0$,
$$u = -\frac{c_3}{c_2} + \left(\frac{(e^{b_2(t+b_1)} - \alpha) \int e^{c_2 x + c_1 a(x)} dx}{b_2} + \gamma e^{t b_2} - \frac{\beta}{b_2} \right) e^{-c_2 x},$$

其中 $a(x)$ 满足
$$b_1 \left[-c_1 a''' - c_1^2 c_2 (a')^2 - c_1 (2 c_1 a'' - c_2^2) a' - c_2^3 \right]$$
$$+ b_2 c_3 - b_3 c_2 + \alpha e^{c_1 a} = 0;$$

(ii) $c_2 \neq 0$, $b_2 = 0$,
$$u = e^{-c_2 x} \left(\alpha(t + b_1) \int e^{c_2 x + c_1 a(x)} dx + \beta t + \gamma \right) - \frac{c_3}{c_2},$$

其中 $a(x)$ 满足
$$b_1 \left[c_1^2 c_2 (a')^2 + c_1 a''' + c_1 (2 c_1 a'' - c_2^2) a' + c_2^3 \right] - \alpha e^{c_1 a} + b_3 c_2 = 0;$$

(iii) $c_2 = 0$, $b_2 \neq 0$,
$$u = \frac{(e^{b_2(t+b_1)} - \alpha) \int e^{c_1 a(x)} dx}{b_2} - c_3 x + \gamma e^{b_2 t} - \frac{b_3 + \beta}{b_2},$$

其中 $a(x)$ 满足
$$\alpha e^{c_1 a} - b_1 c_1 (2 c_1 a' a'' + a''') + b_2 c_3 = 0;$$

(iv) $c_2 = 0$, $b_2 = 0$,
$$u = \alpha(t + b_1) \int e^{c_1 a(x)} dx - c_3 x + (b_3 + \beta) t + \gamma,$$

其中 $a(x)$ 满足
$$\alpha e^{c_1 a} - b_1 c_1 (2 c_1 a' a'' + a''') = 0.$$

例 5.5.22 方程 (5-247) 有下述两个 DDFSS
$$u = \left(-\frac{c_1 (b_2 + 1)}{\alpha b_2 (t + b_1)} \right)^{\frac{1}{b_2}} \left(\int e^{c_1 a(x)} dx + \frac{\beta}{\alpha} \right) + b_4 t - c_3 x + \gamma,$$

其中 $a(x)$ 满足
$$c_1 b_3 a' e^{c_1 b_2} + c_1 b_1 \left(c_1^2 (b_2 + 1)(a')^3 + c_1 (b_2 + 3) a'' a' + a''' \right)$$
$$\times \exp \left(c_1 b_2 a + c_2 c_1 \left(b_2 + \frac{9}{2} + \frac{3}{b_2} \right) \right) - \frac{\alpha}{c_1 (b_2 + 1)} = 0$$

和
$$u = \left(\frac{\beta e^{c_1(b_2+1)(b_1-c_2)}}{c_1(b_2+1)} + b_4\right)t + e^{c_1(b_1-c_2)}\int e^{c_1 a(x)}\mathrm{d}x - c_3 x + \gamma,$$

其中 $a(x)$ 满足

$$c_1^2 b_1(b_2+1)\left(a'' + c_1(a')^2\right)\exp\left(c_1(b_2+1)a + \frac{c_2 c_1}{2b_2}(2b_2^2+9b_2+6)\right)$$
$$+c_1 b_3 \exp\left(c_1(b_2+1)a\right) - \beta = 0.$$

例 5.5.23 方程 (5-249) 的 DDFSS 如下给出：

(i) $b_3 = 0$, $b_4 \neq 0$,

$$u = \frac{1}{b_4\alpha(\alpha e^{2b_4(t+b_1)} - 1)}\Big[(2b_5\alpha^2 + \beta b_4^2)e^{b_4(t+b_1)} - b_5\alpha + \gamma b_4\alpha e^{b_4 t}$$
$$-b_4^2\alpha e^{b_4(t+b_1)}(\alpha e^{b_4(t+b_1)} - 1)\int e^{c_1 a(x)-c_2}\mathrm{d}x + \gamma\alpha^3 b_4 e^{b_4(3t+2b_1)}$$
$$-\alpha(b_5\alpha^2 + \beta b_4^2)e^{2b_4(t+b_1)} - 2\gamma\alpha^2 b_4 e^{b_4(2t+b_1)}\Big],$$

其中 $a(x)$ 满足

$$c_1[2b_1 c_1^2 (a')^3 + 2a'(2b_1 c_1 a'' + b_2) + b_1 a'''] - \alpha e^{-c_1 a + c_2} = 0;$$

(ii) $b_3 = 0$, $b_4 = 0$,

$$u = -\frac{\alpha\int e^{c_1 a(x)-c_2}\mathrm{d}x + \beta}{\alpha^2(t+b_1)} + b_5 t + \gamma,$$

其中 $a(x)$ 满足

$$c_1[2b_1 c_1^2 (a')^3 + 2a'(2b_1 c_1 a'' + b_2) + b_1 a'''] - \alpha e^{-c_1 a + c_2} = 0;$$

(iii) $b_3 \neq 0$,

$$u = \left(\int e^{c_1 a(x)-c_2}\mathrm{d}x - \frac{\alpha}{2b_3}\right)e^{c_1 b(t)} + \frac{c_1 b'(t) - b_4}{2b_3},$$

其中 $a(x)$ 和 $b(t)$ 满足下述常微分方程

$$(-\alpha^2 - 4\beta b_3)e^{2c_2 - 2c_1 a} + b_1^2 c_1^2 (a''')^2 + 16 b_1^2 c_1^4 (a')^2 (a'')^2 + 4b_3 b_2$$
$$+4b_1 c_1^2 [c_1 b_1(c_1(a')^2 + 2a'') + b_2]a' a''' + 4c_1^2 (b_3 b_1 + b_2^2)(a')^2$$
$$+4b_1 c_1 [4b_1(a')^4 c_1^4 + 4b_2 c_1^2 (a')^2 + b_3]a'' + 4c_1^4 b_1 [b_1 c_1^2 (a')^2 + 2b_2](a')^4 = 0,$$
$$(4\beta b_3 + \alpha^2)e^{2c_1 b} - 2c_1 b'' + c_1^2 (b')^2 - b_4^2 + 4b_5 b_3 = 0.$$

例 5.5.24 方程 (5-251) 的显式 DDFSS 形式如下：

(i) $b_3 \neq 0$,
$$u = \frac{e^{b_3(t+b_1)} - \alpha}{b_3 \alpha} \left[\alpha \int e^{c_1 a(x)} \mathrm{d}x + b_2 \ln(-e^{b_3 b_1} + \alpha e^{-b_3 t}) \right]$$
$$+ \gamma e^{b_3 t} - b_2 t - c_2 x + \frac{b_2 \ln b_3 - \beta - b_4 + i b_2 \pi}{b_3},$$

其中 $a(x)$ 满足
$$\alpha e^{c_1 a} - b_1 c_1 a''' - c_1 (2 b_1 c_1 a'' + b_2) a' + b_3 c_2 = 0;$$

(ii) $b_3 = 0$,
$$u = (t + b_1) \left[\alpha \int e^{c_1 a(x)} \mathrm{d}x + b_2 \ln(\alpha(t + b_1)) \right]$$
$$+ (b_4 + \beta - b_2) t + \gamma - b_2 b_1 - c_2 x,$$

其中 $a(x)$ 满足
$$\alpha e^{c_1 a} - b_1 c_1 a''' - c_1 (2 b_1 c_1 a'' + b_2) a' = 0.$$

例 5.5.25 列出方程 (5-253) 的三个 DDFSS：

(i) $c_2 b_4 \neq 0$,
$$u = b_4 t - \frac{c_3}{c_2} + \frac{b_1 b_4}{c_1^2} - \frac{1}{c_2 b_2} \ln\left(-1 + \alpha\, e^{b_4 c_2 b_2 \left(t + \frac{b_1}{c_1^2}\right)}\right)$$
$$+ e^{-\frac{c_2 x}{c_1}} \left[\frac{1}{c_1} \int e^{\frac{c_2 x}{c_1}} a(x) \mathrm{d}x + \gamma \right] + \frac{\ln(b_4 c_1 c_2 b_2)}{c_2 b_2},$$

其中 $a(x)$ 满足
$$\left[b_1 c_1 c_2 b_2 (c_1 a'' - c_2 a') + c_2^3 b_1 + c_1^3 c_2 b_2 b_3 e^{-b_2 c_3} \right] e^{b_2 a} + c_1^2 \alpha = 0;$$

(ii) $c_2 \neq 0$, $b_4 = 0$,
$$u = \frac{1}{c_2 b_1} \ln \frac{c_1^3}{\alpha(c_1^2 t + b_1)} - \frac{c_3}{c_2} + \left[\frac{1}{c_1} \int e^{\frac{c_2 x}{c_1}} a(x) \mathrm{d}x + \gamma \right] e^{-\frac{c_2 x}{c_1}},$$

其中 $a(x)$ 满足
$$\left[c_1 c_2 b_1 b_2 (c_1 a'' - c_2 a') + c_2^3 b_1 + c_1^3 c_2 b_2 b_3 e^{-b_2 c_3} \right] e^{b_2 a} + c_1^2 \alpha = 0;$$

(iii) $c_2 = 0$,
$$u = -\frac{\beta + \alpha x}{\alpha b_2 c_1} \ln\left(t + \frac{b_1}{c_1^2}\right) - \frac{b_2 c_3 + \ln(-\alpha)}{c_1 b_2} x + \gamma + \frac{1}{c_1} \int a(x) \mathrm{d}x + b_4 t,$$

其中 $a(x)$ 满足
$$b_2 \left[b_1 a'' + c_1 b_3 e^{-b_2 c_3} \right] e^{b_2 a} - \beta - \alpha x = 0.$$

2. 具有 DDFSS 的一般 KdV 型方程的归类和严格解

定义 5.5.2 发展向量场

$$V = \eta(t, x, u, \cdots)\frac{\partial}{\partial u} \tag{5-255}$$

是方程 (5-233) 的 GCS, 如果

$$V^{(3)}(u_t - u_{xxx} - Au_{xx} - B)|_{L \cap W} = 0, \tag{5-256}$$

其中 L 是方程 (5-233) 的解流形, W 是方程组

$$D_x^i \eta = 0, \qquad i = 0, 1, 2, \cdots, \tag{5-257}$$

即不变曲面条件 $\eta = 0$ 及其对 x 的各阶全导数, $V^{(3)}$ 是无穷小算子 V 的三阶延长.

一个有用的结论是: 如果方程 (5-233) 具有 GCS

$$V = \eta\frac{\partial}{\partial u}, \tag{5-258}$$

其中

$$\eta \equiv (f_{uu}u_t + f_{uv}u_{xt})v + (f_{uv}u_t + f_{vv}u_{xt})u_{xx} + f_v u_{xxt} + f_u u_{xt}, \tag{5-259}$$

那么方程 (5-233) 具有 DDFSS(5-170).

方程 (5-233) 的不变条件为

$$\begin{aligned}
&V^{(3)}(u_t - u_{xxx} - Au_{xx} - B) \\
&= \left(D_t\eta\frac{\partial}{\partial u_t} + D_x^3\eta\frac{\partial}{\partial u_{xxx}} + D_x^2\eta\frac{\partial}{\partial u_{xx}} + D_x\eta\frac{\partial}{\partial u_x} + \eta\frac{\partial}{\partial u}\right) \\
&\quad \times (u_t - u_{xxx} - Au_{xx} - B) \\
&= D_t\eta - D_x^3\eta - (A_u\eta + A_v D_x\eta)u_{xx} - AD_x^2\eta - (B_u\eta + B_v D_x\eta) \\
&= D_t\eta = 0,
\end{aligned} \tag{5-260}$$

其中 η 由 (5-259) 给定.

利用 $D_x^i\eta = 0$ $(i = 0, 1, 2, \cdots)$ 和方程 (5-233), 经过对 (5-260) 冗长的计算, 可得

$$\begin{aligned}
D_t\eta = &h_1 + h_2 u_{xx} + h_3 u_{xx}^2 + h_4 u_{xx}^3 + h_5 u_{xx}^4 + h_6 u_{xx}^5 + h_7 u_{xx}^6 \\
&+ (h_8 + h_9 u_{xx} + h_{10} u_{xx}^2 + h_{11} u_{xx}^3 + h_{12} u_{xx}^4)u_{xxx} \\
&+ (h_{13} + h_{14} u_{xx} + h_{15} u_{xx}^2)u_{xxx}^2 + h_{16} u_{xxx}^3 \\
&+ [h_{17} + h_{18} u_{xx} + h_{19} u_{xx}^2 + h_{20} u_{xx}^3 + h_{21} u_{xx}^4 \\
&+ (h_{22} + h_{23} u_{xx} + h_{24} u_{xx}^2)u_{xxx} + h_{25} u_{xxx}^2]u_{xxxx} \\
&+ (h_{26} + h_{25} u_{xx})u_{xxxx}^2 = 0.
\end{aligned} \tag{5-261}$$

表达式 (5-261) 为零要求 f, A 和 B 满足下列关于 u 和 v 的五阶超定偏微分方程组：

$$h_i = h_i(u,v) = 0, \qquad i = 1, 2, \cdots, 26. \tag{5-262}$$

由于 h_i 的具体表达式较繁，将其简化的等价形式置于附录 B.

如果 (5-261) 成立，那么方程 (5-233) 具有 DDFSS(5-170)，亦即偏微分方程组 (5-262) 成立. 为了求解方程组 (5-262)，首先从附录 B 中某些 h_i 求出包含任意函数的 f, A 和 B 的表示式，然后把所得结果代入 (5-262) 的其余方程以固定待定函数. 历经繁复的计算分析可以得到以下结果：

定理 5.5.3 假定 $f_v \neq 0$，具有非平凡 DDFSS(5-170) 的形为

$$u_t = u_{xxx} + Au_{xx} + B$$

的任一方程必与下列方程之一等价：

(1)
$$u_t = u_{xxx} + a_1 u_{xx} + b_1 v + b_2 u + b_3, \tag{5-263}$$

$$f = \frac{\ln v}{c_1} + c_4; \tag{5-264}$$

(2)
$$u_t = u_{xxx} + \left(\frac{3g_{uu}v}{g_u} + c_2\right) u_{xx} + \frac{(g_{uuu}v + c_2 g_{uu})v^2}{g_u} + c_1 u_x, \tag{5-265}$$

$$f = g_u(u)v + c_3 g(u) + c_4; \tag{5-266}$$

(3)
$$u_t = u_{xxx} + \left(\frac{3g_{uu}v}{g_u} + a_1\right) u_{xx} + b_1 v$$
$$+ \frac{g_{uuu}v^3 + a_1 g_{uu}v^2 + b_2 c_2 g(u) + b_2 c_3}{g_u}, \tag{5-267}$$

$$f = \frac{\ln(g_u(u)v + c_2 g(u) + c_3)}{c_1}, \tag{5-268}$$

其中 $g(u)$ 是任意阶可微函数，a_i, b_i, $c_i (i \in Z)$ 是其有定义区间的任意常数.

下面寻求定理 5.5.3 中所得方程的 DDFSS 严格解. 为此先从 (5-170) 和定理 5.5.3 中对应的 f 的表示式中求出 u，然后将其代入定理 5.5.3 中对应的方程并设法将所得结果分解为确定 $a(x)$, $b(t)$ 及某些积分函数的常微分方程组. 这些方程具有丰富的严格解在于解中包含有任意阶可微函数 $g(u)$. 以下列出定理 5.5.3 中所有模型的 DDFSS，其中如无特别说明，$a_i, b_i, c_i(i \in Z), \alpha, \beta$ 和 γ 在其有定义区间上均为任意常数.

5.5 导数相关泛函分离变量解

例 5.5.26 线性方程 (5-263) 结合 (5-264) 的形为 (5-170) 的 DDFSS 为

(i) $b_2 \neq 0$,

对于这种情形, 得到两个 DDFSS

$$u = c_3 e^{b_2 t} + \left(\int e^{c_1 a(x)} \mathrm{d}x + \frac{\beta}{\alpha}\right) e^{(b_2+\alpha)t + c_1(c_2 - c_4)} - \frac{b_3}{b_2},$$

其中 $a(x)$ 满足

$$c_1 a''' + c_1(3c_1 a' + a_1)a'' + c_1 a'(c_1^2(a')^2 + a_1 c_1 a' + b_1) = \alpha$$

和

$$u = e^{b_2 t}\left[c_3 + e^{c_1 c_2 - c_4 c_1}\left(\int e^{c_1 a(x)} \mathrm{d}x + \beta t\right)\right] - \frac{b_3}{b_2},$$

其中 $a(x)$ 满足

$$[c_1 a'' + c_1^2 (a')^2 + b_1 + a_1 c_1 a'] e^{c_1 a} - \beta = 0;$$

(ii) $b_2 = 0$,

相应的两个 DDFSS 为

$$u = \left(\int e^{c_1 a(x)} \mathrm{d}x + \frac{\beta}{\alpha}\right) e^{\alpha t + c_1(c_2 - c_4)} + b_3 t + c_3,$$

其中 $a(x)$ 满足

$$c_1 a''' + c_1(3_1^c a' + a_1)a'' + c_1 a'(c_1^2(a')^2 + a_1 c_1 a' + b_1) = \alpha$$

和

$$u = e^{c_1(c_2 - c_4)}\left(\int e^{c_1 a(x)} \mathrm{d}x + \beta t\right) + b_3 t + c_3,$$

其中 $a(x)$ 满足

$$(c_1 a'' + c_1^2(a')^2 + b_1 + a_1 c_1 a') e^{c_1 a} - \beta = 0.$$

例 5.5.27 方程 (5-265) 的两个 DDFSS 由下式隐式确定:

(i) $c_3 \neq 0$,

$$g(u) = a_1 e^{c_3(c_2 c_3 - c_1 - c_3^2)t - c_3 x} + a_2 \exp\left\{-\frac{c_2 + \sqrt{c_2^2 - 4c_1}}{2}x\right\}$$

$$+ a_3 \exp\left\{\frac{\sqrt{c_2^2 - 4c_1} - c_2}{2}x\right\} + a_4, \qquad (5\text{-}269)$$

其中 $g(u)$ 是任意可微函数.

(ii) $c_3 = 0$,

$$g(u) = \exp\left\{\frac{\sqrt{c_2^2 - 4c_1} - c_2}{2}x\right\} + a_2\exp\left\{-\frac{c_2 + \sqrt{c_2^2 - 4c_1}}{2}x\right\}$$
$$+ \frac{1}{2}c_1\alpha t^2 + (\alpha x - \beta)t + \frac{\alpha x^2}{2c_1} - \frac{c_2\alpha + c_1\beta}{c_1^2}x + a_3, \tag{5-270}$$

其中 $g(u)$ 是任意可微函数.

通过选择任意函数 $g(u)$ 可以得到有趣的描述共振孤波解现象的某类模型. 例如对于特殊模型

$$u_t = u_{xxx} + 6\tan(u)u_x u_{xx} + 2(1 + 3\tan(u))u_x^3 - u_x, \tag{5-271}$$

它是

$$g(u) = \tan(u),\ c_2 = 0,\ c_1 = -1 \tag{5-272}$$

时 (5-265) 的特殊情形. 该模型存在两种类型的共振扭结孤波解

$$u = \arctan\left\{a_1\exp[c_3(1 - c_3^2)t - c_3 x] + a_2 e^x + a_3 e^{-x} + a_4\right\} \tag{5-273}$$

和

$$u = \arctan\left\{a_1 e^x + a_2 e^{-x} + (x - t)[a_3(x - t) - a_4] + a_5\right\}. \tag{5-274}$$

解 (5-273) 表现了扭结型孤波的裂变 ($c_3^2 > 1$) 和聚变 ($c_3^2 < 1$) 现象. 图 5-3 描绘了典型的孤波裂变解 (5-273), 其中

$$a_1 = -1,\ a_2 = \frac{1}{2},\ a_3 = a_4 = 0,\ c_3 = 2. \tag{5-275}$$

图 5-4 描绘了典型的孤波聚变解 (5-273), 其中

$$a_1 = -1,\ a_2 = \frac{1}{2},\ a_3 = a_4 = 0,\ c_3 = \frac{1}{2}. \tag{5-276}$$

从图 5-3 可以看出, 当 (5-275) 时的解 (5-273), 一个扭结型孤波分裂成两个扭结型孤波. 而从图 5-4 可见, 当参数取值 (5-276) 时, 相互作用前是两个扭结型孤波, 相互作用后聚变成一个孤波.

解 (5-274) 反映了扭结 ($a_3 = a_4 = 0$) 和反扭结 ($a_1 = a_2 = 0$) 共振解的边界状态. 图 5-5 表现了方型孤波解 (5-274) 的结构 (扭结 - 反扭结边界状态), 其中

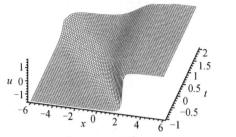
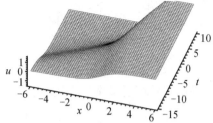

图 5-3 条件 (5-275) 下典型的扭结型孤波裂变解 (5-273)

图 5-4 条件 (5-276) 下典型的扭结型孤波聚变解 (5-273)

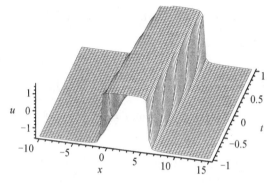

图 5-5 条件 (5-277) 下的方形孤波角 (扭结-反扭结边界状态)(5-274)

$$a_1 = 0, \ a_2 = 0, \ a_3 = -2, \ a_4 = -14, \ a_5 = 0. \tag{5-277}$$

方型孤波在其他物理系统也存在, 譬如立方五次复 Ginzburg-Landau 系统[10].

例 5.5.28 方程 (5-267) 具有下列 DDFSS:

(i) $c_2\alpha \neq 0$,

$$g(u) = -\frac{c_3}{c_2} + \left[e^{\alpha t + c_4 c_1}\left(\int e^{c_2 x + c_1 a(x)} \mathrm{d}x + \frac{\beta}{\alpha}\right) - c_5\right]$$
$$\times e^{-c_2(c_2{}^2 - a_1 c_2 - b_2 + b_1)t - c_2 x},$$

其中 $a(x)$ 满足

$$c_1(3c_1 a' + a_1)a'' + c_1 a'[c_1 a'(c_1 a' + a_1) + b_1] + c_1 a'''$$
$$+ c_2(c_2^2 - a_1 c_2 + b_1) - \alpha = 0;$$

(ii) $c_2 \neq 0, \ \alpha = 0$,

$$g(u) = -\frac{c_3}{c_2} + \left[e^{c_4 c_1}\left(\int e^{c_2 x + c_1 a(x)} \mathrm{d}x + \beta t\right) - c_5\right]$$
$$\times e^{-c_2(c_2^2 - a_1 c_2 - b_2 + b_1)t - c_2 x},$$

其中 $a(x)$ 满足

$$c_1 a''' + c_1(3c_1 a' + a_1)a'' + c_1 a'[c_1 a'(c_1 a' + a_1) + b_1]$$
$$+ c_2(c_2^2 - a_1 c_2 + b_1) = 0;$$

(iii) $c_2 = 0$, $\alpha \neq 0$,

$$g(u) = \left[\int e^{c_1 a(x)} dx + \frac{\beta}{\alpha c_1}\right] e^{c_1(\alpha t + c_4)} + c_3((b_2 - b_1)t - x) - c_5,$$

其中 $a(x)$ 满足

$$a''' + (3c_1 a' + a_1)a'' + [c_1 a'(c_1 a' + a_1) + b_1]a' = \alpha;$$

(iv) $c_2 = 0$, $b_1 \neq 0$, $\alpha = 0$,

$$g(u) = \frac{c_1 \beta x e^{(\alpha t + c_4)}}{b_1} + (e^{c_4 c_1} \beta + c_3(b_2 - b_1))t - c_5 - c_3 x$$
$$+ \frac{c_1 c_7(-a_1 + \sqrt{a_1^2 - 4b_1})e^{c_1(\alpha t + c_4) - \frac{1}{2}(a_1 + \sqrt{a_1^2 - 4b_1})x}}{2b_1\sqrt{a_1^2 - 4b_1}}$$
$$+ \frac{c_1 c_6(a_1 + \sqrt{a_1^2 - 4b_1})e^{c_1(\alpha t + c_4) + \frac{1}{2}(-a_1 + \sqrt{a_1^2 - 4b_1})x}}{2b_1\sqrt{a_1^2 - 4b_1}};$$

(v) $c_2 = 0$, $a_1 \neq 0$, $b_1 = 0$, $\alpha = 0$,

$$g(u) = e^{c_4 c_1}\left[\beta t - \frac{\beta + a_1\left(c_1 c_7 - \frac{1}{2}\beta x\right)}{a_1^2} x e^{c_1 \alpha t} - \frac{c_6 c_1}{a_1^2} e^{c_1 \alpha t - a_1 x}\right]$$
$$+ c_3(b_2 - b_1)t - c_5 - c_3 x;$$

(vi) $c_2 = 0$, $a_1 = 0$, $b_1 = 0$, $\alpha = 0$,

$$g(u) = -c_5 - c_3 x + \frac{1}{6}\left[\beta x^2 - 3c_1 c_6 x + 6c_1 c_7\right] x e^{c_1(\alpha t + c_4)}$$
$$+ [\beta e^{c_4 c_1} + c_3(b_2 - b_1)]t,$$

其中 $g(u)$ 是自变量 u 的任意可微函数. 任给函数 $g(u)$, 可得相应方程的解 DDFSS.

5.5.3 一般非线性波动方程的 DDFSS 归类和求解

本小节致力于一般非线性波动方程

$$u_{tt} = A(u, u_x)u_{xx} + B(u, u_x, u_t), \quad A(u, u_x) \neq 0 \tag{5-278}$$

的 DDFSS 问题.

1. 具有 DDFSS 的一般非线性波动方程的归类

对于 DDFSS, 类似于讨论 FSS, (5-85) 应由下式代替

$$V^{(2)}(u_{tt} - A(u,u_x)u_{xx} - B(u,u_x,u_t))|_{L\cap W}$$
$$= [D_t^2 \eta - B_{u_t} D_t \eta]|_{L\cap W}$$
$$= [(h_1 u_{xt} + h_{18})u_{xx} + h_2 u_{xt} + h_3]u_{xxx} + h_4 u_{xx}^4 + h_5 u_{xt}^3$$
$$+ (h_6 u_{xt} + h_7)u_{xx}^3 + h_8 u_{xt} + h_9 u_{xt}^2 + h_{17}$$
$$+ (h_{10} u_{xt}^3 + h_{11} u_{xt}^2 + h_{12} u_{xt} + h_{13})u_{xx}$$
$$+ (h_{14} u_{xt} + h_{15} u_{xt}^2 + h_{16})u_{xx}^2, \tag{5-279}$$

其中 $h_i \equiv h_i(u, u_x, u_t)$ $(i = 1, \cdots, 18)$ 是包含 $f(u,u_x), A(u,u_x), B(u,u_x,u_t)$ 及其关于 u, u_x, u_t 偏导数的复杂函数.

式 (5-279) 必须为零要求 $f(u,u_x), A(u,u_x), B(u,u_x,u_t)$ 满足下列偏微分方程组:

$$h_i = h_i(u, u_x) = 0, \ i = 1, 2, \cdots, 18. \tag{5-280}$$

由于 h_i 的表示式很长, 将其列于附录 C.

通过偏微分方程组 (5-280) 求解 $f(u,u_x), A(u,u_x,u_t)$ 和 $B(u,u_x,u_t)$, 得到具有 DDFSS 的一般非线性波动方程的完全坐标形式的归类, 结果列于定理 5.5.4. 为了导出所得方程的严格解, 首先联立 $f(u,u_x) = a(x) + b(t)$ 和定理 5.5.4 中某一 $f(u,u_x)$ 的表达式求出 u, 然后将其代入相应方程后分解为关于 $a(x)$ 和 $b(t)$ 的二维动力系统, 最后通过求解该动力系统得到 DDFSS.

定理 5.5.4 (归类定理) 假定在 (5-4) 中 $f_{u_x}(u,u_x) \neq 0$, 方程

$$u_{tt} = A(u,u_x)u_{xx} + B(u,u_x,u_t), \quad A(u,u_x) \neq 0$$

具有 (5-4) 形式的非平凡 DDFSS, 当且仅当它在关于 u 的平移和标度变换意义下与下列方程之一等价:

(1)

$$u_{tt} = u_{xx} + b_1, \tag{5-281}$$

$$f(u_x) = \operatorname{arcsinh}(\tan(u_x + c_1)); \tag{5-282}$$

(2)

$$u_{tt} = e^{u_x + c_1 u} u_{xx} + (c_1 u_x + b_1) e^{u_x + c_1 u} + b_2 u_t + b_3, \tag{5-283}$$

$$f(u,u_x) = u_x + c_1 u; \tag{5-284}$$

(3)
$$u_{tt} = \frac{a_1 u_{xx}}{c_3 e^{c_1 u_x} + c_2} + b_1, \tag{5-285}$$

$$f(u, u_x) = \ln(c_3 e^{c_1 u_x} + c_2); \tag{5-286}$$

(4)
$$u_{tt} = \frac{u_{xx}}{u_x} + b_1 \ln(u_x) + b_2 u_t - b_3 u + b_4, \tag{5-287}$$

$$f(u_x) = \ln(u_x); \tag{5-288}$$

(5)
$$u_{tt} = \frac{u_{xx}}{u_x + 1} + b_1 \ln(u_x + 1) + b_2 u_t - b_3 u + b_4, \tag{5-289}$$

$$f(u_x) = \ln(u_x + 1); \tag{5-290}$$

(6)
$$u_{tt} = \frac{e^{c_1 u} u_{xx}}{u_x + 1} - (c_1 u_x - b_1) e^{c_1 u} + c_1 u_t^2 + b_2 u_t + b_3, \tag{5-291}$$

$$f(u, u_x) = \ln(u_x + 1) - c_1 u; \tag{5-292}$$

(7)
$$u_{tt} = \frac{(a_1 + a_2 u) u_{xx}}{u_x^2} - 2a_2 \ln(u_x) + b_1 u_t - b_2 u + b_3, \tag{5-293}$$

$$f(u_x) = \ln(u_x); \tag{5-294}$$

(8) $\alpha \neq -1, 0$,
$$u_{tt} = u_x^\alpha u_{xx} + b_1 u_x^{\alpha+1} + b_2 u_t - b_3 u + b_4, \tag{5-295}$$
$$f(u_x) = \ln(u_x); \tag{5-296}$$

(9) $\alpha \neq -2$,
$$u_{tt} = (u + \alpha) u_x^\alpha u_{xx} - \frac{2}{\alpha + 2} u_x^{\alpha+2} + b_1 u_t - b_2 u - b_3, \tag{5-297}$$
$$f(u_x) = \ln(u_x); \tag{5-298}$$

(10) $\alpha \neq -1$,

$$u_{tt} = \frac{(-c_1(\alpha+1)u_x{}^2 + (b_1 - c_1\alpha)u_x + b_1 + c_1)(u_x+1)^\alpha}{(\alpha+1)e^{\alpha c_1 u}}$$
$$+ \frac{(u_x+1)^\alpha u_{xx}}{e^{\alpha c_1 u}} + c_1 u_t{}^2 + b_2 u_t + b_3, \tag{5-299}$$
$$f(u, u_x) = \ln(u_x + 1) - c_1 u; \tag{5-300}$$

(11) $(\alpha+1)(\alpha+2) \neq 0$,

$$u_{tt} = \frac{(u_x+1)^\alpha}{e^{a_1 u}} \left[u_{xx} - \frac{a_1(\alpha u_x{}^2 + (\alpha-1)u_x - 1)}{(\alpha+1)(\alpha+2)} \right]$$
$$+ \frac{a_1}{\alpha+1} u_t{}^2 + b_1 u_t + b_2, \tag{5-301}$$
$$f(u, u_x) = \ln(u_x + 1) - \frac{a_1 u}{\alpha+1}; \tag{5-302}$$

(12)

$$u_{tt} = -\frac{2a_1 u_x^2 - (a_1 u + a_2)[(b_2 - a_1 a_3)u_x + b_2 a_3(a_1 u + a_2)]}{u_x + a_3(a_1 u + a_2)}$$
$$+ \frac{(a_1 u + a_2)u_{xx}}{u_x + a_3(a_1 u + a_2)} + b_1 u_t, \tag{5-303}$$
$$f(u, u_x) = -\ln[u_x + a_3(a_1 u + a_2)]; \tag{5-304}$$

(13) $\alpha \neq -1$, $-b_2 c_2 + b_4 c_1 = 0$,

$$u_{tt} = -\frac{c_3[(c_1(\alpha+1) - b_1)(c_1 u + c_2) - b_1 u_x](u_x + c_1 u + c_2)^\alpha}{\alpha+1}$$
$$+ c_3(u_x + c_1 u + c_2)^\alpha u_{xx} + b_2 u + b_3 u_t + b_4, \tag{5-305}$$
$$f(u, u_x) = \ln(u_x + c_1 u + c_2); \tag{5-306}$$

(14)

$$u_{tt}(a_1 u + a_2)u_x u_{xx} - \frac{2}{3} a_1 u_x^3 + \frac{1}{3} a_1 b_1 u^3 + a_2 b_1 u^2 + b_2 u_t + b_3 u + b_4, \tag{5-307}$$

$$f(u, u_x) = \ln(u_x); \tag{5-308}$$

(15)

$$u_{tt} = \sec^2(u)(a_1 u_x u_{xx} + a_1 \tan(u) u_x^3 + b_1 u_x^2) - 2\tan(u) u_t^2$$
$$+ (b_5 - b_2)\cos^2(u) + b_2 + b_3 u_t + b_4 \sin(2u), \tag{5-309}$$
$$f(u, u_x) = \ln(u_x) - 2\ln(\cos(u)); \tag{5-310}$$

(16)
$$u_{tt} = -\frac{1}{3}a_1 c_1 (u+a_2)[2u_x^2 + c_1(u+a_2)(u_x + c_1(u+a_2)) + b_1]$$
$$+ a_1(u+a_2)(u_x + c_1(u+a_2))u_{xx} + b_2 u_t - \frac{2}{3}a_1 u_x^3, \qquad (5\text{-}311)$$
$$f(u, u_x) = \ln(u_x + c_1(u+a_2)); \qquad (5\text{-}312)$$

(17) $|c_1|^2 + |c_2|^2 \neq 0$,
$$u_{tt} = a_1(u_x + c_1 u + c_2)^2 u_{xx} + b_2 u_t + b_1(c_1 u + c_2)$$
$$+ \frac{1}{12} a_1 c_1 [7u_x - 5(c_1 u + c_2)](u_x + c_1 u + c_2)^2, \qquad (5\text{-}313)$$
$$f(u, u_x) = \ln(u_x + c_1 u + c_2); \qquad (5\text{-}314)$$

(18) $|c_1|^2 + |c_2|^2 \neq 0$,
$$u_{tt} = -\frac{1}{4}a_1[2u_x^2 - c_1(u+a_2)u_x + c_1^2(u+a_2)^2](u_x + c_1(u+a_2))^2 + b_2 u_t$$
$$+ a_1(u+a_2)(u_x + c_1(u+a_2))^2 u_{xx} + b_1 c_1 (u+a_2), \qquad (5\text{-}315)$$
$$f(u, u_x) = \ln(u_x + c_1(u+a_2)); \qquad (5\text{-}316)$$

(19) $|c_1|^2 + |c_2|^2 \neq 0$,
$$u_{tt} = -\frac{1}{5}a_1[2u_x^2 - 2c_1(u+a_2)u_x + c_1^2(u+a_2)^2](u_x + c_1(u+a_2))^3 + b_2 u_t$$
$$+ a_1(u+a_2)(u_x + c_1(u+a_2))^3 u_{xx} + b_1 c_1 (u+a_2), \qquad (5\text{-}317)$$
$$f(u, u_x) = \ln(u_x + c_1(u+a_2)); \qquad (5\text{-}318)$$

(20) $\alpha \neq -2$,
$$u_{tt} = \frac{a_1 a_2 [-2u_x^2 + (c_1 + a_1 u)(\alpha-1)u_x - (c_1 + a_1 u)^2](u_x + c_1 + a_1 u)^\alpha}{\alpha + 2}$$
$$+ a_2(c_1 + a_1 u)(u_x + c_1 + a_1 u)^\alpha u_{xx} + b_1(c_1 + a_1 u), \qquad (5\text{-}319)$$
$$f(u, u_x) = \ln(u_x + c_1 + a_1 u); \qquad (5\text{-}320)$$

(21)
$$u_{tt} = \frac{a_1 u_{xx}}{u_x + a_2 u + a_3} - \frac{a_1 a_2 (a_2 u + a_3)}{u_x + a_2 u + a_3} + b_2 u_t + b_1 u + b_3, \qquad (5\text{-}321)$$
$$f(u, u_x) = \ln(u_x + a_2 u + a_3), \qquad (5\text{-}322)$$

其中 $\alpha, a_i, b_i, c_i \ (i=1,2,\cdots)$ 是任意常数.

值得注意的是: 当 $c_1 = b_i = 0 \ (i=1,2,3)$ 时 (5-283) 正是 Toda 方程.

定理 5.5.5 (等价类) 如果 (5-278) 具有 (5-4) 形式的 DDFSS, 那么

$$v_{tt} = A_1(v, v_x)v_{xx} + B_1(v, v_x, v_t), \tag{5-323}$$

这里

$$A_1(v, v_x) \equiv A(\varphi(v), \varphi'(v)v_x),$$
$$B_1(v, v_x, v_t) \equiv \frac{B(\varphi(v), \varphi'(v)v_x, \varphi'(v)v_t)}{\varphi'(v)}$$
$$+ \frac{\varphi''(v)}{\varphi'(v)} \left[A(\varphi(v), \varphi'(v)v_x)v_x^2 - v_t^2 \right],$$

其中 $\varphi(v)$ 是 v 的任意函数, 可通过

$$F(v, v_x) = a(x) + b(t), \quad F(v, v_x) \equiv f(\varphi(v), \varphi'(v)v_x) \tag{5-324}$$

的 DDFSS 求得.

证明 把 $u = \varphi(v)$ 代入 (5-278) 和 (5-4) 分别可得 (5-323) 和 (5-324).

2. 具有 DDFSS 的一般非线性波动方程的严格解

本小节推导上小节中所得分类方程的严格解 DDFSS. 步骤如下: 首先联立求解方程 (5-4) 和定理 5.5.4 中相应的 $f(u, u_x)$ 的表示式得到 u 的表示式, 然后将其代入定理 5.5.4 中对应分类方程得一关系式, 设法经过普通分离变量程序将此关系式分解为待定函数 $a(x), b(t)$ 和某积分函数 $s(t)$ 的常微分方程组. 由于 $a(x), b(t)$ 和某积分函数 $s(t)$ 满足有丰富严格解的常微分方程组, 所以分类方程具有丰富的严格解.

下面导出定理 5.5.4 中所列分类方程的严格解 DDFSS, 其中 a_i, b_i, c_i, k_i ($i \in \mathbb{Z}$), α, λ 和 μ 为任意常数.

例 5.5.29 方程 (5-281) 的 DDFSS 为

$$u = \int \arctan[\sinh(k_1(x \pm t) + k_2)]\mathrm{d}x - c_1 x + \frac{1}{2}(b_1 - k_1)t^2 + k_3 t + k_4.$$

例 5.5.30 对于方程 (5-283), 按任意常数关系, 考察以下六种情形:
(i) $c_1 = 0$, $b_1 = 0$, $b_2 = 0$,

$$u = x \left[\ln\left(-\frac{1}{2}\lambda x^2 - \mu x - k_5\right) + \ln\left(\frac{1}{2\lambda k_3^2}\left(\operatorname{sech}\left(\frac{t+k_4}{2k_3}\right)\right)^2\right) - 2 \right]$$
$$- \frac{\mu}{2\lambda} \ln 2 \ln\left(-\frac{1}{2} + \frac{1}{2}\tanh\left(\frac{t+k_4}{2k_3}\right)\right) + k_1 t + k_2$$
$$+ \frac{\mu}{\lambda} \ln(\lambda x^2 + 2\mu x + 2k_5) + \frac{\mu}{4\lambda} \ln^2\left(\tanh\left(\frac{t+k_4}{2k_3}\right) - 1\right)$$

$$+\left[-\frac{\mu}{2\lambda}\ln\left(\frac{1}{2}+\frac{1}{2}\tanh\left(\frac{t+k_4}{2k_3}\right)\right)+\frac{\mu}{\lambda}\right]\ln\left(\tanh\left(\frac{t+k_4}{2k_3}\right)-1\right)$$

$$+\frac{2\sqrt{2\lambda k_5-\mu^2}}{\lambda}\arctan\left(\frac{\lambda x+\mu}{\sqrt{2\lambda k_5-\mu^2}}\right)+\left(\frac{\mu}{4\lambda k_3^2}+\frac{1}{2}b_3\right)t^2$$

$$+\frac{\mu}{4\lambda}\ln^2\left(1+\tanh\left(\frac{t+k_4}{2k_3}\right)\right)+\frac{\mu}{\lambda}\ln\left(1+\tanh\left(\frac{t+k_4}{2k_3}\right)\right).$$

当 $b_3=0$ 时此解是 Toda 方程 (5-283) 当 $c_1=b_i=0$ $(i=1,2,3)$ 时的一个新解.

(ii) $c_1=0$, $b_1=0$, $b_2\neq 0$,

$$u=x\left[\ln\left(-\frac{1}{2}\lambda x^2-\mu x-k_5\right)-2+b(t)\right]+\frac{k_1 e^{b_2 t}-b_3 t}{b_2}$$

$$+\frac{2\sqrt{2\lambda k_5-\mu^2}}{\lambda}\arctan\left(\frac{\lambda x+\mu}{\sqrt{2\lambda k_5-\mu^2}}\right)+k_2$$

$$+\frac{\mu\ln(\lambda x^2+2\mu x+2k_5)}{\lambda}-\mu\int e^{b_2 t}\int e^{-b_2 t+(t)}\mathrm{d}t\mathrm{d}t,$$

其中 $b(t)$ 满足

$$b''-b_2 b'+\lambda e^b=0, \tag{5-325}$$

此方程等价于第一类 Abel 方程.

(iii) $c_1=0$, $b_1\neq 0$, $b_2=0$,

$$u=\left(\frac{1}{2}b_3-\frac{\mu}{4\lambda k_3^2}\right)t^2-\frac{\mu}{2\lambda}\ln 2\ln\left(-\frac{1}{2}+\frac{1}{2}\tanh\left(\frac{t+k_4}{2k_3}\right)\right)$$

$$-\frac{\mu}{2\lambda}\ln\left(\tanh\left(\frac{t+k_4}{2k_3}\right)-1\right)\ln\left(\frac{1}{2}+\frac{1}{2}\tanh\left(\frac{t+k_4}{2k_3}\right)\right)$$

$$+\frac{\mu}{4\lambda}\ln^2\left(\tanh\left(\frac{t+k_4}{2k_3}\right)-1\right)+\frac{\mu}{\lambda}\ln\left(\operatorname{sech}^2\left(\frac{t+k_4}{2k_3}\right)\right)$$

$$+\frac{\mu}{4\lambda}\ln^2\left(1+\tanh\left(\frac{t+k_4}{2k_3}\right)\right)+x\ln\left(\frac{1}{2\lambda k_3^2}\operatorname{sech}^2\left(\frac{t+k_4}{2k_3}\right)\right)$$

$$+\int\ln\left(\frac{(\lambda-\lambda b_1 x-\mu b_1)e^{b_1 x}}{b_1^2}+k_5\right)\mathrm{d}x-\frac{1}{2}b_1 x^2+k_1 t+k_2$$

和

$$u=\frac{1}{b_1}\operatorname{dilog}\left(\frac{\mu e^{b_1 x}}{b_1 k_5}\right)+\frac{1}{b_1}\ln\left(k_5-\frac{\mu e^{b_1 x}}{b_1}\right)\ln\left(\frac{\mu e^{b_1 x}}{b_1 k_5}\right)$$

$$-\frac{1}{2}b_1 x^2+(k_3 t+k_4)x-\frac{\mu e^{k_3 t+k_4}}{k_3^2}+\frac{1}{2}b_3 t^2+k_1 t+k_2,$$

5.5 导数相关泛函分离变量解

其中函数 $\mathrm{dilog}(\eta)$ 定义为

$$\mathrm{dilog}(\eta) = \int_1^\eta \frac{\ln(t)}{1-t}\mathrm{d}t.$$

(iv) $c_1 = 0$, $b_1 b_2 \neq 0$,

$$u = \int \ln\left(k_5 - \frac{((\lambda x + \mu)b_1 - \lambda)e^{b_1 x}}{b_1^2}\right)\mathrm{d}x - \frac{1}{2}b_1 x^2 + b(t)x$$
$$-\mu \int e^{b_2 t} \int e^{-b_2 t + b(t)}\mathrm{d}t\mathrm{d}t + \frac{k_1 e^{b_2 t}}{b_2} - \frac{b_3 t}{b_2} + k_2,$$

其中 $b(t)$ 满足 (5-325).

(v) $c_1 b_2 \neq 0$,

$$u = e^{-c_1 x}\left[\int a(x)e^{c_1 x}\mathrm{d}x - \lambda \int e^{b_2 t}\int e^{-b_2 t + b(t)}\mathrm{d}t\mathrm{d}t \right.$$
$$\left. + \frac{b(t)e^{c_1 x}}{c_1} + \frac{k_1 e^{b_2 t}}{b_2} + k_2\right],$$

其中 $a(x)$ 和 $b(t)$ 满足

$$(a' + b_1)e^a + \lambda e^{-c_1 x} + \mu = 0,$$
$$b'' - b_2 b' + \mu c_1 e^b - b_3 c_1 = 0.$$

(vi) $c_1 \neq 0$, $b_2 = 0$,

$$u = e^{-c_1 x}\left[\int e^{c_1 x}a(x)\mathrm{d}x + \frac{b(t)e^{c_1 x}}{c_1} - \int\int \lambda e^{b(t)}\mathrm{d}t\mathrm{d}t + k_1 t + k_2\right],$$

其中 $a(x)$ 和 $b(t)$ 满足

$$(a' + b_1)e^a + \lambda e^{-c_1 x} + \mu = 0,$$

$$\pm \int^b \frac{1}{\sqrt{2c_1(b_3 z - \mu e^z) + k_3}}\mathrm{d}z = t + k_4.$$

例 5.5.31 方程 (5-285) 的 DDFSS 为

(i) $c_2 = 0$,

$$u = \frac{\lambda x + \mu}{\lambda c_1}\left[2\ln\left(1 + \sqrt{k_2}e^{\frac{t}{\sqrt{k_2}} + k_3}\lambda c_1\right) - \ln(\lambda x^2 + 2\mu x + k_1)\right]$$
$$+ \frac{1}{c_1}\left[2 - k_3 + \ln\left(-\frac{a_1\sqrt{k_2}}{c_1 c_3}\right)\right]x + \frac{1}{2}b_1 t^2 - \frac{(x - k_4)t}{\sqrt{k_2}c_1}$$
$$+ \frac{1}{\lambda c_1}\left[k_5 - 2\sqrt{\lambda k_1 - \mu^2}\arctan\left(\frac{\lambda x + \mu}{\sqrt{\lambda k_1 - \mu^2}}\right)\right],$$

$$u = -\frac{(\lambda x + \mu)\ln(\lambda x^2 + 2\mu x + k_1)}{\lambda c_1} + \frac{x}{c_1}\left[\sqrt{2}k_3 + \ln\left(-\frac{a_1\sqrt{k_2}}{c_1 c_3}\right)\right.$$
$$\left. + 2 + 2\ln\left(1 + \sqrt{k_2}e^{-\frac{t}{\sqrt{k_2}} - \sqrt{2}k_3}\lambda c_1\right)\right] + \left(\frac{x}{\sqrt{k_2}c_1} + k_4\right)t$$
$$- \frac{2\sqrt{\lambda k_1 - \mu^2}}{\lambda c_1}\arctan\left(\frac{\lambda x + \mu}{\sqrt{\lambda k_1 - \mu^2}}\right) + \frac{1}{2}b_1 t^2 + k_5$$
$$+ \frac{2\mu}{\lambda c_1}\ln\left(e^{\frac{t}{\sqrt{k_2}} + \sqrt{2}k_3} + \sqrt{k_2}c_1\lambda\right)$$

和

$$u = \frac{x + k_5}{c_1}\left[\ln\frac{-a_1}{c_1 c_3 \lambda(x + k_5)} + k_1 t + k_2\right] + \frac{\lambda}{k_1}e^{-(k_1 t + k_2)}$$
$$+ \frac{1}{c_1}x + \frac{1}{2}b_1 t^2 + k_3 t + k_4.$$

(ii) $c_2 \neq 0$,

$$u = \frac{a_1}{c_1{}^2 c_2 b_1}\left\{(F(x,t) - \ln c_2)\ln\left(\frac{e^{F(x,t)} - c_2}{c_3}\right)\right.$$
$$\left. + \mathrm{dilog}\left(\frac{e^{F(x,t)}}{c_2}\right)\right\} + k_3 + k_1 t,$$

其中

$$F(x,t) = b_1 c_1\left(\frac{c_2 x}{a_1} + \sqrt{\frac{c_2}{a_1}}t\right) + k_2.$$

例 5.5.32 方程 (5-287) 具有下列 DDFSS：

(i) $b_2^2 - 4b_3 \neq 0$, $b_3 > 0$,

$$u = e^{b(t)}\int e^{-\frac{\mu}{b_1} + k_5 e^{-b_1 x}}\mathrm{d}x + e^{\frac{1}{2}\left(b_2 + \sqrt{b_2{}^2 - 4b_3}\right)t}\left(k_2 + \frac{1}{\sqrt{b_2{}^2 - 4b_3}}\right.$$
$$\times \int (b_1 b(t) + b_4 - \mu)e^{-\frac{1}{2}\left(b_2 + \sqrt{b_2{}^2 - 4b_3}\right)t}\mathrm{d}t\Bigg) + e^{\frac{1}{2}\left(b_2 - \sqrt{b_2{}^2 - 4b_3}\right)t}$$
$$\times \left(k_1 + \frac{1}{\sqrt{b_2{}^2 - 4b_3}}\int (b_1 b(t) + b_4 - \mu)e^{\frac{1}{2}\left(-b_2 + \sqrt{b_2{}^2 - 4b_3}\right)t}\mathrm{d}t\right),$$

其中

$$b(t) = \frac{1}{2}\left(b_2 - \sqrt{b_2{}^2 - 4b_3}\right)t - \frac{1}{2}\ln\frac{b_2{}^2 - 4b_3}{\left(k_3 e^{\sqrt{b_2{}^2 - 4b_3}\,t} - k_4\right)^2}.$$

(ii) $b_2^2 - 4b_3 \neq 0$, $b_3 < 0$,

$$u = e^{b(t)} \int e^{a(x)} dx + k_2 e^{\frac{1}{2}\left(b_2 + \sqrt{b_2^2 - 4b_3}\right)t} + k_1 e^{\frac{1}{2}\left(b_2 - \sqrt{b_2^2 - 4b_3}\right)t}$$

$$- \frac{e^{\frac{1}{2}\left(b_2 - \sqrt{b_2^2 - 4b_3}\right)t}}{\sqrt{b_2^2 - 4b_3}} \left[\int (b_1 b(t) + b_4 - \mu) e^{\frac{1}{2}\left(-b_2 + \sqrt{b_2^2 - 4b_3}\right)t} dt \right.$$

$$\left. - e^{\sqrt{b_2^2 - 4b_3}\, t} \int (b_1 b(t) + b_4 - \mu) e^{-\frac{1}{2}\left(b_2 + \sqrt{b_2^2 - 4b_3}\right)t} dt \right],$$

其中 $a(x)$ 满足

$$-\lambda \int e^a dx + a' + b_1 a + \mu = 0,$$

而 $b(t)$ 为

$$b(t) = -\frac{1}{2} \ln \frac{b_3^2 (b_2^2 - 4b_3)}{\left(\lambda \sqrt{b_2^2 - 4b_3}\, e^{-\frac{1}{2}(b_2 - \sqrt{b_2^2 - 4b_3})t} + b_3 (k_3 e^{\sqrt{b_2^2 - 4b_3}\, t} - k_4)\right)^2}$$

$$+ \frac{1}{2}\left(b_2 - \sqrt{b_2^2 - 4b_3}\right) t.$$

(iii) $b_3 = \frac{1}{4} b_2^2 \neq 0$,

$$u = e^{\frac{1}{2} b_2 t} \left[t \left(b_1 \int e^{-\frac{1}{2} b_2 t} b(t) dt + k_1 \right) - b_1 \int t e^{-\frac{1}{2} b_2 t} b(t) dt + k_2 \right]$$

$$+ \frac{4(b_4 - \mu)}{b_2^2} e^{b(t)} \int e^{a(x)} dx,$$

其中 $a(x)$ 和 $b(t)$ 满足

$$\lambda \int e^a dx + a' + b_1 a + \mu = 0,$$

$$b(t) = \frac{1}{2} b_2 t + \ln\left(-\frac{4\lambda e^{-\frac{1}{2} b_2 t}}{b_2^2} - k_4 t + k_3\right).$$

(iv) $b_2 = b_3 = 0$,

$$u = \frac{b_1}{\lambda^2} \left(k_3 \lambda t + \lambda k_4 + k_3^2 \right) \ln\left(\lambda t^2 + 2k_3 t - 2k_4 \right) + \left(k_1 - \frac{b_1 k_3}{\lambda} \right) t$$

$$+ \frac{1}{2}(b_4 - 3b_1 - \mu) t^2 + \frac{1}{2} b_1 t^2 \ln\left(-\frac{1}{2} \lambda t^2 - k_3 t + k_4 \right)$$

$$+ \frac{2 b_1 \sqrt{2\lambda k_4 + k_3^2}}{\lambda^2} (\lambda t + k_3) \operatorname{arctanh}\left(\frac{\lambda t + k_3}{\sqrt{2\lambda k_4 + k_3^2}} \right)$$

$$- \left(\frac{1}{2} \lambda t^2 + k_3 t - k_4 \right) \int e^{a(x)} dx + k_2,$$

其中 $a(x)$ 满足

$$\lambda \int e^{a(x)} \mathrm{d}x + a'(x) + b_1 a(x) + \mu = 0.$$

例 5.5.33 方程 (5-289) 的 DDFSS 为

(i) $b_2^2 - 4b_3 \neq 0$,

$$u = e^{b(t)} \int e^{a(x)} \mathrm{d}x - x + k_1 e^{\frac{1}{2}\left(b_2 + \sqrt{b_2^2 - 4b_3}\right)t} + k_2 e^{\frac{1}{2}\left(b_2 - \sqrt{b_2^2 - 4b_3}\right)t}$$

$$- \frac{e^{\frac{1}{2}\left(b_2 - \sqrt{b_2^2 - 4b_3}\right)t}}{\sqrt{b_2^2 - 4b_3}} \left[\int (b_4 + b_1 b(t) - \mu) e^{\frac{1}{2}(-b_2 + \sqrt{b_2^2 - 4b_3})t} \mathrm{d}t \right.$$

$$\left. - e^{\sqrt{b_2^2 - 4b_3}\, t} \int (b_4 + b_1 b(t) - \mu) e^{-\frac{1}{2}\left(b_2 + \sqrt{b_2^2 - 4b_3}\right)t} \mathrm{d}t \right],$$

其中 $a(x)$ 和 $b(t)$ 满足

$$a' + b_1 a + b_3 x + \mu = 0,$$

$$b(t) = \frac{1}{2}(b_2 - \sqrt{b_2^2 - 4b_3})t - \frac{1}{2} \ln\left(\frac{b_2^2 - 4b_3}{(k_3 e^{\sqrt{b_2^2 - 4b_3}\, t} - k_4)^2} \right).$$

(ii) $b_3 = \frac{1}{4} b_2^2$,

$$u = e^{b(t)} \int e^{a(x)} \mathrm{d}x - x + e^{\frac{1}{2}b_2 t} \left[t \int (b_4 + b_1 b(t) - \mu) e^{-\frac{1}{2}b_2 t} \mathrm{d}t \right.$$

$$\left. - \int t(b_4 + b_1 b(t) - \mu) e^{-\frac{1}{2}b_2 t} \mathrm{d}t + k_1 t + k_2 \right],$$

其中 $a(x)$ 和 $b(t)$ 满足

$$\lambda \int e^a \mathrm{d}x + a' + b_1 a + \frac{1}{4} b_2^2 x + \mu = 0,$$

$$b(t) = \frac{1}{2} b_2 t + \ln\left(-\frac{4\lambda e^{-\frac{1}{2}b_2 t}}{b_2^2} - k_4 t + k_3 \right).$$

(iii) $b_2 = b_3 = 0$,

$$u = \left(-\frac{1}{2} \lambda t^2 - k_3 t + k_4 \right) \int e^{a(x)} \mathrm{d}x + \frac{1}{2}(b_4 - 3b_1 - \mu) t^2$$

$$+ \left(k_1 - \frac{b_1 k_3}{\lambda} \right) t + \frac{b_1(2\lambda k_4 + k_3^2)}{\lambda^2} \ln\left[-\frac{\lambda(\lambda t^2 + 2k_3 t - 2k_4)}{2\lambda k_4 + k_3^2} \right]$$

$$+ \frac{b_1(k_3 t - k_4)}{\lambda} \ln(\lambda t^2 + 2k_3 t - 2k_4) + \frac{b_1 t^2}{2} \ln\left(-\frac{1}{2} \lambda t^2 - k_3 t + k_4 \right)$$

$$+ \frac{2b_1 \sqrt{2\lambda k_4 + k_3^2}}{\lambda^2} (\lambda t + k_3) \operatorname{arctanh}\left(\frac{\lambda t + k_3}{\sqrt{2\lambda k_4 + k_3^2}} \right) - x + k_2,$$

其中 $a(x)$ 满足

$$\lambda \int e^a \mathrm{d}x + a' + b_1 a + \mu = 0.$$

例 5.5.34 方程 (5-291) 的 DDFSS 如下所示：
(i) $c_1 = 0$, $b_2 \neq 0$,

$$u = \frac{k_3 e^{b_2 t} - k_4}{\mu e^{\mu x}} - x + k_1 e^{b_2 t} + \frac{\mu - b_1 - b_3}{b_2} t + k_2.$$

(ii) $c_1 = b_2 = 0$,

$$u = \frac{k_3 t - k_4}{\mu e^{\mu x}} - x + \frac{1}{2}(b_1 + b_3 - \mu) t^2 + k_1 t + k_2.$$

(iii) $c_1 \neq 0$, $b_2 = b_3 = 0$,

$$u = -x - \frac{1}{c_1} \ln \left[c_1 \left(\frac{1}{2} \lambda t^2 - k_3 t + k_4 \right) \int e^{a(x) - c_1 x} \mathrm{d}x \right.$$

$$\left. + c_1 \left(\frac{1}{2} \mu t^2 + k_1 t + k_2 \right) \right],$$

其中 $a(x)$ 满足

$$\lambda \int e^{a - c_1 x} \mathrm{d}x + (a' + b_1) e^{-c_1 x} + \mu = 0.$$

(iv) $c_1 b_2 \neq 0$, $b_3 = 0$,

$$u = -x - \frac{1}{c_1} \ln \left[\frac{c_1}{b_2^2} \left(k_3 e^{b_2 t} - \lambda b_2 t - \lambda - k_4 \right) \int e^{a(x) - c_1 x} \mathrm{d}x \right.$$

$$\left. - c_1 \left(k_1 e^{b_2 t} + \frac{\mu t}{b_2} + k_2 \right) \right],$$

其中 $a(x)$ 满足

$$\lambda \int e^{a - c_1 x} \mathrm{d}x + (a' + b_1) e^{-c_1 x} + \mu = 0.$$

(v) $c_1 b_3 \neq 0$,

$$u = -\frac{1}{c_1} \ln \left[-c_1 \left(k_2 e^{\left(\frac{1}{2} b_2 + \frac{1}{2}\sqrt{b_2^2 - 4 b_3 c_1}\right) t} + k_1 e^{\left(\frac{1}{2} b_2 - \frac{1}{2}\sqrt{b_2^2 - 4 b_3 c_1}\right) t} \right) \right.$$

$$\left. - c_1 e^{b(t)} \int e^{a(x) - c_1 x} \mathrm{d}x + \frac{\mu}{b_3} \right] - x,$$

其中 $a(x)$ 和 $b(t)$ 满足
$$a(x) = -\frac{\mu e^{c_1 x}}{c_1} - b_1 x + k_5,$$

$$b(t) = -\frac{1}{2}\left(-b_2 + \sqrt{b_2{}^2 - 4b_3 c_1}\right) t - \frac{1}{2}\ln\left[\frac{b_2{}^2 - 4b_3 c_1}{\left(k_3 e^{\sqrt{b_2{}^2 - 4b_3 c_1}\, t} - k_4\right)^2}\right].$$

例 5.5.35 方程 (5-293) 的 DDFSS 为

(i) $a_2 = 0$, $a_1 \neq 0$, $b_1^2 - 4b_2 \neq 0$,

$$\begin{aligned}u = &-\frac{e^{b(t)}\ln(x+k_1)}{\lambda} + k_2 e^{\frac{1}{2}\left(b_1 - \sqrt{b_1^2 - 4b_2}\right)t} + k_3 e^{\frac{1}{2}\left(b_1 + \sqrt{b_1^2 - 4b_2}\right)t}\\ &-\frac{e^{\frac{1}{2}\left(b_1 - \sqrt{b_1{}^2 - 4b_2}\right)t}}{\sqrt{b_1^2 - 4b_2}}\left[\int\left(\lambda a_1 + b_3 e^{b(t)}\right) e^{\frac{1}{2}\left(-b_1 + \sqrt{b_1^2 - 4b_2}\right)t - b(t)}\mathrm{d}t\right.\\ &\left. - e^{\sqrt{b_1{}^2 - 4b_2}\, t}\int\left(\lambda a_1 + b_3 e^{b(t)}\right) e^{-b(t) - \frac{1}{2}\left(b_1 + \sqrt{b_1^2 - 4b_2}\right)t}\mathrm{d}t\right],\end{aligned}$$

其中
$$b(t) = \frac{1}{2}\left(b_1 - \sqrt{b_1{}^2 - 4b_2}\right) t - \frac{1}{2}\ln\left[\frac{b_1{}^2 - 4b_2}{\left(k_4 e^{\sqrt{b_1{}^2 - 4b_2}\, t} - k_5\right)^2}\right].$$

(ii) $a_2 = 0$, $a_1 \neq 0$, $b_2 = \frac{1}{4}b_1^2$,

$$\begin{aligned}u = e^{\frac{1}{2}b_1 t}&\left[k_3 + k_2 t - \int\left(\lambda a_1 + b_3 e^{b(t)}\right) e^{-b(t) - \frac{1}{2}b_1 t}\mathrm{d}t\right.\\ &\left. + t\int\left(\lambda a_1 + b_3 e^{b(t)}\right) e^{-b(t) - \frac{1}{2}b_1 t}\mathrm{d}t\right] - \frac{e^{b(t)}\ln(x+k_1)}{\lambda},\end{aligned}$$

其中
$$b(t) = \frac{1}{2}b_1 t + \ln(k_4 - k_5 t).$$

(iii) $a_2 \neq 0$, $b_1^2 - 4b_2 \neq 0$,
$$u = e^{b(t)}\ln(x+k_1) + s(t),$$

其中 $b(t)$ 和 $s(t)$ 满足
$$\begin{aligned}b = &\frac{1}{2}\ln\left[\frac{(-a_2\sqrt{b_1{}^2 - 4b_2}\, e^{\frac{1}{2}(-b_1 + \sqrt{b_1{}^2 - 4b_2})t} + k_2 b_2 e^{\sqrt{b_1{}^2 - 4b_2}\, t} - k_3 b_2)^2}{(b_1{}^2 - 4b_2)b_2{}^2}\right]\\ &-\frac{1}{2}\left(-b_1 + \sqrt{b_1{}^2 - 4b_2}\right) t,\end{aligned}$$

$$s'' - b_1 s' + b_2 s + e^{-b}(a_2 s + a_1) + 2a_2 b - b_3 = 0.$$

(iv) $a_2 \neq 0$, $b_2 = \frac{1}{4} b_1^2$,

$$u = e^{b(t)} \ln(x + k_1) + s(t),$$

其中 $b(t)$ 和 $s(t)$ 满足

$$b = \frac{1}{2} b_1 t + \ln\left(\frac{4a_2 e^{-\frac{1}{2} b_1 t}}{b_1^2} - k_3 t + k_2 \right),$$

$$s'' - b_1 s' + \frac{1}{4} b_1^2 s + (a_2 s + a_1) e^{-b} + 2a_2 b - b_3 = 0.$$

(v) $a_2 \neq 0$, $b_1 = b_2 = 0$,

$$u = \left(\frac{1}{2} a_2 t^2 - k_2 t + k_3 \right) \ln(x + k_1) + s(t),$$

其中 $s(t)$ 满足

$$s'' = -\frac{a_2 s + a_1}{\frac{1}{2} a_2 t^2 - k_2 t + k_3} - 2a_2 \ln\left(\frac{1}{2} a_2 t^2 - k_2 t + k_3 \right) + b_3.$$

例 5.5.36 方程 (5-295) 具有下列 DDFSS:

(i) $b_2^2 - 4b_3 \neq 0$,

$$u = \left[k_2 + \frac{\int \left(b_4 + \mu e^{(\alpha+1)b(t)} \right) e^{-\frac{1}{2}\left(b_2 + \sqrt{b_2^2 - 4b_3} \right)t} \mathrm{d}t}{\sqrt{b_2^2 - 4b_3}} \right] e^{\frac{1}{2}\left(b_2 + \sqrt{b_2^2 - 4b_3} \right)t}$$
$$+ \left[k_1 - \frac{\int \left(b_4 + \mu e^{(\alpha+1)b(t)} \right) e^{\frac{1}{2}\left(-b_2 + \sqrt{b_2^2 - 4b_3} \right)t} \mathrm{d}t}{\sqrt{b_2^2 - 4b_3}} \right] e^{\frac{1}{2}\left(b_2 - \sqrt{b_2^2 - 4b_3} \right)t}$$
$$+ e^{b(t)} \int e^{a(x)} \mathrm{d}x,$$

其中 $a(x)$ 和 $b(t)$ 满足

$$\lambda \int e^a \mathrm{d}x + e^{(\alpha+1)a}(a' + b_1) - \mu = 0,$$

$$b'' + (b')^2 - b_2 b' + \lambda e^{\alpha b} + b_3 = 0.$$

(ii) $b_3 = \frac{1}{4}b_2^2$,

$$u = e^{\frac{1}{2}b_2 t}\left[k_1 t + k_2 - \int t\left(b_4 + \mu e^{(\alpha+1)b(t)}\right)e^{-\frac{1}{2}b_2 t}\mathrm{d}t \right.$$
$$\left. + t\int \left(b_4 + \mu e^{(\alpha+1)b(t)}\right)e^{-\frac{1}{2}b_2 t}\mathrm{d}t\right] + e^{b(t)}\int e^{a(x)}\mathrm{d}x,$$

其中 $a(x)$ 和 $b(t)$ 满足

$$\lambda \int e^a \mathrm{d}x + e^{(\alpha+1)a}(a' + b_1) - \mu = 0,$$

$$b'' + (b')^2 - b_2 b' + \lambda e^{\alpha b} + \frac{1}{4}b_2^2 = 0.$$

例 5.5.37 方程 (5-297) 具有下列 DDFSS：

(i) $\alpha \neq -1$,

$$u = \frac{1}{\lambda(2+\alpha)}\left[\lambda(\alpha+1)(x+k_1)\right]^{\frac{2+\alpha}{\alpha+1}} e^{b(t)} + s(t),$$

其中 $b(t)$ 和 $s(t)$ 满足

$$b'' + (b')^2 - b_1 b' + \lambda e^{(\alpha+1)b} + b_2 = 0,$$
$$s'' - b_1 s' + b_2 - \lambda e^{(\alpha+1)b}(s+\alpha) + b_3 = 0.$$

(ii) $\alpha = -1$, $\lambda \neq b_2$,

$$u = k_4 e^{\frac{1}{2}\left(b_1 - \sqrt{b_1^2 - 4b_2 + 4\lambda}\right)t} + k_5 e^{\frac{1}{2}\left(b_1 + \sqrt{b_1^2 - 4b_2 + 4\lambda}\right)t}$$
$$+ \frac{e^{\lambda x + k_1 + b(t)}}{\lambda} - \frac{b_3 + \lambda}{b_2 - \lambda},$$

其中

$$b(t) = \frac{1}{2}\left(b_1 - \sqrt{b_1^2 - 4\lambda - 4b_2}\right)t + \frac{1}{2}\ln\left(\frac{\left(k_3 - k_2 e^{t\sqrt{b_1^2 - 4\lambda - 4b_2}}\right)^2}{b_1^2 - 4\lambda - 4b_2}\right).$$

(iii) $\alpha = -1$, $\lambda = b_2$, $b_1 \neq 0$,

$$u = \frac{1}{b_2}e^{\frac{1}{2}\left(b_1 - \sqrt{b_1^2 - 8b_2}\right)t + b_2 x + k_1}\sqrt{\frac{\left(k_2 e^{\sqrt{b_1^2 - 8b_2}t} - k_3\right)^2}{b_1^2 - 8b_2}}$$
$$+ k_4 e^{b_1 t} + \frac{(b_3 + b_2)t}{b_1} + k_5.$$

(iv) $\alpha = -1$, $\lambda = b_2$, $b_1 = 0$,

$$u = \frac{1}{\sqrt{2b_2}} e^{b_2 x + k_1} \sqrt{\frac{(k_3 \cos(\sqrt{2b_2}t) - k_2 \sin(\sqrt{2b_2}t))^2}{b_2}}$$
$$-\frac{1}{2}(b_2 + b_3)t^2 + k_4 t + k_5.$$

例 5.5.38 方程 (5-299) 具有下列 DDFSS:

(i) $c_1 = 0$, $\lambda \neq 0$,

$$u = \frac{1}{4} \frac{\left(k_3 e^{2\sqrt{\lambda}t} + k_4\right)\left(k_1 e^{2\sqrt{\lambda}x} - k_2\right) e^{-\sqrt{\lambda}(t+x)}}{\lambda^{3/2}}$$
$$-x + \frac{1}{2} b_1 t^2 + k_5 t + k_6.$$

(ii) $c_1 = \lambda = 0$,

$$u = \frac{1}{2} \mu x (k_2 t + k_3)(x + k_1) - x + \frac{1}{6} \mu k_2 t^3 + \frac{1}{2}(b_1 + \mu k_3) t^2$$
$$+ k_4 t + k_5.$$

(iii) $c_1 \neq 0$, $b_2^2 - 4 b_3 c_1 \neq 0$,

$$u = -x - \frac{1}{c_1} \ln \left\{ -c_1 \left[\left(k_1 + \frac{\mu \int e^{\frac{1}{2}\left(-b_2 + \sqrt{b_2^2 - 4b_3 c_1}\right)t + (\alpha+1)b(t)} dt}{\sqrt{b_2^2 - 4b_3 c_1}(\alpha+1)} \right) \right. \right.$$
$$\times e^{\frac{1}{2}\left(b_2 - \sqrt{b_2^2 - 4b_3 c_1}\right)t} + \left(k_2 - \frac{\mu \int e^{-\frac{1}{2}\left(b_2 + \sqrt{b_2^2 - 4b_3 c_1}\right)t + (\alpha+1)b(t)} dt}{\sqrt{b_2^2 - 4b_3 c_1}(\alpha+1)} \right)$$
$$\left. \left. \times e^{\frac{1}{2}\left(b_2 + \sqrt{b_2^2 - 4b_3 c_1}\right)t} \right] - c_1 e^{b(t)} \int e^{a(x) - c_1 x} dx \right\},$$

其中 $a(x)$ 和 $b(t)$ 满足

$$\lambda \int e^{a - c_1 x} dx + ((\alpha+1)a' + c_1 + b_1) e^{(\alpha+1)a - c_1 x} + \mu = 0,$$
$$b'' + (b')^2 - b_2 b' + b_3 c_1 + \frac{\lambda e^{\alpha b}}{\alpha + 1} = 0.$$

(iv) $c_1 \neq 0$, $b_3 = \frac{b_2^2}{4c_1}$,

$$u = -\frac{1}{c_1} \ln \left\{ -c_1 e^{\frac{1}{2} b_2 t} \left[k_1 t + k_2 + \frac{\mu}{\alpha+1} \left(\int t e^{-\frac{1}{2} b_2 t + (\alpha+1)b(t)} dt \right. \right. \right.$$
$$\left. \left. \left. -t \int e^{-\frac{1}{2} b_2 t + (\alpha+1)b(t)} dt \right) \right] - c_1 e^{b(t)} \int e^{a(x) - c_1 x} dx \right\} - x,$$

其中 $a(x)$ 和 $b(t)$ 满足

$$\lambda \int e^{a-c_1 x} dx + ((\alpha+1)a' + c_1 + b_1)e^{(\alpha+1)a - c_1 x} + \mu = 0,$$

$$b'' + (b')^2 - b_2 b' + \frac{1}{4}b_2^2 + \frac{\lambda e^{\alpha b}}{\alpha+1} = 0.$$

例 5.5.39 方程 (5-301) 具有下列 DDFSS:

(i) $a_1 = 0$, $b_1 \neq 0$,

$$u = e^{b(t)} \int e^{a(x)} dx - \mu \int e^{b_1 t} \left(\int e^{(\alpha+1)b(t) - b_1 t} dt \right) dt$$

$$- x + k_1 e^{b_1 t} - \frac{b_2 t}{b_1} + k_2,$$

其中 $a(x)$ 和 $b(t)$ 满足

$$\lambda \int e^a dx + e^{(\alpha+1)a} a' + \mu = 0,$$

$$b'' + (b')^2 - b_1 b' + \lambda e^{\alpha b} = 0.$$

(ii) $a_1 = b_1 = 0$,

$$u = e^{b(t)} \int e^{a(x)} dx - x - \mu \int \int e^{(\alpha+1)b(t)} dt dt + \frac{1}{2} b_2 t^2 + k_1 t + k_2,$$

其中 $a(x)$ 和 $b(t)$ 满足

$$\lambda \int e^a dx + e^{(\alpha+1)a} a' + \mu = 0,$$

$$\int^{b(t)} \frac{(2+\alpha)e^\xi}{\sqrt{(2+\alpha)\left(-2\lambda e^{(2+\alpha)\xi} + k_3\right)}} d\xi = t + k_4.$$

(iii) $a_1 \neq 0$,

$$u = -\frac{(\alpha+1)}{a_1} \ln \left[\frac{1}{\alpha+1} \left((2+\alpha) e^{k_1 - \frac{a_1 x}{2+\alpha} + b(t)} + a_1 s(t) \right) \right] - x,$$

其中 $b(t)$ 和 $s(t)$ 满足

$$b'' + (b')^2 - b_1 b' + \frac{b_2 a_1}{\alpha+1} = 0,$$

$$s'' - b_1 s' + \frac{b_2 a_1}{\alpha+1} s + \frac{2a_1}{(2+\alpha)(\alpha+1)} e^{(2+\alpha)(k_1+b)} = 0.$$

例 5.5.40 方程 (5-303) 的 DDFSS 如下给出：

(i) $a_1 a_3 \neq 0$,

$$u = e^{-a_1 a_3 x} \left[\left(\int -\frac{2a_1 e^{-\frac{1}{2}\left(b_1 + \sqrt{b_1^2 + 4a_1^2 a_3 + 4a_1 b_2}\right)t - b(t) - k_2}}{\sqrt{b_1^2 + 4a_1^2 a_3 + 4a_1 b_2}} \, dt + k_4 \right) \right.$$
$$\times e^{\frac{1}{2}\left(b_1 + \sqrt{b_1^2 + 4a_1^2 a_3 + 4a_1 b_2}\right)t} + e^{-\frac{1}{2}\left(\sqrt{b_1^2 + 4a_1^2 a_3 + 4a_1 b_2} - b_1\right)t}$$
$$\left. \times \left(\int \frac{2a_1 e^{\frac{1}{2}\left(\sqrt{b_1^2 + 4a_1^2 a_3 + 4a_1 b_2} - b_1\right)t - b(t) - k_2}}{\sqrt{b_1^2 + 4a_1^2 a_3 + 4a_1 b_2}} \, dt + k_3 \right) \right]$$
$$+ x e^{-a_1 a_3 x - b(t) - k_2} - \frac{a_2}{a_1},$$

这里

$$b(t) = \frac{1}{2} \ln \left[\operatorname{sech}^2 \left(\frac{1}{2} \sqrt{b_1^2 + 4a_1^2 a_3 + 4a_1 b_2} \, (t + k_5) \right) \right] - \frac{1}{2} b_1 t + k_1.$$

(ii) $a_1 a_3 \neq 0$, $k_1 \neq a_1 a_3$,

$$u = -\frac{a_2}{a_1} + e^{-a_1 a_3 x} \left[k_3 e^{\frac{1}{2}\left(b_1 + \sqrt{b_1^2 + 4a_1 b_2 - 4a_1 k_1 + 8a_1^2 a_3}\right)t} \right.$$
$$\left. + k_4 e^{\frac{1}{2}\left(b_1 - \sqrt{b_1^2 + 4a_1 b_2 - 4a_1 k_1 + 8a_1^2 a_3}\right)t} \right]$$
$$- \frac{e^{\frac{1}{2} b_1 t - k_1 x - k_2}}{(-a_3 a_1 + k_1)\sqrt{\operatorname{sech}^2 \left(\frac{1}{2} \sqrt{b_1^2 + 4a_1 k_1 + 4a_1 b_2} \, (t + k_5) \right)}}.$$

(iii) $a_1 \neq 0$, $a_3 = 0$,

$$u = k_5 e^{\frac{1}{2}\left(b_1 + \sqrt{b_1^2 - 4a_1 k_1 + 4a_1 b_2}\right)t} + k_4 e^{-\frac{1}{2}\left(-b_1 + \sqrt{b_1^2 - 4a_1 k_1 + 4a_1 b_2}\right)t}$$
$$- \frac{e^{\frac{1}{2} b_1 t - k_1 x}}{\sqrt{\operatorname{sech}^2 \left(\frac{1}{2} \sqrt{b_1^2 + 4a_1 k_1 + 4a_1 b_2} \, (t + k_3) \right)} k_2} - \frac{a_2}{a_1}.$$

(iv) $a_1 = 0$, $a_3 = 0$, $b_1 \neq 0$,

$$u = \frac{k_3 e^{b_1 t} + k_4}{b_1 k_1 e^{k_1 x + k_2}} + k_5 e^{b_1 t} + \frac{a_2 (k_1 - b_2) t}{b_1} + k_6.$$

(v) $a_1 = 0$, $a_3 = 0$, $b_1 = 0$,

$$u = (k_3 t + k_4) e^{-k_1 x - k_2} - \frac{1}{2} a_2 (k_1 - b_2) t^2 + k_5 t + k_6.$$

(vi) $a_1 = 0$, $a_3 b_1 \neq 0$,

$$u = \frac{\left(-\lambda + k_3 e^{b_1 t} - \lambda b_1 t - k_4\right)}{b_1^2} \int e^{-a(x)} \mathrm{d}x - a_3 a_2 x$$
$$+ k_1 e^{b_1 t} - \frac{(b_2 a_2 + \mu) t}{b_1} + k_2,$$

其中 $a(x)$ 满足

$$\lambda \int e^{-a} \mathrm{d}x + \mu + a_2 a' = 0.$$

(vii) $a_1 = 0$, $a_3 \neq 0$, $b_1 = 0$,

$$u = \frac{1}{2} \left(\lambda t^2 + k_3 t - k_4\right) \int e^{-a(x)} \mathrm{d}x - a_3 a_2 x$$
$$+ \frac{1}{2} (b_2 a_2 + \mu) t^2 + k_1 t + k_2,$$

其中 $a(x)$ 满足

$$\lambda \int e^{-a} \mathrm{d}x + \mu + a_2 a' = 0.$$

例 5.5.41 方程 (5-305) 的 DDFSS 为

(i) $c_1 \neq 0$, $\alpha \neq -1$, $b_2 c_2 - b_4 c_1 = 0$,

$$u = e^{-c_1 x} \left[\left(\int \frac{\mu e^{\frac{1}{2}\left(-b_3 + \sqrt{b_3^2 + 4 b_2}\right) t + (\alpha+1) b(t)}}{(\alpha+1)\sqrt{b_3^2 + 4 b_2}} \mathrm{d}t + k_1 \right) \right.$$
$$\times e^{\frac{1}{2}\left(b_3 - \sqrt{b_3^2 + 4 b_2}\right) t} + e^{\frac{1}{2}\left(b_3 + \sqrt{b_3^2 + 4 b_2}\right) t}$$
$$\left. \times \left(\int -\frac{\mu e^{-\frac{1}{2}\left(b_3 + \sqrt{b_3^2 + 4 b_2}\right) t + (\alpha+1) b(t)}}{(\alpha+1)\sqrt{b_3^2 + 4 b_2}} \mathrm{d}t + k_2 \right) \right]$$
$$+ e^{b(t) - c_1 x} \int e^{c_1 x + a(x)} \mathrm{d}x - \frac{c_2}{c_1},$$

其中 $a(x)$ 和 $b(t)$ 满足

$$\lambda \int e^{c_1 x + a} \mathrm{d}x = c_3 \left[b_1 + (\alpha+1)(a' - c_1)\right] e^{c_1 x + (\alpha+1) a} + \mu,$$
$$b'' = b_2 + b'(b_3 - b') + \frac{\lambda e^{b(t) \alpha}}{\alpha + 1}.$$

(ii) $c_1 = 0$, $\alpha \neq -1$, $b_2 c_2 = 0$,

$$u = e^{b(t)} \int e^{a(x)} \mathrm{d}x - c_2 x + e^{\frac{1}{2}\left(b_3 - \sqrt{b_3{}^2 + 4b_2}\right)t}$$

$$\times \left[\int \frac{\left(\mu e^{(\alpha+1)b(t)} - (\alpha+1)b_4\right) e^{-\frac{1}{2}\left(b_3 - \sqrt{b_3{}^2 + 4b_2}\right)t}}{(\alpha+1)\sqrt{b_3{}^2 + 4b_2}} \mathrm{d}t + k_1 \right]$$

$$+ \left[\int \frac{\left(-\mu e^{(\alpha+1)b(t)} + (\alpha+1)b_4\right) e^{-\frac{1}{2}\left(b_3 + \sqrt{b_3{}^2 + 4b_2}\right)t}}{(\alpha+1)\sqrt{b_3{}^2 + 4b_2}} \mathrm{d}t + k_2 \right]$$

$$\times e^{\frac{1}{2}\left(b_3 + \sqrt{b_3{}^2 + 4b_2}\right)t},$$

其中 $a(x)$ 和 $b(t)$ 满足

$$\lambda \int e^a \mathrm{d}x = c_3 \left[b_1 + (\alpha+1)a'\right] e^{(\alpha+1)a} + \mu,$$

$$b'' = b_2 + b'(b_3 - b') + \frac{\lambda e^{\alpha b}}{\alpha + 1}.$$

例 5.5.42 方程 (5-307) 的 DDFSS 为

$$u = -\frac{e^{-\sqrt[3]{b_1} x + k_2 + b(t)}}{\sqrt[3]{b_1}} + s(t),$$

其中 $b(t)$ 和 $s(t)$ 满足二维动力系统

$$b'' = b_1 a_1 s^2 + b_3 - (b')^2 + b_2 b' + 2 b_1 a_2 s,$$
$$s'' = b_4 + b_2 s' + b_3 s + \frac{1}{3} a_1 b_1 s^3 + b_1 a_2 s^2.$$

例 5.5.43 方程 (5-309) 有显式 DDFSS

$$\tan u = b(t) a(x) + s(t), \tag{5-326}$$

其中 $a(x) \equiv a, b(t) \equiv b, s(t) \equiv s$ 满足下列关系式

$$a_1 a' a'' + b_1 (a')^2 + b_2 a^2 - \lambda a - \mu = 0, \tag{5-327}$$

$$b'' = b_3 b' + b_4 b + 2 b_1 b_2 b + \lambda b^2, \tag{5-328}$$

$$s'' = b_3 s' + b_4 s + b_2 s^2 + b_5 + \mu b^2. \tag{5-329}$$

当 $b_2 = b_3 = 0$ 时方程 (5-328) 有 Weierastrass 函数解. 当 $\mu = b_3 = 0$ 时方程 (5-329) 有 Weierastrass 函数解. 更特别地, 当 $\lambda = b_2 = 0$ 时方程组 (5-327)~(5-329) 的一个严格解为

$$a = \frac{a_1}{b_1}\sqrt{\frac{\mu}{b_1}} \ln\left(\sqrt{\exp\left(-\frac{2b_1}{a_1}(x+x_0)\right) + \mu} + \sqrt{\mu}\right)$$

$$- \frac{a_1}{b_1}\sqrt{\frac{1}{b_1}}\sqrt{\exp\left(-\frac{2b_1}{a_1}(x+x_0)\right) + \mu} + \sqrt{\frac{\mu}{b_1}}x + A_0, \qquad (5\text{-}330)$$

$$b = B_0 e^{\frac{1}{2}\left(b_3 + \sqrt{b_3^2 + 4b_4}\right)t} + B_1 e^{\frac{1}{2}\left(b_3 - \sqrt{b_3^2 + 4b_4}\right)t}, \qquad (5\text{-}331)$$

$$s = -\frac{\mu B_0^2 \left(b_3\sqrt{b_3^2 + 4b_4} - b_3^2 - 3b_4\right)}{b_4(2b_3^2 + 9b_4)} e^{\left(b_3 + \sqrt{b_3^2 + 4b_4}\right)t}$$

$$+ \frac{\mu B_1^2 \left(b_3\sqrt{b_3^2 + 4b_4} + b_3^2 + 3b_4\right)}{b_4(2b_3^2 + 9b_4)} e^{\left(b_3 - \sqrt{b_3^2 + 4b_4}\right)t}$$

$$+ s_0 e^{\frac{1}{2}\left(b_3 + \sqrt{b_3^2 + 4b_4}\right)t} + s_1 e^{\frac{1}{2}\left(b_3 - \sqrt{b_3^2 + 4b_4}\right)t}$$

$$- \frac{b_5 + 2\mu B_0 B_1 e^{b_3 t}}{b_4}, \qquad (5\text{-}332)$$

其中 x_0, A_0, B_0, B_1, s_0 和 s_1 是任意常数.

一般地, (5-326) 当 (5-330)~(5-332) 时表示变速度扭结型孤立波解. 图 5-6 显示此类型孤立波解的特殊结构.

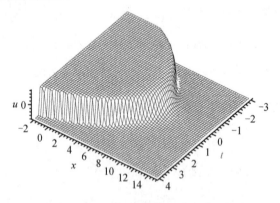

图 5-6 条件 (5-330)~(5-332) 下变速扭结状孤波解 (5-326)(其中 $\mu = 1, a_1 = 20, b_1 = b_4 = B_0 = B_1 = 1, x_0 = b_3 = b_5 = A_0 = s_0 = s_1 = 0$)

当

$$\lambda = \mu = 0, \qquad b_5 = -\frac{1}{4}\frac{b_4^2}{k^2(a_1 k + b_1)}$$

时, 方程组 (5-327)~(5-329) 有下述特解

$$a = \exp(kx), \tag{5-333}$$

$$b = B_0 + b_0 \exp(b_3 t), \tag{5-334}$$

$$s = \frac{1}{2} \frac{b_4}{k^2(a_1 k + b_1)}, \tag{5-335}$$

其中 k, b_0, B_0 是任意常数.

若 (5-333)~(5-335) 成立, 解 (5-326) 当 $b_0 = 0, B_0 \neq 0$ 时表示一静态扭结孤子解; 当 $B_0 = 0, b_0 \neq 0$ 时表示一动态扭结孤子解. 一般地, $B_0 b_0 \neq 0$ 表示一扭结鬼孤子相互作用解. 图 5-7 描述了典型的特殊鬼孤子相互作用扭结解. 由图 5-7 可见, 碰撞前 ($t < 0$) 只能看到静态扭结而动态扭结消失 (变成 "鬼孤子"); 碰撞后, 静态扭结变成鬼孤子而动态扭结可见.

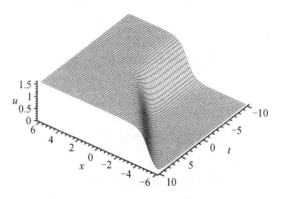

图 5-7 条件 (5-333)~(5-335) 下特殊的扭结鬼孤子相互作用解 (5-326)(其中 $a_1 = 3$, $k = b_1 = 2$, $B_0 = b_0 = b_3 = b_4 = 1$)

例 5.5.44 列出方程 (5-311) 的若干显式 DDFSS:

(i) $c_1 \neq 0$,

$$u = \frac{e^{-c_1 x}}{2c_1 \sqrt{p}} \left[\left(k_4 - \int \frac{4a_1 c_1 e^{b_2 t - \frac{1}{6} t\sqrt{p} + 3k_1}}{\sec^3 \left(\frac{1}{6} \sqrt{-p}(t + k_2) \right)} dt \right) e^{\frac{1}{6}(3b_2 + \sqrt{p})t} \right.$$

$$\left. - 2a_2 c_1 \sqrt{p} e^{c_1 x} + \left(k_3 + \int \frac{4a_1 c_1 e^{b_2 t + \frac{1}{6} t\sqrt{p} + 3k_1}}{\sec^3 \left(\frac{1}{6} \sqrt{-p}(t + k_2) \right)} dt \right) e^{\frac{1}{6}(3b_2 - \sqrt{p})t} \right]$$

$$+ \frac{3 e^{-\frac{1}{3} c_1 x + \frac{1}{2} b_2 t + k_1}}{2 c_1 \sec \left(\frac{1}{6} \sqrt{-p}(t + k_2) \right)},$$

其中
$$p = 9b_2{}^2 - 12a_1c_1b_1.$$

(ii) $c_1\lambda \neq 0$,
$$u = \frac{1}{c_1\lambda}\left(\lambda e^{\frac{c_1}{3}(2x-k_1)} - e^{-k_1c_1}\right) e^{b(t)-c_1x}\sqrt{\frac{\lambda e^{\frac{2c_1}{3}(x+k_1)} - 1}{c_1}}$$
$$-a_2 + s(t)e^{-c_1x},$$

其中 $b(t)$ 和 $s(t)$ 满足下列常微分方程
$$b'' = -\frac{1}{3}\left(c_1b_1 + \lambda e^{2b}\right)a_1 + b_2b' - (b')^2,$$
$$s'' = \frac{1}{3}sa_1\left(\lambda e^{2b} - c_1b_1\right) + b_2s'.$$

(iii) $c_1 = 0$, $\lambda \neq 0$,
$$u = \frac{2}{3}\sqrt{2\lambda(x+k_1)^3}e^{b(t)} + s(t),$$

其中 $b(t)$ 和 $s(t)$ 满足
$$b'' + (b')^2 - b_2b' + a_1\lambda e^{2b} = 0,$$

$$s'' = b_2s' + a_1\lambda(a_2 + s)e^{2b}.$$

例 5.5.45 方程 (5-313) 的显式 DDFSS 如下:

(i) $c_1 \neq 0$,
$$u = e^{-c_1x}\left[\left(k_2 - \int\frac{\mu e^{\frac{1}{2}\left(-b_2+\sqrt{b_2^2+4c_1b_1}\right)t+3b(t)}}{\sqrt{b_2^2+4c_1b_1}}\mathrm{d}t\right)e^{\frac{1}{2}\left(b_2-\sqrt{b_2^2+4c_1b_1}\right)t}\right.$$
$$\left.+\left(\int\frac{\mu e^{-\frac{1}{2}\left(b_2+\sqrt{b_2^2+4c_1b_1}\right)t+3b(t)}}{\sqrt{b_2^2+4c_1b_1}}\mathrm{d}t + k_1\right)e^{\frac{1}{2}\left(b_2+\sqrt{b_2^2+4c_1b_1}\right)t}\right],$$
$$+e^{b(t)-c_1x}\int e^{c_1x+a(x)}\mathrm{d}x - \frac{c_2}{c_1},$$

其中 $a(x)$ 和 $b(t)$ 满足
$$\lambda\int e^{c_1x+a}\mathrm{d}x = \left(a_1a' - \frac{5}{12}a_1c_1\right)e^{c_1x+3a} - \mu,$$
$$b'' + (b')^2 - c_1b_1 - b_2b' - \lambda e^{2b} = 0.$$

(ii) $c_1 = 0$,

$$u = e^{b(t)} \int e^{a(x)} \mathrm{d}x + \mu \int e^{b_2 t} \int e^{3b(t) - b_2 t} \mathrm{d}t \mathrm{d}t - c_2 x$$
$$- \frac{b_1 c_2 t}{b_2} + k_1 e^{b_2 t} + k_2,$$

其中 $a(x)$ 和 $b(t)$ 满足

$$\lambda \int e^a \mathrm{d}x + \mu - a_1 e^{3a} a' = 0,$$

$$b'' - b_2 b' + (b')^2 - \lambda e^{2b} = 0.$$

(iii) $c_1 = 0$, $b_2 = 0$,

$$u = e^{b(t)} \int e^{a(x)} \mathrm{d}x + \mu \int \int e^{3b(t)} \mathrm{d}t \mathrm{d}t - c_2 x$$
$$+ \frac{1}{2} b_1 c_2 t^2 + k_1 t + k_2,$$

其中 $a(x)$ 和 $b(t)$ 满足

$$\lambda \int e^a \mathrm{d}x + \mu - a_1 e^{3a} a' = 0,$$

$$\pm 2 \int^b \frac{1}{\sqrt{-2k_3 e^{-2s} + 2\lambda e^{2s}}} \mathrm{d}s = t + k_4.$$

例 5.5.46 列出方程 (5-315) 的显式 DDFSS：
(i) $c_1 \neq 0$, $b_2^2 + 4c_1 b_1 \neq 0$,

$$u = \frac{4}{3c_1} e^{b(t) - \frac{1}{4} c_1 x + k_1} - a_2 + \frac{e^{-c_1 x}}{6\sqrt{b_2^2 + 4c_1 b_1} c_1} \left[e^{\frac{b_2 - \sqrt{b_2^2 + 4c_1 b_1}}{2} t} \right.$$
$$\times \left(k_2 + 3c_1 a_1 \int e^{\frac{\sqrt{b_2^2 + 4c_1 b_1} - b_2}{2} t + 4k_1 + 4b(t)} \mathrm{d}t \right) + e^{\frac{b_2 + \sqrt{b_2^2 + 4c_1 b_1}}{2} t}$$
$$\left. \times \left(k_3 - 3c_1 a_1 \int e^{-\frac{b_2 + \sqrt{b_2^2 + 4c_1 b_1}}{2} t + 4k_1 + 4b(t)} \mathrm{d}t \right) \right],$$

其中

$$b(t) = -\frac{1}{2} \ln \left[\operatorname{sech}^2 \left(\frac{\sqrt{b_2^2 + 4c_1 b_1}}{2} (t + k_4) \right) \right] + \frac{1}{2} b_2 t + k_5.$$

(ii) $c_1 \neq 0$,
$$u = \frac{\left(e^{-k_1 c_1} - 2e^{\frac{1}{4}c_1(3x-k_1)} + e^{\frac{1}{2}c_1(3x+k_1)}\right)e^{b(t)-c_1 x}}{c_1^{\frac{4}{3}}\left(e^{\frac{3}{4}c_1(x+k_1)} - 1\right)^{\frac{2}{3}}} - a_2 + s(t)e^{-c_1 x},$$

其中 $b(t)$ 和 $s(t)$ 满足下列二维动力系统
$$b'' = -\frac{1}{4}a_1 e^{3b} + c_1 b_1 - (b')^2 + b_2 b',$$
$$s'' = \frac{1}{4}s\left(a_1 e^{3b} + 4c_1 b_1\right) + b_2 s'.$$

或
$$u = -\frac{e^{b(t)-c_1 x}\left(e^{-k_1 c_1} + 2e^{\frac{1}{4}c_1(3x-k_1)} + e^{\frac{1}{2}c_1(3x+k_1)}\right)}{c_1^{\frac{4}{3}}\left(1 + e^{\frac{3}{4}c_1(x+k_1)}\right)^{\frac{2}{3}}} + s(t)e^{-c_1 x} - a_2,$$

其中 $b(t)$ 和 $s(t)$ 满足
$$b'' = \frac{1}{4}a_1 e^{3b} - (b')^2 + b_2 b' + c_1 b_1,$$
$$s'' = -\frac{1}{4}s\left(a_1 e^{3b} - 4c_1 b_1\right) + b_2 s'.$$

(iii) $c_1 = 0$, $\lambda \neq 0$,
$$u = \frac{3}{4}\sqrt[3]{3\lambda(x+k_1)^4}\, e^{b(t)} + s(t),$$

其中 $b(t)$ 和 $s(t)$ 满足
$$b'' = -a_1 \lambda e^{3b} + b_2 b' - (b')^2,$$
$$s'' = a_1 \lambda e^{3b}(s + a_2) + b_2 s'.$$

例 5.5.47 列出方程 (5-317) 的显式 DDFSS 如下：

(i) $c_1 \neq 0$,
$$u = \left[e^{\frac{1}{2}\left(b_2+\sqrt{b_2^2+4c_1 b_1}\right)t}\left(k_2 - \int \frac{2a_1 e^{5k_1+5b(t)-\frac{b_2+\sqrt{b_2^2+4c_1 b_1}}{2}t}}{5\sqrt{b_2^2+4c_1 b_1}}dt\right)\right.$$
$$\left. - e^{\frac{1}{2}\left(b_2-\sqrt{b_2^2+4c_1 b_1}\right)t}\left(k_3 + \int \frac{2a_1 e^{\frac{\sqrt{b_2^2+4c_1 b_1}-b_2}{2}t+5k_1+5b(t)}}{5\sqrt{b_2^2+4c_1 b_1}}dt\right)\right.$$
$$\left. + \frac{5e^{b(t)+\frac{4}{5}c_1 x+k_1}}{4c_1}\right]e^{-c_1 x} - a_2,$$

其中
$$b(t) = -\frac{1}{2}\ln\left[\operatorname{sech}^2\left(\frac{1}{2}\sqrt{b_2{}^2 + 4c_1b_1}\,(t+k_4)\right)\right] + \frac{1}{2}b_2 t + k_5.$$

(ii) $c_1 = 0$,
$$u = \frac{4}{5}\sqrt{2}\sqrt[4]{\lambda}\,(x+k_1)^{\frac{5}{4}}\,e^{b(t)} + s(t),$$

其中 $b(t)$ 和 $s(t)$ 满足
$$b'' = -(b')^2 + b_2 b' - a_1\lambda e^{4b},$$
$$s'' = a_1\lambda(a_2 + s)e^{4b} + b_2 s'.$$

例 5.5.48 方程 (5-319) 的三个显式 DDFSS 为

(i) $a_1 b_1 \neq 0$,
$$u = \left(k_4 e^{\sqrt{a_1 b_1}\,t} + k_5 e^{-\sqrt{a_1 b_1}\,t}\right)e^{-a_1 x} - \frac{c_1}{a_1} - \frac{a_2(a_1 b_1)^{-\frac{\alpha+1}{2}}}{4b_1(\alpha+2)}e^{-a_1 x}$$
$$\times\left[e^{\sqrt{a_1 b_1}\,t}\int 2^{-\alpha}e^{k_1(2+\alpha)-\sqrt{a_1 b_1}(3+\alpha)t}\left(k_3 - k_2 e^{2\sqrt{a_1 b_1}\,t}\right)^{2+\alpha}\mathrm{d}t\right.$$
$$\left. - e^{-\sqrt{a_1 b_1}\,t}\int 2^{-\alpha}e^{k_1(2+\alpha)-\sqrt{a_1 b_1}(\alpha+1)t}\left(k_3 - k_2 e^{2\sqrt{a_1 b_1}\,t}\right)^{2+\alpha}\mathrm{d}t\right]$$
$$+ \frac{(2+\alpha)}{2a_1(\alpha+1)\sqrt{a_1 b_1}}\left(k_3 - k_2 e^{2\sqrt{b_1 a_1}\,t}\right)e^{-\sqrt{a_1 b_1}\,t - \frac{a_1}{2+\alpha}x + k_1}.$$

(ii) $a_1 \neq 0$, $b_1 = 0$,
$$u = \left(-\frac{2a_1 a_2 e^{(2+\alpha)k_1}(k_2 t + k_3)^{4+\alpha}}{k_2{}^2(2+\alpha)(3+\alpha)(4+\alpha)} + k_4 t + k_5\right)e^{-a_1 x}$$
$$+ \frac{2+\alpha}{a_1(\alpha+1)}(k_2 t + k_3)e^{-\frac{a_1 x}{2+\alpha} + k_1} - \frac{c_1}{a_1}.$$

(iii) $a_1 = 0$,
$$u = e^{b(t)}\int e^{a(x)}\mathrm{d}x - \mu\iint e^{(\alpha+1)b(t)}\mathrm{d}t\mathrm{d}t - c_1 x + \frac{1}{2}b_1 c_1 t^2 + k_1 t + k_2,$$

其中 $a(x)$ 和 $b(t)$ 满足
$$\lambda\int e^a \mathrm{d}x - c_1 a_2 e^{(\alpha+1)a}a' - \mu = 0,$$
$$\pm(2+\alpha)\int^{b(t)}\frac{e^\xi}{\sqrt{(2+\alpha)(2\lambda e^{(2+\alpha)\xi} - k_3)}}\mathrm{d}\xi = t + k_4.$$

例 5.5.49 方程 (5-321) 的 DDFSS 为

(i) $a_2 = 0$, $b_1 \neq 0$,

$$u = e^{b(t)} \int e^{a(x)} \mathrm{d}x + k_1 e^{\frac{1}{2}\left(b_2 + \sqrt{b_2^2 + 4b_1}\right)t} + k_2 e^{\frac{1}{2}\left(b_2 - \sqrt{b_2^2 + 4b_1}\right)t}$$
$$- a_3 x - \frac{b_3 + \mu}{b_1},$$

其中 $a(x)$ 和 $b(t)$ 满足

$$\lambda \int e^a \mathrm{d}x + \mu + b_1 a_3 x - a_1 a' = 0,$$

$$b_2 \int^b \frac{-p(\xi)(2b_2^2 + 9b_1) + 3b_2^2 + 9b_1}{(b_2^2 + 3b_1)(b_1 + \lambda e^{-\xi})} \mathrm{d}\xi = -9t + k_4,$$

$p(\xi)$ 由下式确定

$$81 b_1 (b_2^2 + 3b_1)^3 \int^{p(\xi)} \frac{1}{b_2^2 (2b_2^2 + 9b_1)^2 \eta^3 - 27(b_2^2 + 3b_1)^3 (\eta - 1)} \mathrm{d}\eta$$
$$= -\ln(3b_1 e^\xi + 3\lambda)(b_2^2 + 3b_1) + 3k_3 b_1.$$

(ii) $a_2 = 0$, $b_1 = 0$, $b_2 \neq 0$,

$$u = k_5 \left[-\lambda - b_2 \left(k_3 e^{b_2 t} + \frac{t}{b_2^2} - k_4 \right) \right] \tan\left(\frac{k_5 x}{2a_1} \right)$$
$$- a_3 x + k_2 + k_1 e^{b_2 t} - \frac{b_3 t}{b_2}$$

和

$$u = -a_1 \left(k_3 e^{b_2 t} - k_4 \right) e^{\frac{\mu}{a_1} x + k_5} - a_3 x + k_2 + k_1 e^{b_2 t} - \frac{(b_3 + \mu)t}{b_2}.$$

(iii) $a_2 = 0$, $b_1 = 0$, $b_2 = 0$,

$$u = \left(\frac{1}{2} t^2 - k_3 t + k_4 \right) k_5 \tan\left(\frac{k_5 (x + k_6)}{2a_1} \right) + \frac{1}{2} b_3 t^2 - a_3 x + k_1 t + k_2$$

和

$$u = a_1 (k_4 - k_3 t) e^{\frac{\mu}{a_1} x + k_5} + \frac{b_3 + \mu}{2} t^2 - a_3 x + k_1 t + k_2.$$

(iv) $a_2 \neq 0$, $b_1 = 0$, $b_2 = 0$,

$$u = \left[\left(\frac{\lambda t^2}{2 a_2} - k_3 t + k_4 \right) \int e^{a(x) + a_2 x} \mathrm{d}x + \frac{\mu t^2}{2 a_2} + k_1 t + k_2 \right] e^{-a_2 x} - \frac{a_3}{a_2},$$

其中 $a(x)$ 满足

$$\lambda \int e^{a+a_2x} \mathrm{d}x - a_2(a_1a' + b_3 - a_1a_2)e^{a_2x} + \mu = 0.$$

(v) $a_2b_2 \neq 0$, $b_1 = 0$,

$$u = e^{-a_2x}\left[-\frac{(k_3e^{b_2t} + \lambda b_2 t + \lambda - k_4)\int e^{a(x)+a_2x}\mathrm{d}x}{b_2{}^2 a_2} + k_1e^{b_2t} \right.$$
$$\left. -\frac{\mu t}{b_2 a_2} + k_2 \right] - \frac{a_3}{a_2},$$

其中 $a(x)$ 满足

$$\lambda \int e^{a+a_2x} \mathrm{d}x - a_2(a_1a' + b_3 - a_1a_2)e^{a_2x} + \mu = 0.$$

(vi) $a_2b_1 \neq 0$,

$$u = \left(k_1 - k_3\int e^{a(x)+a_2x}\mathrm{d}x\right)e^{-a_2x}e^{\frac{1}{2}\left(b_2+\sqrt{b_2{}^2+4b_1}\right)t} - \frac{a_3}{a_2}$$
$$+ e^{-a_2x}\left[\left(k_4\int e^{a(x)+a_2x}\mathrm{d}x + k_2\right)e^{\frac{1}{2}\left(b_2-\sqrt{b_2{}^2+4b_1}\right)t}\right.$$
$$\left. -\frac{\lambda\int e^{a(x)+a_2x}\mathrm{d}x}{b_1a_2} - \frac{\mu}{b_1a_2}\right],$$

其中 $a(x)$ 满足

$$\lambda \int e^{a+a_2x}\mathrm{d}x - \left(a_1a_2a' + b_3a_2 - b_1a_3 - a_1a_2{}^2\right)e^{a_2x} + \mu = 0.$$

5.6 小 结

对于非线性演化方程,我们提出了 DDFSS 的概念. 以一般非线性扩散方程、KdV 型方程和波动型方程为例,利用 GCS 方法给出这些类型方程具有 DDFSS 的完全归类,然后通过求解 DDFSS 假设 (5-170) 得到了所列分类方程的严格解. 该方法还提供了 DDFSS 的对称群解释. 由于在假设 (5-170) 中包含了因变量的导函数,该方法直接推广和涵盖了 FSS 及所有结果,由此出发得到一大批能用一般非线性分离变量程序可解的新的非线性模型,给出了某些已知模型的新解. 通过 DDFSS 方法,发现了一些复杂非线性扩散方程的某些不同类型的局域激发.

尽管分离变量方法在各个方向有所进展,却仍然不够完美. 还有一些重要课题有待研究. 最重要的问题之一是如何统一现有的非形式分离变量法?

或许, 能够提出最一般的统一的分离变量假设

$$f(x_1, x_2, \cdots, u, u_{x_i}, u_{x_i x_j}, \cdots) = g(x_1, x_2, \cdots, G_j, G_{j\xi_i}, G_{j\xi_i \xi_k}, \cdots), \tag{5-336}$$

这里 $u = u(x_1, x_2, \cdots, x_n), G_j \equiv G_j(\xi_1, \cdots, \xi_{m_j}), \xi_k = \xi_k(x_1, \cdots, x_n)$ ($k = 1, \cdots, m_j, m_j < n$). 虽然现有的所有分离变量假设都是 (5-336) 的特殊情形, 但是不同的分离变量法的实施步骤不同. 可否找到一个通用的方法, 譬如,GCS 方法, 来实施一般的分离变量假设 (5-336)?

对于一般的分离变量假设 (5-336), 还需阐明它在变换下的等价问题. 例如, (5-336) 的特殊形式

$$\begin{aligned} & f(x_1, x_2, \cdots, u, u_{x_i}, u_{x_i x_j}, \cdots) \\ & = g(x_1, x_2, \cdots, x_n, \phi_1(x_1), \phi_2(x_2), \cdots, \phi_n(x_n)) \end{aligned} \tag{5-337}$$

等价于形式

$$\begin{aligned} & F(x_1, x_2, \cdots, u, u_{x_i}, u_{x_i x_j}, \cdots) \\ & = G(x_1, x_2, \cdots, x_n, \psi_1(y_1), \psi_2(y_2), \cdots, \psi_n(y_n)), \end{aligned} \tag{5-338}$$

其中 $y_i = y_i(x_1, x_2, \cdots, x_n)$ ($i = 1, 2, \cdots, n$) 是 $\{x_1, x_2, \cdots, x_n\}$ 的任意函数, 因为可做变换 $\{x_1, x_2, \cdots, x_n\} \leftrightarrow \{y_1, y_2, \cdots, y_n\}$.

更特殊地, 本章中的分离变量假设 (5-170) 等价于

$$F(u, x_\xi u_x + t_\xi u_t) = G(a(\xi) + b(\tau)), \tag{5-339}$$

其中 $\xi = \xi(x, t), \tau = \tau(x, t)$ 是 $\{x, t\}$ 的任意函数,a, b 是 ξ, τ 的任意函数,G 是 $a + b$ 的任意函数, $x = x(\xi, \tau), t = t(\xi, \tau)$ 由 $\xi = \xi(x, t), \tau = \tau(x, t)$ 的逆变换确定. 与假设 (5-339) 相联系的可分离变量方程通过变换 $x \to \xi(x, t)$ 和 $t \to \tau(x, t)$ 可以很容易地得到.

总之, 对非线性分离变量法, 特别是导数相关泛函分离变量法, 还有待于进一步深入研究.

第六章 形式分离变量法

在非线性问题的研究中, 分离变量法的推广是多种多样的. 本章着重介绍一种具有广泛应用的形式分离变量法. 这种方法首先由曹策问教授建立于 1+1 维 Lax 可积模型, 并称之为非线性化方法. 之后程艺教授和李翊神教授将这种方法推广到 2+1 维 Lax 可积系统, 并称之为对称性约束方法. 一方面这种方法在可积系统的严格求解理论方面不断向纵深发展, 几乎所有的重要 Lax 可积模型的代数几何解都已经被这种方法成功获得; 另一方面, 这一方法也向非线性系统的其他方面发展, 如经典 r 矩阵的研究, 含自洽源非线性系统的研究, 在不可积系统的推广和相似约化中的应用等等. 本章就可积系统的非线性化方法、对称约束法、不可积系统的形式分离变量法和相似约化等几方面开展讨论.

6.1 Lax 对的非线性化方法

为了简单起见, 取 KdV 方程

$$u_t - 6uu_x - u_{xxx} = 0 \tag{6-1}$$

为例来说明非线性化方法的基本思想.

KdV 方程的 Lax 对为

$$\psi_{xx} + u\psi = \lambda\psi, \tag{6-2}$$

$$\psi_t = 2(u-\lambda)\psi_x - u_x\psi. \tag{6-3}$$

Lax 对 (6-2) 和 (6-3) 也可以写成两分量形式

$$\begin{pmatrix} \psi \\ \phi \end{pmatrix}_x = \begin{pmatrix} 0 & 1 \\ \lambda - u & 0 \end{pmatrix} \begin{pmatrix} \psi \\ \phi \end{pmatrix}, \tag{6-4}$$

$$\begin{pmatrix} \psi \\ \phi \end{pmatrix}_t = \begin{pmatrix} -u_x & 2(u-\lambda) \\ -u_{xx} - 2(u-\lambda)^2 & u_x \end{pmatrix} \begin{pmatrix} \psi \\ \phi \end{pmatrix}. \tag{6-5}$$

显然, Lax 方程 (6-2) 和 (6-3)(或 (6-4) 和 (6-5)) 对谱函数 ψ 来说都是线性的. 非线性化的基本思想是给出一个合适的约束

$$u = f(\psi_i, \phi_i, \quad i = 1, 2, \cdots), \tag{6-6}$$

其中 ψ_i, ϕ_i 为谱参数 λ_i 的谱函数. 将 (6-6) 代入 Lax 对 (6-4) 和 (6-5) 可得

$$\begin{pmatrix} \psi_i \\ \phi_i \end{pmatrix}_x = \begin{pmatrix} \phi_i \\ (\lambda_i - f)\psi_i \end{pmatrix}, \tag{6-7}$$

$$\begin{pmatrix} \psi_i \\ \phi_i \end{pmatrix}_t = \begin{pmatrix} 2(2\lambda_i + f)\phi_i + (\phi_j f_{\psi_j} + \psi_j(\lambda_j - f) f_{\phi_j}) \\ 2(2\lambda_i^2 - f^2 - \lambda_i f)\psi_i + (\phi_j f_{\psi_j} + \psi_j(\lambda_j - f) f_{\psi_j}) - A\psi_i \end{pmatrix}, \tag{6-8}$$

其中

$$A \equiv \{\psi_j(\lambda_j - f) \left[2\phi_k f_{\psi_k \phi_j} + \psi_k(\lambda_k - f) f_{\phi_j \phi_k} - \psi_k f_{\phi_j} f_{\phi_k} \right]$$
$$+ \phi_j \left(\phi_k f_{\psi_j \psi_k} - \psi_k f_{\psi_j} f_{\phi_k} \right) \} + (\lambda_j - f) \left(\psi_j f_{\psi_j} + \phi_j f_{\phi_j} \right). \tag{6-9}$$

为记号方便, 除特别说明外本章中的所有公式采用爱因斯坦的重复指标求和规则, 如

$$\phi_k f_{\psi_k} \equiv \sum_{k=1}^{N} \phi_k f_{\psi_k}, \tag{6-10}$$

但本章中所有谱参数的指标对求和不起作用, 即

$$\lambda_i \psi_i \neq \sum_{i=1}^{N} \lambda_i \psi_i. \tag{6-11}$$

显然, 方程组 (6-7) 中仅显含空间坐标 x, 而 (6-8) 中仅显含时间坐标 t. 由于 f 是 $\{\psi, \phi\}$ 的函数, 所以 (6-7) 和 (6-8) 都是有限维非线性系统, 从而原来线性的 Lax 对被非线性化. 因此被称为 (Lax 对的) 非线性化方法. 一般来说, 一组函数 $\{\psi_i, \phi_i \, (i = 1, \cdots, N)\}$ 要满足两组方程 (6-7) 和 (6-8), 对于任意的 f, 这两组方程往往是不自洽的. 由于原始的 Lax 对的相容性条件是 u 是 KdV 方程的解, 所以 (6-7) 和 (6-8) 的相容性条件即为由 (6-6) 给定的 u 满足 KdV 方程, 从而给 f 以一定的限制条件. 利用 (6-7) 和 (6-8) 可以证明这一相容性条件为

$$(\lambda_i - f)(f_{\psi_i \phi_j} - f_{\psi_i \psi_j} \psi_i \phi_j) - \phi_i \phi_j \phi_k f_{\psi_i \psi_j \psi_k} + (\phi_i \phi_j + \psi_i \psi_j f) f_{\psi_i} f_{\phi_j}$$
$$+ \left[(2\phi_i \phi_k - \psi_i \psi_k f) f_{\psi_k} + 3\psi_i (\lambda_i - f)^2 \right] f_{\phi_i} - 3\psi_i \phi_k (\lambda_i - f) \phi_j f_{\phi_i \psi_j \psi_k}$$
$$+ \{3\psi_i \phi_j \phi_k f_{\psi_k} + 3(\lambda_i - f)[\psi_i \psi_j (f - \lambda_j) - \phi_i \phi_j]\} f_{\phi_i \psi_j} - [\phi_i \psi_j$$
$$+ \psi_i (2f - 3\lambda_i) \phi_j] f_{\phi_i \phi_j} - 3\psi_i \psi_j \phi_k (\lambda_j \lambda_i - 2f\lambda_i + f^2) f_{\phi_i \phi_j \psi_k}$$
$$+ 3\psi_i \left[\psi_j \phi_k (\lambda_i - f) f_{\psi_k} - (\lambda_i \lambda_j - 2f\lambda_i + f^2) \phi_j \right] f_{\phi_i \phi_j}$$
$$+ \psi_i \psi_j \psi_k \left[(\lambda_j - \lambda_k) f_{\phi_k} f_{\phi_i} + (\lambda_j - f)(\lambda_i - 3f + 2\lambda_k) f_{\phi_i \phi_k} \right] f_{\phi_j}$$
$$+ (f - \lambda_k) \left[(f - \lambda_j)(f - \lambda_i) \psi_j f_{\phi_i \phi_j \phi_k} - 3\phi_j f_{\phi_k} f_{\phi_i \psi_j} \right] \psi_i \psi_k = 0. \tag{6-12}$$

根据上述讨论, 可以得到下述定理:

定理 6.1.1 如果 f 满足自洽条件 (6-12), $\{\psi_i, \phi_i\ (i=1,\cdots,N)\}$ 是满足两个相容的有限维系统 (6-7) 和 (6-8) 的解, 则 $u=f$ 是 KdV 方程 (6-1) 的解.

根据定理 6.1.1, 利用两个相容常微系统的求解即可求得偏微分方程 (KdV 方程) 的解. 现在剩下的问题是

(1) 如何从相容性条件 (6-12) 挑选合适的 f?

(2) 对于给定的 f, 如何求解常微系统?

这里仅讨论 f 是 ϕ 无关的情况. 在 f 是 ϕ 无关的条件下,

$$f_{\phi_i} = 0, \tag{6-13}$$

从而 (6-12) 简化为

$$(\lambda_i - f)\left(f_{\psi_i}\phi_i - f_{\psi_i\psi_j}\psi_i\phi_j\right) - \phi_i\phi_j\phi_k f_{\psi_i\psi_j\psi_k} = 0. \tag{6-14}$$

不难证明 (6-13)~(6-14) 的一般非平庸解为

$$f = \sum_{i=1}^{N}\psi_i^2 \equiv \psi_i^2. \tag{6-15}$$

将 (6-15) 代入 (6-7) 和 (6-8) 得

$$\psi_{ix} = \phi_i, \tag{6-16}$$

$$\phi_{ix} = \left(\lambda_i - \psi_j^2\right)\psi_i \tag{6-17}$$

及

$$\psi_{it} = 2\left(\psi_j^2 + 2\lambda_i\right)\phi_i - 2\phi_j\psi_j\phi_i, \tag{6-18}$$

$$\phi_{it} = 2\left(2\lambda_i^2 - 2\phi_j^2\right)\psi_i + 2\psi_j\phi_j\phi_i - 2(\lambda_i+\lambda_j)\psi_j^2\psi_i,\ \ i=1,2,\cdots,N. \tag{6-19}$$

曹策问教授等对大量的可积系统非线性化后的常微系统作了深入系统的研究, 并得到了所有这些系统的代数几何解. 此处不作展开, 有兴趣的读者可以参阅他们的论文或专著.

6.2 对称约束法

上一节从一般的可能约束出发给出了 Lax 对的相容的非线性化. 在曹策问教授课题组完成 1+1 维可积系统的非线性化研究后, 程艺教授和李翊神教授将该方法推广应用到 2+1 维可积系统, KP 方程, 并称之为对称约束方法. 本节就 KP 方程的对称约束问题及相关问题作一详细的论述.

KP 方程

$$u_{xt} + (u_{xxx} - 6uu_x)_x + 3u_{yy} = 0 \tag{6-20}$$

的 Lax 对为

$$\psi_{xx} - u\psi + \psi_y = 0, \tag{6-21}$$

$$\psi_t + 4\psi_{xxx} - 6u\psi_x - 3\left(u_x - \int u_y \mathrm{d}x\right)\psi = 0. \tag{6-22}$$

由 KP 方程 y 坐标的反射对称性 $(y \to -y)$ 易知其有一对偶 Lax 对

$$\psi_{xx}^* - u\psi^* - \psi_y^* = 0, \tag{6-23}$$

$$\psi_t^* + 4\psi_{xxx}^* - 6u\psi_x^* - 3\left(u_x + \int u_y \mathrm{d}x\right)\psi^* = 0. \tag{6-24}$$

KP 方程的对称 σ 定义为其线性化方程

$$\sigma_{xt} + (\sigma_{xxx} - 6\sigma u_x - 6u\sigma_x)_x + 3\sigma_{yy} = 0 \tag{6-25}$$

的解.

类似于上一节, 可以研究一般相容约束

$$u = f(\psi, \psi^*). \tag{6-26}$$

但是此处仅考虑对称约束的情况.

对于对称约束, 有下述定理:

定理 6.2.1 KP 方程的 Lax 对在对称约束

$$u_x = \sigma, \qquad u = \int \sigma \mathrm{d}x \tag{6-27}$$

下是相容的.

证明 即要证明在约束 (6-27) 下条件

$$\psi_{yt} = \psi_{ty} \tag{6-28}$$

等价于 σ 满足对称方程 (6-25).

将 (6-27) 代入 Lax 对 (6-21) 和 (6-22) 得

$$\psi_y = \psi \int \sigma \mathrm{d}x - \psi_{xx}, \tag{6-29}$$

$$\psi_t = 6\psi_x \int \sigma \mathrm{d}x + 3\psi\left(\sigma - \int\int \sigma_y \mathrm{d}x \mathrm{d}x\right). \tag{6-30}$$

从 (6-29) 可得

$$\psi_{yt} = -\psi_{xxt} + \psi \int \sigma_t \mathrm{d}x + \psi_t \int \sigma \mathrm{d}x$$

$$= 6\psi_x \left(\int \sigma \mathrm{d}x\right)^2 + \int \sigma \mathrm{d}x \left(3\psi\sigma - 10\psi_{xxx} - 3\psi \int\int \sigma \mathrm{d}x \mathrm{d}x\right)$$

$$+ 6\psi_x \int \sigma_y \mathrm{d}x + 3\psi_{xx} \int\int \sigma_y \mathrm{d}x \mathrm{d}x + \psi \int \sigma_t \mathrm{d}x + 4\psi_{xxxxx}$$

$$+ 3(\sigma_y - \sigma_{xx})\psi - 12\sigma_x \psi_x - 15\sigma \psi_{xx}. \tag{6-31}$$

从 (6-30) 可得

$$\psi_{ty} = -4\psi_{xxxy} + 3(\psi\sigma)_y + 6\left(\psi_x \int \sigma \mathrm{d}x\right)_y - 3\left(\psi \int \sigma_y \mathrm{d}x\right)_y$$

$$= 6\psi_x \left(\int \sigma \mathrm{d}x\right)^2 + \int \sigma \mathrm{d}x \left(9\psi\sigma - 10\psi_{xxx} - 3\psi \int\int \sigma \mathrm{d}x \mathrm{d}x\right)$$

$$+ 6\psi_x \int \sigma_y \mathrm{d}x + 3\psi_{xx} \int\int \sigma_y \mathrm{d}x \mathrm{d}x - 3\psi \int \sigma_{yy} \mathrm{d}x \mathrm{d}x + 4\psi_{xxxxx}$$

$$+ 3(\sigma_y - 4\sigma_{xx})\psi - 12\sigma_x \psi_x - 15\sigma \psi_{xx}. \tag{6-32}$$

(6-32) 减去 (6-31) 即得

$$\psi_{ty} - \psi_{yt} = \sigma_{xx} + \int \sigma_{xt} - 6\sigma \int \sigma \mathrm{d}x + 3 \int\int \sigma_{yy} \mathrm{d}x \mathrm{d}x. \tag{6-33}$$

另一方面, 将 (6-27) 代入 KP 的对称方程 (6-25) 并积分两次即得到与 (6-33) 相同的结果. 因此 (6-28) 成立.

根据定理 6.2.1, 只要找到一个与 ψ 和 ψ^* 相关的对称, 就可以得到一个相容的非线性化的低维系统. 文献 [147] 对与 ψ 和 ψ^* 相关的对称作了一个比较完整的描述. 这里给出一个简单的对称定理:

定理 6.2.2　KP 方程具有谱函数相关的非局域对称

$$\sigma = \sum_{i=1}^{M} \sum_{j=1}^{N} a_{ij}(\psi_i \psi_j^*)_x, \tag{6-34}$$

其中 a_{ij} $(i = 1, 2, \cdots, M, j = 1, 2, \cdots, N)$ 是任意常数, ψ_i 是 Lax 对 (6-21) 和 (6-22) 的解, ψ_j^* 是对偶 Lax 对 (6-23) 和 (6-24) 的解.

证明　首先证明

$$\sigma = (\psi\psi^*)_x \tag{6-35}$$

是 KP 方程的对称.

将 (6-35) 代入 KP 的对称方程 (6-25) 的左边有

$$\psi_t\psi_{xx}^* - 12(2\psi_x\psi_x^* + \psi_{xx}\psi^* + \psi\psi_{xx}^*)u_x - 6(\psi\psi_x^* + \psi_x\psi^*)u_{xx}$$
$$+6\psi_y\psi_{xy}^* + (2\psi_{xt}^* + 5\psi_{xxxx}^* + 3\psi_{yy}^*)\psi_x - 2(5\psi_{xx}^* - 3u\psi^*)\psi_{xxx}$$
$$+(\psi_t^* + 10\psi_{xxx}^*)\psi_{xx} + (3\psi_{xyy}^* - 6u\psi_{xxx}^* + \psi_{xxt}^* + \psi_{xxxxx}^*)\psi$$
$$+(\psi_{xxxx} + \psi_{xt} + 3\psi_{yy})_x\psi^* + (2\psi_{xt} + 5\psi_{xxxx} + 3\psi_{yy})\psi_x^*$$
$$+6\psi_{xy}\psi_y^* - 18u(\psi\psi_x^*)_x. \tag{6-36}$$

将 (6-22) 和 (6-24) 代入上式得

$$[vw + (2\psi_{xx}^* - u\psi^*)v - (2\psi_{xx} + u\psi)w + \psi w_y + \psi^* v_y + \psi w_{xx} - \psi^* v_{xx}]_x, \tag{6-37}$$

其中

$$v \equiv \psi_y + \psi_{xx} - u\psi, \ w \equiv \psi_y^* - \psi_{xx}^* + u\psi^*. \tag{6-38}$$

所以由 (6-21) 和 (6-23) 知 (6-37) 恒等于零. 即 $(\psi\psi^*)_x$ 是 KP 方程的对称.

最后根据对称方程的线性性质,任何对称的线性叠加仍然是对称.

利用上述定理 6.2.1 和 6.2.2, 很容易将 Lax 对相容地约化成

$$\psi_{iy} = -\psi_{ixx} + a_{mn}\psi_n\psi_m^*\psi_i, \quad i = 1, 2, \cdots, N, \tag{6-39}$$
$$\psi_{jy}^* = \psi_{ixx}^* - a_{mn}\psi_n\psi_m^*\psi_j^*, \quad j = 1, 2, \cdots, M \tag{6-40}$$

及

$$\psi_{it} = -4\psi_{ixxx} + a_{mn}(\psi_n\psi_i)_x\psi_m^*, \quad i = 1, 2, \cdots, N, \tag{6-41}$$
$$\psi_{jt}^* = -4\psi_{ixxx}^* + a_{mn}\psi_n(\psi_m^*\psi_j^*)_x, \quad j = 1, 2, \cdots, M. \tag{6-42}$$

有意思的是, 当 $M = N = 1$ 时, (6-39) 和 (6-40) 正是非线性薛定谔方程 ($y \to Iy = \sqrt{-1}y$), 而 (6-41) 和 (6-42) 正是一般的修正 KdV 方程. 也就是说, 当 $M = N = 1$ 时, (6-39)~(6-40) 和 (6-41)~(6-42) 正是著名的 AKNS 梯队的第一和第二个非平庸模型.

可以证明一般 $N+M$ 分量的 AKNS 系统 (6-39), (6-40) 和 (6-41)~(6-42) 都是可积的[167].

值得注意的是, (6-39)~(6-40) 不显含时间 t, 而 (6-41)~(6-42) 不显含空间坐标 y, 因此这种方法也可以看成是一种非线性系统的分离变量法. 由于 ψ_i, ψ_j^* 都是 x, y, t 的函数, 并没有真正把变量 y 和 t 分开, 因此我们称此方法为形式分离变量法.

更进一步, 利用 AKNS 系统 (6-39)~(6-40) 和 (6-41)~(6-42) 的 Lax 对可以将这两个系统进一步作形式变量分离. 此处不再讨论, 有兴趣的读者可以参阅相关文献 [136].

显然, 从前面的讨论可以知道这一方法依赖于 Lax 对的存在, 但是绝大多数非线性系统并无非平庸的 Lax 对存在. 因此, 我们的问题是非 Lax 可积模型是否可以用形式分离变量法求解. 下一节将从一种不同的角度理解形式分离变量法, 从而达到建立一般形式分离变量法的目的.

6.3 不可积系统的形式分离变量法

实际上, 上两节论述的形式分离变量法究其本质是用一组自洽的超定的形式上变量分离的低维方程来求解高维非线性方程. 具体地说, 为了得到 $n+1$ 维非线性方程

$$F(t, x_1, x_2, \cdots, x_n, u, u_{x_i}, u_{x_i x_j}, \cdots, u_{x_{i_1} x_{i_2} \cdots x_{i_N}}) \equiv F(u) = 0 \tag{6-43}$$

的形式分离变量解, 可以做下述变量分离假设:

$$\Psi_{x_i} = K_i, \quad i = 0, 1, \cdots, n, \ x_0 = t, \tag{6-44}$$

其中

$$\Psi \equiv (\psi_1, \psi_2, \cdots, \psi_M)^T$$

和

$$K_i \equiv K_i(\Psi) \equiv (K_{i_1}, K_{i_2}, \cdots, K_{i_M})^T, \quad i = 0, 1, \cdots, n$$

是 M 分量的不显含坐标变量 x_i $(i = 0, 1, \cdots, N)$ 的向量函数, 上标 T 表示矩阵的转置.

N 个变量分离的超定方程 (6-44) 的相容性条件

$$\Psi_{x_i x_j} = \Psi_{x_j x_i}$$

要求所有的 K_i 都对易, 即

$$[K_i, K_j] \equiv K_i' K_j - K_j' K_i \equiv \frac{\partial}{\partial \varepsilon} \left[K_i(\Psi + \varepsilon K_j) - K_j(\Psi + \varepsilon K_i) \right]\big|_{\varepsilon=0} = 0. \tag{6-45}$$

最后需要知道 u 与 Ψ 之间的联系使得

$$u = U(\Psi) \tag{6-46}$$

满足原非线性方程 (6-43).

对于可积模型, 人们通常首先给定原高维模型的约束方程 (如对称约束), 然后从 Lax 对得到低维的可积模型, 再对得到的低维可积模型施行非线性化操作直到最后将独立变量形式分离, 由此同时得到了 K_i 和 $U(\Psi)$.

而对不可积模型, 可以首先给定 K_i, 然后由原方程来确定 $U(\Psi)$.

具体地, 以一个含源修正 KdV-Burgers(MKdVB) 方程

$$u_t + \sum_{p=1}^{P} a_p u^p u_x + c u_{xxx} + \gamma u_{xx} = \sum_{q=1}^{Q} b_q u^q \tag{6-47}$$

为例来说明问题. 上式 (6-47) 的左边对应于通常的 MKdVB$(p>1)$ 或 KdVB$(p=1)$ 方程, (6-47) 的右边是源项. 兰慧彬博士和汪克林教授用 tanh 函数展开法研究过 (6-47) 式的三种形式的特殊情况:

$$\{\gamma = 0, a_1 = 0, P = 2, Q = 3\}, \{P = 1, Q = 0\}, \{c = 0, P = 1, Q = 3\}, \tag{6-48}$$

的孤立波解[130].

简单起见, 仅取 Ψ 和 K_i $(i=1,2)$ 是单分量的情况, 即 $M=1$, 从而形式变量分离方程为

$$\Psi_x = K_1(\Psi), \tag{6-49}$$

$$\Psi_t = K_2(\Psi), \tag{6-50}$$

其中 $\Psi = \Psi(x,t)$ 是 $\{x,t\}$ 的标量函数, $K_i(\Psi) = K_i$ $(i=1,2)$ 是满足

$$[K_1, K_2] = 0 \tag{6-51}$$

的 Ψ 的函数.

在单分量的情况下, (6-51) 的仅有的可能解为

$$K_2 = \omega K_1. \tag{6-52}$$

将 (6-46), (6-49), (6-50) 和 (6-52) 代入 (6-47) 可得下述决定 K_1 和 U 的常微分方程:

$$\omega K_1 U' + K_1 U' \sum_{p=1}^{P} a_p U^p + c K_1 (U''' K_1^2 + 3 K_1 K_1' U''$$

$$+ K_1 K_1'' U' + K_1'^2 U') + \gamma K_1 (K_1 U'' + K_1' U') = \sum_{q=1}^{Q} b_q U^q. \tag{6-53}$$

从方程 (6-53) 可知, 两个任意函数 K_1 和 U 只需要满足一个方程. 因此可以先选定一个函数, 然后由 (6-53) 来决定另一个函数. 如, 可以选取

$$K_1 = \sum_{j=0}^{J} A_j \Psi_j, \tag{6-54}$$

然后用幂级数方法

$$U = \sum_{j=0}^{\infty} U_j \Psi_j \tag{6-55}$$

来求解 (6-53). 如果取 $J=1$ 或 $J=2$, 那么上述展开等价于很多作者采用的指数函数展开法、tanh 函数展开法或 Riccati 方程展开法.

在某些特殊的非线性或源 (特殊的 a_p 和 b_q) 的情况下, 幂级数 (6-55) 可能被截断而成为严格的显式解

$$U = \sum_{j=0}^{R} U_r \Psi_r. \tag{6-56}$$

通常情况下, 孤立子或孤立波是由于非线性和色散的平衡而形成. 在有源 (有背景相互作用) 的情况下, 孤立波的形成可以有四种机制:

(1) 色散效应和非线性效应的平衡;
(2) 色散效应和背景相互作用的平衡;
(3) 非线性效应和背景相互作用的平衡;
(4) 色散、非线性和背景相互作用的共同效应.

通过仔细分析可以知道由这些机制形成具有 (6-54) 和 (6-56) 形式的孤立波的条件.

(i) 由色散效应和非线性效应的平衡形成孤立波的条件为

$$(P+1)R + J - 1 = R + 3J - 3 > QR, \tag{6-57}$$

$$RA_J a_P U_R^{P+1} = -cA_J^3 U_R R\{[(R-2)+3J](R-1) + J(2J-1)\}; \tag{6-58}$$

(ii) 由色散效应和背景相互作用的平衡形成孤立波的条件为

$$(P+1)R + J - 1 < R + 3J - 3 = QR, \tag{6-59}$$

$$b_Q U_Q^R = cA_J^3 U_R R\{[(R-2)+3J](R-1) + J(2J-1)\}; \tag{6-60}$$

(iii) 由非线性效应和背景相互作用的平衡形成孤立波的条件为

$$(P+1)R + J - 1 = QR > R + 3J - 3, \tag{6-61}$$

$$b_Q U_Q^R = RA_J a_P U_R^{P+1}; \tag{6-62}$$

(iv) 由色散效应、非线性效应和背景相互作用的共同平衡形成孤立波的条件为

$$(P+1)R + J - 1 = QR = R + 3J - 3, \tag{6-63}$$

$$b_Q U_Q^R = R A_J a_P U_R^{P+1} + c A_J^3 U_R R \{[(R-2) + 3J](R-1) + J(2J-1)\}. \tag{6-64}$$

下面就 $J = 2$ 的情况给一些特例.

在 $J = 2$ 的情况下, (6-49) 和 (6-50) 的一般解为

$$\Psi = \frac{\psi_1 \exp\left[(\psi_2 - \psi_1) A_2 (x + \omega t + x_0)\right] + \psi_2}{1 + \exp\left[(\psi_2 - \psi_1) A_2 (x + \omega t + x_0)\right]}, \tag{6-65}$$

其中 x_0 是任意常数,

$$\psi_1 = \frac{1}{2A_2} \left(\sqrt{A_1^2 - 4A_0 A_2} - A_1 \right), \ \psi_2 = \frac{1}{2A_2} \left(\sqrt{A_1^2 - 4A_0 A_2} - A_1 \right).$$

6.4 对称性约化

对称性约化或条件对称约化是寻求高维非线性系统严格解的最基本方法之一. 有意义的是, 前节建立的一般形式分离变量法也可以成功地用来做对称性约化.

正如任何自治系统或任何具有时空平移不变的系统都具有一个常微行波约化一样, 利用形式分离变量法, 上一节的结果显示, 如果选择 Ψ 是单分量的, 则任何自治方程都可以约化成一个常微系统 (如 (6-53)).

类似地可以证明, 任意高维可积模型都可以利用相容的形式分离变量假设约化成低维方程. 实际上, 采用两分量的形式分离变量假设可以将任何高维方程约化成二维方程, 采用三分量的形式分离变量假设可以将任何高维方程约化成三维方程.

对于两分量 $\Psi = (\psi, \phi)$ 的情况, 有下面的定理:

定理 6.4.1 任意 n 维 N 阶偏微分方程

$$F(u, u_{x_1}, \cdots, u_{x_n}, u_{x_i x_j}, \cdots, u_{x_{i_1} x_{i_2} \cdots x_{i_N}}) = 0 \tag{6-66}$$

均可被相容的形式变量分离假设

$$\begin{pmatrix} \psi \\ \phi \end{pmatrix}_{x_i} = \begin{pmatrix} K_{1i} \\ K_{2i} \end{pmatrix} \equiv K_i, \quad i, j = 1, 2, \cdots, n, \tag{6-67}$$

$$[K_i, K_j] = 0, \quad i, j = 1, 2, \cdots, n \tag{6-68}$$

约化为一个二维 N 阶系统

$$F_1(\psi,\phi,U,U_\phi,U_\psi,\cdots,U_{\psi^i\phi^{N-i-j}},\cdots,U_{\psi^i\phi^{N-i}},\cdots)=0, \tag{6-69}$$

其中 K_{1i} 和 K_{2i} 为 ψ 和 ϕ 的函数, 方程 (6-66) 的解即为 (6-69) 的解

$$u=U(\psi,\phi). \tag{6-70}$$

证明 定理的证明是显然的, 只要将

$$u_{x_ix_j\cdots x_k\cdots}=(K_{1i}\partial_\psi+K_{2i}\partial_\phi)(K_{1j}\partial_\psi+K_{2j}\partial_\phi)\cdots(K_{1k}\partial_\psi+K_{2k}\partial_\phi)\cdots U \tag{6-71}$$

代入 (6-66) 即可.

具体地, 以 2+1 维非线性 Klein-Gordon 方程

$$u_{tt}-u_{xx}-u_{yy}+G(u)=0 \tag{6-72}$$

为例加以说明.

对于任意的 $G(u)\neq 0$, (6-72) 是不可积的. 为了利用形式分离变量法约化方程, 首先引入三个相容的形式分离变量假设

$$\begin{pmatrix}\psi\\ \phi\end{pmatrix}_x=\begin{pmatrix}f_1(\psi,\phi)\\ f_2(\psi,\phi)\end{pmatrix}, \tag{6-73}$$

$$\begin{pmatrix}\psi\\ \phi\end{pmatrix}_y=\begin{pmatrix}g_1(\psi,\phi)\\ g_2(\psi,\phi)\end{pmatrix}, \tag{6-74}$$

$$\begin{pmatrix}\psi\\ \phi\end{pmatrix}_t=\begin{pmatrix}h_1(\psi,\phi)\\ h_2(\psi,\phi)\end{pmatrix}. \tag{6-75}$$

从而相应的二维约化为

$$(h_1^2-f_1^2-g_1^2)U_{\psi\psi}+(h_2^2-f_2^2-g_2^2)U_{\phi\phi}+2(h_1h_2-f_1f_2-g_1g_2)U_{\psi\phi}$$
$$+[(h_1^2-f_1^2-g_1^2)_\psi+h_2h_{1\phi}-f_2f_{1\phi}-g_2g_{1\phi}]U_\psi$$
$$+[(h_2^2-f_2^2-g_2^2)_\psi+h_1h_{2\phi}-f_1f_{2\phi}-g_1g_{2\phi}]U_\phi+G(U)=0. \tag{6-76}$$

下一步需要解决的问题是如何确定相容的约化 (6-73)~(6-75). 仔细分析后得到下述两种有意义的非平庸的情况.

对于第一种情况, 有

$$g_1=G(\psi,\phi)h_1, \tag{6-77}$$

$$g_2=G(\psi,\phi)h_2, \tag{6-78}$$

$$f_1=cG(\psi,\phi)h_1, \tag{6-79}$$

$$f_2=cG(\psi,\phi)h_2, \tag{6-80}$$

其中 $G \equiv G(\psi, \phi)$ 满足

$$h_1 G_\psi + h_2 G_\phi = 0. \tag{6-81}$$

由于 (6-77)~(6-80), 可以证明这种二维约化等价于直接取

$$\psi = \frac{y + cx}{\sqrt{1+c}} \equiv X, \qquad \phi = t,$$

从而相应的二维约化为

$$U_{tt} - U_{XX} + G(U) = 0. \tag{6-82}$$

对于第二种情况, 有

$$g_1 = G f_1, \tag{6-83}$$

$$g_2 = G f_2 + G_\phi \frac{f_2 f_1}{f_{1\phi}}, \tag{6-84}$$

$$h_1 = (c_1 + c_2 G) f_1, \tag{6-85}$$

$$h_2 = (c_1 + c_2 G) f_2 + c_2 G_\phi \frac{f_2 f_1}{f_{1\phi}}, \tag{6-86}$$

其中 G 是 ϕ 的任意函数, f_1 是 ψ 和 ϕ 的任意函数, f_2 和 f_1 由下式

$$\left(\frac{f_1 f_2}{f_{1\phi}} \right)_\psi = (f_1^{-1})_{\phi\phi} - (f_1^{-1})_\phi (\ln G_\phi)_\phi \tag{6-87}$$

联系.

在这种情况下, 非线性 Klein-Gordon 方程 (6-72) 的约化包含了一个二维任意函数 (f_1 和 f_2 中的一个) 和一个一维任意函数 (G). 因此非线性 Klein-Gordon 方程 (6-72) 有一个相当一般的二维约化 (6-76), 其中 g_1, g_2, h_1, h_2 及 f_2 由 (6-83)~(6-87) 给定. 但是要求解如此复杂的约化方程仍然是非常困难的. 本章不再深入讨论. 实际上, 任何自治的三维非线性系统都可以利用此方法约化成二维系统.

第七章 非线性傅里叶变换方法

解决线性问题的另一强大手段是傅里叶变换法. 相比于分离变量法, 傅里叶变换法在非线性物理中得到了更为系统的推广, 被称为反散射方法 (inverse scattering transformation (IST)). 本章首先简要回顾线性系统中的傅里叶变换, 然后重点介绍非线性系统的傅里叶变换, 其中包含了最新的研究报道, 即有限区域上的傅里叶变换.

7.1 线性系统的傅里叶变换

设 $f(x)$ 是定义于区间 $-\infty < x < \infty$ 上的非周期函数, 如果满足以下两个条件:

(i) 在 x 的任何有限区间上, $f(x)$ 是分段光滑的, 而且至多具有第一类间断点; 换言之, $f(x)$ 在任一有限区间上满足 Dirichlet 条件,

(ii) $f(x)$ 在 $(-\infty, \infty)$ 上绝对可积, 即 $\int_{-\infty}^{\infty} |f(x)| \mathrm{d}x$ 收敛,

那么就有

$$f(x) = \frac{1}{\sqrt{2\pi}} \int_{-\infty}^{\infty} F(\omega) e^{i\omega x} \mathrm{d}\omega, \qquad (7\text{-}1)$$

其中

$$F(\omega) = \frac{1}{\sqrt{2\pi}} \int_{-\infty}^{\infty} f(x) e^{-i\omega x} \mathrm{d}x. \qquad (7\text{-}2)$$

(7-1) 式的右端称为 $f(x)$ 的傅里叶积分, (7-2) 式称为 $f(x)$ 的傅里叶变换, $f(x)$ 和 $F(\omega)$ 分别称为傅里叶变换的原函数和像函数.

傅里叶变换具有一些基本性质, 如导数定理、积分定理、相似性定理、延迟定理、位移定理和卷积定理等[105, 137].

二维或三维或更高维无界空间的非周期函数可以展开为多重傅里叶积分. n 维空间中的非周期函数 $f(x_1, x_2, \cdots, x_n)$ 可展为 n 重傅里叶积分

$$\begin{aligned}&f(x_1, x_2, \cdots, x_n)\\&= \int_{-\infty}^{\infty} \cdots \int_{-\infty}^{\infty} F(\omega_1, \omega_2, \cdots, \omega_n) e^{i \sum\limits_{m=1}^{n} \omega_n x_n} \mathrm{d}\omega_1 \mathrm{d}\omega_2 \cdots \mathrm{d}\omega_n,\end{aligned} \qquad (7\text{-}3)$$

其中 n 重傅里叶变换

$$F(\omega_1, \omega_2, \cdots, \omega_n) = (2\pi)^{-\frac{n}{2}} \int_{-\infty}^{\infty} \cdots \int_{-\infty}^{\infty} f(x_1, x_2, \cdots, x_n) e^{-i\sum_{m=1}^{n} \omega_n x_n} dx_1 dx_2 \cdots dx_n. \tag{7-4}$$

前面给出的傅里叶变换都是复数形式的. 对于具体的物理问题, 我们也可以将函数进行实数形式的傅里叶变换. 实际上就是把上述傅里叶变换中的指数函数展开成正弦余弦函数, 然后进行计算.

线性问题可以由色散关系来表征, 因此在利用线性傅里叶变换计算时可有图 7-1 表示的一个简单图解关系.

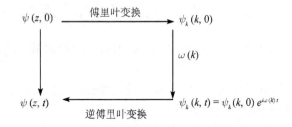

图 7-1 线性傅里叶变换方法图解

在此给出一个利用傅里叶变换方法求解一个无界杆的热传导问题的例子. 无界杆的热传导问题可以由下述方程

$$u_t - \kappa u_{xx} = f(x,t), \quad -\infty < x < \infty, \quad t > 0 \tag{7-5}$$

及初值条件

$$u|_{t=0} = 0, \quad -\infty < x < \infty \tag{7-6}$$

和边值条件

$$u|_{x \to \pm\infty} \to 0 \tag{7-7}$$

描述. 假设 $u(x,t)$ 的傅里叶变换存在, 为

$$U(\omega, t) = \frac{1}{\sqrt{2\pi}} \int_{-\infty}^{\infty} u(x,t) e^{-i\omega x} dx, \tag{7-8}$$

并设

$$F(\omega, t) = \frac{1}{\sqrt{2\pi}} \int_{-\infty}^{\infty} f(x,t) e^{-i\omega x} dx. \tag{7-9}$$

对定解问题 (7-5) 和 (7-6) 作傅里叶变换后, 利用以上记号, 可得

$$U(\omega,t)_t + \kappa\omega^2 U(\omega,t) = F(\omega,t), \tag{7-10a}$$

$$U(\omega,t)|_{t=0} = 0. \tag{7-10b}$$

方程 (7-10) 是一阶常微分方程的初值问题, 因此很容易用常数变易法求解得其解

$$U(\omega,t) = e^{-\kappa\omega^2 t}\int_0^t F(\omega,t)e^{\kappa\omega^2\tau}\mathrm{d}\tau. \tag{7-11}$$

再对上解求反演, 得

$$\begin{aligned}u(x,t) &= \frac{1}{\sqrt{2\pi}}\int_{-\infty}^{\infty}U(\omega,t)e^{i\omega x}\mathrm{d}\omega \\ &= \int_0^t\left[\frac{1}{\sqrt{2\pi}}F(\omega,\tau)e^{-\kappa\omega^2(t-\tau)}e^{i\omega x}\mathrm{d}\omega\right]\mathrm{d}\tau.\end{aligned} \tag{7-12}$$

利用

$$\frac{1}{\sqrt{2\pi}}\int_{-\infty}^{\infty}e^{-\kappa\omega^2(t-\tau)}e^{i\omega x}\mathrm{d}\omega = \frac{1}{\sqrt{2\pi}}\int_{-\infty}^{\infty}e^{-\kappa\omega^2(t-\tau)}\cos(\omega x)\mathrm{d}\omega$$

$$= \frac{1}{\sqrt{2\kappa(t-\tau)}}\exp\left[-\frac{x^2}{4\kappa(t-\tau)}\right] \tag{7-13}$$

和

$$f(x,t) = \frac{1}{\sqrt{2\pi}}\int_{-\infty}^{\infty}F(\omega,t)e^{i\omega x}\mathrm{d}\omega, \tag{7-14}$$

并根据傅里叶变换的卷积公式, 最后就可得到

$$\begin{aligned}u(x,t) &= \int_0^t\left\{\frac{1}{\sqrt{2\pi}}\int_{-\infty}^{\infty}\frac{f(\xi,\tau)}{\sqrt{2\kappa(t-\tau)}}\exp\left[-\frac{(x-\xi)^2}{4\kappa(t-\tau)}\right]\mathrm{d}\xi\right\}\mathrm{d}\tau \\ &= \frac{1}{\sqrt{2\kappa\pi}}\int_0^t\left\{\int_{-\infty}^{\infty}f(\xi,\tau)\exp\left[-\frac{(x-\xi)^2}{4\kappa(t-\tau)}\right]\mathrm{d}\xi\right\}\frac{\mathrm{d}\tau}{\sqrt{t-\tau}}.\end{aligned} \tag{7-15}$$

傅里叶变换也可以应用于求解半无界空间和有界区间内的偏微分方程定解问题[105, 137].

7.2 非线性系统的傅里叶变换

反散射方法也被视为非线性傅里叶变换, 主要是因为它与线性傅里叶变换方法的求解过程非常类似, 比较表示非线性傅里叶变换方法的一个变换关系简图 7-2 和

表示线性傅里叶变换方法的一个变换关系简图 7-1 可以非常清楚地观察到两个方法存在的相似性,而且在线性极限下就可以退化到线性傅里叶变换方法. 因此,反散射方法是线性傅里叶变换方法在非线性物理中的一个成功推广,这个方法最早是在 1967 年由 Gardner、Greene、Kruskal 和 Miura 在求解 KdV 方程的初值问题时提出并建立的 [87],之后被成功应用到了诸多可积模型,如 KP 方程、DS 系统、AKNS 系统等等. 也有不少书籍详细介绍反散射方法,如 [1].

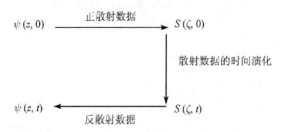

图 7-2 非线性傅里叶变换方法图解

这一节主要介绍非线性薛定谔方程

$$iq_t = q_{xx} - 2|q|^2 q \tag{7-16}$$

的反散射方法. 图 7-3 表示了用反散射方法求解非线性薛定谔方程的基本思路,主要内容可参看 [3].

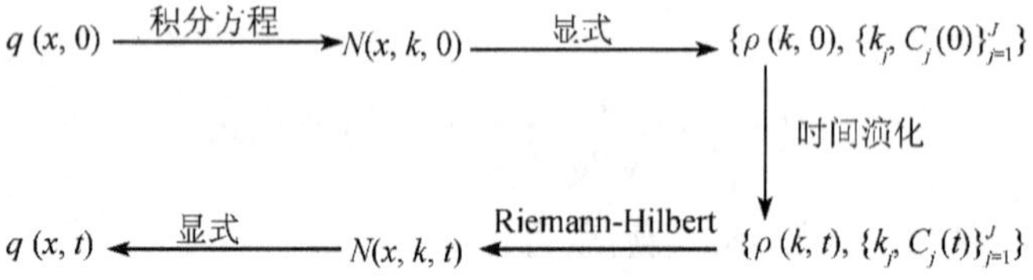

图 7-3 非线性薛定谔方程的反散射方法图解

7.2.1 相容性条件

为方便用反散射方法求解,把非线性薛定谔方程 (7-16) 改写成等价形式

$$iq_t = q_{xx} - 2rq^2, \tag{7-17a}$$

$$-ir_t = r_{xx} - 2qr^2, \tag{7-17b}$$

其中 $r = -q^*$.

与系统 (7-17a)~(7-17b) 相关的线性本征值问题是

$$v_x = \begin{pmatrix} -ik & q \\ r & ik \end{pmatrix} v, \tag{7-18}$$

其中 v 是一个二分量的向量 $v(x,t) = \left(v^{(1)}(x,t), v^{(2)}(x,t)\right)^T$. 与演化方程 (7-17a)~(7-17b) 及本征值问题 (7-18) 相应 v 的演化方程为

$$v_t = \begin{pmatrix} 2ik^2 + iqr & -2kq - iq_x \\ -2kr + ir_x & -2ik^2 - iqr \end{pmatrix} v. \tag{7-19}$$

演化方程 (7-17a)~(7-17b) 等价于 $v_{xt} = v_{tx}$, 即混合导数可交换求导次序.

7.2.2 正散射问题

如果 $x \to \pm\infty$ 时, q 和 r 快速趋于 0, 那么散射问题 (7-18) 的解可以由边界条件

$$\phi(x,t) \sim \begin{pmatrix} 1 \\ 0 \end{pmatrix} e^{-ikx}, \quad \bar{\phi}(x,t) \sim \begin{pmatrix} 0 \\ 1 \end{pmatrix} e^{ikx}, \qquad x \to -\infty, \tag{7-20a}$$

$$\psi(x,t) \sim \begin{pmatrix} 0 \\ 1 \end{pmatrix} e^{ikx}, \quad \bar{\psi}(x,t) \sim \begin{pmatrix} 1 \\ 0 \end{pmatrix} e^{-ikx}, \qquad x \to +\infty \tag{7-20b}$$

定义. 事实上, 考虑具有常数边界条件的函数, 即所谓的 "Jost 函数"

$$M(x,k) = e^{ikx}\phi(x,k), \quad \bar{M}(x,k) = e^{-ikx}\bar{\phi}(x,k), \tag{7-21a}$$

$$N(x,k) = e^{-ikx}\psi(x,k), \quad \bar{N}(x,k) = e^{ikx}\bar{\psi}(x,k), \tag{7-21b}$$

将使得运算更为简单方便. 这些 Jost 函数 (7-21) 是积分方程

$$M(x,k) = \begin{pmatrix} 1 \\ 0 \end{pmatrix} + \int_{-\infty}^{+\infty} G_+(x-x',k)\hat{Q}(x',k)M(x',k)\mathrm{d}x', \tag{7-22a}$$

$$N(x,k) = \begin{pmatrix} 0 \\ 1 \end{pmatrix} + \int_{-\infty}^{+\infty} \tilde{G}_+(x-x',k)\hat{Q}(x',k)N(x',k)\mathrm{d}x', \tag{7-22b}$$

$$\bar{M}(x,k) = \begin{pmatrix} 0 \\ 1 \end{pmatrix} + \int_{-\infty}^{+\infty} \tilde{G}_-(x-x',k)\hat{Q}(x',k)\bar{M}(x',k)\mathrm{d}x', \tag{7-22c}$$

$$\bar{N}(x,k) = \begin{pmatrix} 1 \\ 0 \end{pmatrix} + \int_{-\infty}^{+\infty} G_-(x-x',k)\hat{Q}(x',k)\bar{N}(x',k)\mathrm{d}x' \tag{7-22d}$$

的解, 其中

$$\hat{Q} = \begin{pmatrix} 0 & q \\ r & 0 \end{pmatrix},$$

格林函数

$$G_{\pm}(x,k) = \pm\theta(\pm x)\begin{pmatrix} 1 & 0 \\ 0 & e^{2ikx} \end{pmatrix}, \quad \tilde{G}_{\pm}(x,k) = \mp\theta(\mp x)\begin{pmatrix} e^{-2ikx} & 0 \\ 0 & 1 \end{pmatrix},$$

式中

$$\theta(x) = \begin{cases} 1, & x > 0, \\ 0, & x < 0 \end{cases}$$

是 Heaviside 阶梯函数.

方程 (7-22) 是 Volterra 积分方程, 从这些方程可以确定 Jost 函数的性质. 利用迭代方法可知: 如果 $q, r \in L^1(\mathbb{R})$, 那么 $M(x,k)$ 和 $N(x,k)$ 的积分方程的 Neumann 级数在上半 k 平面 (Im$k > 0$) 关于 x 和 k 都绝对和一致收敛. 同样地, $\bar{M}(x,k)$ 和 $\bar{N}(x,k)$ 的积分方程的 Neumann 级数在下半 k 平面 (Im$k \leqslant 0$) 关于 x 和 k 都绝对和一致收敛 (具体的证明参见文献 [4]). 因此, Jost 函数 $M(x,k)$ 和 $N(x,k)$ 在平面 Im$k > 0$ 上是复变量 k 的解析函数, 且在平面 Im$k \geqslant 0$ 上连续; $\bar{M}(x,k)$ 和 $\bar{N}(x,k)$ 在平面 Im$k < 0$ 上是复变量 k 的解析函数, 且在平面 Im$k \leqslant 0$ 上连续.

由积分方程 (7-22) 可以导出 Jost 函数的渐进展开式, 分别为

$$M(x,k) = \begin{pmatrix} 1 - \dfrac{1}{2ik}\displaystyle\int_{-\infty}^{x} q(x')r(x')\mathrm{d}x' \\ -\dfrac{1}{2ik}r(x) \end{pmatrix} + O(k^{-2}), \tag{7-23a}$$

$$\bar{N}(x,k) = \begin{pmatrix} 1 + \dfrac{1}{2ik}\displaystyle\int_{x}^{+\infty} q(x')r(x')\mathrm{d}x' \\ -\dfrac{1}{2ik}r(x) \end{pmatrix} + O(k^{-2}), \tag{7-23b}$$

$$N(x,k) = \begin{pmatrix} \dfrac{1}{2ik}q(x) \\ 1 - \dfrac{1}{2ik}\displaystyle\int_{x}^{+\infty} q(x')r(x')\mathrm{d}x' \end{pmatrix} + O(k^{-2}), \tag{7-23c}$$

$$\bar{M}(x,k) = \begin{pmatrix} \dfrac{1}{2ik}q(x) \\ 1 + \dfrac{1}{2ik}\displaystyle\int_{-\infty}^{x} q(x')r(x')\mathrm{d}x' \end{pmatrix} + O(k^{-2}). \tag{7-23d}$$

以上展开式在大 k 处成立.

现在, 用散射问题的解来定义仅依赖于复散射变量 k 的散射系数.

7.2 非线性系统的傅里叶变换

散射问题 (都具有 $x \to -\infty$ 的边界条件) 的解 $\phi(x,k)$ 和 $\bar\phi(x,k)$ 是线性无关的,因为散射问题中矩阵的秩为零,即任何两个解的 Wronskian 都与 x 无关.

$$W(\phi, \bar\phi) = \lim_{x \to -\infty} W\left(\phi(x,k), \bar\phi(x,k)\right) = 1,$$

对任何 u, v 有

$$W(u, v) = u^{(1)}v^{(2)} - u^{(2)}v^{(1)}.$$

类似地

$$W(\psi, \bar\psi) = \lim_{x \to +\infty} W\left(\psi(x,k), \bar\psi(x,k)\right) = -1. \tag{7-24}$$

所以 $\{\phi(x,k), \bar\phi(x,k)\}$ 和 $\{\psi(x,k), \bar\psi(x,k)\}$ 是 (7-18) 的两组线性无关解. 因为散射问题是一个二阶线性常微分方程组,所以左本征函数 $\phi(x,k)$ 和 $\bar\phi(x,k)$ 是 $\psi(x,k)$ 和 $\bar\psi(x,k)$ 的线性组合, 反之亦然.

线性组合的系数依赖于 k, 所以

$$\phi(x,k) = b(k)\psi(x,k) + a(k)\bar\psi(x,k), \tag{7-25a}$$

$$\bar\phi(x,k) = \bar a(k)\psi(x,k) + \bar b(k)\bar\psi(x,k) \tag{7-25b}$$

对任何 k 都成立使得这四个函数都存在. 特别地, (7-25) 在直线 $\mathrm{Im}\, k = 0$ 上成立, 并在直线上定义了散射系数 $a(k), \bar a(k), b(k)$ 和 $\bar b(k)$.

利用方程 (7-25) 和 Wronskian 对 x 的不变性, 在极限 $x \to \infty$ 下计算 $W(\phi(x,k), \bar\phi(x,k))$, 发现散射数据满足所谓的幺正关系

$$a(k)\bar a(k) - b(k)\bar b(k) = 1. \tag{7-26}$$

同样地, 通过计算极限 $x \to \pm\infty$ 可以得到下述由 Jost 函数表示的散射数据公式

$$a(k) = W\left(M(x,k), N(x,k)\right), \quad b(k) = -W\left(M(x,k), \bar N(x,k)\right) e^{-2ikx}, \tag{7-27a}$$

$$\bar a(k) = -W\left(\bar M(x,k), \bar N(x,k)\right), \quad \bar b(k) = W\left(\bar M(x,k), N(x,k)\right) e^{-2ikx}. \tag{7-27b}$$

或者得到散射系数的积分关系式

$$a(k) = 1 + \int_{-\infty}^{+\infty} q(x') M^{(2)}(x',k) \mathrm{d}x', \tag{7-28a}$$

$$b(k) = \int_{-\infty}^{+\infty} e^{-2ikx'} r(x') M^{(1)}(x',k) \mathrm{d}x', \tag{7-28b}$$

$$\bar{a}(k) = 1 + \int_{-\infty}^{+\infty} r(x')\bar{M}^{(1)}(x',k)\mathrm{d}x', \tag{7-28c}$$

$$\bar{b}(k) = \int_{-\infty}^{+\infty} e^{2ikx'} q(x')\bar{M}^{(2)}(x',k)\mathrm{d}x', \tag{7-28d}$$

其中 $M^{(j)}, \bar{M}^{(j)}$ ($j=1,2$) 分别表示向量 M 和 $\bar{M}$ 的第 j 个分量.

Jost 函数的解析性质和散射数据公式表明, $a(k)$ 在复 k 平面 $\mathrm{Im}k > 0$ 上可以解析延拓, $\bar{a}(k)$ 在 $\mathrm{Im}k < 0$ 上可以解析延拓. 但是, 一般情况下不能证明 $b(k)$ 和 $\bar{b}(k)$ 可以解析延拓离开实 k 轴.

从积分表达式 (7-28a) 和 (7-28c) 以及渐进展开式 (7-23a) 和 (7-23d) 可以得到展开式

$$a(k) = 1 - \frac{1}{2ik}\int_{-\infty}^{+\infty} q(x')r(x')\mathrm{d}x' + O(k^{-2}), \quad \mathrm{Im}k > 0, \tag{7-29a}$$

$$\bar{a}(k) = 1 + \frac{1}{2ik}\int_{-\infty}^{+\infty} q(x')r(x')\mathrm{d}x' + O(k^{-2}), \quad \mathrm{Im}k < 0, \tag{7-29b}$$

均在大 k 处成立.

为了得到容易求解的散射数据形式, 把方程 (7-25) 改写成

$$\mu(x,k) = \bar{N}(x,k) + \rho(k)e^{2ikx}N(x,k), \tag{7-30a}$$

$$\bar{\mu}(x,k) = N(x,k) + \bar{\rho}(k)e^{-2ikx}\bar{N}(x,k), \tag{7-30b}$$

其中

$$\mu(x,k) = M(x,k)a^{-1}(k), \quad \bar{\mu}(x,k) = \bar{M}(x,k)\bar{a}^{-1}(k) \tag{7-31}$$

分别在 $\mathrm{Im}k > 0$ 和 $\mathrm{Im}k < 0$ 上是亚纯的,

$$\rho(k) = b(k)a^{-1}(k), \quad \bar{\rho}(k) = \bar{b}(k)\bar{a}^{-1}(k) \tag{7-32}$$

被称为 "反射系数", 一般情况下只定义在 $\mathrm{Im}k = 0$ 上.

散射问题 (7-18) 包含了适当本征值. 一个适当本征值 $k_j = \xi_j + i\eta_j$ 在上半 k 平面 ($\eta_j > 0$) 恰好出现在 $a(k_j) = 0$ 处. 如果 $a(k_j) = 0$, 那么由 (7-27a) 可知 $\phi(x,k_j)$ 和 $\psi(x,k_j)$ 是关于 x 的线性相关函数. 也就是说, 存在一个复常数 b_j 使得

$$\phi(x,k_j) = b_j\psi(x,k_j).$$

因此有

$$M(x,k_j) = b_j e^{2ik_j x} N(x,k_j).$$

7.2 非线性系统的傅里叶变换

类似地,在 $\operatorname{Im}k < 0$ 平面上的本征值是 $\bar{a}(k)$ 的零点. 这些零点,表示成 $\bar{k}_j = \bar{\xi}_j + i\bar{\eta}_j$,其中 $\bar{\eta}_j < 0$, 使得对一些复常数 $\bar{b}_j$ 有

$$\bar{\phi}(x, \bar{k}_j) = \bar{b}_j \bar{\psi}(x, \bar{k}_j),$$
$$\bar{M}(x, \bar{k}_j) = \bar{b}_j e^{-2i\bar{k}_j x} \bar{N}(x, \bar{k}_j).$$

本征值 k_j 是 $a(k)$ 的零点,所以它们对应着 $\mu(x, k)$(对 k) 的极点 (在域 $\operatorname{Im}k > 0$ 上). 对每一个单极点有

$$\operatorname{Res}\{\mu; k_j\} = \frac{b_j}{a'(k_j)} e^{2ik_j x} N(x, k_j) = C_j e^{2ik_j x} N(x, k_j), \tag{7-33}$$

其中最后一项定义了"规范常数" C_j, 对应着本征值 k_j, "′" 表示对 k 的导数. 类似地, 平面 $\operatorname{Im}k < 0$ 上的本征值 $\bar{k}_j$ 是 $\bar{a}(k)$ 的零点, 对应着 $\bar{\mu}(x, k)$(对 k) 的极点, 对每一个单极点有

$$\operatorname{Res}\{\bar{\mu}, \bar{k}_j\} = \frac{\bar{b}_j}{\bar{a}'(\bar{k}_j)} e^{-2i\bar{k}_j x} \bar{N}(x, \bar{k}_j) = \bar{C}_j e^{-2i\bar{k}_j x} \bar{N}(x, \bar{k}_j), \tag{7-34}$$

其中最后一项定义了规范常数 $\bar{C}_j$, 对应着本征值 $\bar{k}_j$.

非线性薛定谔方程 (7-16) 是系统 (7-17) 在对称约化 $r = -q^*$ 下的一个特例. 这个对称的势形式可以给出散射数据的一个对称. 事实上, 如果 $v(x, k) = (v^{(1)}(x, k), v^{(2)}(x, k))^T$ 满足方程 (7-18) 且对称, 那么

$$\hat{v}(x, k) = \left(v^{(2)}(x, k^*), -v^{(1)}(x, k^*)\right)^T$$

也满足散射问题. 鉴于散射问题的解由它们各自的边界条件 (7-20) 唯一确定, 可以有以下的对称关系

$$\bar{\psi}(x, k) = \begin{pmatrix} 0 & 1 \\ -1 & 0 \end{pmatrix} \psi^*(x, k^*), \quad \bar{\phi}(x, k) = \begin{pmatrix} 0 & -1 \\ 1 & 0 \end{pmatrix} \phi^*(x, k^*).$$

由此可得

$$\bar{a}(k) = a^*(k^*), \quad \bar{b}(k) = -b^*(k^*).$$

所以, 在直线 $\operatorname{Im}k = 0$ 上

$$\bar{\rho}(k) = -\rho^*(k),$$

而且当且仅当 k_j^* 是 $\bar{a}(k)$ 在平面 $\operatorname{Im}\bar{k}_j < 0$ 的一个零点时, k_j 是 $a(k)$ 在平面 $\operatorname{Im}k > 0$ 上的一个零点. 势 q 和 r 之间的这个对称关系使得本征值以复共轭对的形式出现. 最后可以得到规范常数满足关系

$$\bar{C}_j = -C_j^*,$$

其中 $\bar{k}_j = k_j^*$.

前面提过, 当 $r = q^*$ 时, 系统 (7-17a)~(7-17b) 等价于非线性薛定谔方程. 这时, 散射问题 (7-18) 中的算子是厄米的, 所以谱位于实轴上, 而且

$$\bar{\psi}(x,k) = \begin{pmatrix} 0 & 1 \\ 1 & 0 \end{pmatrix} \psi^*(x,k^*), \quad \bar{\phi}(x,k) = \begin{pmatrix} 0 & 1 \\ 1 & 0 \end{pmatrix} \phi^*(x,k^*),$$

由此可得

$$\bar{a}(k) = a^*(k^*), \quad \bar{b}(k) = b^*(k^*).$$

因此, 幺正关系变为在 $\mathrm{Im}\, k = 0$ 上

$$|a(k)|^2 - |b(k)|^2 = 1. \tag{7-35}$$

在 $\mathrm{Im}\, k = 0$ 上 $|a(k)| > 0$. 对于 $r = q^*$, 这个问题是自伴随的. 当 $r = q^*$ 且当 $|x| \to \infty$ 时 $q \to 0$ 充分快时, 没有离散谱.

7.2.3 反散射问题

反散射问题在于建立一个从散射数据得到势的映射关系. 散射数据包括
- 定义在 $\mathrm{Im}\, k = 0$ 上的反射系数 $\rho(k)$ 和 $\bar{\rho}(k)$,
- 分别定义在域 $\mathrm{Im}\, k > 0$ 和 $\mathrm{Im}\, k < 0$ 上本征值和规范常数 $\{k_j, C_j\}_{j=1}^{J}$ 和 $\{\bar{k}_j, \bar{C}_j\}_{j=1}^{\bar{J}}$.

首先利用这些数据重新得到 Jost 函数, 然后根据 Jost 函数再重新得到势.

在对散射数据的描述中暗示着一个假定: 存在一个势使得散射系数 $a(k)$ 和 $\bar{a}(k)$ 分别在域 $\mathrm{Im}\, k > 0$ 和 $\mathrm{Im}\, k < 0$ 上有有限个单零点. 这些单零点正对应着散射数据中的本征值 (如果本征值是非单极点的, 那么就可以通过考虑单极点的合并[239]来研究这个问题). 进一步假定在 $\mathrm{Im}\, k = 0$ 上 $a(k) \neq 0, \bar{a}(k) \neq 0$.

方程 (7-30) 可以看成是对 (关于 k) 部分亚纯函数 $\mu(x,k)$ 和 $\bar{\mu}(x,k)$, 部分解析函数 $N(x,k)$ 和 $\bar{N}(x,k)$ 的 Riemann-Hilbert(RH) 边界值问题的跳跃条件. 要从散射数据重新得到这些函数, 利用投影算子和 Plemelj 公式 (可参阅文献 [5]) 把 RH 问题转换成一个线性积分方程组. 考虑到渐进展开式 (7-23) 和 (7-33)~(7-34), 可得

$$\bar{N}(x,k) = \begin{pmatrix} 1 \\ 0 \end{pmatrix} + \sum_{j=1}^{J} \frac{C_j e^{2ikx}}{(k-k_j)} N(x,k_j) + \int_{-\infty}^{+\infty} \frac{\rho(\kappa) N(x,\kappa) e^{2i\kappa x}}{2\pi i [\kappa - (k-i0)]} \mathrm{d}\kappa, \tag{7-36a}$$

$$N(x,k) = \begin{pmatrix} 0 \\ 1 \end{pmatrix} + \sum_{j=1}^{\bar{J}} \frac{\bar{C}_j e^{-2ikx}}{(k-\bar{k}_j)} \bar{N}(x,\bar{k}_j) - \int_{-\infty}^{+\infty} \frac{\bar{\rho}(\kappa) \bar{N}(x,\kappa) e^{-2i\kappa x}}{2\pi i [\kappa - (k+i0)]} \mathrm{d}\kappa, \tag{7-36b}$$

其中 $k + i0$ 表示 $\varepsilon \to 0$ 时 $k + i\varepsilon(\varepsilon > 0)$ 的极限, $k - i0$ 表示 $\varepsilon \to 0$ 时 $k - i\varepsilon(\varepsilon > 0)$ 的极限. (7-36a) 对 k 成立使得 $\mathrm{Im}\, k \leqslant 0$, (7-36b) 对 k 成立使得 $\mathrm{Im}\, k \geqslant 0$. 在没有本

征值 (极点) 的情况下, 系统 (7-36) 退化到在直线 $\mathrm{Im}\,k = 0$ 上的一组耦合线性积分方程.

另一方面, 在有极点情况下, 必须依次在极点 $k = \bar{k}_j\ (j = 1, \cdots, \bar{J})$ 处计算方程 (7-36a), 在极点 $k = k_j\ (j = 1, \cdots, J)$ 处计算方程 (7-36b) 以使得系统封闭. 这些计算给出

$$\bar{N}(x, \bar{k}_j) = \begin{pmatrix} 1 \\ 0 \end{pmatrix} + \sum_{l=1}^{J} \frac{C_l e^{2ik_l x}}{(\bar{k}_j - k_l)} N(x, k_l) + \int_{-\infty}^{+\infty} \frac{\rho(\kappa) N(x, \kappa) e^{2i\kappa x}}{2\pi i (\kappa - \bar{k}_j)} \mathrm{d}\kappa, \quad (7\text{-}37\mathrm{a})$$

$$N(x, k_j) = \begin{pmatrix} 0 \\ 1 \end{pmatrix} + \sum_{l=1}^{\bar{J}} \frac{\bar{C}_l e^{-2i\bar{k}_l x}}{(k_j - \bar{k}_l)} \bar{N}(x, \bar{k}_l) - \int_{-\infty}^{+\infty} \frac{\bar{\rho}(\kappa) \bar{N}(x, \kappa) e^{-2i\kappa x}}{2\pi i [\kappa - k_j]} \mathrm{d}\kappa. \quad (7\text{-}37\mathrm{b})$$

方程 (7-36) 和 (7-37) 构成了一个线性代数积分方程组以确定在上半 k 平面 ($\mathrm{Im}\,k \geq 0$) 上的 Jost 函数 $N(x, k)$ 和在下半 k 平面 ($\mathrm{Im}\,k \leq 0$) 上的 Jost 函数 $\bar{N}(x, k)$.

要从 Jost 函数重新得到势, 分别比较大 k 下 (7-36) 右边的渐进展开式和展开式 (7-23b)~(7-23c), 得

$$r(x) = -2i \sum_{j=1}^{J} e^{2ik_j x} C_j N^{(2)}(x, k_j) + \frac{1}{\pi} \int_{-\infty}^{+\infty} \rho(\kappa) e^{2i\kappa x} N^{(2)}(x, \kappa) \mathrm{d}\kappa, \quad (7\text{-}38\mathrm{a})$$

$$q(x) = 2i \sum_{j=1}^{\bar{J}} e^{-2i\bar{k}_j x} \bar{C}_j \bar{N}^{(1)}(x, \bar{k}_j) + \frac{1}{\pi} \int_{-\infty}^{+\infty} \bar{\rho}(\kappa) e^{-2i\kappa x} \bar{N}^{(1)}(x, \kappa) \mathrm{d}\kappa, \quad (7\text{-}38\mathrm{b})$$

其中下标 (l) 表示相应向量的第 l 个分量. 这些关系是 q 和 r 关于 Jost 函数和散射数据的显式表达式, 至此完成了反问题的公式化.

或者也可以用 Gel'fand-Levitan-Marchenko(GLM) 积分方程来重新得到势. 用这种方法, 需要用三角核来表示 Jost 函数

$$N(x, k) = \begin{pmatrix} 0 \\ 1 \end{pmatrix} + \int_x^{+\infty} K(x, s) e^{-ik(x-s)} \mathrm{d}s, \quad s > x, \quad \mathrm{Im}\,k > 0, \quad (7\text{-}39\mathrm{a})$$

$$\bar{N}(x, k) = \begin{pmatrix} 1 \\ 0 \end{pmatrix} + \int_x^{+\infty} \bar{K}(x, s) e^{ik(x-s)} \mathrm{d}s, \quad s > x, \quad \mathrm{Im}\,k < 0. \quad (7\text{-}39\mathrm{b})$$

利用上述表达式, 方程 (7-36) 可以改写成 GLM 方程

$$\bar{K}(x, y) + \begin{pmatrix} 0 \\ 1 \end{pmatrix} F(x+y) + \int_x^{\infty} K(x, s) F(s+y) \mathrm{d}s = 0,$$

$$K(x, y) + \begin{pmatrix} 1 \\ 0 \end{pmatrix} \bar{F}(x+y) + \int_x^{\infty} \bar{K}(x, s) \bar{F}(s+y) \mathrm{d}s = 0,$$

其中

$$F(x) = -i\sum_{j=1}^{J} C_j e^{ik_j x} + \frac{1}{2\pi}\int_{-\infty}^{+\infty} \rho(\kappa)e^{i\kappa x}d\kappa,$$

$$\bar{F}(x) = i\sum_{j=1}^{\bar{J}} \bar{C}_j e^{-i\bar{k}_j x} + \frac{1}{2\pi}\int_{-\infty}^{+\infty} \bar{\rho}(\kappa)e^{-i\kappa x}d\kappa.$$

GLM 方程构成了一组耦合积分方程, 根据散射数据可以确定核 K 和 $\bar{K}$.

把 (7-39) 代入 (7-38) 后可以得到用 GLM 核表示的势的显式表达式

$$q(x) = -2K^{(1)}(x,x), \qquad r(x) = -2\bar{K}^{(2)}(x,x),$$

其中, 与前面一样, $K^{(j)}, \bar{K}^{(j)}$ ($j=1,2$) 分别表示向量 $K, \bar{K}$ 的第 j 个分量.

反问题的公式化主要集中在给出具体的公式, 而没有考虑所得到的线性系统的解的存在性和唯一性问题, 这些问题有兴趣的读者可以阅读文献 [12]. 文献 [4] 中说明了如果 GLM 积分方程是 Gredholm 型的, 那么反问题有唯一解. 例如, 如果势是属于 Schwartz 族的, 那么核 F 和 $\bar{F}$ 充分快地衰减以保证 GLM 方程是 Fredholm 型的.

7.2.4 时间演化

辅助问题 (7-19) 确定散射数据的时间演化. 特别地 (参见文献 [4]), 有

$$a(k,t) = a(k,0), \qquad \bar{a}(k,t) = \bar{a}(k,0), \qquad (7\text{-}40\text{a})$$
$$b(k,t) = e^{-4ik^2 t}b(k,0), \qquad \bar{b}(k,t) = e^{4ik^2 t}\bar{b}(k,0). \qquad (7\text{-}40\text{b})$$

从 (7-40a) 可知散射问题的本征值, 即 $a(k)$ 和 $\bar{a}(k)$ 的零点, 是不随时间变化的. 本征值的个数和位置都是固定不变的. 因此, 本征值是与时无关的分立状态. 事实上, 非线性薛定谔方程孤立子解的存在也表明了本征值潜在的不变性.

演化的反射系数也由 (7-40) 确定

$$\rho(k,t) = e^{-4ik^2 t}\rho(k,0), \qquad \bar{\rho}(k,t) = e^{4ik^2 t}\bar{\rho}(k,0).$$

注意, 当且仅当 $\rho(k,0) = 0$ 时, 对所有的 t 有 $\rho(k,t) = 0$, 对 $\bar{\rho}(k,t)$ 也是一样的.

最后, 规范系数的演化为

$$C_j(t) = e^{-4ik_j^2 t}C_j(0), \qquad \bar{C}_j(t) = e^{4i\bar{k}_j^2 t}\bar{C}_j(0). \qquad (7\text{-}41)$$

7.2.5 孤立子解

在散射数据有适当的本征值和规范常数以及对所有的 $k \in \mathbb{R}$,

$$\rho(k) = 0, \qquad \bar{\rho}(k) = 0$$

的情况下, 系统 (7-37a)~(7-37b) 退化到关于

$$\{N(x, k_j)\}_{j=1}^{J} \qquad 和 \qquad \{\bar{N}(x, \bar{k}_j)\}_{j=1}^{\bar{J}}$$

的有限维线性代数方程组. 而且, 在这种情况下, 方程 (7-38a) 和 (7-38b) 用 $\bar{N}(x, \bar{k}_j)$ 和 $N(x, k_j)$ 表示了 q 和 r. 因此, 给定这样的 "无反射" 数据就可以得到显式解.

前面提过, 当 $r = -q^*$ 时, 本征值以复共轭对的形式出现. 非线性薛定谔方程 (7-44) 的单孤立子解对应于单组复共轭本征值 (即 $J = \bar{J} = 1$). 特别地, 对应本征值对

$$k_1 = \xi + i\eta, \qquad \bar{k}_1 = k_1^* = \xi - i\eta$$

的单孤立子解是

$$q(x,t) = -ie^{-i(2\xi x - 4(\xi^2 - \eta^2)t + \psi)} 2\eta \operatorname{sech}(2\eta x - 8\xi\eta t - \delta), \qquad (7\text{-}42)$$

其中

$$e^\delta = \frac{|C_1(0)|}{2\eta}, \qquad e^{i\psi} = \frac{C_1(0)}{|C_1(0)|}, \qquad (7\text{-}43)$$

$C_1(0)$ 是 $t = 0$ 处的规范常数 (与本征值 k_1 相联系). 由 $|q(x,t)|$ 描述的sech包络的速度是 4ξ, 振幅是 2η. 事实上, 包络的速度与复调制波的波数 (波长的倒数) 成正比. 注意到, 与 KdV 方程的孤立子不同, 非线性薛定谔方程的孤立子的振幅和速度是相互独立的.

J 孤立子解是从有 J 对复共轭本征值和相应的规范常数构成的散射数据得到的. 一般情况下, 孤立子的速度是不相等的, 因此每一个孤立子在长时间极限 ($t \to \pm\infty$) 下是互相分离的. 当孤立子相互分离时, 与单孤立子解的情况类似, 与每一个孤立子相联系的本征值对确定其振幅和速度.

如果散射数据只有单极点, 那么就不能构造一个解, 其中两个孤立子具有相同的振幅和速度. 但是, 可以从散射数据中有相同虚部和不同实部的两对 (或更多对) 本征值构造解. 对所得到的解的包络峰以相同的速度传播, 因此峰之间的距离在长时间极限下是保持不变的. 但在这个特殊情况下, 单个峰的振幅会周期性振荡 (见文献 [239]).

散射数据有非单极点时的解可以通过单极点的合并来得到. 例如, 考虑两对本征值在平行于虚 k 轴上合并. 记上半 k 平面上的两个本征值为

$$k_1 = \xi + i\eta, \qquad k_2 = k_1 + i\varepsilon$$

和对应的规范常数为

$$C_1(0) = \varepsilon^{-1}C, \qquad C_2(0) = -C_1(0).$$

在极限 $\varepsilon \to 0$ 下, 有解

$$q(x,t) = -iC^* e^{i\zeta(x,t)} \frac{A(x,t)}{B(x,t)},$$

其中

$$A(x,t) = \left[\frac{2}{\eta}\theta(x,t) + 16i\eta t\right] e^{-\theta(x,t)} - \frac{|C|^2}{8\eta^5}[\theta(x,t) + 8i\eta^2 t + 2]e^{-3\theta(x,t)},$$

$$B(x,t) = 1 + \frac{|C|^2}{4\eta^4}\left[(\theta(x,t) + 1)^2 + 64\eta^4 t^2 + \frac{1}{2}\right]e^{-2\theta(x,t)} + \frac{|C|^4}{256\eta^8}e^{-4\theta(x,t)}$$

和

$$\theta(x,t) = 2\eta x - 8\xi\eta t, \quad \zeta(x,t) = 2\xi x - 4(\xi^2 - \eta^2)t.$$

不过这个解的样子比较难看, 如果把中括号里项视为常数 (关于 θ), 那么就可以得到一对形如 sech 的包络解, 传播速度都为 4ξ. 中括号内的项与 θ 有关引起 sech 包络的空间调制, 即在大 θ 处, 被 θ 的指数衰减所淹灭. 另一方面, 中括号内与时间 t 显式相关项引起波峰在长时间极限下相互分离, 相距为 $O(\log|t|)$.

以上, 用反散射方法得到了非线性薛定谔方程的孤立子解. 当然, 现在已经有不少方法可以得到非线性方程的孤立子解. 用反散射方法求解其他方程的过程是类似的. 另外可以看到, 用反散射方法求解非线性薛定谔方程时用的是无穷远初边值条件. 我们知道, 线性傅里叶变换方法可以通过解析延拓在有限区域上求解线性方程, 但是对于反散射方法, 一直以来都只能处理无穷远边界条件, 直到最近才有所进展. 下一节将介绍有限区域上的非线性傅里叶变换方法.

7.3 有限区域傅里叶变换

最近, 反散射方法被推广到有限区域上, 例如半无穷、四分之一平面以及线段上. 这可以说是非线性数学物理或孤立子理论领域一个非常重要的进展. 鉴于反散射方法的重要地位以及这一最新进展的重要性, 另外, 为了能很好地比较无穷区域和有限区域上求解非线性方程的过程, 我们在这一节转述 Fokas 和 Its 两人在 2004 年发表的一篇反散射方法求解有限区间上的非线性薛定谔方程的文章, 原稿请参阅文献 [75].

7.3.1 引言

讨论有限区间上的非线性薛定谔方程的 Dirichlet 初边值问题

$$iq_t + q_{xx} - 2\lambda|q|^2 q = 0, \quad \lambda = \pm 1,\ 0 < x < L,\ 0 < t < T,$$
$$q(x,0) = q_0(x), \qquad 0 < x < L, \tag{7-44}$$
$$q(0,t) = g_0(t), \qquad q(L,t) = f_0(t), \quad 0 < t < T,$$

其中 q_0, g_0, f_0 是光滑函数且 $q_0(0) = g_0(0), q_0(L) = f_0(0), L, T$ 是正的常数.

求解过程主要分为以下三个步骤:

第一步: 解存在条件下的 Riemann-Hilbert(RH) 公式. 假定存在一个光滑解 $q(x,t)$. 由非线性薛定谔方程的 Lax 对的谱分析知道, $q(x,t)$ 可以用定义在复 k 平面上的 2×2 矩阵 RH 问题的解来表示. 这个问题以 $\exp\{2i(kx + 2k^2 t)\}$ 的形式与 (x,t) 显式相关, 且由所谓的谱函数

$$\{a(k), b(k)\}, \qquad \{A(k), B(k)\}, \qquad \{\mathcal{A}(k), \mathcal{B}(k)\} \tag{7-45}$$

唯一确定. 这些函数分别由

$$q_0(x), \qquad \{g_0(t), g_1(t)\}, \qquad \{f_0(t), f_1(t)\} \tag{7-46}$$

定义, 其中 $g_1(t)$ 和 $f_1(t)$ 表示未知边界值 $q_x(0,t)$ 和 $q_x(L,t)$.

谱函数 (7-45) 不独立, 满足全局关系

$$(a\mathcal{A} + \lambda \bar{b} e^{2ikL} \mathcal{B})B - (b\mathcal{A} + \bar{a} e^{2ikL} \mathcal{B})A = e^{4ik^2 T} c^+(k), \quad k \in \mathbb{C}, \tag{7-47}$$

其中 $c^+(k)$ 是整函数且

$$c^+(k) = O\left(\frac{1 + e^{2ikL}}{k}\right), \quad k \to \infty,\ \mathrm{Im}\, k > 0.$$

第二步: 谱函数满足全局关系条件下的存在性. 在上一步中提到通过光滑函数 (7-46) 可以定义谱函数 (7-45). 同上一步, 仍用 RH 问题的解定义 $q(x,t)$. 再假定存在光滑函数 $g_1(t)$ 和 $f_1(t)$ 使得谱函数 (7-45) 满足全局关系 (7-47). 然后证明 (1)$q(x,t)$ 在 $0 < x < L,\ 0 < t < T$ 上全局定义, (2)$q(x,t)$ 是非线性薛定谔方程的解, (3)$q(x,t)$ 满足给定的初边值条件, 即 $q(x,0) = q_0(x),\ q(0,t) = g_0(t),\ q(L,t) = f_0(t)$. 证明过程中得到的附加结果是 $q_x(0,t) = g_1(t)$ 和 $q_x(L,t) = f_1(t)$.

第三步: 分析全局关系. 给定 q_0, g_0, f_0, 全局关系 (7-47) 通过非线性 Volterra 积分方程的解表征 g_1 和 f_1. 在聚焦情况下, 利用文献 [82] 的结果说明的确存在一个全局解. 这些方程在散焦情况下的严格分析目前还没有被解决.

下面进一步讨论以上三个步骤.

第一步的分析是基于引入合适的本征函数使得满足 Lax 对. 文献 [80] 中说明对在有 N 个角的多边形区域上定义的线性偏微分方程, 存在一种正则方法选择本征函数使得 N 个本征函数在每一个角上都归一化. 根据这一结论, 可以引入四个本征函数 $\{\mu_j(x,t,k)\}_1^4$(见图 7-4) 使得

$$\mu_1(0,T,k) = I, \mu_2(0,0,k) = I, \mu_3(L,0,k) = I, \mu_4(L,T,k) = I, \qquad (7\text{-}48)$$

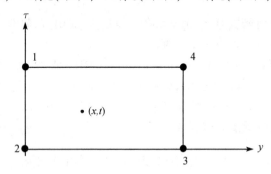

图 7-4 归一化点 $\{\mu_j(x,t,k)\}_{j=1}^4$

其中 μ_j 是 2×2 矩阵, $I = \mathrm{diag}(1,1)$. 这些本征函数通过三个矩阵 s, S, S_L

$$s(k) = \mu_3(0,0,k), \quad S(k) = \left(e^{2ik^2 T \sigma_3} \mu_2(0,T,k) e^{-2ik^2 T \sigma_3}\right)^{-1},$$
$$\qquad (7\text{-}49)$$
$$S_L(k) = \left(e^{2ik^2 T \sigma_3} \mu_3(L,T,k) e^{-2ik^2 T \sigma_3}\right)^{-1}$$

相联系, 其中 $\sigma_3 = \mathrm{diag}(1,-1)$. 这些矩阵满足一定的对称性, 可以表示成

$$s(k) = \begin{pmatrix} \overline{a(\bar{k})} & b(k) \\ \lambda \overline{b(\bar{k})} & a(k) \end{pmatrix}, \quad S(k) = \begin{pmatrix} \overline{A(\bar{k})} & B(k) \\ \lambda \overline{B(\bar{k})} & A(k) \end{pmatrix},$$
$$S_L(k) = \begin{pmatrix} \overline{\mathcal{A}(\bar{k})} & \mathcal{B}(k) \\ \lambda \overline{\mathcal{B}(\bar{k})} & \mathcal{A}(k) \end{pmatrix}. \qquad (7\text{-}50)$$

关于第二步, 方程 (7-49) 和 (7-50) 暗示着下述定义: 向量

$$(\phi_1(x,k), \phi_2(x,k))^\dagger, \ (\Phi_1(t,k), \Phi_2(t,k))^\dagger, \ (\varphi_1(t,k), \varphi_2(t,k))^\dagger \qquad (7\text{-}51)$$

分别是 $t=0$ 时与 Lax 对中 x 相关部分, $x=0$ 和 $x=L$ 时与 t 相关部分的解, 满足边界条件

$$(\phi_1(L,k), \phi_2(L,k))^\dagger = (0,1)^\dagger,$$
$$(\Phi_1(0,k), \Phi_2(0,k))^\dagger = (0,1)^\dagger, \qquad (7\text{-}52)$$
$$(\varphi_1(0,k), \varphi_2(0,k))^\dagger = (0,1)^\dagger.$$

如下定义谱函数 (7-45)

$$a(k) = \phi_2(0,k), \quad b(k) = \phi_1(0,k), \quad A(k) = A(T,k),$$
$$B(k) = B(T,k), \quad \mathcal{A}(k) = \mathcal{A}(T,k), \quad \mathcal{B}(k) = \mathcal{B}(T,k),$$

其中

$$\begin{aligned} A(t,k) &= \overline{\Phi_2(t,\bar{k})}, & B(t,k) &= -e^{4ik^2t}\Phi_1(t,k), \\ \mathcal{A}(t,k) &= \overline{\varphi_2(t,\bar{k})}, & \mathcal{B}(t,k) &= -e^{4ik^2t}\varphi_1(t,k). \end{aligned} \quad (7\text{-}53)$$

注意函数 (7-45) 依赖于函数 (7-46).

$q(x,t)$ 的全局存在性依赖于与之相联系的 RH 问题的唯一可解性, 也就是定义跳跃矩阵的函数不同, 这些函数以指数函数形式与 (x,t) 显式相关, 包含由 (7-50) 表示的谱函数 $s(k), S(k), S_L(k)$. 由此可知相应的齐次 RH 问题只有平凡解 (即存在一个消失引理). $q(x,t)$ 是给定的非线性偏微分方程的解的证明中采用了穿衣服方法[238] 中的标准变量. 证明 $q(x,0) = q_0(x)$ 是基于这样一个事实: $t=0$ 时刻满足的 RH 问题等价于用以表征 $q_0(x)$ 的 $s(k)$ 定义的 RH 问题. 证明 $\{\partial_x^l q(0,t) = g_l(t)\}_0^1$ 和 $\{\partial_x^l q(L,t) = f_l(t)\}_0^1$ 用到了全局关系 (7-47). 事实上, 当且仅当谱函数满足全局关系时, $x=0$ 和 $x=L$ 处的 RH 问题等价于仅含有 $S(k)$ 和 $S_L(k)$ 的 RH 问题 (由此给出 $\{g_l(t)\}_{l=0}^1$ 和 $\{f_l(t)\}_{l=0}^1$). 因此这个关系对于存在性是充分且必要的. 给定 $\{q_0, g_0, f_0\}$ 后, 主要问题就是证明全局关系给出了 g_1 和 f_1.

第三步的分析建立在本征函数 $\Phi = (\Phi_1, \Phi_2)^{\dagger}$ 和 $\varphi = (\varphi_1, \varphi_2)^{\dagger}$ 的 GLM 表示. 由这些表示可知[24] Φ 由四个函数 $\{M_j(t,x), L_j(t,x)\}_1^2$, $-t < s < t$, $t > 0$ 表示, 这四个函数满足四个偏微分方程 (参见文献 [220]) 以及边界条件

$$L_1(t,t) = \frac{i}{2}g_1(t), \quad L_2(t,-t) = 0, \quad M_1(t,t) = g_0(t), \quad M_2(t,-t) = 0. \quad (7\text{-}54)$$

类似地, φ 可以由四个函数 $\{\mathcal{M}_j(t,x), \mathcal{L}_j(t,s)\}_1^2$ 表示, 满足

$$\mathcal{L}_1(t,t) = \frac{i}{2}f_1(t), \quad \mathcal{L}_2(t,-t) = 0, \quad \mathcal{M}_1(t,t) = f_0(t,t), \quad \mathcal{M}_2(t,-t) = 0. \quad (7\text{-}55)$$

由定义 (7-53) 可知[76]

$$\begin{aligned} A(t,k) = 1 + \int_0^t e^{4ik^2\tau} \big[&2\overline{L_2}(t, t-2\tau) - i\lambda g_0(t)\overline{M_1}(t, t-2\tau) \\ &+ 2k\overline{M_2}(t, t-2\tau) \big] \, \mathrm{d}\tau, \end{aligned} \quad (7\text{-}56)$$

$$\begin{aligned} B(t,k) = -\int_0^t e^{4ik^2\tau} \big[&2L_1(t, 2\tau-t) - ig_0(t) M_2(t, 2\tau-t) \\ &+ 2k M_1(t, 2\tau-t) \big] \, \mathrm{d}\tau. \end{aligned} \quad (7\text{-}57)$$

$\mathcal{A}$ 和 $\mathcal{B}$ 有同样的表达式，只是 L_1, M_1, M_2, g_0 分别用 $\mathcal{L}_1, \mathcal{M}_1, \mathcal{M}_2, f_0$ 替换. 把 $A, B, \mathcal{A}, \mathcal{B}$ 的表达式代入全局关系 (7-47) 后，令 $k \to -k$ 就可得到耦合了

$$g_0, \quad f_0, \quad L_1, \quad M_1, \quad M_2, \quad \mathcal{L}_1, \quad \mathcal{M}_1, \quad \mathcal{M}_2 \tag{7-58}$$

的两个关系式. 从这两个关系式中解出 g_1 和 f_1，由式 (7-58) 中的量显式表示.

求解完全局关系之后，利用函数

$$\{\hat{L}_j(t,k), \hat{M}_j(t,k), \hat{\mathcal{L}}_j(t,k), \hat{\mathcal{M}}_j(t,k)\}_{j=1}^2 \tag{7-59}$$

可以非常容易地得到最终结果，其中

$$\hat{L}_j(t,k) = \int_{-t}^{t} e^{2ik^2(s-t)} L_j(t,s) \mathrm{d}s. \tag{7-60}$$

$\hat{M}_j(t,k), \hat{\mathcal{L}}_j(t,k), \hat{\mathcal{M}}_j(t,k)$ 的表达式是类似的. 用以上记号，g_1 和 f_1 可以由

$$\{g_0, f_0, \hat{L}_1, \hat{M}_1, \hat{M}_2, \hat{\mathcal{L}}_1, \hat{\mathcal{M}}_1, \hat{\mathcal{M}}_2\}$$

表示 (见 (7-165) 和 (7-166)). GLM 表示说明当 $t > 0, k \in \mathbb{C}$ 时，$\{\hat{L}_j, \hat{M}_j\}_{j=1}^2$ 满足常微分方程

$$\begin{aligned}
&\hat{L}_{1t} + 4ik^2\hat{L}_1 = ig_1(t)\hat{L}_2 + \chi_1(t)\hat{M}_1 + \chi_2(t)\hat{M}_2 + ig_1(t), \\
&\hat{L}_{2t} = -i\lambda\overline{g_1}(t)\hat{L}_1 - \chi_1(t)\hat{M}_2 + \lambda\bar{\chi}_2(t)\hat{M}_1, \\
&\hat{M}_{1t} + 4ik^2\hat{M}_1 = 2g_0(t)\hat{L}_2 + ig_1(t)\hat{M}_2 + 2g_0(t), \\
&\hat{M}_{2t} = 2\lambda\overline{g_0}(t)\hat{L}_1 - i\lambda\overline{g_1}(t)\hat{M}_1
\end{aligned} \tag{7-61}$$

和初值条件

$$\hat{L}_j(0,k) = \hat{M}_j(0,k) = 0, \qquad j = 1, 2,$$

其中函数 $\chi_1(t)$ 和 $\chi_2(t)$ 分别为

$$\chi_1(t) = \frac{\lambda}{2}(g_0\overline{g_1} - \overline{g_0}g_1), \quad \chi_2(t) = \frac{1}{2}\frac{\mathrm{d}g_0}{\mathrm{d}t} - \rho|g_0|^2 g_0. \tag{7-62}$$

$\{\hat{\mathcal{L}}_j, \hat{\mathcal{M}}_j\}_{j=1}^2$ 满足类似的方程，只是 g_0 和 g_1 分别用 f_0 和 f_1 替换.

把 g_1 和 f_1 的表达式 (7-165) 和 (7-166) 代入方程 (7-61) 和 $\{\hat{\mathcal{L}}_j, \hat{\mathcal{M}}_j\}_{j=1}^2$ 满足的方程后可得一组由 g_0 和 f_0 表示的关于函数 $\{\hat{L}_j, \hat{M}_j, \hat{\mathcal{L}}_j, \hat{\mathcal{M}}_j\}_{j=1}^2$ 的非线性 Volterra 积分方程组. 文献 [82] 中指出, 方程 (7-61) 意味着

$$|k\hat{M}_2|^2 - \rho|k\hat{M}_1|^2 + \left|1 + \hat{L}_2 + \frac{i\rho}{2}\bar{g}_0(t)\hat{M}_1\right|^2 - \rho\left|\hat{L}_1 - \frac{i}{2}g_0(t)\hat{M}_2^2\right| = 1,$$

$$\mathrm{Im} k^2 = 0.$$

上式说明在聚焦情况下 ($\rho = -1$) 有全局解,散焦情形下 ($\rho = 1$) 的存在性问题目前还未解决.

步骤 1~3 将在以下三小节中分别具体实现,需要用到的记号除了 (7-50) 之外,还有

$$s(k)e^{ikL\hat{\sigma}_3}S_L(k) \equiv s(k)e^{ikL\sigma_3}S_L(k)e^{-ikL\sigma_3} = \begin{pmatrix} \overline{\alpha(\bar{k})} & \beta(k) \\ \lambda\beta(\bar{k}) & \alpha(k) \end{pmatrix}. \tag{7-63}$$

$\mu*$ 表示一个函数是解析的, 在 $\{k \in \mathbb{C}, \arg k \in L_*\}$ 上有界, 其中

$$\begin{aligned} &L_1: \left[0, \frac{\pi}{2}\right], \qquad L_2: \left[\frac{\pi}{2}, \pi\right], \qquad L_3: \left[\pi, \frac{3\pi}{2}\right], \\ &L_4: \left[\frac{3\pi}{2}, \pi\right], \qquad L_{12}: L_1 \cup L_2, \end{aligned} \tag{7-64}$$

等等.

7.3.2 满足存在性假设的 RH 问题

非线性薛定谔方程的 Lax 对是

$$\mu_x + ik\hat{\sigma}_3\mu = Q\mu, \qquad \mu_t + 2ik^2\hat{\sigma}_3\mu = \tilde{Q}\mu, \tag{7-65}$$

其中 $\mu(x,t,k)$ 是 2×2 矩阵函数, $\hat{\sigma}_3$ 定义为

$$\hat{\sigma}_3 \cdot = [\sigma_3, \cdot], \qquad \sigma_3 = \text{diag}(1,-1), \tag{7-66}$$

2×2 矩阵 $Q, \tilde{Q}$ 定义为

$$Q(x,t) = \begin{pmatrix} 0 & q(x,t) \\ \lambda\bar{q}(x,t) & 0 \end{pmatrix}, \tilde{Q}(x,t,k) = 2kQ - iQ_x\sigma_3 - i\lambda|q|^2\sigma_3, \lambda = \pm 1. \tag{7-67}$$

如果 A 是 2×2 矩阵,那么

$$e^{\hat{\sigma}_3}A = e^{\sigma_3}Ae^{-\sigma_3}. \tag{7-68}$$

方程 (7-65) 可以改写成

$$\left(e^{i(kx+2k^2t)\hat{\sigma}_3}\mu(x,t,k)\right) = W(x,t,k), \tag{7-69}$$

其中闭 1 形式 W 的定义为

$$W = e^{i(kx+2k^2t)\hat{\sigma}_3}(Q\mu\mathrm{d}x + \tilde{Q}\mu\mathrm{d}t). \tag{7-70}$$

整个这一小节中都假定非线性薛定谔方程存在一个充分光滑的函数 $q(x,t)$, $x \in [0,L], t \in [0,T]$.

方程 (7-69) 的解

$$\mu_*(x,t,k) = I + \int_{(x_*,t_*)}^{(x,t)} e^{-i(kx+2k^2t)\hat{\sigma}_3} W(y,\tau,k) \tag{7-71}$$

是光滑连接所给点的线积分,其中 (x_*,t_*) 是区间 $x \in [0,L], t \in [0,T]$ 上的任一点. 根据文献 [80],选择 (x_*,t_*) 为多边形区域每个角的顶点. 定义四个不同的解 $\mu_1,\cdots,\mu_4$ 分别对应 $(0,T),(0,0),(L,0),(L,T)$(图 7-4).

把线积分分解成平行于 t 和 x 轴的积分,

$$\mu_2(x,t,k) = I + \int_0^x e^{-ik(x-y)\hat{\sigma}_3}(Q\mu_2)(y,t,k)\mathrm{d}y + e^{-ikx\hat{\sigma}_3}$$
$$\times \int_0^t e^{-2ik^2(t-\tau)\hat{\sigma}_3}(\tilde{Q}\mu_2)(0,\tau,k)\mathrm{d}\tau, \tag{7-72}$$

$$\mu_3(x,t,k) = I - \int_x^L e^{-ik(x-y)\hat{\sigma}_3}(Q\mu_3)(y,t,k)\mathrm{d}y + e^{-ik(x-L)\hat{\sigma}_3}$$
$$\times \int_0^t e^{-2ik^2(t-\tau)\hat{\sigma}_3}(\tilde{Q}\mu_3)(L,\tau,k)\mathrm{d}\tau. \tag{7-73}$$

μ_1 和 μ_4 满足的方程分别与 μ_2 和 μ_3 相似,只是其中的 $\int_0^t$ 用 $-\int_t^T$ 替换.

注意所有的 μ_j 都是 k 的整函数.

1. 本征函数及其关系式

由 μ_j $(j=1,\cdots,4)$ 的定义和 (7-64) 可得

$$\mu_1 = (\mu_1^{(2)},\mu_1^{(3)}), \quad \mu_2 = (\mu_2^{(1)},\mu_2^{(4)}), \quad \mu_3 = (\mu_3^{(3)},\mu_3^{(2)}), \quad \mu_4 = (\mu_2^{(4)},\mu_2^{(1)}). \tag{7-74}$$

函数 $\mu_1(0,t,k),\mu_2(0,t,k),\mu_3(x,0,k),\mu_3(L,t,k),\mu_4(L,t,k)$ 在以下区域上有界,即

$$\mu_1(0,t,k) = \left(\mu_1^{(24)}(0,t,k),\mu_1^{(13)}(0,t,k)\right),$$
$$\mu_2(0,t,k) = \left(\mu_2^{(13)}(0,t,k),\mu_2^{(24)}(0,t,k)\right),$$
$$\mu_3(x,0,k) = \left(\mu_3^{(34)}(x,0,k),\mu_3^{(12)}(x,0,k)\right),$$
$$\mu_3(L,t,k) = \left(\mu_3^{(13)}(L,t,k),\mu_3^{(24)}(L,t,k)\right),$$
$$\mu_4(L,t,k) = \left(\mu_4^{(24)}(L,t,k),\mu_4^{(13)}(L,t,k)\right). \tag{7-75}$$

矩阵 Q 和 $\tilde{Q}$ 是无秩的,因此

$$\det\mu_j(x,t,k) = 1, \qquad j=1,\cdots,4. \tag{7-76}$$

由 $\mu_j^{(*)}$ 的定义可知它们在各自有界的区域上满足

$$\mu_j^{(*)}(x,t,k) = I_j^{(*)} + O\left(\frac{1}{k}\right), \qquad k \to \infty, \tag{7-77}$$

其中向量 $I_j^{(*)}$ 是 $(0,1)^\dagger$ 或 $(1,0)^\dagger$, 取决于 μ_j 中的哪一列被替换成 $\mu_j^{(*)}$.
函数 μ_j 之间满足下述方程

$$\mu_3(x,t,k) = \mu_2(x,t,k)e^{-i(kx+2k^2t)\hat{\sigma}_3}s(k), \tag{7-78}$$

$$\mu_1(x,t,k) = \mu_2(x,t,k)e^{-i(kx+2k^2t)\hat{\sigma}_3}S(k), \tag{7-79}$$

$$\mu_4(x,t,k) = \mu_3(x,t,k)e^{-i[k(x-L)+2ik^2t]\hat{\sigma}_3}S_L(k). \tag{7-80}$$

在 $x=t=0$ 处计算方程 (7-78) 得 $s(k) = \mu_3(0,0,k)$;
在 $x=t=0$ 处计算方程 (7-79) 得 $S(k) = \mu_1(0,0,k)$;
在 $x=0, t=T$ 处计算方程 (7-79) 得 $S(k) = \left(e^{2ik^2T\hat{\sigma}_3}\mu_2(0,T,k)\right)^{-1}$;
在 $x=L, t=0$ 处计算方程 (7-80) 得 $S_L(k) = \mu_4(L,0,k)$;
在 $x=L, t=T$ 处计算方程 (7-80) 得 $S_L(k) = \left(e^{2ik^2T\hat{\sigma}_3}\mu_3(L,T,k)\right)^{-1}$.
由方程 (7-78) 和 (7-80) 可得

$$\mu_4(x,t,k) = \mu_2(x,t,k)e^{-i(kx+2k^2t)\hat{\sigma}_3}\left(s(k)e^{ikL\hat{\sigma}_3}S_L(k)\right). \tag{7-81}$$

Q 和 $\tilde{Q}$ 的对称性给出

$$(\mu(x,t,k))_{11} = \overline{(\mu(x,t,\bar{k}))_{22}}, \quad (\mu(x,t,k))_{21} = \overline{\lambda(\mu(x,t,\bar{k}))_{12}}. \tag{7-82}$$

由 $\mu_3(0,0,k), \mu_2(0,T,k), \mu_3(L,0,k)$ 的定义可得

$$s(k) = I - \int_0^L e^{iky\hat{\sigma}_3}(Q\mu_3)(y,0,k)\mathrm{d}y, \tag{7-83}$$

$$S^{-1}(k) = I + \int_0^T e^{2ik^2\tau\hat{\sigma}_3}(\tilde{Q}\mu_2)(0,\tau,k)\mathrm{d}\tau, \tag{7-84}$$

$$S_L^{-1}(k) = I + \int_0^T e^{2ik^2\tau\hat{\sigma}_3}(\tilde{Q}\mu_3)(L,\tau,k)\mathrm{d}\tau. \tag{7-85}$$

(7-82) 的对称性条件证明了式 (7-50).
由方程 (7-75), 决定性条件 (7-76) 和 μ_j 在大 k 处的行为可以得到以下性质:
$a(k), b(k)$

- $a(k), b(k)$ 是整函数.
- $a(k)\overline{a(\bar{k})} - \lambda b(k)\overline{b(\bar{k})} = 1, \ k \in \mathbb{C}$.

- $a(k) = 1 + O\left(\frac{1+e^{2ikL}}{k}\right)$, $b(k) = O\left(\frac{1+e^{2ikL}}{k}\right)$, $k \to \infty$.

特别地,

$$a(k), \quad b(k), \quad \overline{a(\bar{k})}e^{2ikL}, \quad \overline{b(\bar{k})}e^{2ikL} \quad 在 \quad \arg k \in [0, \pi] \quad 上有界. \tag{7-86}$$

$\underline{A(k), B(k)}$

- $A(k), B(k)$ 是整函数.
- $A(k)\overline{A(\bar{k})} - \lambda B(k)\overline{B(\bar{k})} = 1$, $k \in \mathbb{C}$.
- $A(k) = 1 + O\left(\dfrac{1 + e^{4ik^2T}}{k}\right)$, $B(k) = O\left(\dfrac{1 + e^{4ik^2T}}{k}\right)$, $k \to \infty$. (7-87)

特别地

$$A(k), \quad B(k) \quad 在 \quad \arg k \in \left[0, \frac{\pi}{2}\right] \cup \left[\pi, \frac{3\pi}{2}\right] \quad 上有界.$$

$\underline{\mathcal{A}(k), \mathcal{B}(k)}$

与 $A(k), B(k)$ 相同.

2. 全局关系

命题 7.3.1 设谱函数 $a(k), b(k), A(k), B(k), \mathcal{A}(k), \mathcal{B}(k)$ 由 (7-50) 定义, 其中 $s(k), S(k), S_L(k)$ 由 (7-49) 定义, μ_2, μ_3 由 (7-72) 和 (7-73) 定义, $q(x,t)$ 是光滑函数. 这些谱函数是非独立的, 满足全局关系 (7-47), 其中 $c^+(k)$ 表示 $-\int_0^L [\exp(iky\hat{\sigma}_3)] (Q\mu_4)(y,T,k)\mathrm{d}y$ 中的元素 (12), μ_4 的定义与 μ_3 类似, 只是 $\int_0^L$ 替换为 $-\int_t^T$.

证明 在 $x = 0, t = T$ 处计算 (7-81), 然后用 $S(k)$ 表示 $\mu_2(0,T,k)$, 得

$$\mu_4(0,T,k) = e^{-2ik^2T\hat{\sigma}_3}\left(S^{-1}(k)s(k)e^{ikL\hat{\sigma}_3}S_L(k)\right).$$

上式两边分别乘以 $\exp[2ik^2T\hat{\sigma}_3]$, 再利用 $\mu_4(x,T,k)$ 的定义, 可得

$$-I + S^{-1}s\left(e^{ikL\hat{\sigma}_3}S_L\right) + e^{2ik^2T\hat{\sigma}_3}\int_0^L e^{iky\hat{\sigma}_3}(Q\mu_4)(y,T,k)\mathrm{d}y = 0.$$

上式中的元素 (12) 即方程 (7-47).

3. 跳跃条件

定义 $M(x,t,k)$ 为 ($\varphi \equiv \arg k$)

$$M_+ = \left(\frac{\mu_2^{(1)}}{\alpha(k)}, \mu_4^{(1)}\right), \quad \varphi \in \left[0, \frac{\pi}{2}\right], \qquad M_- = \left(\frac{\mu_1^{(2)}}{d(k)}, \mu_3^{(2)}\right), \quad \varphi \in \left[\frac{\pi}{2}, \pi\right],$$

$$M_+ = \left(\mu_3^{(3)}, \frac{\mu_1^{(3)}}{\overline{d(\bar{k})}}\right), \quad \varphi \in \left[\pi, \frac{3\pi}{2}\right], \qquad M_- = \left(\mu_4^{(4)}, \frac{\mu_2^{(4)}}{\overline{\alpha(\bar{k})}}\right), \quad \varphi \in \left[\frac{3\pi}{2}, 2\pi\right],$$

(7-88)

其中标量 $d(k)$ 和 $\alpha(k)$ 的定义见下文中的 (7-94) 和 (7-95). 可见,

$$\det M(x,t,k) = 1, \tag{7-89}$$

$$M(x,t,k) = I + O\left(\frac{1}{k}\right), \qquad k \to \infty. \tag{7-90}$$

命题 7.3.2 如果 $M(x,t,k)$ 由 (7-88) 定义, 其中 $\mu_2(x,t,k), \mu_3(x,t,k)$ 由 (7-72) 和 (7-73) 定义, $\mu_1(x,t,k), \mu_4(x,t,k)$ 由类似的方程定义但 $\int_0^t$ 被 $-\int_t^T$ 替换, $q(x,t)$ 是一个光滑函数, 那么 M 满足跳跃条件

$$M_-(x,t,k) = M_+(x,t,k) J(x,t,k), \qquad k \in \mathbb{R} \cup i\mathbb{R}, \tag{7-91}$$

其中 2×2 矩阵 J 的定义为

$$J = \begin{cases} J_2, & \arg k = 0, \\ J_1, & \arg k = \dfrac{\pi}{2}, \\ J_4 \equiv J_2 J_2^{-1} J_1, & \arg k = \pi, \\ J_3, & \arg k = \dfrac{3\pi}{2}, \end{cases} \tag{7-92}$$

$$J_1 = \begin{pmatrix} \dfrac{\delta(k)}{d(k)} & -\mathcal{B}(k) e^{2ikL} e^{-2i\theta} \\ \dfrac{\lambda \overline{B(\bar{k})}}{d(k)\alpha(k)} e^{2i\theta} & \dfrac{a(k)}{\alpha(k)} \end{pmatrix}, \quad J_2 = \begin{pmatrix} 1 & -\dfrac{\beta(k)}{\alpha(k)} e^{-2i\theta} \\ \lambda \dfrac{\overline{\beta(k)}}{\alpha(k)} e^{2i\theta} & \dfrac{1}{|\alpha(k)|^2} \end{pmatrix},$$

$$J_3 = \begin{pmatrix} \dfrac{\overline{\delta(\bar{k})}}{d(\bar{k})} & \dfrac{-B(k)}{d(\bar{k})\alpha(\bar{k})} e^{-2i\theta} \\ \lambda \overline{\mathcal{B}(\bar{k})} e^{-2ikL} e^{2i\theta} & \dfrac{a(\bar{k})}{\alpha(\bar{k})} \end{pmatrix}, \quad \theta(x,t,k) = kx + 2k^2 t, \tag{7-93}$$

$$\alpha(k) = a(k)\mathcal{A}(k) + \lambda \overline{b(\bar{k})} e^{2ikL} \mathcal{B}(k), \quad \delta(k) = \alpha(k)\overline{\mathcal{A}(\bar{k})} - \lambda \beta(k) \overline{B(\bar{k})}, \tag{7-94}$$

$$d(k) = a(k)\overline{\mathcal{A}(\bar{k})} - \lambda b(k) \overline{\mathcal{B}(\bar{k})}, \quad \beta(k) = b(k)\mathcal{A}(k) + \overline{a(\bar{k})} e^{2ikL} \mathcal{B}(k). \tag{7-95}$$

证明 把方程 (7-81),(7-78) 和 (7-79) 写成向量形式

$$\mu_4^{(4)} = \bar{\alpha}\mu_2^{(1)} + \lambda \bar{\beta} e \mu_2^{(4)}, \quad \mu_4^{(1)} = \beta \bar{e} \mu_2^{(1)} + \alpha \mu_2^{(4)}, \tag{7-96}$$

$$\mu_3^{(3)} = \bar{a}\mu_2^{(1)} + \lambda \bar{b} e \mu_2^{(4)}, \quad \mu_3^{(2)} = b \bar{e} \mu_2^{(1)} + a \mu_2^{(4)}, \tag{7-97}$$

$$\mu_1^{(2)} = \bar{A}\mu_2^{(1)} + \lambda \bar{B} e \mu_2^{(4)}, \quad \mu_1^{(3)} = \bar{B} \bar{e} \mu_2^{(1)} + A \mu_2^{(4)}, \tag{7-98}$$

其中 $e = \exp(2i\theta)$. α 和 β 是 $se^{ikL\bar{\sigma}_3}S_L$(7-63) 中的元素 (22) 和 (12)，因此

$$\alpha(k)\overline{\alpha(\bar{k})} - \lambda\beta(k)\overline{\beta(\bar{k})} = 1. \tag{7-99}$$

重新整理方程 (7-96) 并利用 (7-99)，可得 $\arg k = 0$ 处的跳跃条件.

为了得到 $\arg k = \frac{\pi}{2}$ 处的跳跃条件，首先用 (7-96) 的第二式和 (7-98) 的第一式消去 $\mu_2^{(4)}$，得

$$\mu_1^{(2)} = \frac{\delta\mu_2^{(1)}}{\alpha} + \frac{\lambda\bar{B}e}{\alpha}\mu_4^{(1)}, \tag{7-100}$$

然后用 (7-96) 的第二式和 (7-97) 的第二式消去 $\mu_2^{(4)}$，得

$$\mu_3^{(2)} = (b\alpha - a\beta)\frac{\bar{e}\mu_2^{(1)}}{\alpha} + \frac{a\mu_4^{(1)}}{\alpha}. \tag{7-101}$$

利用恒等式

$$a\beta - b\alpha = e^{2ikL}\mathcal{B} \tag{7-102}$$

和 (7-100) 除以 d，则方程 (7-100) 和 (7-101) 定义了 $\arg k = \frac{\pi}{2}$ 处的跳跃条件.

利用对称性可以证明 $\arg k = \frac{3\pi}{2}$ 和 $\arg k = \pi$ 处的跳跃条件可从跳跃矩阵的乘积恒等得到.

注意跳跃矩阵的行列式为 1. 特别地，对于 J_1 有

$$d\alpha - \lambda\bar{\mathcal{B}}\mathcal{B}e^{2ikL} = a\delta. \tag{7-103}$$

事实上，上式的左边等于

$$\alpha(a\bar{A} - \lambda b\bar{B}) - \lambda\bar{B}\mathcal{B}e^{2ikL} = \alpha a\bar{A} - \lambda\bar{B}(\mathcal{B}e^{2ikL} + \alpha b) = \alpha a\bar{A} - \lambda\bar{B}a\beta = a\delta.$$

计算过程中用到了恒等式 (7-102).

4. 留数关系

命题 7.3.3 设 $\alpha(k)$ 和 $d(k)$ 由方程 (7-94) 和 (7-95) 根据命题 7.3.1 中的谱函数所定义. 假设

- $\alpha(k)$ 有单零点 $\{v_j\}$, $\arg v_j \in (0, \frac{\pi}{2})$，在 $\arg k = 0$ 和 $\arg k = \frac{\pi}{2}$ 处没有零点，
- $d(k)$ 有单零点 $\{\lambda_j\}$, $\arg \lambda_j \in (\frac{\pi}{2}, \pi)$，在 $\arg k = \frac{\pi}{2}$ 和 $\arg k = \pi$ 处没有零点，
- $\arg k \in (\frac{\pi}{2}, \pi)$ 时 $d(k)$ 与 $a(k)$ 的零点不同，
- $\arg k \in (0, \frac{\pi}{2})$ 时 $\alpha(k)$ 与 $a(k)$ 的零点不同.

记 $[M]_1$ 和 $[M]_2$ 表示矩阵 M 的第一和第二列，则有

$$\operatorname{Res}_{k=v_j}[M(x,t,k)]_1 = c_j^{(1)}e^{4iv_j^2 t + 2iv_j x}[M(x,t,v_j)]_2, \tag{7-104}$$

$$\operatorname{Res}_{k=\bar{v}_j}[M(x,t,k)]_2 = \lambda\overline{c_j^{(1)}}e^{-4i\bar{v}_j^2 t - 2i\bar{v}_j x}[M(x,t,\bar{v}_j)]_1, \tag{7-105}$$

$$\operatorname{Res}_{k=\lambda_j}[M(x,t,k)]_1 = c_j^{(2)}e^{4i\lambda_j^2 t + 2i\lambda_j x}[M(x,t,\lambda_j)]_2, \tag{7-106}$$

$$\operatorname{Res}_{k=\bar{\lambda}_j}[M(x,t,k)]_2 = \lambda\overline{c_j^{(2)}}e^{-4i\bar{\lambda}_j^2 t - 2i\bar{\lambda}_j x}[M(x,t,\bar{\lambda}_j)]_1, \tag{7-107}$$

其中
$$c_j^{(1)} = \frac{a(v_j)}{e^{2iv_jL}\mathcal{B}(v_j)\dot{\alpha}(v_j)}, \qquad c_j^{(2)} = \frac{\lambda\overline{B(\bar{\lambda}_j)}}{a(\lambda_j)\dot{d}(\lambda_j)}. \tag{7-108}$$

证明 命题中的假设, $\alpha(k)$ 和 $d(k)$ 的定义 (7-94) 和 (7-95) 以及恒等式
$$A(k)\overline{A(\bar{k})} - \lambda B(k)\overline{B(\bar{k})} = 1, \quad \mathcal{A}(k)\overline{\mathcal{A}(\bar{k})} - \lambda\mathcal{B}(k)\overline{\mathcal{B}(\bar{k})} = 1$$
说明
$$B(\bar{\lambda}_j) \neq 0, \qquad \mathcal{B}(v_j) \neq 0.$$
因此方程 (7-108) 的右边是有定义的. 下面证明命题.

方程 (7-93) 定义的矩阵 $J_1(x,t,k)$ 可因式化为
$$J_1(x,t,k) = \begin{pmatrix} \dfrac{\alpha(k)}{a(k)} & -\mathcal{B}(k)e^{2ikL}e^{-2i\theta} \\ 0 & \dfrac{a(k)}{\alpha(k)} \end{pmatrix} \begin{pmatrix} 1 & 0 \\ \dfrac{\lambda\overline{B(\bar{k})}e^{2i\theta}}{a(k)d(k)} & 1 \end{pmatrix}. \tag{7-109}$$

事实上, 矩阵元 (12), (21) 和 (22) 是相等的, 当且仅当
$$\delta a = \alpha d - \lambda\mathcal{B}\overline{B(\bar{k})}e^{2ikL}$$

时所有 (11) 矩阵元相等. 把上式中的 δ 和 d 用它们的定义 (7-95) 代入后即得等式 (7-102). 利用式 (7-109), 跳跃条件 $M_- = M_+ J_1$ 变为
$$\left(\frac{\mu_1^{(2)}}{d}, \mu_3^{(2)}\right) \begin{pmatrix} 1 & 0 \\ \dfrac{-\lambda\bar{B}e^{2i\theta}}{ad} & 1 \end{pmatrix} = \left(\frac{\mu_2^{(1)}}{\alpha}, \mu_4^{(1)}\right) \begin{pmatrix} \dfrac{\alpha}{a} & -\mathcal{B}e^{2ikL}e^{-2i\theta} \\ 0 & \dfrac{a}{\alpha} \end{pmatrix}. \tag{7-110}$$

在 $k = v_j$ 处计算上式第二列可得
$$0 = -\mathcal{B}(v_j)e^{2iv_jL}e^{-2i\theta(v_j)}\mu_2^{(1)}(v_j) + a(v_j)\mu_4^{(1)}(v_j). \tag{7-111}$$

为方便起见, 上式中略去了 $\mu_2^{(1)}, \mu_4^{(1)}, \theta$ 的独立变量 x,t, 因此
$$\text{Res}_{k=v_j}[M(x,t,k)]_1 = \frac{\mu_2^{(1)}(x,t,v_j)}{\dot{\alpha}(v_j)} = \frac{a(v_j)e^{2i\theta(x,t,v_j)}\mu_4^{(1)}(x,t,v_j)}{e^{2iv_jL}\mathcal{B}(v_j)\dot{\alpha}(v_j)}.$$

利用 $\mu_4^{(1)}(x,t,v_j) = [M(x,t,v_j)]_2$, 上式即是方程 (7-104).

同样地, 在 $k = \lambda_j$ 处计算 (7-110) 的第一列可得
$$0 = \mu_1^{(2)}(\lambda_j) - \frac{\lambda\overline{B(\bar{\lambda}_j)}e^{2i\theta(\lambda_j)}}{a(\lambda_j)}\mu_3^{(2)}(\lambda_j).$$

因此
$$\text{Res}_{k=\lambda_j}[M(x,t,k)]_1 = \frac{\mu_1^{(2)}(x,t,\lambda_j)}{\dot{d}(\lambda_j)} = \frac{\lambda \overline{B(\bar{\lambda}_j)} e^{2i\theta(x,t,\lambda_j)} \mu_3^{(2)}(x,t,\lambda_j)}{a(\lambda_j)\dot{d}(\lambda_j)},$$
即得方程 (7-106).

根据对称性, 可从 (7-104) 和 (7-106) 得到 (7-105) 和 (7-107).

7.3.3 假定全局关系成立下的存在性

1. 谱函数

上一小节的分析推出了谱函数的定义和结论. 严格的分析可参阅文献 [78].

定义 7.3.1(谱函数 $a(k), b(k)$) 给定光滑函数 $q_0(x)$, 定义向量 $\phi(x,k) = (\phi_1, \phi_2)^\dagger$ 是

$$\phi_{1x} + 2ik\phi_1 = q_0(x)\phi_2, \phi_{2x} = \lambda \bar{q}_0(x)\phi_1, 0 < x < L, k \in \mathbb{C}, \phi(L,k) = (0,1)^\dagger \quad (7\text{-}112)$$

的唯一解. 给定 $\phi(x,k)$ 定义函数 $a(k), b(k)$ 为

$$a(k) = \phi_2(0,k), \qquad b(k) = \phi_1(0,k), \qquad k \in \mathbb{C}. \tag{7-113}$$

$a(k), b(k)$ 的性质:
- $a(k), b(k)$ 是整函数.
- $a(k)\overline{a(\bar{k})} - \lambda b(k)\overline{b(\bar{k})} = 1, k \in \mathbb{C}$.
- $a(k) = 1 + O\left(\frac{1+e^{2ikL}}{k}\right), \quad b(k) = O\left(\frac{1+e^{2ikL}}{k}\right), \quad k \to \infty$.

特别地, $a(k), b(k), \overline{a(\bar{k})}e^{2ikL}, \overline{b(\bar{k})}e^{2ikL}$ 在 $\arg k \in [0,\pi]$ 上有界.

同样假定 $a(k)$ 至多有单零点 $\{k_j\}$, $\text{Im} k_j > 0$, 当 $\text{Im} k = 0$ 时无零点.

注 7.3.1 由定义 7.3.1 可得映射

$$\mathbb{S}: \{q_0(x)\} \to \{a(k), b(k)\}, \tag{7-114}$$

其逆映射

$$\mathbb{Q}: \{a(k), b(k)\} \to \{q_0(x)\} \tag{7-115}$$

可定义

$$q_0(x) = 2i \lim_{k\to\infty} (kM^{(x)}(x,k))_{12}, \tag{7-116}$$

其中 $M^{(x)}(x,k)$ 是如下 RH 问题的唯一解:

- $M^{(x)}(x,k) = \begin{cases} M_-^{(x)}(x,k), & \text{Im} k \leqslant 0 \\ M_+^{(x)}(x,k), & \text{Im} k \geqslant 0 \end{cases}$ 是分段亚纯函数, 行列式为 1,

- $M_-^{(x)}(x,k) = M_+^{(x)}(x,k) J^{(x)}(x,k)$, $k \in \mathbb{R}$, 其中

$$J^{(x)}(x,k) = \begin{pmatrix} 1 & -\dfrac{b(k)}{\bar{a}(k)} e^{-2ikx} \\ \dfrac{\lambda \bar{b}(k) e^{2ikx}}{a(k)} & \dfrac{1}{|a|^2} \end{pmatrix},$$

- $M^{(x)}(x,k) = I + O\left(\dfrac{1}{k}\right)$, $k \to \infty$,

- $M_+^{(x)}$ 的第一列在 $k = k_j$ 处有单极点, $M_-^{(x)}$ 的第二列在 $k = \bar{k}_j$ 处有单极点, 其中 $\{k_j\}$ 是 $a(k)$ 的单零点, $\mathrm{Im}\, k_j > 0$. 相应的留数分别是

$$\begin{aligned}
\mathrm{Res}_{k=k_j}[M^{(x)}(x,k)]_1 &= \frac{e^{2ik_j x}}{\dot{a}(k_j) b(k_j)}[M^{(x)}(x, k_j)]_2, \\
\mathrm{Res}_{k=\bar{k}_j}[M^{(x)}(x,k)]_2 &= \frac{\lambda e^{-2i\bar{k}_j x}}{\overline{\dot{a}(k_j) b(k_j)}}[M^{(x)}(x, \bar{k}_j)]_1.
\end{aligned} \tag{7-117}$$

可见 (可参阅文献 [78])

$$\mathbb{S}^{-1} = \mathbb{Q}. \tag{7-118}$$

定义 7.3.2 (谱函数 $A(k), B(k)$) 令

$$Q^{(0)}(t,k) = 2k \begin{pmatrix} 0 & g_0(t) \\ \lambda \bar{g}_0(t) & 0 \end{pmatrix} - i \begin{pmatrix} 0 & g_1(t) \\ \lambda \bar{g}_1(t) & 0 \end{pmatrix} \sigma_3 - i\lambda |g_0(t)|^2 \sigma_3, \quad \lambda = \pm 1. \tag{7-119}$$

给定光滑函数 $g_0(t), g_1(t)$, 定义矢量 $\Phi(t,k) = (\Phi_1, \Phi_2)^\dagger$ 是

$$\begin{aligned}
\Phi_{1t} + 4ik^2 \Phi_1 &= Q_{11}^{(0)} \Phi_1 + Q_{12}^{(0)} \Phi_2, \\
\Phi_{2t} &= Q_{21}^{(0)} \Phi_1 + Q_{22}^{(0)} \Phi_2, \quad 0 < t < T, \quad k \in \mathbb{C}, \\
\Phi(0,k) &= (0,1)^\dagger
\end{aligned} \tag{7-120}$$

的唯一解. 给定 $\Phi(t,k)$ 定义函数 $A(k), B(k)$ 为

$$A(k) = \overline{\Phi_2(T, \bar{k})}, \qquad B(k) = -\Phi_1(T,k) e^{4ik^2 T}. \tag{7-121}$$

$A(k), B(k)$ 的性质:
- $A(k), B(k)$ 是整函数,
- $A(k)\overline{A(\bar{k})} - \lambda B(k) \overline{B(\bar{k})} = 1$, $k \in \mathbb{C}$,
- $A(k) = 1 + O\left(\dfrac{1+e^{4ik^2 T}}{k}\right)$, $B(k) = O\left(\dfrac{1+e^{4ik^2 T}}{k}\right)$, $k \to \infty$.

特别地, $A(k), B(k)$ 在 $\arg k \in [0, \frac{\pi}{2}] \cup [\pi, \frac{3\pi}{2}]$ 上有界.

同样, 假定 $A(k)$ 至多有单零点 $\{K_j\}$, $\arg K_j \in (0, \frac{\pi}{2}) \cup (\pi, \frac{3\pi}{2})$, 在 $k=0, \frac{\pi}{2}, \pi, \frac{3\pi}{2}$ 处无零点.

注 7.3.2 定义 7.3.2 给出映射

$$\mathbb{S}^{(0)}: \{g_0(t), g_1(t)\} \to \{A(k), B(k)\}, \tag{7-122}$$

其逆映射

$$\mathbb{Q}^{(0)}: \{A(k), B(k)\} \to \{g_0(t), g_1(t)\} \tag{7-123}$$

可如下定义

$$g_0(t) = 2i \lim_{k \to \infty} (kM^{(0)}(t,k))_{12},$$

$$g_1(t) = \lim_{k \to \infty} \{4(k^2 M^{(0)}(t,k))_{12} + 2ig_0(t)k(M^{(0)}(t,k) - I)_{22}\},$$

其中 $M^{(0)}(t,k)$ 是下述 RH 问题的唯一解:

- $M^{(0)}(t,k) = \begin{cases} M_+^{(0)}(t,k), & \arg k \in \left[0, \frac{\pi}{2}\right] \cup \left[\pi, \frac{3\pi}{2}\right], \\ M_-^{(0)}(t,k), & \arg k \in \left[\frac{\pi}{2}, \pi\right] \cup \left[\frac{3\pi}{2}, 2\pi\right] \end{cases}$

是分段亚纯函数, 行列式为 1,

- $M_-^{(0)}(t,k) = M_+^{(0)}(t,k) J^{(0)}(t,k)$, $k \in \mathbb{R} \cup i\mathbb{R}$, 其中

$$J^{(0)}(t,k) = \begin{pmatrix} 1 & -\dfrac{B(k)}{A(\bar{k})} e^{-4ik^2 t} \\ \dfrac{\lambda \overline{B(\bar{k})} e^{4ik^2 t}}{A(k)} & \dfrac{1}{A(k)\overline{A(\bar{k})}} \end{pmatrix},$$

- $M^{(0)}(t,k) = I + O\left(\dfrac{1}{k}\right), \quad k \to \infty,$

- $M_+^{(0)}(t,k)$ 的第一列在 $k = K_j$ 处有单极点, $M_-^{(0)}(t,k)$ 在 $t = \bar{K}_j$ 处有单极点, 其中 K_j 是 $A(k)$ 的单零点, $\arg k \in (0, \frac{\pi}{2}) \cup (\pi, \frac{3\pi}{2})$. 相应的留数分别是

$$\operatorname{Res}_{k=K_j}[M^{(0)}(t,k)]_1 = \frac{\exp[4iK_j^2 t]}{\dot{A}(K_j) B(K_j)} [M^{(0)}(t, K_j)]_2,$$

$$\operatorname{Res}_{k=\bar{K}_j}[M^{(0)}(t,k)]_2 = \frac{\lambda \exp[-4i\bar{K}_j^2 t]}{\dot{A}(K_j) \overline{B(K_j)}} [M^{(0)}(t, \bar{K}_j)]_1.$$

可见 (可再参阅文献 [78])

$$(\mathbb{S}^{(0)})^{-1} = \mathbb{Q}^{(0)}. \tag{7-124}$$

7.3 有限区域傅里叶变换

定义 7.3.3 (谱函数 $\mathcal{A}(k), \mathcal{B}(k)$) 令 $Q^{(L)}(t,k)$ 由与 (7-119) 类似的方程定义, 只是 $g_0(t), g_1(t)$ 分别由 $f_0(t), f_1(t)$ 替换. 给定光滑函数 $f_0(t), f_1(t)$, 由与 (7-120) 类似的方程定义矢量 $\varphi(t,k)$, 只是式中 $Q^{(0)}(t,k)$ 被 $Q^{(L)}(t,k)$ 替换. 给定 $\varphi(t,k)$ 定义 $\mathcal{A}(k)$ 和 $\mathcal{B}(k)$ 为

$$\mathcal{A}(k) = \overline{\varphi_2(T,\bar{k})}, \qquad \mathcal{B}(k) = -\varphi_1(T,k)e^{4ik^2T}. \tag{7-125}$$

$\mathcal{A}(k), \mathcal{B}(k)$ 的性质:
与 $A(k), B(k)$ 相同, $\mathcal{A}(k)$ 的零点用 $\mathcal{K}_j$ 表示.

注 7.3.3 映射

$$\mathbb{S}^{(L)}: \quad \{f_0(t), f_1(t)\} \to \{\mathcal{A}(k), \mathcal{B}(k)\} \tag{7-126}$$

和

$$\mathbb{Q}^{(L)}: \quad \{\mathcal{A}(k), \mathcal{B}(k)\} \to \{f_0(t), f_1(t)\} \tag{7-127}$$

与注释 7.3.2 中的定义相同, 其中用到下列记号

$$M^{(L)}(t,k), \quad J^{(L)}(t,k), \quad \mathcal{K}_j \quad \text{替换} \quad M^{(0)}(t,k), \quad J^{(0)}(t,k), \quad K_j. \tag{7-128}$$

与方程 (7-124) 相似, 可以得到

$$(\mathbb{S}^{(L)})^{-1} = \mathbb{Q}^{(L)}. \tag{7-129}$$

定义 7.3.4 (容许集) 给定光滑函数 $q_0(x)$ 根据定义 7.3.1 定义 $a(k)$ 和 $b(k)$. 假定存在光滑函数 $g_0(t), g_1(t), f_0(t), f_1(t)$ 使得
- 由定义 7.3.2 和 7.3.3 定义的谱函数 $A(k), B(k), \mathcal{A}(k), \mathcal{B}(k)$ 满足

$$(a\mathcal{A} + \lambda \bar{b} e^{2ikL}\mathcal{B})B - (b\mathcal{A} + \bar{a} e^{2ikL}\mathcal{B})A = e^{4ik^2 t}c^+(k), \quad k \in \mathbb{C}, \tag{7-130}$$

其中 $c^+(k)$ 是整函数, 当 $\text{Im}\, k \geqslant 0$ 和 $c^+(k) = O\left(\frac{1+e^{2ikL}}{k}\right), k \to \infty$ 时有界.

- $g_0(0) = q_0(0), \quad g_1(0) = q_0'(0), \quad f_0(0) = q_0(L), \quad f_1(0) = q_0'(L),$ \hfill (7-131)

那么称函数 $g_0(t), g_1(t), f_0(t), f_1(t)$ 是关于 $q_0(x)$ 的容许集.

2. RH 问题

定理 7.3.1 令 $q_0(t)$ 是光滑函数. 假定 $g_0(t), g_1(t), f_0(t), f_1(t)$ 是关于 $q_0(x)$ 的容许集 (见定义 7.3.4). 根据定义 7.3.1, 7.3.2 和 7.3.3, 用 $q_0(x), g_0(t), g_1(t), f_0(t), f_1(t)$ 定义谱函数 $a(k), b(k), A(k), B(k), \mathcal{A}(k), \mathcal{B}(k)$. 假定

- $a(k)$ 至多有单零点 $\{k_j\}$, $\text{Im}\,k_j > 0$, 当 $\text{Im}\,k = 0$ 时无零点,
- $A(k)$ 至多有单零点 $\{K_j\}$, $\arg K_j \in (0, \frac{\pi}{2}) \cup (\pi, \frac{3\pi}{2})$, 当 $\arg k = 0, \frac{\pi}{2}, \pi, \frac{3\pi}{2}$ 时无零点,
- $\mathcal{A}(k)$ 至多有单零点 $\{\mathcal{K}_j\}$, $\arg \mathcal{K}_j \in (0, \frac{\pi}{2}) \cup (\pi, \frac{3\pi}{2})$, 当 $\arg k = 0, \frac{\pi}{2}, \pi, \frac{3\pi}{2}$ 时无零点,
- 函数

$$d(k) = a(k)\overline{A(\bar{k})} - \lambda b(k)\overline{B(\bar{k})} \tag{7-132}$$

至多有单零点 $\{\lambda_j\}$, $\arg \lambda_j \in (\frac{\pi}{2}, \pi)$, 当 $\arg k = \frac{\pi}{2}, \pi$ 时无零点,
- 函数

$$\alpha(k) = a(k)\mathcal{A}(k) + \lambda \overline{b(\bar{k})} e^{2ikL} \mathcal{B}(k) \tag{7-133}$$

至多有单零点 $\{v_j\}$, $\arg v_j \in (0, \frac{\pi}{2})$, 而当 $\arg k = 0, \frac{\pi}{2}$ 时无零点,
- 当 $\arg k \in (\frac{\pi}{2}, \pi)$ 时, $a(k)$ 和 $d(k)$ 的零点不同,
- 当 $\arg k \in (0, \frac{\pi}{2})$ 时, $a(k)$ 和 $\alpha(k)$ 的零点不同,
- 当 $\arg k \in (0, \frac{\pi}{2})$ 时, $\alpha(k)$ 和 $A(k)$ 或 $\mathcal{A}(k)$ 的零点不同,
- 当 $\arg k \in (\frac{\pi}{2}, \pi)$ 时, $d(k)$ 和 $\overline{A(\bar{k})}$ 或 $\overline{\mathcal{A}(\bar{k})}$ 的零点不同.

定义 $M(x,t,k)$ 是如下 2×2 矩阵 RH 问题的解:
- M 在 $\mathbb{C}/\{\mathbb{R} \cup i\mathbb{R}\}$ 上局部解析且行列式为 1,

- $M_-(x,t,k) = M_+(x,t,k)J(x,t,k), \quad k \in \mathbb{R} \cup i\mathbb{R},$ (7-134)

其中 M 是 M_- 当 $\arg k \in [\frac{\pi}{2}, \pi] \cup [\frac{3\pi}{2}, 2\pi]$, M_+ 当 $k \in [0, \frac{\pi}{2}] \cup [\pi, \frac{3\pi}{2}]$, J 由 $a, b, A, B, \mathcal{A}, \mathcal{B}$ 根据 (7-92) 和 (7-93) 定义,

-
$$M(x,t,k) = I + O\left(\frac{1}{k}\right), \quad k \to \infty, \tag{7-135}$$

- 留数条件 (7-104)~(7-108).

$M(x,t,k)$ 存在且唯一, 用 $M(x,t,k)$ 定义 $q(x,t)$ 为

$$q(x,t) = 2i \lim_{k \to \infty} k(M(x,t,k))_{12}, \tag{7-136}$$

那么 $q(x,t)$ 可以求解非线性薛定谔方程 (7-44) 且有

$$q_x(0,t) = g_1(t), \quad q_x(L,t) = f_1(t). \tag{7-137}$$

证明 如果 $\alpha(k)$ 和 $d(k)$ 分别在 $\arg k \in (0, \frac{\pi}{2})$ 和 $\arg k \in (\frac{\pi}{2}, \pi)$ 上没有零点, 那么函数 $M(x,t,k)$ 满足非奇性 RH 问题. 由于跳跃矩阵 J 满足适当的对称条件, 因此

这个问题有可能有一个唯一的全局解[81]. 加上一个代数方程组, $\alpha(k)$ 和 $d(k)$ 有有限个零点的情形可以映射到没有零点的情形, 此方程组通常情况下都唯一可解[81].

证明 $q(x,t)$ 满足非线性薛定谔方程. 利用穿衣服方法[238] 中的变量可以直接证明如果 $M(x,t,k)$ 是上述 RH 问题的唯一解, $q(x,t)$ 由方程 (7-136) 给出, 那么 q 和 M 满足 Lax 对的两部分, 因此 q 是非线性薛定谔方程的解.

证明 $q(x,0) = q_0(x)$. 定义 2×2 矩阵 $\hat{J}_1(x,k)$, $\hat{J}_3(x,k)$, $J_1^{(\infty)}(x,k)$, $J_2^{(\infty)}(x,k)$ 和 $J_3^{(\infty)}(x,k)$ 为

$$\hat{J}_1 = \begin{pmatrix} \dfrac{\alpha(k)}{a(k)} & -\mathcal{B}(k)e^{2ik(L-x)} \\ 0 & \dfrac{a(k)}{\alpha(k)} \end{pmatrix}, \quad \hat{J}_3 = \begin{pmatrix} \dfrac{\overline{\alpha(\bar{k})}}{\overline{a(\bar{k})}} & 0 \\ \lambda\overline{\mathcal{B}(\bar{k})}e^{-2ik(L-x)} & \dfrac{\overline{a(\bar{k})}}{\overline{\alpha(\bar{k})}} \end{pmatrix},$$

$$J_1^{(\infty)} = \begin{pmatrix} 1 & 0 \\ \dfrac{\lambda\overline{B(\bar{k})}e^{2ikx}}{a(k)d(k)} & 1 \end{pmatrix}, \quad J_3^{(\infty)} = \begin{pmatrix} 1 & -\dfrac{B(k)e^{-2ikx}}{\overline{a(\bar{k})d(\bar{k})}} \\ 0 & 1 \end{pmatrix}, \quad (7\text{-}138)$$

$$J_2^{(\infty)} = \begin{pmatrix} 1 & -\dfrac{b(k)}{\overline{a(\bar{k})}}e^{-2ikx} \\ \lambda\dfrac{\overline{b(\bar{k})}}{a(k)}e^{2ikx} & \dfrac{1}{a(k)\overline{a(\bar{k})}} \end{pmatrix}.$$

可以证明

$$\begin{aligned} J_1(x,0,k) &= \hat{J}_1 J_1^{(\infty)}, & J_2(x,0,k) &= \hat{J}_1 J_2^{(\infty)} \hat{J}_3, \\ J_3(x,0,k) &= J_3^{(\infty)} \hat{J}_3, & J_4(x,0,k) &= J_3^{(\infty)} \left(J_2^{(\infty)}\right)^{-1} J_1^{(\infty)}. \end{aligned} \quad (7\text{-}139)$$

记 $M^{(1)}(x,t,k), M^{(2)}(x,t,k), M^{(3)}(x,t,k), M^{(4)}(x,t,k)$ 分别表示 $\arg k \in [0, \frac{\pi}{2}], \cdots, \arg k \in [\frac{3\pi}{2}, 2\pi]$ 上的 $M(x,t,k)$, 则跳跃条件 (7-91) 变为

$$M^{(2)} = M^{(1)} J_1, \quad M^{(2)} = M^{(3)} J_4, \quad M^{(4)} = M^{(1)} J_2, \quad M^{(4)} = M^{(3)} J_3. \quad (7\text{-}140)$$

计算上述方程在 $t = 0$ 时的值, 同时利用方程 (7-139), 可得

$$\begin{aligned} M^{(2)}(x,0,k) &= (M^{(1)}(x,0,k)\hat{J}_1)J_1^{(\infty)}, \\ M^{(2)}(x,0,k) &= M^{(3)}(x,0,k)J_3^{(\infty)}(J_2^{(\infty)})^{-1}J_1^{(\infty)}, \\ (M^{(4)}(x,0,k)\hat{J}_3^{-1}) &= (M^{(1)}(x,0,k)\hat{J}_1)J_2^{(\infty)}, \\ (M^{(4)}(x,0,k)\hat{J}_3^{-1}) &= M^{(3)}(x,0,k)J_3^{(\infty)}. \end{aligned} \quad (7\text{-}141)$$

定义 $M_j^{(\infty)}(x,k)$ $(j=1,\cdots,4)$ 为

$$M_1^{(\infty)} = M^{(1)}(x,0,k)\hat{J}_1(x,k), \quad M_2^{(\infty)} = M^{(2)}(x,0,k), \tag{7-142}$$

$$M_3^{(\infty)} = M^{(3)}(x,0,k), \quad M_4^{(\infty)} = M^{(4)}(x,0,k)\hat{J}_3^{-1}(x,k). \tag{7-143}$$

可以证明局部解析函数 $M^{(\infty)}(x,k)$ 满足跳跃条件

$$M_2^{(\infty)} = M_1^{(\infty)} J_1^{(\infty)}, \quad M_2^{(\infty)} = M_3^{(\infty)} J_3^{(\infty)} (J_2^{(\infty)})^{-1} J_1^{(\infty)},$$
$$M_4^{(\infty)} = M_1^{(\infty)} J_2^{(\infty)}, \quad M_4^{(\infty)} = M_3^{(\infty)} J_3^{(\infty)}.$$

这些条件正是与非线性薛定谔方程 $0<x<\infty, 0<t<T$[78] 相关的 RH 问题的唯一解所满足的跳跃条件. $\det M^{(\infty)} = 1, M^{(\infty)} = I + O\left(\frac{1}{k}\right), k\to\infty$. 直接计算就可证明 (7-142) 和 (7-143) 把 v_j 处的极点变换成 k_j 处的极点, 留数条件 (7-104) 和 (7-105) 被 $k=k_j$ 处的留数替换 (参见文献 [78]). 所以, $M^{(\infty)}(x,k)$ 满足的 RH 问题与 $t=0$ 时半直线上的 RH 问题相同. 因此 $q(x,0) = q_0(x)$.

证明 $q(0,t) = g_0(t), q_x(0,t) = g_1(t)$. 令 $M^{(0)}(t,k)$ 为

$$M^{(0)}(t,k) = M(0,t,k)G(t,k), \tag{7-144}$$

其中 G 为 $G^{(1)}, \cdots, G^{(4)}$ 分别在 $\arg k \in [0,\frac{\pi}{2}], \cdots, [\frac{3\pi}{2}, 2\pi]$ 上. 假定可以找到全纯矩阵 $G^{(j)}$, 当 $k\to\infty$ 时趋于 I, 且满足

$$J_1(0,t,k)G^{(2)} = G^{(1)}J^{(0)}, \quad J_2(0,t,k)G^{(4)} = G^{(1)}J^{(0)},$$
$$J_3(0,t,k)G^{(4)} = G^{(3)}J^{(0)}, \tag{7-145}$$

其中 $J^{(0)}(t,k)$ 由注 7.3.2 定义. 从 (7-145) 可得 $J_4(0,t,k)G^{(2)} = G^{(3)}J^{(0)}$, 方程 (7-140) 和 (7-144) 意味着 $M^{(0)}(t,k)$ 满足注 7.3.2 中定义的 RH 问题. 即注 7.3.2 给出了所要的结果.

接下来说明这些矩阵 $G^{(j)}$ 是

$$G^{(1)} = \begin{pmatrix} \dfrac{\alpha(k)}{A(k)} & c^+(k)e^{4ik^2(T-t)} \\ 0 & \dfrac{A(k)}{\alpha(k)} \end{pmatrix}, \quad G^{(4)} = \begin{pmatrix} \dfrac{\overline{A(\bar{k})}}{\overline{\alpha(\bar{k})}} & 0 \\ \lambda\overline{c^+(\bar{k})}e^{-4ik^2(T-t)} & \dfrac{\overline{\alpha(\bar{k})}}{\overline{A(\bar{k})}} \end{pmatrix},$$

$$G^{(2)} = \begin{pmatrix} d(k) & \dfrac{-b(k)}{A(\bar{k})}e^{-4ik^2 t} \\ 0 & \dfrac{1}{d(k)} \end{pmatrix}, \quad G^{(3)} = \begin{pmatrix} \dfrac{1}{\overline{d(\bar{k})}} & 0 \\ \dfrac{-\lambda\overline{b(\bar{k})}}{A(k)}e^{4ik^2 t} & \overline{d(\bar{k})} \end{pmatrix}.$$

$$\tag{7-146}$$

7.3 有限区域傅里叶变换

已经知道, 半直线问题中矩阵 $J_2^\infty(0,t,k), G^{\infty(1)}(t,k), G^{\infty(4)}(t,k)$ 满足

$$J_2^\infty(0,t,k)G^{\infty(4)} = G^{\infty(1)J^{(t)}}. \tag{7-147}$$

证明上述公式需用到

$$a\bar{a} - \lambda b\bar{b} = 1, \quad A\bar{A} - \lambda B\bar{B} = 1, \quad aB - bA = e^{4ik^2T}c^+. \tag{7-148}$$

矩阵 $J_2(0,t,k)$ 可以从矩阵 $J_2^\infty(0,t,k)$ 得到, 其中 a 和 b 分别由 α 和 β 替换. α, β, A, B 满足的方程与 (7-148) 类似, 其中 a 和 b 分别替换成 α 和 β. 所以, $G^{(4)}$ 和 $G^{(1)}$ 可从 $G^{\infty(4)}$ 和 $G^{\infty(1)}$ 得到, 其中 a 和 b 分别替换为 α 和 β. 由此得到了 (7-146) 中的前两个式子.

得到 $G^{(1)}$ 后, 由方程 (7-145) 的第一式可以得到 $G^{(2)}$, 然后由对称性就可得到 $G^{(3)}$. 可以证明 $G^{(1)}$ 满足方程 $J_1(0,t,k)G^{(2)} - G^{(1)}J^{(0)} = 0$: 元素 (21) 和 (22) 恒等当且仅当

$$\delta = \frac{\alpha}{A} + \frac{\lambda\bar{B}}{A}c^+ e^{4ik^2T} \tag{7-149}$$

时, 元素 (11) 满足. 根据全局关系,

$$\delta = \frac{\alpha\bar{A}A}{A} - \lambda\beta\bar{B} = \frac{\alpha}{A}(1+\lambda B\bar{B}) - \lambda\beta\bar{B} = \frac{\alpha}{A} + \frac{\lambda\bar{B}}{A}(\alpha B - \beta A)$$

等于方程 (7-149) 的右端, 当且仅当

$$\frac{\delta b}{d\bar{A}} + \frac{\mathcal{B}e^{2ikL}}{d} = \frac{\alpha B}{A\bar{A}} - \frac{c^+ e^{4ik^2T}}{A\bar{A}}$$

时, 元素 (12) 满足. 利用全局关系替换掉上式中的 $c^+\exp(4ik^2T)$ 后得

$$\delta b + \bar{A}\mathcal{B}e^{2ikL} = \beta d. \tag{7-150}$$

上式的左边等于

$$b(\alpha\bar{A} - \lambda\beta\bar{B}) + \bar{A}\mathcal{B}e^{2ikL} = -\lambda\beta b\bar{B} + \bar{A}(\alpha b + \mathcal{B}e^{2ikL}),$$

利用恒等式 (7-102), 上式等于方程 (7-150) 的右边.

与 $q(x,0) = q_0(x)$ 的证明类似, 证明 (7-144) 把留数条件 (7-104)~(7-108) 变换成注 7.3.2 中的留数条件.

证明 $q(L,t) = f_0(t), q_x(L,t) = f_1(t)$. 与上面的证明类似, 寻找矩阵 $F^{(j)}(t,k)$ 使得

$$\begin{aligned}&J_1(L,t,k)F^{(2)} = F^{(1)}J^{(L)}, \quad J_4(L,t,k)F^{(2)} = F^{(3)}J^{(L)},\\&J_3(L,t,k)F^{(4)} = F^{(3)}J^{(L)}.\end{aligned} \tag{7-151}$$

用上面第二个方程比 $J_2(L,t,k)F^{(4)} = F^{(1)}J^{(L)}$ 更方便. 接下来说明这些矩阵 $F^{(j)}$ 是

$$F^{(1)} = \begin{pmatrix} -1 & 0 \\ \dfrac{-\lambda\overline{b(\bar{k})}e^{4ik^2t+2ikL}}{\alpha(k)\mathcal{A}(k)} & -1 \end{pmatrix}, \quad F^{(3)} = \begin{pmatrix} -\dfrac{1}{\mathcal{A}(k)} & \dfrac{\overline{c^+(k)}e^{4ik^2(T-t)-2ikL}}{\overline{d(\bar{k})}} \\ 0 & -\mathcal{A}(k) \end{pmatrix},$$

$$F^{(4)} = \begin{pmatrix} -1 & \dfrac{-b(k)e^{-4ik^2t-2ikL}}{\overline{\alpha(\bar{k})\mathcal{A}(\bar{k})}} \\ 0 & -1 \end{pmatrix}, \quad F^{(2)} = \begin{pmatrix} -\overline{\mathcal{A}(\bar{k})} & 0 \\ \dfrac{\lambda\overline{c^+(\bar{k})}e^{-4ik^2(T-t)+2ikL}}{d(k)} & -\dfrac{1}{\overline{\mathcal{A}(\bar{k})}} \end{pmatrix}.$$
(7-152)

矩阵 $J_4(L,t,k)$ 可以写成

$$J_4(L,t,k) = \overline{\Lambda(\bar{k})}\tilde{J}_4(t,k)\Lambda(k), \tag{7-153}$$

其中

$$\Lambda(k) = \text{diag}\left(\dfrac{e^{2ikL}}{d(k)}, e^{-2ikL}d(k)\right), \tag{7-154}$$

$$\tilde{J}_4(t,k) = \begin{pmatrix} 1 & -\dfrac{\tilde{\beta}(k)}{(-d(k)e^{-2ikL})}e^{-4ik^2t} \\ \dfrac{\lambda\overline{\tilde{\beta}(\bar{k})}e^{4ik^2t}}{(-\overline{d(\bar{k})}e^{2ikL})} & \dfrac{1}{d(k)\overline{d(\bar{k})}} \end{pmatrix}, \tag{7-155}$$

$$\tilde{\beta}(k) = A(k)b(k) - B(k)a(k). \tag{7-156}$$

因此方程 (7-151) 中的第二个式子变为

$$\tilde{J}_4(t,k)\Lambda(k)F^{(2)} = (\overline{\Lambda(\bar{k})})^{-1}F^{(3)}J^{(L)}. \tag{7-157}$$

函数 $\tilde{\beta}(k), \tilde{\alpha}(k) = -e^{2ikL}\overline{d(\bar{k})}, \mathcal{A}(k), \mathcal{B}(k)$ 满足下列方程

$$\tilde{\alpha}\bar{\tilde{\alpha}} - \lambda\tilde{\beta}\bar{\tilde{\beta}} = 1, \quad \mathcal{A}\bar{\mathcal{A}} - \lambda\mathcal{B}\bar{\mathcal{B}} = 1, \quad \tilde{\alpha}\mathcal{B} - \tilde{\beta}\mathcal{A} = e^{4ik^2T}c^+(k). \tag{7-158}$$

事实上, 方程 (7-158) 中的第一式是 $\det\tilde{J}_4 = 1$, 第三式是全局关系. 比较方程 (7-157) 和 (7-147) 可知 $(\overline{\Lambda(\bar{k})})^{-1}F^{(3)}$ 可以从 $G^{(\infty)(1)}$ 得到, 其中 a,b,A,B 被 $\tilde{\alpha},\tilde{\beta},\mathcal{A},\mathcal{B}$ 替换. 由此得到方程 (7-152) 的后两式.

确定 $F^{(2)}$ 之后, 从方程 (7-151) 的第一式可得到 $F^{(1)}$. 在此并不具体给出 $F^{(1)}$ 而是证明 $F^{(1)}J^{(L)} - J_1(L,t,k)F^{(2)} = 0$ 成立: 元素 (12) 和 (22) 满足当且仅当

$$\dfrac{\bar{\mathcal{A}}\bar{\mathcal{B}}e^{2ikL}}{\mathrm{d}\alpha} - \dfrac{a\bar{c}^+e^{-4ik^2T+2ikL}}{\mathrm{d}\alpha} = \dfrac{\bar{b}e^{2ikL}}{\alpha\mathcal{A}} + \dfrac{\bar{\mathcal{B}}}{\mathcal{A}}$$

时, 元素 (21) 满足. 用全局关系替换掉 $\exp[-4ik^2T]$ 后, 再利用等式 $1 - a\bar{a} = -\lambda b\bar{b}$, 上式变为

$$\mathcal{A}(a\mathcal{B} + \bar{b}\bar{\mathcal{A}}e^{2ikL}) = \bar{b}e^{2ikL} + \bar{\mathcal{B}}\alpha.$$

利用 α 的定义和 $\mathcal{A}\bar{\mathcal{A}} - \lambda \mathcal{B}\bar{\mathcal{B}} = 1$, 上式恒等. 利用行列式恒等即可证明元素 (11) 满足.

与前面的情况相似, 变换

$$M(L,t,k) \mapsto M^{(L)}(t,k) = M(L,t,k)F(t,k)$$

把定理 7.3.1 中的 RH 问题映射到注 7.3.3 中的 RH 问题.

7.3.4 全局关系分析

在 $x=0$ 处计算方程 (7-81), 得

$$(a(k)\mathcal{A}(t,k) + \overline{\lambda b(\bar{k})}e^{2ikL}\mathcal{B}(t,k))B(t,k) - (b(k)\mathcal{A}(t,k) + \overline{\lambda a(\bar{k})}e^{2ikL}\mathcal{B}(t,k))A(t,k)$$
$$= e^{4ik^2t}c^+(k,t), \quad k \in \mathbb{C}, \tag{7-159}$$

其中

$$c^+(k,t) = \int_0^L e^{2ikx} c(k,x,t) \mathrm{d}x, \tag{7-160}$$

$c(k,x,t)$ 是 k 的整函数, 它及其对 x 和 t 的导数当 $k \to \infty$, k 在第一象限内都是 $O(1)$. 这意味着 $c^+(k,t)$ 是 k 的整函数, 且当 $k \to \infty$, $\mathrm{Im}\,k > 0$ 时 $O(1/k)$, 具体为

$$c^+(k) = O\left(\frac{1 + e^{2ikL}}{k}\right), \quad k \to \infty.$$

对方程 (7-159) 的分析需要用到以下两个等式

$$\int_{\partial D_1} k \left[\int_0^t e^{4ik^2(\tau-t')} K(\tau,t)\mathrm{d}\tau\right] \mathrm{d}k = \frac{\pi}{4} K(t',t), \tag{7-161}$$

$$\int_{\partial D_1^0} \frac{k^2}{\Delta(k)} \left[\int_0^t e^{4ik^2(\tau-t')} K(\tau,t)\mathrm{d}\tau\right] \mathrm{d}k$$
$$= \int_{\partial D_1^0} \frac{k^2}{\Delta(k)} \left[\int_0^{t'} e^{4ik^2(\tau-t')} K(\tau,t)\mathrm{d}\tau - \frac{K(t',t)}{4ik^2}\right] \mathrm{d}k, \tag{7-162}$$

其中

$$t > 0, \quad t' > 0, \quad t' < t,$$

∂D_1 表示 $(i\infty, 0]$ 和 $[0, \infty)$ 的合集 (即第一象限的有向边界), ∂D_1^0 表示的是把 ∂D_1 区域形变经过点 $k = \frac{\pi m}{2L}, n \in \mathbb{Z}$ 的区域, $K(\tau, t)$ 是所示变量的光滑函数,

$$\Delta(k) = e^{2ikL} - e^{-2ikL}. \tag{7-163}$$

为了得到方程 (7-162), 把该方程的左边移到等式的右边再加上项

$$\int_{\partial D_1^0} \frac{k^2}{\Delta(k)} \left[\int_{t'}^{t} e^{4ik^2(\tau-t')} K(\tau, t) \mathrm{d}\tau + \frac{K(t', t)}{4ik^2} \right] \mathrm{d}k.$$

此项的积分部分解析且限制在 ∂D_1^0 围成的复 k 平面上, 它的零阶项 (关于 $(k^2)^{-1}$) 包含了振荡因子 $e^{4ik^2(t-t')}$, 由 Jordan 引理可知该项为零. 同样地, 为了得到方程 (7-161), 把该式的左边改写成

$$\int_{\partial D_1} k \left[\int_0^{t'} e^{4ik^2(\tau-t')} K(\tau, t) \mathrm{d}\tau \right] \mathrm{d}k + \int_{\partial D_1} k \left[\int_{t'}^{t} e^{4ik^2(\tau-t')} K(\tau, t) \mathrm{d}\tau \right] \mathrm{d}k, \tag{7-164}$$

∂D_1 的路径包含了 $[0, \infty)$, 可以通过 k 替换成 $-k$ 映射到 $[0, -\infty)$, 所以 ∂D_1 可以用 ∂D_2 取代, 表示 $(i\infty, 0]$ 和 $[0, -\infty)$ 的并集. 把 (7-164) 中第一个积分区域 ∂D_1 用 ∂D_2 替换, 可得

$$\int_{\partial \hat{D}_2} \left[\int_0^{t'} e^{4ik^2(\tau-t')} k K(\tau, t) \mathrm{d}\tau - \frac{K(t', t)}{4ik} \right] \mathrm{d}k + \frac{K(t', t)}{4i} \int_{\partial \hat{D}_2} \frac{\mathrm{d}k}{k}$$
$$+ \int_{\partial \hat{D}_1} \left[\int_{t'}^{t} e^{4ik^2(\tau-t')} k K(\tau, t) \mathrm{d}\tau + \frac{K(t', t)}{4ik} \right] \mathrm{d}k - \frac{K(t', t)}{4i} \int_{\partial \hat{D}_1} \frac{\mathrm{d}k}{k},$$

其中 $\hat{D}$ 表示把 D 的路径切割成锯齿状以绕过 $k = 0$. 上式中第一和第三个积分的积分部分解析且分别在 $\hat{D}_2$ 和 $\hat{D}_1$ 上衰减, 因此为零, 第一阶 (关于 k^{-1}) 项分别包含振荡因子 $e^{-2ik^2t'}$ 和 $e^{4ik^2(t-t')}$, 剩下的两个积分等于

$$\frac{K(t', t)}{4i} \int_0^{\pi} i \mathrm{d}\theta = \frac{\pi}{4} K(t', t).$$

现在说明从全局关系 (7-159) 可以显式解出 $f_1(t)$ 和 $g_1(t)$. 为了避免计算的复杂, 考虑零初始条件的情况, 这时 $a(k) \equiv 1, b(k) \equiv 0$, $f_1(t), g_1(t)$ 的表达式分别为

$$\frac{i\pi}{4} f_1(t) = \int_{\partial D_1^0} \frac{2k^2}{\Delta(k)} \left[\hat{M}_1(t, k) - \frac{g_0(t)}{2ik^2} \right] \mathrm{d}k - \int_{\partial D_1^0} k^2 \frac{\sum(k)}{\Delta(k)} \left[\hat{M}_1(t, k) \right.$$

$$\left.-\frac{f_0(t)}{2ik^2}\right]\mathrm{d}k+\int_{\partial D_1^0}\frac{k}{\Delta(k)}[F(t,k)-F(t,-k)]\mathrm{d}k, \tag{7-165}$$

$$-\frac{i\pi}{4}g_1(t)=\int_{\partial D_1^0}\frac{2k^2}{\Delta(k)}\left[\hat{\mathcal{M}}_1(t,k)-\frac{f_0(t)}{2ik^2}\right]\mathrm{d}k-\int_{\partial D_1^0}k^2\frac{\sum(k)}{\Delta(k)}\left[\hat{M}_1(t,k)\right.$$

$$\left.-\frac{g_0(t)}{2ik^2}\right]\mathrm{d}k+\int_{\partial D_1^0}\frac{k}{\Delta(k)}[e^{-2ikL}F(t,k)-e^{2ikL}F(t,-k)]\mathrm{d}k,$$

$$\tag{7-166}$$

其中

$$\sum(k)=e^{2ikL}+e^{-2ikL}, \tag{7-167}$$

$$F(t,k)=\frac{if_0(t)}{2}e^{2ikL}\hat{\mathcal{M}}_2-\frac{ig_0(t)}{2}\hat{M}_2+\left[\overline{\hat{\mathcal{L}}_2}-i\lambda\frac{f_0(t)}{2}\overline{\hat{\mathcal{M}}_1}+k\overline{\hat{\mathcal{M}}_2}\right]$$

$$\times\left[\hat{L}_1-i\frac{g_0(t)}{2}\hat{M}_2+k\hat{M}_1\right]-e^{2ikL}\left[\overline{\hat{L}_2}-i\lambda\frac{g_0(t)}{2}\overline{\hat{M}_1}+k\overline{\hat{M}_2}\right]$$

$$\times\left[\hat{\mathcal{L}}_1-i\frac{f_0(t)}{2}\hat{\mathcal{M}}_2+k\hat{\mathcal{M}}_1\right]. \tag{7-168}$$

把上式, A, B 的表达式 (7-56) 和 (7-57), $\mathcal{A},\mathcal{B}$ 类似的表达式以及 $a\equiv 1, b\equiv 0$ 代入方程 (7-159), 得

$$-2\int_0^t e^{4ik^2\tau}L_1(t,2\tau-t)\mathrm{d}\tau+2e^{2ikL}\int_0^t e^{4ik^2\tau}\mathcal{L}_1(t,2\tau-t)\mathrm{d}\tau$$

$$=2k\int_0^t e^{4ik^2\tau}M_1(t,2\tau-t)\mathrm{d}\tau-2ke^{2ikL}\int_0^t e^{4ik^2\tau}\mathcal{M}_1(t,2\tau-t)\mathrm{d}\tau$$

$$+e^{4ik^2t}F(t,k)+e^{4ik^2t}c^+(t,k). \tag{7-169}$$

用 $\{L_j(t,k),M_j(t,k),\mathcal{L}_j(t,k),\mathcal{M}_j(t,k)\}_1^2$ 表示 $F(t,k)$, 然后利用 (7-60) 把 $F(t,k)$ 改写成 (7-168) 的形式. 分步积分后可得 $k\to\infty, e^{4ik^2t}F(t,k)=O(1/k^2)$.

把方程 (7-169) 中的 k 替换成 $-k$, 然后求解所得方程以及方程 (7-169) 左边的两个积分式, 得

$$2\int_0^t e^{4ik^2\tau}\mathcal{L}_1(t,2\tau-t)\mathrm{d}\tau=\frac{4k}{\Delta(k)}\int_0^t e^{4ik^2\tau}M_1(t,2\tau-t)\mathrm{d}\tau$$

$$-2k\frac{\sum(k)}{\Delta(k)}\int_0^t e^{4ik^2\tau}\mathcal{M}_1(t,2\tau-t)\mathrm{d}\tau+\frac{G(t,k)-G(t,-k)}{\Delta(k)} \tag{7-170}$$

和

$$-2\int_0^t e^{4ik^2\tau}L_1(t,2\tau-t)\mathrm{d}\tau = \frac{4k}{\Delta(k)}\int_0^t e^{4ik^2\tau}\mathcal{M}_1(t,2\tau-t)\mathrm{d}\tau$$

$$-2k\frac{\sum(k)}{\Delta(k)}\int_0^t e^{4ik^2\tau}M_1(t,2\tau-t)\mathrm{d}\tau - \frac{e^{-2ikL}G(t,k)-e^{2ikL}G(t,-k)}{\Delta(k)}, \tag{7-171}$$

其中

$$G(t,k) = e^{4ik^2t}F(t,k) + e^{4ik^2t}c^+(t,k).$$

在方程 (7-170) 的两边分别乘以 $k\exp(-4ik^2t')$, $t'>0, t'<t$, 然后在 ∂D_1^0 上积分. 注意, 函数

$$k\left[\frac{c^+(t,k)-c^+(t,-k)}{\Delta(k)}\right]$$

是解析的且在 ∂D_1^0 内有界, 因此

$$ke^{4ik^2(t-t')}\left[\frac{c^+(t,k)-c^+(t,-k)}{\Delta(k)}\right]$$

的积分为零. 含有 $\mathcal{L}_1$ 和 M 的积分运算分别要用到方程 (7-161) 和 (7-162). 而且, 含有 $\mathcal{M}_1$ 项的计算要用到方程 (7-162), 其中 $1/\Delta$ 用 $\sum/\Delta$ 替代. 计算后得

$$\frac{\pi}{2}\mathcal{L}_1(t,2t'-t) = \int_{\partial D_1^0}\frac{4k^2}{\Delta(k)}\left[\int_0^{t'}e^{4ik^2(\tau-t')}M_1(t,2\tau-t)\mathrm{d}\tau\right.$$

$$\left.-\frac{M_1(t,2t'-t)}{4ik^2}\right]\mathrm{d}k - \int_{\partial D_1^0}2k^2\frac{\sum(k)}{\Delta(k)}\left[\int_0^{t'}e^{4ik^2(\tau-t')}M_1(t,2\tau-t)\mathrm{d}\tau\right.$$

$$\left.-\frac{M_1(t,2t'-t)}{4ik^2}\right]\mathrm{d}k + \int_{\partial D_1^0}\frac{k}{\Delta(k)}e^{4ik^2(t-t')}(F(t,k)-F(t,-k))\mathrm{d}k.$$

在 $t=t'$ 处计算上式, 并利用方程 (7-54) 的第一项和方程 (7-55) 的第三项就可得方程 (7-165). 用类似的方法可以得到方程 (7-166).

7.3.5 结论

在有限区间上分析了非线性薛定谔方程的 Dirichlet 问题 (7-44). 特别地,

(1) 给定 Dirichlet 数据 $q(0,t)=g_0(t)$ 和 $q(L,t)=f_0(t)$, 通过关于函数 (7-59) 的非线性常微分方程组给出了 Neumann 边界值 $q_x(0,t)=g_1(t)$ 和 $q_x(L,t)=f_1(t)$.

函数 $\{\hat{L}_j, \hat{M}_j\}_{j=1}^2$ 满足 (7-61), 函数 $\{\hat{\mathcal{L}}_j, \hat{\mathcal{M}}_j\}_{j=1}^2$ 满足类似的方程, Neumann 边界值由方程 (7-165) 和 (7-166) 给定；

(2) 给定初始条件 $q(x,0) = q_0(x)$, 由定义 7.3.1 定义谱函数 $\{a(k), b(k)\}$; 给定 $g_0(t)$ 和 $g_1(t)$, 由定义 7.3.2 定义谱函数 $\{A(k), B(k)\}$, 给定 $f_0(t)$ 和 $f_1(t)$, 由定义 7.3.3 定义谱函数 $\{\mathcal{A}(k), \mathcal{B}(k)\}$;

(3) 给定 $\{a(k), b(k), A(k), B(k), \mathcal{A}(k), \mathcal{B}(k)\}$ 定义了关于 $M(x,t,k)$ 的 RH 问题, 然后通过 M 定义了 $q(x,t)$. $q(x,t)$ 是非线性薛定谔方程的解, 且

$$q(x,0) = q_0(x), \qquad q(0,t) = g_0(t), \qquad q_x(0,t) = g_1(t),$$
$$q(L,t) = f_0(t), \qquad q_x(L,t) = f_1(t),$$

详见定理 7.3.1.

第八章　非线性方程的其他研究方法

除了前面几章讲述的行波法、分离变量法和反散射方法外, 在众多的数学家和物理学家们的共同努力下, 已经有许多其他行之有效的方法被建立起来, 其中最有效的方法有 Hirota 的双线性方法[100, 101]、基于对称性的约化法[16, 196]、Painlevé 分析法[11, 41, 51, 159, 200]、Bäcklund 变换法、达布变换法[93, 187, 212]、穿衣服方法和形变映射法[146, 149, 150, 161] 等等. 本章就双线性方法、达布变换法、Painlevé 分析法、对称约化法和非行波形变映射法等作一些简要的介绍.

8.1　广田直接法

广田 (Hirota) 直接法的基本思想是运用合适的变换将非线性方程变换成齐次形式, 对于可积系统, 往往是双线性形式. 本节首先以 KdV 方程为例作一简单的介绍, 然后利用双线性方法对一个耦合的非线性系统做可双线性化归类.

8.1.1　KdV 方程的 Hirota 方法处理

单个的 KdV 方程为

$$u_t + 6uu_x + u_{xxx} = 0. \tag{8-1}$$

为了将 KdV 方程双线性化, 首先要寻找一个合适的变换, 使得变换后的方程成为双线性形式. 这样的变换通常可以采用截断 Painlevé 分析法 (见下节) 得到. 对于 KdV 方程, 这样的变换为

$$u = 2(\ln f)_{xx}. \tag{8-2}$$

将 (8-2) 代入 (8-1) 后积分一次并取积分常数为零, 得双线性 KdV 方程

$$(D_x D_t + D_x^4)f \cdot f = 0, \tag{8-3}$$

其中双线性算子 D_x 和 D_t 的定义为

$$D_x^n D_t^m f \cdot g \equiv \frac{\partial^n}{\partial a^n} \frac{\partial^m}{\partial b^m} f(x+a, t+b)g(x-a, t-b)\bigg|_{a=b=0}. \tag{8-4}$$

求解双线性方程的多孤子解的基本方法是采用小参数展开法,

$$f = \sum_{i=0}^{\infty} f_i \varepsilon^i, \qquad f_0 \equiv 1. \tag{8-5}$$

将 (8-5) 代入 (8-3) 得

$$\sum_{k=1}^{\infty}\varepsilon^k(\partial_x^4+\partial_t\partial_x)f_k = -\frac{1}{2}\sum_{k=1}^{\infty}\varepsilon^k\sum_{i=1}^{k-1}(D_x^4+D_xD_t)f_i\cdot f_{k-i}. \tag{8-6}$$

比较 (8-6) 中 ε 的系数, 即可求得 f_i 满足的方程为

$$(\partial_x^4+\partial_t\partial_x)f_1 = 0, \tag{8-7}$$

$$(\partial_x^4+\partial_t\partial_x)f_2 = \frac{1}{2}(D_x^4+D_xD_t)f_1\cdot f_1, \tag{8-8}$$

$$(\partial_x^4+\partial_t\partial_x)f_3 = (D_x^4+D_xD_t)f_1\cdot f_2, \tag{8-9}$$

$$\cdots\cdots\cdots$$

$$(\partial_x^4+\partial_t\partial_x)f_k = -\frac{1}{2}\sum_{i=1}^{k-1}(D_x^4+D_xD_t)f_i\cdot f_{k-i}, \tag{8-10}$$

$$\cdots\cdots\cdots$$

从 (8-7)~(8-10) 很容易看出, 在这种方法中, 所有 f_k 满足的方程都是线性的. 对于孤立子解, 可以简单地取

$$f_1 = \sum_{j=1}^{N}c_j e^{k_jx-k_j^3t} = \sum_{j=1}^{N}e^{k_jx-k_j^3t+\eta_{0j}} = \sum_{j=1}^{N}e^{\eta_j}, \tag{8-11}$$

$$f_2 = \sum_{j=1}^{N}\sum_{i=1}^{N}\frac{(4k_j^2-3k_jk_i-k_i^2)}{3(k_i+k_j)^2}e^{\eta_i+\eta_j} = \sum_{j<i}\frac{(k_i-k_j)^2}{(k_i+k_j)^2}e^{\eta_i+\eta_j}, \tag{8-12}$$

$$f_3 = \sum_{i<j<k}A_{ij}A_{ik}A_{jk}e^{\eta_i+\eta_j+\eta_k}, \tag{8-13}$$

$$\cdots\cdots$$

$$f_k = \sum_{i_1>i_2>\cdots>i_k}\prod_{m>n}A_{i_mi_n}\exp\left(\sum_{j=1}^{k}\eta_{i_j}\right),\ k=2,3,\cdots,N, \tag{8-14}$$

$$f_k = 0, \quad k>N, \tag{8-15}$$

从而 KdV 方程的多孤子解的表达式为

$$u = 2\left[\ln\sum_{k=0}^{N}\sum_{i_1>i_2>\cdots>i_k}\prod_{m>n}A_{i_mi_n}\exp\left(\sum_{j=1}^{k}\eta_{i_j}\right)\right]_{xx},\ f_0\equiv 1. \tag{8-16}$$

由于任意常数 η_{0i} 的存在, 在表达式 (8-16) 中, 展开参数 ε 已经被吸收掉而并没有失去一般性.

8.1.2 耦合 KdV 方程的可双线性化分类

第二章第四节讲述了如何从两层流体模型出发导出耦合 KdV 方程, 导出的方程为

$$u_t + \lambda_1 v u_x + (\lambda_2 v^2 + \lambda_3 uv + \lambda_4 u_{xx} + \lambda_5 u^2)_x = 0, \qquad (8\text{-}17)$$

$$v_t + \mu_1 v u_x + (\mu_2 u^2 + \mu_3 uv + \mu_4 v_{xx} + \mu_5 v^2)_x = 0, \qquad (8\text{-}18)$$

其中 $\lambda_i, \mu_i \ (i = 1, 2, \cdots, 5)$ 是任意常数.

在导出方程之后, 我们面临的最重要的问题就是如何求解它们. 对导出方程进行合适的归类是非常有意义的. 由于 Hirota 双线性方法是求解非线性方程的最有效最简便的方法之一, 因此, 一个自然的问题就是什么样的方程可以双线性化? 对于具体的耦合 KdV 方程 (8-17)~(8-18), 问题成为: 在什么样的参数 $\lambda_i, \mu_i \ (i = 1, 2, \cdots, 5)$ 选择下, 模型可以被双线性化? 即如何对耦合 KdV 方程 (8-17) 和 (8-18) 进行可双线性化分类?

这里仅考虑可以用截断 Painlevé 展开法来双线性化模型的可能性. 从 [175] 可知, 当

$$\mu_2 \lambda_2 \neq 0 \qquad (8\text{-}19)$$

时, 模型有唯一可能的截断 Painlevé 展开式

$$u = \frac{g}{f^2} + \frac{h}{f}, \ v = \frac{p}{f^2} + \frac{q}{f}, \qquad (8\text{-}20)$$

其中 f 为任意函数, 函数 g, h, p, q 的确定视不同的情况而定.

当

$$\mu_2 = 0 \qquad (8\text{-}21)$$

(或等价地 $\lambda_2 = 0$) 时, 耦合 KdV 方程 (8-17)~(8-18) 有另一种可能的截断 Painlevé 展开

$$u = \frac{p}{f^2} + \frac{q}{f}, \ v = \frac{r}{f}, \qquad (8\text{-}22)$$

其中 f, p, q, r 为待定函数.

通过仔细分析可以得到下述两种类型的双线性化形式:

(1) 当 (8-20) 中的 g, h, p, q 完全确定 (即在 Painlevé 检验中在 $j = 0, 1$ 处没有共振点) 时, 可以证明仅当

$$\lambda_4 = \mu_4$$

时, 变换
$$u = -a(\ln f)_{xx}, \qquad v = -b(\ln f)_{xx} \tag{8-23}$$

可以将耦合 KdV 方程双线性化为单个的双线性 KdV 方程
$$(\mu_4 D_x^4 + D_x D_t)f \cdot f = 0, \tag{8-24}$$

其中 a, b 与模型参数的联系为
$$2\mu_2 a^2 + (\mu_1 + 2\mu_3)ab + 12\mu_4 b + 2\mu_5 b^2 = 0, \tag{8-25}$$
$$2\lambda_2 b^2 + (\lambda_1 + 2\lambda_3)ab + 12\lambda_4 a + 2\lambda_5 a^2 = 0. \tag{8-26}$$

由上一小节给定的双线性 KdV 方程的解即可得到耦合 KdV 方程 (8-17)~(8-18) 的解.

(2) 当 (8-20) 中 g 和 p 中的一个为任意函数 (即在 Painlevé 检验中 $j=0$ 处有一个共振点) 时, 相应的可双线性化条件为
$$\lambda_2 = \mu_2 = \lambda_1 = \mu_1 = 0, \quad \lambda_5 = \frac{\lambda_3}{\mu_4}\lambda_4, \quad \mu_5 = \frac{\lambda_3}{\lambda_4}\mu_4, \tag{8-27}$$

相应的变换为
$$u = 6\frac{\mu_4}{\mu_3}(\ln f)_{xx} + \left(\frac{p}{f}\right)_x, \quad v = -\frac{\mu_3 \lambda_4}{\mu_4 \lambda_3}\left(\frac{p}{f}\right)_x. \tag{8-28}$$

在参数条件 (8-27) 下, (8-17)~(8-18) 成为
$$u_t + \left(\lambda_3 uv + \frac{\lambda_4 \mu_3}{\mu_4}u^2 + \lambda_4 u_{xx}\right)_x = 0, \tag{8-29}$$
$$v_t + \left(\mu_3 uv + \frac{\lambda_3 \mu_4}{\lambda_4}v^2 + \mu_4 v_{xx}\right)_x = 0. \tag{8-30}$$

将 (8-28) 代入 (8-29)~(8-30) 即得双线性形式
$$(D_t + \mu_4 D_x^3)f \cdot p = 0, \tag{8-31}$$
$$3\mu_4(D_t D_x + \lambda_4 D_x^4)f \cdot f + \mu_4(\mu_4 - \lambda_4)D_x^3 f \cdot p = 0. \tag{8-32}$$

上述方程的单孤子解为
$$f = 1 + \exp\left(kx \pm \sqrt{\mu_4 \lambda_4}k^3 t\right), \tag{8-33}$$
$$p = C + C\exp\left(kx \pm \sqrt{\mu_4 \lambda_4}k^3 t\right) - \frac{6k\lambda_3 \mu_4^2}{\mu_3(\pm\mu_3\sqrt{\mu_4 \lambda_4} - \mu_4 \lambda_3)}, \tag{8-34}$$

$$u = \mp \frac{3\mu_4 k^2 \sqrt{\lambda_4\mu_4}}{2(\lambda_3\mu_4 \mp \mu_3\sqrt{\lambda_4\mu_4})} \text{sech}^2 \left[\frac{1}{2}(kx \pm \sqrt{\lambda_4\mu_4} k^3 t)\right], \tag{8-35}$$

$$v = \pm \frac{3\mu_4 k^2 \lambda_4}{2(\lambda_3\mu_4 \mp \mu_3\sqrt{\lambda_4\mu_4})} \text{sech}^2 \left[\frac{1}{2}(kx \pm \sqrt{\lambda_4\mu_4} k^3 t)\right]. \tag{8-36}$$

8.2 达布变换法

几乎从孤立子理论产生的一开始人们就意识到一个非常重要的结果就是非线性系统的多孤子解可以通过基本的初等手段 Bäcklund 变换来构造. 通常可以从非线性系统有限的已知解出发, 利用 Bäcklund 变换的非线性叠加性质来构造系统的新解. 但是, 在实际的迭代过程中, Bäcklund 变换很难直接有效的用来构造多孤子解. 对一些已知的著名孤子方程, 如 sine-Gordon 方程和 KdV 方程等, 它们的 Bäcklund 变换的叠加公式都已经给出[231]. 但是对于另外大量的非线性方程, 并没有一个固定的模式和步骤来导出它们的 Bäcklund 变换, 只能根据具体问题具体构造, 需要很强的技巧性. 胡星标研究员借助 Hirota 双线性方法得到了很多非线性系统的 Bäcklund 变换[108].

这一节主要讨论和 Bäcklund 变换很类似的一种有效求解非线性系统的基本方法, 就是所谓的达布变换法. 达布变换法可以追溯到 19 世纪末法国数学家 G Darboux 在研究线性 Sturm-Liouville 问题时的思考方法. 如今达布变换法已经被用来求解许多非线性偏微分方程的孤子解. 如不稳定的 Schrödinger 方程、KdV 方程、DS 方程、KP 方程、1+1 维和 2+1 维 Toda 格点方程、SG 方程以及非线性薛定谔系统等等.

由于构造非线性系统的达布变换相对反散射方法要简单方便得多, 它提供了研究非线性系统的孤立子解及其相互作用性质的一种非常方便有效的手段. 目前, 对于很多有重要研究意义的物理模型, 我们都可以给出它们的达布变换, 进而得到它们更进一步的物理和数学性质.

下面先就初等达布变化做一介绍, 然后具体给出 2+1 维色散长波方程和非对称 NNV 方程的达布变换解.

8.2.1 初等达布变换

1882 年, 达布研究了一个二阶线性常微分 Sturm-Liouville 方程 (就是现在所谓的一维线性薛定谔方程) 的特征值问题[53]

$$-\phi_{xx} - u(x)\phi = \lambda\phi, \tag{8-37}$$

式中 $u(x)$ 是给定的势函数, λ 是常数, 称为谱参数. 达布发现: 设 $u(x)$ 和 $\phi(x,\lambda)$ 是满足方程 (8-37) 的两个函数, 对任意给定的常数 λ_0, 令 $f(x) = \phi(x,\lambda_0)$, 也就是说,

函数 f 是式 (8-37) 当 $\lambda = \lambda_0$ 时的一个解,那么由

$$u' = u + 2(\ln f)_{xx}, \tag{8-38}$$

$$\phi'(x, \lambda) = \phi_x(x, \lambda) - \frac{f_x}{f}\phi(x, \lambda) \tag{8-39}$$

所定义的函数 u' 和 ϕ' 一定满足和 (8-37) 同样形式的方程,即

$$-\phi'_{xx} - u'(x)\phi' = \lambda\phi'. \tag{8-40}$$

这样这个借助于 $f(x) = \phi(x, \lambda_0)$ 所作的变换 (8-38) 和 (8-39) 将满足方程 (8-37) 的一组函数 (u, ϕ) 变化为满足同一方程的另一组函数 (u', ϕ'),这种变换就是初等达布变换

$$(u, \phi) \longrightarrow (u', \phi'), \tag{8-41}$$

并且只有在 $f \neq 0$ 处它是有效的. 以上简单给出了一维线性薛定谔方程的初等达布变换, 取定初值解, 就可以得到线性薛定谔方程的一些新的严格解. 由于方程 (8-37) 是线性方程, 而孤子方程都是非线性系统, 从这个方面来说, 达布变换并没有显示出它在求解非线性系统的孤子解时的优越性. 因此, 在很长的时间内, 达布变换法没有引起人们足够的重视和研究. 直到 1967 年, Gardner、Green、Kruskal 和 Miura 把 KdV 方程的初值解和一维线性薛定谔方程的反散射问题联系起来以后, 达布变换法才得到人们的关注和重视, 得以迅速发展起来. Crum 还证明了经过一次达布变换就是增加了非线性系统的一个孤立子[52]. 在重点介绍孤子系统的达布变换前, 需要简单了解一下有关非线性系统 Lax 对的相关知识.

1968 年, P D Lax 在文献 [131] 中引进两个算子, 较为简洁地解释了 [87] 中的结果. 设算子

$$L \equiv L(u) = -\partial^2 - u, \tag{8-42}$$

$$M \equiv M(u) = -4\partial^3 - 6u\partial - 3u_x \tag{8-43}$$

和 KdV 方程

$$u_t + 6uu_x + u_{xxx} = 0 \tag{8-44}$$

有下面的关系

$$[L, M] = -6uu_x - u_{xxx},$$

其中

$$[L, M] = LM - ML.$$

引进了上述记号后, KdV 方程 (8-44) 可以表示成

$$L_t = -[L, M].$$

换言之, 方程 (8-44) 可以看成是方程组

$$\begin{aligned}&-\phi_{xx}-u\phi=\lambda\phi,\\&\phi_t=-4\phi_{xxx}-6u\phi_x-3u_x\phi\end{aligned} \tag{8-45}$$

的可积条件, 其中 ϕ 是 $\{x,t\}$ 的函数. 这里所说的可积条件是指 $\phi_{xxt}=\phi_{txx}$ 成立. 可积条件成立的充要条件就是 u 满足 KdV 方程 (8-44). 方程组 (8-45) 就称为 KdV 方程 (8-44) 的 Lax 对.

更进一步的研究发现, 达布变换 (8-38) 和 (8-39) 也适用于 KdV 方程, 这个变换中的函数不但保持 (8-45) 中第一式的形式不变, 而且 (u',ϕ') 还满足 (8-45) 的第二式, 因而 u' 满足方程组 (8-45) 的可积条件, 即 u' 也是 KdV 方程的解. 这样, 如果已知 KdV 方程的一个解 u, 通过解线性方程组 (8-45) 得到函数 $\phi(x,t,\lambda)$, 取定 $\lambda=\lambda_0$, 得到 $f(x,t)=\phi(x,t,\lambda_0)$, 那么 $u'=u+2(\ln f)_{xx}$ 就给出 KdV 方程的一个新解, 而式子 (8-39) 给出的 ϕ' 是与 u' 相应的 Lax 对的解. 这样就为求 KdV 方程的新解提供了很好的方法. 只需要解线性方程组 (8-45) 得出 ϕ, 然后显式运算 (8-38) 和 (8-39) 就可以得到 KdV 方程的大量特解. 不但如此, 这个变换还可以继续进行下去, 因为 ϕ' 已经由式子 (8-39) 得到, 就不再需要解方程组 (8-45), 可以直接地显式得到二次和三次达布变换等等,

$$(u,\phi)\longrightarrow(u',\phi')\longrightarrow(u'',\phi'')\longrightarrow\cdots$$

这样, 以 Lax 对 (8-45) 为中介, 把线性薛定谔方程的达布变换推广到了 KdV 方程的达布变换. 其基本思路是: 利用非线性方程的一个解及其 Lax 对相应的解, 用代数算法及微分运算来得出非线性方程的新解和 Lax 对相应的解, 再利用达布变换的迭代性质, 可以一次次地迭代下去, 得到非线性系统的无限多个新解. 另外一点需要指出的是, 尽管在理论上对 Lax 对存在的非线性系统都可以考虑其达布变换, 但在具体构造非线性系统的达布变换时仍然有困难.

Wadati 等在 1975 年给出了 MKdV 方程和 sine-Gordon 方程的达布变换[118, 230]. 1986 年, 中科院院士谷超豪等将达布变换推广到 KdV 族、AKNS 族以及 2+1 维和高维系统以及微分几何中的曲面论和调和映照中. 同时, 他们将达布变换用矩阵形式表述, 说明达布变换实际上就是带谱参数的规范变换, 并且给出了显式的 Bäcklund 变换. 其次, 利用普适的纯代数的算法来构造达布变换, 推广达布变换到两个和多个空间变量的情形, 得到高维时空孤立子. 现在, 达布变换已经成为孤立子理论中的一个重要的研究热点, 国内很多学者从事这个方向的研究, 如刘青平在超对称的达布变换方面做了很多有意义的工作[143]. 最近几年, 离散系统成为研究热点, 考虑离散系统的达布变换也是很自然的事情, 已经有了很多的研究结果, 比如 Levi、Nimmo 等都曾做过这个方面的工作[135]. 已有不少关于非线性系统的达布变换法的专著[187, 212].

8.2 达布变换法

为了能更为清楚地理解初等达布变换实际上是一种规范变换, 把方程组 (8-45) 改写成算子形式

$$\begin{aligned} L\Phi &= \lambda\Phi, \\ \Phi_t &= M\Phi, \end{aligned} \tag{8-46}$$

式中 Φ 是 $\{x,t\}$ 的函数. 初等达布变换 (8-38) 和 (8-39) 用算子形式来表示可以写成下面的叙述.

设函数 χ 是方程组 (8-46) 中第一个式子对应于谱参数 μ 的一个解, 那么通过变换

$$\tilde{\chi} = \Phi(\Phi^{-1}\chi)_x, \quad \tilde{u} = u + 2(\ln\Phi)_{xx} \tag{8-47}$$

得到的新函数 $\tilde{\chi}$ 和 $\tilde{u}$ 满足新的方程

$$L(\tilde{u})\tilde{\chi} = \mu\tilde{\chi}.$$

在变换 (8-47) 中, 新的波函数和势函数发生了改变, 而谱参数保持不变. 直接计算可以发现, 如果波函数 χ 也满足方程组 (8-46) 中的第二个式子, 即 $\chi_t = M(u)\chi$, 那么变换 (8-47) 同样满足时间演化方程

$$\tilde{\chi} = M(\tilde{u})\tilde{\chi}.$$

因此, 根据可积性条件可知, 新的函数 $\tilde{u}$ 就是 KdV 方程 (8-44) 的一个新解. 这就提供了构造 KdV 方程的解的一种方法, 只需要取定一个初值解 (可以是平凡零解), 通过解线性系统 (8-46) 就可以得到 KdV 方程 (8-44) 的一个新解. 这种过程可以一步步的进行下去, 正是前面提到的达布变换的迭代性质. 需要指出的是, 以下涉及到的运算都是算子之间的运算.

从上述过程可以看出, 对于同一个谱参数, 特征值问题可以被映射成另外一个新的特征值问题, 这就启发我们是不是存在一个合适的算子 T, 通过变换

$$\tilde{L} = TLT^{-1}$$

可以将算子 L 的特征函数 χ 变换成算子 $\tilde{L}$ 的特征函数 $\tilde{\chi}$ 呢?

如果考虑算子

$$T = \Phi\partial\Phi^{-1} = \partial - \Phi_x\Phi^{-1}, \tag{8-48}$$

引进形式积分 ∂^{-1} 来求算子 T 的逆算子 $T^{-1} = \Phi\partial^{-1}\Phi^{-1}$, 那么可以直接证明恒等式

$$\begin{aligned} TL(u)T^{-1} &= L(\tilde{u}) + \left(\frac{\Phi_{xx}+u\Phi}{\Phi}\right)_{xx}\partial^{-1}\Phi^{-1}, \\ TM(u)T^{-1} + T_tT^{-1} &= M(\tilde{u}) - \{\Phi^{-1}[\Phi_t - (M(u)\Phi)]\}_x\Phi\partial^{-1}\Phi^{-1}. \end{aligned} \tag{8-49}$$

这样就得到了新的微分算子 $L(\tilde{u})$ 和 $M(\tilde{u})$ 来构造 KdV 方程新的 Lax 对, 包含新的势函数 $\tilde{u}$ 和新的波函数 $\tilde{\Phi}$.

总之, KdV 方程的 Lax 对 (8-46) 的初等达布变换可以看成是在算子 T(8-48) 作用下的规范变换

$$L \longrightarrow \tilde{L} = TLT^{-1}, \quad M \longrightarrow \tilde{M} = TMT^{-1} + T_t T^{-1}.$$

对于一些相对简单的非线性系统, 在已知其 Lax 对的情况下, 初等达布变换可以提供一个构造新解的简单方法, 也证明了初等达布变换实际上可以看成是一个规范变换, 并且它是一个纯代数的迭代过程. 通过引进算子 T 将一对满足 Lax 对的算子 T 和 M 变换成满足同样 Lax 对的新算子 $\tilde{T}$ 和 $\tilde{M}$. 但是, 由于非线性系统本身性质的复杂性, 并不是每个非线性系统的达布变换都能给出的, 初等达布变换法对 Lax 对存在的非线性系统也并不是完全适用的, 如 DS II 系统. 因而, 在研究非线性系统的达布变换时, 仅仅考虑初等达布变换是不够的, 必须引进二元达布变换来解决一些不能用初等达布变换求解的问题[187]. 例如, 通常都是从带有谱参数的 Lax 对的种子解和方程的初值解 (通常取零解或者常数解) 出发, 通过达布变换来构造新的孤子解, 但是如果势函数不具有特殊的形式或者 Lax 对中不显含谱参数, 那么就很难求得 Lax 对的非平凡种子解, 这给构造达布变换造成困难, 这时就需要引进二元达布变换的概念.

多线性分离变量法和达布变换法是孤立子理论中的两个非常重要的研究手段, 有着重要的应用价值和广泛的适用范围. 虽然多线性分离变量法的研究成果已经相当丰富, 但现有的多线性分离变量法还不是非常完美, 还有很多更为深入的问题需要研究, 比如, 一般说来, 多线性分离变量解的求得要借助于一个先验假设. 那么是否可以不需要任何先验假设就能得到类似的多线性分离变量解呢? 为了解答这一问题, 我们将分离变量法和达布变换法相结合, 研究一些 2+1 维非线性系统的达布变换的分离变量解. 通过达布变换的迭代性质, 在解的表达式中可以引进任意多个变量分离函数. 由于每个系统的具体形式和性质不同, 如何运用分离变量法和达布变换来求解也有所区别, 不能用一种统一的公式表示, 这也是两种方法相结合的结果与分离变量法得到普适公式有明显区别的地方之一. 下面详细讲述 2+1 维色散长波方程和非对称 NNV 系统的达布变换的分离变量解的构造过程.

8.2.2　2+1 维色散长波方程的达布变换的分离变量解

2+1 维色散长波方程

$$\begin{aligned} u_{yt} + (v_x + uu_y)_x &= 0, \\ v_t + (uv + u_{xy})_x &= 0 \end{aligned} \tag{8-50}$$

有两个共轭的 Lax 对[67], 分别对应于 Painlevé 分析的两个不同的分支. 为叙述方便起见, 记 $u_y = p_x$, 那么色散长波方程的 Lax 对为

8.2 达布变换法

$$\psi_{xy} + \frac{p}{2}\psi_x + \frac{v+u_y}{4}\psi = 0, \tag{8-51}$$

$$\psi_t + \psi_{xx} + u\psi_x = 0 \tag{8-52}$$

及其共轭

$$\psi_{xy}^* - \frac{p}{2}\psi_x^* + \frac{v-u_y}{4}\psi^* = 0, \tag{8-53}$$

$$\psi_t^* - \psi_{xx}^* + u\psi_x^* = 0. \tag{8-54}$$

可以定义两个奇性流形 ϕ 和 σ

$$\phi = \Delta(\psi, \psi^*), \tag{8-55}$$

$$\sigma = \Omega(\psi, \psi^*), \tag{8-56}$$

其中 $\Delta(\psi, \psi^*)$ 和 $\Omega(\psi, \psi^*)$ 是超定系统

$$[\Delta(\psi, \psi^*)]_x = \psi_x \psi^*, \tag{8-57}$$

$$[\Delta(\psi, \psi^*)]_y = \psi \psi_y^* - \frac{p}{2}\psi\psi^*, \tag{8-58}$$

$$[\Delta(\psi, \psi^*)]_t = \psi^* \psi_t + \psi_x \psi_x^*, \tag{8-59}$$

$$[\Omega(\psi, \psi^*)]_x = \psi \psi_x^*, \tag{8-60}$$

$$[\Omega(\psi, \psi^*)]_y = \psi^* \psi_y + \frac{p}{2}\psi\psi^*, \tag{8-61}$$

$$[\Omega(\psi, \psi^*)]_t = \psi \psi_t^* - \psi_x \psi_x^* \tag{8-62}$$

的解. 这里奇性流形的概念是建立在 Painlevé 测试的基础上, 就是说给定一个偏微分方程, 如果它能通过 Painlevé 测试, 那么一定存在一个流形 χ, 可以将偏微分方程的解展开成关于流形 χ 的罗朗级数的形式.

显然, 由方程 (8-57)~(8-62) 可以得到

$$\begin{aligned}&\{[\Delta(\psi,\psi^*)]_x\mathrm{d}x + [\Delta(\psi,\psi^*)]_y\mathrm{d}y + [\Delta(\psi,\psi^*)]_t\mathrm{d}t\}\\&+\{[\Omega(\psi,\psi^*)]_x\mathrm{d}x + [\Omega(\psi,\psi^*)]_y\mathrm{d}y + [\Omega(\psi,\psi^*)]_t\mathrm{d}t\}\\&=\{[\Delta(\psi,\psi^*)+\Omega(\psi,\psi^*)]_x\}\mathrm{d}x + \{[\Delta(\psi,\psi^*)+\Omega(\psi,\psi^*)]_y\}\mathrm{d}y\\&\quad+\{[\Delta(\psi,\psi^*)+\Omega(\psi,\psi^*)]_t\}\mathrm{d}t\\&=(\psi_x\psi^* + \psi\psi_x^*)\mathrm{d}x + (\psi_y\psi^* + \psi\psi_y^*)\mathrm{d}y + (\psi_t\psi^* + \psi\psi_t^*)\mathrm{d}t\\&=[(\psi\psi^*)_x]\mathrm{d}x + [(\psi\psi^*)_y]\mathrm{d}y + [(\psi\psi^*)_t]\mathrm{d}t.\end{aligned}$$

因此, $\Delta(\psi, \psi^*)$ 和 $\Omega(\psi, \psi^*)$ 之间有关系

$$\Delta(\psi, \psi^*) = \psi\psi^* - \Omega(\psi, \psi^*). \tag{8-63}$$

利用色散长波方程的 Lax 对和定义的奇性流形 ϕ 和 σ 以及 Lax 对的对应于 (u, p, v) 的解 (ψ_1, ψ_2) 和 (ψ_1^*, ψ_2^*)，可以直接证明新解 (u', p', v') 和新的波函数 (ψ', ψ'^*) 满足同样形式的 Lax 对

$$\psi'_{xy} + \frac{p'}{2}\psi'_x + \frac{v' + u'_y}{4}\psi' = 0, \tag{8-64}$$

$$\psi'_t + \psi'_{xx} + u'\psi'_x = 0, \tag{8-65}$$

$$\psi'^*_{xy} - \frac{p'}{2}\psi'^*_x + \frac{v' - u'_y}{4}\psi'^* = 0, \tag{8-66}$$

$$\psi'^*_t - \psi'^*_{xx} + u'\psi'^*_x = 0, \tag{8-67}$$

其中 (u', p', v') 和 (ψ', ψ'^*) 的表达式为

$$u' = u + 2\left[\ln\left(\frac{\phi}{\sigma}\right)\right]_x \equiv u + 2\left[\ln\left(\frac{\Delta(\psi_1, \psi_1^*)}{\Omega(\psi_1, \psi_1^*)}\right)\right]_x, \tag{8-68}$$

$$p' = p + 2\left[\ln\left(\frac{\phi}{\sigma}\right)\right]_y \equiv p + 2\left[\ln\left(\frac{\Delta(\psi_1, \psi_1^*)}{\Omega(\psi_1, \psi_1^*)}\right)\right]_y, \tag{8-69}$$

$$v' = v + 2\left[\ln\left(\phi\sigma\right)\right]_{xy} \equiv v + 2\left[\ln\left(\Delta(\psi_1, \psi_1^*)\Omega(\psi_1, \psi_1^*)\right)\right]_{xy}, \tag{8-70}$$

$$\psi' = \psi_2 - \psi_1 \frac{\Delta(\psi_2, \psi_1^*)}{\Delta(\psi_1, \psi_1^*)}, \tag{8-71}$$

$$\psi'^* = \psi_2^* - \psi_1^* \frac{\Omega(\psi_1, \psi_2^*)}{\Omega(\psi_1, \psi_1^*)}. \tag{8-72}$$

可以直接验证方程 (8-68)~(8-72) 是色散长波方程 (8-50) 的达布变换.

不同于其他的孤子求解方法，达布变换法可以认为是一个纯代数的迭代过程，就是在前一次变换的基础上，再对它进行新的变换就可得到更多的结果. 这也是达布变换法区别于其他求解方法的一个最大的优点.

在原有基础上继续定义新的奇性流形 ϕ' 和 σ'

$$\phi' = \Delta(\psi', \psi'^*),$$

$$\sigma' = \Omega(\psi', \psi'^*)$$

来构造色散长波方程的二次达布变换：

$$u[2] = u' + 2\left[\ln\left(\frac{\phi'}{\sigma'}\right)\right]_x = u + 2\left[\ln\left(\frac{\Theta[2]}{\Lambda[2]}\right)\right]_x, \tag{8-73}$$

$$p[2] = p' + 2\left[\ln\left(\frac{\phi'}{\sigma'}\right)\right]_y = p + 2\left[\ln\left(\frac{\Theta[2]}{\Lambda[2]}\right)\right]_y, \tag{8-74}$$

$$v[2] = v' + 2\left[\ln(\phi'\sigma')\right]_{xy} = v + 2\left[\ln(\Theta[2]\Lambda[2])\right]_{xy}, \tag{8-75}$$

其中 $\Theta[2]$ 和 $\Lambda[2]$ 分别为

$$\Theta[2] = \phi\phi' = \Delta(\psi_1, \psi_1^*)\Delta(\psi', \psi'^*), \tag{8-76}$$

$$\Lambda[2] = \sigma\sigma' = \Omega(\psi_1, \psi_1^*)\Omega(\psi', \psi'^*). \tag{8-77}$$

式 (8-76) 和 (8-77) 中依然含有新的波函数 ψ' 和 ψ'^*, 下面将其简化到都用两个 Lax 对的解来表示. 由于

$$\phi'_x = \psi'_x \psi'^*, \tag{8-78}$$

$$\phi'_y = \psi'\psi'^*_y - \frac{p'}{2}\psi'\psi'^*, \tag{8-79}$$

$$\phi'_t = \psi'^* \psi'_t + \psi'_x \psi'^*_x, \tag{8-80}$$

$$\sigma'_x = \psi' \psi'^*_x, \tag{8-81}$$

$$\sigma'_y = \psi'^* \psi'_y + \frac{p'}{2}\psi'\psi'^*, \tag{8-82}$$

$$\sigma'_t = \psi' \psi'^*_t - \psi'_x \psi'^*_x, \tag{8-83}$$

将上面六个式子积分且把变换式 (8-71) 和 (8-72) 代入, 得

$$\Theta[2] = \Delta(\psi_1, \psi_1^*)\Delta(\psi, \psi^*) + \Delta(\psi, \psi_1^*)[\Omega(\psi_1, \psi^*) - \psi_1\psi^*] \tag{8-84}$$

和

$$\Theta[2] = \Omega(\psi_1, \psi_1^*)\Omega(\psi, \psi^*) + \Omega(\psi, \psi_1^*)[\Delta(\psi_1, \psi^*) - \psi_1\psi^*]. \tag{8-85}$$

再利用关系式

$$\Delta(\psi_1, \psi^*) = \psi_1\psi^* - \Omega(\psi_1, \psi^*),$$

式 (8-84) 和 (8-85) 就化为

$$\Theta[2] = \Delta(\psi_1, \psi_1^*)\Delta(\psi, \psi^*) - \Delta(\psi, \psi_1^*)\Delta(\psi_1, \psi^*) \tag{8-86}$$

和

$$\Lambda[2] = \Omega(\psi_1, \psi_1^*)\Omega(\psi, \psi^*) - \Omega(\psi, \psi_1^*)\Omega(\psi_1, \psi^*). \tag{8-87}$$

至此, 用色散长波方程 Lax 对的两组解和达布变换构造得到了二次迭代的表达式, 这和构造 KdV 方程的达布变换非常相似. 已知 KdV 方程的 N 次达布变换表达式可以写成 Wronskian 行列式的简单形式, 类似地考虑色散长波方程的 N 次达布变

换是否有同样的结果. 因为色散长波方程需要用到两个 Lax 对, 所以构造三次迭代的达布变换比只有一个 Lax 对的系统要困难的多. 幸运地是, 利用奇性流形方法, 色散长波方程的 N 次达布变换表达式可以写成 Grammian 行列式的简单形式. 下面先给出三次达布变换的简单结果.

设 $(\psi_1, \psi_1^*), (\psi_2, \psi_2^*)$ 和 (ψ_3, ψ_3^*) 分别满足 Lax 对 (8-51)~(8-54), 同时引进记号

$$\Theta[3] = \begin{pmatrix} \Delta(\psi_1, \psi_1^*) & \Delta(\psi_1, \psi_2^*) & \Delta(\psi_1, \psi_3^*) \\ \Delta(\psi_2, \psi_1^*) & \Delta(\psi_2, \psi_2^*) & \Delta(\psi_2, \psi_3^*) \\ \Delta(\psi_3, \psi_1^*) & \Delta(\psi_3, \psi_2^*) & \Delta(\psi_3, \psi_3^*) \end{pmatrix} \tag{8-88}$$

和

$$\Lambda[3] = \begin{pmatrix} \Omega(\psi_1, \psi_1^*) & \Omega(\psi_1, \psi_2^*) & \Omega(\psi_1, \psi_3^*) \\ \Omega(\psi_2, \psi_1^*) & \Omega(\psi_2, \psi_2^*) & \Omega(\psi_2, \psi_3^*) \\ \Omega(\psi_3, \psi_1^*) & \Omega(\psi_3, \psi_2^*) & \Omega(\psi_3, \psi_3^*) \end{pmatrix}. \tag{8-89}$$

表达式 (8-88) 和 (8-89) 都可以用类似于二次达布变换法依次迭代得到具体的形式, 在此略去详细过程. 在引进矩阵记号的基础上, 色散长波方程的三次达布变换解 $(u[3], p[3], v[3])$ 可以简洁地表示为

$$u[3] = u + 2 \left[\ln \left(\frac{\det(\Theta[3])}{\det(\Lambda[3])} \right) \right]_x, \tag{8-90}$$

$$p[3] = p + 2 \left[\ln \left(\frac{\det(\Theta[3])}{\det(\Lambda[3])} \right) \right]_y, \tag{8-91}$$

$$v[3] = v + 2 \left\{ \ln \left[\det(\Theta[3]) \det(\Lambda[3]) \right] \right\}_{xy}. \tag{8-92}$$

在三次达布变换的基础上可以求得色散长波方程的 N 次达布变换的迭代表达式. 取定 Lax 系统 (8-51)~(8-54) 的 N 个解 (ψ_k, ψ_k^*) $(k = 1, 2, \cdots, N)$, 那么就可以得到 N 次达布变换表达式

$$u[N] = u + 2 \left[\ln \left(\frac{\det(\Theta[N])}{\det(\Lambda[N])} \right) \right]_x, \tag{8-93}$$

$$p[N] = p + 2 \left[\ln \left(\frac{\det(\Theta[N])}{\det(\Lambda[N])} \right) \right]_y, \tag{8-94}$$

$$v[N] = v + 2 \left\{ \ln \left[\det(\Theta[N]) \det(\Lambda[N]) \right] \right\}_{xy}, \tag{8-95}$$

其中

$$\Theta[N] = \begin{pmatrix} \Delta(\psi_1, \psi_1^*) & \Delta(\psi_1, \psi_2^*) & \cdots & \Delta(\psi_1, \psi_N^*) \\ \Delta(\psi_2, \psi_1^*) & \Delta(\psi_2, \psi_2^*) & \cdots & \Delta(\psi_2, \psi_N^*) \\ \vdots & \vdots & & \vdots \\ \Delta(\psi_N, \psi_1^*) & \Delta(\psi_N, \psi_2^*) & \cdots & \Delta(\psi_N, \psi_N^*) \end{pmatrix} \tag{8-96}$$

和
$$\Lambda[N] = \begin{pmatrix} \Omega(\psi_1,\psi_1^*) & \Omega(\psi_1,\psi_2^*) & \cdots & \Omega(\psi_1,\psi_N^*) \\ \Omega(\psi_2,\psi_1^*) & \Omega(\psi_2,\psi_2^*) & \cdots & \Omega(\psi_2,\psi_N^*) \\ \vdots & \vdots & & \vdots \\ \Omega(\psi_N,\psi_1^*) & \Omega(\psi_N,\psi_2^*) & \cdots & \Omega(\psi_N,\psi_N^*) \end{pmatrix}. \tag{8-97}$$

容易看出, 色散长波方程的 N 次达布变换表达式包含了 $4N$ 个变量分离函数. 通过适当选取 $4N$ 个变量分离函数可以构造色散长波方程的许多新的局域激发模式和新的孤波解. 另外, 通常选取零或者常数的平凡初值解来作达布变换的迭代, 但是选取简单的平凡解很难得到新孤波解. 如果在达布变换过程中引进分离变量法的结果, 即取非线性系统及其 Lax 对的初值解都包含变量分离函数, 然后通过达布变换的迭代过程就可得到含多个变量分离函数的解.

下面来看色散长波方程的具有任意边界的变量分离函数解为初值解情形下的达布变换解. 这个初值解具体为

$$v = p = 0, \quad u = u_0(x,t), \tag{8-98}$$

其中 $u_0(x,t)$ 是 $\{x,t\}$ 的任意函数. 将 (8-98) 代入 (8-51) 和 (8-53), 得波函数关于空间部分的一种变量分离解

$$\psi_1 = p_1 + q_1, \tag{8-99}$$
$$\psi_1^* = P_1 + Q_1, \tag{8-100}$$

其中 $p_1 = p_1(x,t), P_1 = P_1(x,t), q_1 = q_1(y,t), Q_1 = Q_1(y,t)$ 都是所示变量的函数. 考虑波函数的时间部分, 把 (8-99)~(8-100) 代入 (8-52) 和 (8-54), 得

$$p_{1t} + p_{1xx} + u_0 p_{1x} + q_{1t} = 0, \tag{8-101}$$
$$P_{1t} - P_{1xx} + u_0 P_{1x} + Q_{1t} = 0. \tag{8-102}$$

可见, 方程 (8-101)~(8-102) 成立当且仅当函数 $\{p_1,q_1,P_1,Q_1\}$ 满足变量分离方程

$$p_{1t} + p_{1xx} + u_0 p_{1x} + c_{1t} = 0, \tag{8-103}$$
$$P_{1t} - P_{1xx} + u_0 P_{1x} + C_{1t} = 0, \tag{8-104}$$
$$q_{1t} - c_{1t} = 0, \tag{8-105}$$
$$Q_{1t} - C_{1t} = 0, \tag{8-106}$$

其中 c_1 和 C_1 都是 t 的任意函数. 方程 (8-105) 和 (8-106) 可以直接积分求解, 得

$$q_1 = f_1 + c_1, \tag{8-107}$$
$$Q_1 = F_1 + C_1, \tag{8-108}$$

其中 f_1 和 F_1 都是 y 的任意函数. 把 (8-99), (8-100), (8-107) 和 (8-108) 代入 (8-57)~(8-62), 经积分和简化, 得

$$\begin{aligned}\Delta(\psi_1,\psi_1^*) &= \int p_{1x}(P_1+F_1+C_1)\mathrm{d}x + F_{1y}(p_1+f_1+c_1)\mathrm{d}y \\ &\quad + [(p_{1t}+c_{1t})(P_1+F_1+C_1)+p_{1x}P_{1x}]\mathrm{d}t, \\ &= p_1F_1+c_1F_1+C_1p_1+\alpha_{1,1}+a_{1,1},\end{aligned} \qquad (8\text{-}109)$$

$$\begin{aligned}\Omega(\psi_1,\psi_1^*) &= \int P_{1x}(p_1+f_1+c_1)\mathrm{d}x + f_{1y}(P_1+F_1+C_1)\mathrm{d}y \\ &\quad + [(P_{1t}+C_{1t})(p_1+f_1+c_1)-p_{1x}P_{1x}]\mathrm{d}t, \\ &= P_1f_1+C_1f_1+c_1P_1+\beta_{1,1}+b_{1,1},\end{aligned} \qquad (8\text{-}110)$$

以及

$$\alpha_{1,1} \equiv \int f_1 F_{1y}\mathrm{d}y + \int P_1 p_{1x}\mathrm{d}x + \int C_1 c_{1t}\mathrm{d}t, \qquad (8\text{-}111)$$

$$\beta_{1,1} \equiv \int F_1 f_{1y}\mathrm{d}y + \int p_1 P_{1x}\mathrm{d}x + \int c_1 C_{1t}\mathrm{d}t, \qquad (8\text{-}112)$$

其中 $a_{1,1}, b_{1,1}$ 是积分常数.

有了上述准备工作, 一次达布变换 (8-68)~(8-70) 就给出了一个新解

$$\begin{aligned}u' = u_0 &+ \frac{2p_{1x}(P_1+F_1+C_1)}{p_1F_1+c_1F_1+C_1p_1+\alpha_{1,1}+a_{1,1}} \\ &- \frac{2P_{1x}(p_1+f_1+c_1)}{P_1f_1+C_2f_1+c_1P_1+\beta_{1,1}+b_{1,1}},\end{aligned} \qquad (8\text{-}113)$$

$$\begin{aligned}v' &= \frac{2p_{1x}F_{1y}(\alpha_{1,1}-P_1(p_1+f_1+c_1)-f_1(F_1+C_1)-c_1C_1)}{(p_1F_1+c_1F_1+C_1p_1+\alpha_{1,1}+a_{1,1})^2} \\ &\quad + \frac{2P_{1x}f_{1y}(\beta_{1,1}-p_1(P_1+F_1+C_1)-F_1(f_1+c_1)-c_1C_1)}{(P_1f_1+C_1f_1+c_1P_1+\beta_{1,1}+b_{1,1})^2},\end{aligned} \qquad (8\text{-}114)$$

其中关于 $\{x,t\}$ 的三个函数 $\{u_0,p_1,P_1\}$ 由两个方程 (8-103) 和 (8-104) 决定.

可见, 长波色散方程的多线性分离变量解仅是一次达布变换解 (8-113)~(8-114) 的一种特殊取法. 如果令 $P_1=f_1=0, c_1, C_1$ 为常数, 那么解 (8-114) 的第一项就是多线性分离变量法的普适公式 (4-441), 而第二项自动消失. 同样地, 取 $p_1=F_1=0, c_1, C_1$ 是常数, 解 (8-114) 的第一项自动为零, 而第二项就是普适公式 (4-441). 由此可以看出, 运用不同的方法和手段可以得到同样的结果, 正是所谓的 "殊途同归".

类似地, 做色散长波方程的 N 次达布变换, 得

$$\begin{aligned}\Delta(\psi_i,\psi_j^*) =& \int p_{ix}(P_j+F_j+C_j)\mathrm{d}x + F_{jy}(p_i+f_i+c_i)\mathrm{d}y \\ & + [(p_{it}+c_{it})(P_j+F_j+C_j)+p_{ix}P_{jx}]\mathrm{d}t, \\ =& p_iF_j+c_iF_j+p_iC_j+\alpha_{i,j}+a_{i,j},\end{aligned} \qquad (8\text{-}115)$$

$$\begin{aligned}\Omega(\psi_i,\psi_j^*) =& \int P_{jx}(p_i+f_i+c_i)\mathrm{d}x + f_{iy}(P_j+F_j+C_j)\mathrm{d}y \\ & + [(P_{jt}+C_{jt})(p_i+f_i+c_i)-p_{ix}P_{jx}]\mathrm{d}t, \\ =& f_iP_j+f_iC_j+c_iP_j+\beta_{i,j}+b_{i,j},\end{aligned} \qquad (8\text{-}116)$$

以及

$$\alpha_{i,j} \equiv \int f_iF_{jy}\mathrm{d}y + \int P_jp_{ix}\mathrm{d}x + \int C_jc_{it}\mathrm{d}t, \qquad (8\text{-}117)$$

$$\beta_{i,j} \equiv \int F_jf_{iy}\mathrm{d}y + \int p_iP_{jx}\mathrm{d}x + \int c_iC_{jt}\mathrm{d}t, \qquad (8\text{-}118)$$

其中 $\{a_{i,j},b_{i,j}\}$ 是积分常数, $\{f_i,F_j\ (i,j=1,2,\cdots,N)\}$ 是 y 的任意函数, $\{c_i,C_j\ (i,j=1,2,\cdots,N)\}$ 是 t 的任意函数, 而关于 $\{x,t\}$ 的任意函数 $\{u_0,p_i,P_j\ (i,j=1,2,\cdots,N)\}$ 由方程组

$$p_{it}+p_{ixx}+u_0p_{ix}+c_{it}=0, \qquad (8\text{-}119)$$

$$P_{jt}-P_{jxx}+u_0P_{jx}+C_{jt}=0 \qquad (8\text{-}120)$$

决定. 所以, 色散长波方程的 N 次达布变换就由方程 (8-93)~(8-95) 以及方程 (8-115)~(8-116) 给出.

注意, 色散长波方程的 N 次达布变换的变量分离解中包含了任意多个变量分离函数, 这些函数的引入不需要先验的假设而是随着达布变换迭代次数的增加而增加的, 这与多线性分离变量法和一般多线性分离变量法有很大的不同.

8.2.3 2+1 维非对称 NNV 方程的达布变换的分离变量解

2+1 维非对称 NNV(ANNV) 方程

$$\begin{aligned} & u_t + u_{xxx} - 3v_xu - 3vu_x = 0, \\ & u_x = v_y \end{aligned} \qquad (8\text{-}121)$$

可以看成是线性系统 (或者说 ANNV 的弱 Lax 对)

$$\Phi_{xy} - u\Phi = 0, \qquad (8\text{-}122)$$

$$\Phi_t = -\Phi_{xxx} + 3v\Phi_x \qquad (8\text{-}123)$$

的可积条件[18]. ANNV 系统有简单特解

$$u = 0, \qquad v = v_0(x,t), \tag{8-124}$$

其中 v_0 是 $\{x,t\}$ 的任意函数. 为了在初值解 (8-124) 下用达布变换来构造 ANNV 方程的新解, 重要的一步是如何求 Lax 对 (8-122)~(8-123) 的满足初值 (8-124) 的种子解. 将 (8-124) 代入方程 (8-122), 得到波函数的一个分离变量解

$$\Phi_0 = p + q, \tag{8-125}$$

其中 $p = p(x,t)$ 和 $q = q(y,t)$ 是所示变量的函数. 把 (8-124) 和 (8-125) 代入 (8-123), 得

$$p_t + q_t = -p_{xxx} + 3v_0 p_x. \tag{8-126}$$

方程 (8-126) 可解当且仅当任意函数 p 和 q 分别满足变量分离方程

$$p_t = -p_{xxx} + 3v_0 p_x - c_t(t) \tag{8-127}$$

和

$$q_t = c_t(t), \tag{8-128}$$

其中 c 是 t 的任意函数.

对于一般给定的函数 v_0, 方程 (8-127) 仍然很难求解. 反之却很容易, 即从 (8-127) 解出

$$v_0 = (3p_x)^{-1}(p_t + p_{xxx} + c_t). \tag{8-129}$$

方程 (8-128) 的一般解为

$$q = F + c, \tag{8-130}$$

其中 F 是 y 的任意函数.

至此, 对于给定的种子解 (8-124) 和 (8-129), Lax 对 (8-122)~(8-123) 的解由方程 (8-125) 和 (8-130) 给出.

由于 Lax 对 (8-122)~(8-123) 不显含谱参数, 需考虑构造 ANNV 系统的二元达布变换, 要求满足初值解 (8-124)~(8-125) 和 (8-130).

引进闭 1 形式

$$\begin{aligned}\omega(\Phi, \Phi_0) =& (\Phi\Phi_{0x} - \Phi_0\Phi_x)dx - (\Phi\Phi_{0y} - \Phi_0\Phi_y)dy + \{3v(\Phi_{0x}\Phi - \Phi_x\Phi_0) \\ & + 2\Phi_x\Phi_{0xx} - 2\Phi_{xx}\Phi_{0x} + \Phi_0\Phi_{xxx} - \Phi\Phi_{0xxx}\}dt,\end{aligned} \tag{8-131}$$

这里闭 1 形式的确定是关键步骤. 采用的方法是借助已有文献中的结果, 先假定 1 形式为

$$\omega(\Phi, \Phi_0) = (\Phi\Phi_{0x} - \Phi_0\Phi_x)dx - (\Phi\Phi_{0y} - \Phi_0\Phi_y)dy + A(x,y,t)dt,$$

然后代入 ANNV 系统 (8-121) 确定待定函数 $A(\Phi_0,\Phi,x,y,t)$ 需要满足的条件为

$$A(\Phi_0,\Phi,x,y,t) = 3v(\Phi_{0x}\Phi - \Phi_x\Phi_0) + 2\Phi_x\Phi_{0xx} - 2\Phi_{xx}\Phi_{0x} + \Phi_0\Phi_{xxx} - \Phi\Phi_{0xxx}.$$

利用闭 1 形式 (8-131), 很容易证明 Lax 对 (8-122)~(8-123) 在新的波函数 $\Phi[1]$ 和新的场量 $u[1]$ 和 $v[1]$ 下保持不变. 波函数的变换为

$$\Phi \to \Phi[1] = \Phi_0^{-1}\int \omega, \tag{8-132}$$

相应的场量变换为

$$u \to u[1] = -2(\ln \Phi_0)_{xy} = \frac{2p_x q_y}{(p+q)^2}, \tag{8-133}$$

$$v \to v[1] = v_0 - 2(\ln \Phi_0)_{xx} = v_0 - \frac{2p_{xx}}{p+q} + \frac{p_x^2}{(p+q)^2}. \tag{8-134}$$

从 (8-133)~(8-134) 可以看出, 一次二元达布变换的结果 $u[1]$ 和 $v[1]$ 只是普适公式 (4-441) 的一种特殊情形.

利用达布变换的迭代性, 在一次达布变换的基础上构造二次达布变换. 取 Lax 对 (8-122) 和 (8-123) 的两个变量分离解 Φ_1 和 Φ_2 为

$$\Phi_1 = p_1(x,t) + q_1(y,t), \qquad \Phi_2 = p_2(x,t) + q_2(y,t), \tag{8-135}$$

那么, ANNV 系统的二次达布变换为

$$\Phi[2] \equiv \Omega_{12} = \int \omega(\Phi_1,\Phi_2) \tag{8-136}$$

和

$$u[2] = -2\left(\ln \int \omega(\Phi_1,\Phi_2)\right)_{xy}, \tag{8-137}$$

$$v[2] = v_0 - 2\left(\ln \int \omega(\Phi_1,\Phi_2)\right)_{xx}. \tag{8-138}$$

三个函数 p_1, p_2 和 v_0 需要满足两个限制方程

$$p_{1t} = -p_{1xxx} + 3v_0 p_{1x} - c_{1t}, \tag{8-139}$$

$$p_{2t} = -p_{2xxx} + 3v_0 p_{2x} - c_{2t}. \tag{8-140}$$

函数 q_1 和 q_2 满足方程

$$q_1 = F_1 + c_1, \tag{8-141}$$

$$q_2 = F_2 + c_2, \tag{8-142}$$

其中 $F_1 \equiv F_1(y), F_2 \equiv F_2(y), c_1 \equiv c_1(t)$ 和 $c_2 \equiv c_2(t)$ 是所示变量的任意函数. 利用 (8-139)~(8-142), 1 形式 (8-136) 可以直接积分得

$$\Omega_{12} = \int \omega(\Phi_1, \Phi_2)$$

$$= c_{12} + c_1 F_2 + 2f_{12} + 2P_{12} + (c_2 + F_2)p_1 - (c_2 + F_2)\frac{f_{12y}}{F_{2y}}$$

$$- \left[\frac{f_{12y}}{F_{2y}} + (c_1 + p_1)\right]\frac{P_{12x}}{p_{1x}}$$

$$= -\Phi_1\Phi_2 + 2(p_1 + c_1)(F_2 + c_2) + 2P_{12} + 2f_{12} + c_{12}, \tag{8-143}$$

其中 c_{12} 是 t 的任意函数, P_{12} 和 f_{12} 被定义为

$$P_{12x} = p_2 p_{1x}, \qquad f_{12y} = F_1 F_{2y}, \tag{8-144}$$

函数 Φ_1 和 Φ_2 为

$$\Phi_1 = p_1 + F_1 + c_1, \qquad \Phi_2 = p_2 + F_2 + c_2. \tag{8-145}$$

将 (8-143) 代入 (8-137) 和 (8-138) 得到二次达布变换解 $u[2]$ 和 $v[2]$ 的具体表达式

$$u[2] = 2\frac{(\Phi_2\Phi_{1x} - \Phi_1\Phi_{2x})(\Phi_1\Phi_{2y} - \Phi_2\Phi_{1y})}{(-\Phi_1\Phi_2 + 2(p_1 + c_1)(F_2 + c_2) + 2P_{12} + 2f_{12} + c_{12})^2}$$

$$- 2\frac{\Phi_{2y}\Phi_{1x} - \Phi_{1y}\Phi_{2x}}{-\Phi_1\Phi_2 + 2(p_1 + c_1)(F_2 + c_2) + 2P_{12} + 2f_{12} + c_{12}}, \tag{8-146}$$

$$v[2] = v_0 + \frac{2(\Phi_2\Phi_{1x} - \Phi_1\Phi_{2x})^2}{(-\Phi_1\Phi_2 + 2(p_1 + c_1)(F_2 + c_2) + 2P_{12} + 2f_{12} + c_{12})^2}$$

$$- \frac{2(\Phi_2\Phi_{1xx} - \Phi_1\Phi_{2xx})}{-\Phi_1\Phi_2 + 2(p_1 + c_1)(F_2 + c_2) + 2P_{12} + 2f_{12} + c_{12}}. \tag{8-147}$$

在 (8-146) 和 (8-147) 中, 视 $p_1 = p_1(x,t)$ 为任意函数, 则由 (8-127) 求得

$$v_0 = (3p_{1x})^{-1}(p_{1t} + p_{1xxx} + c_{1t}), \tag{8-148}$$

函数 P_{12} 和 p_1 有下面的关系

$$-2P_{12x}[p_{1x}(p_{1t} + p_{1xxx} + c_{1t}) - 3p_{1xx}^2] - 3P_{12xx}(p_{1x}^2)_x$$
$$+2p_{1x}^2[(P_{12t} + P_{12xxx}) + c_{2t}(c_1 + p_1) + c_{12t}] = 0. \tag{8-149}$$

直接将解 $u = u[2], v = v[2]$, (8-145)~(8-149) 代入 ANNV 方程 (8-121) 即可验证结果是正确的. 对应于不同的初值 $v_0 = 0$, 文献 [69] 研究了 ANNV 系统相应的一次和二次达布变换的情形.

如果取
$$p_1 = 0, \ q_2 = F_2 + c_2 = 0, \tag{8-150}$$

$$p_2 = \frac{a_2}{\beta_0(a_3p + a_2)}, \tag{8-151}$$

$$q_1 = \frac{(a_0a_3 - a_1a_2)\beta_1}{a_2(a_1 + a_3q)}, \tag{8-152}$$

$$c_{12} = \frac{\beta_1}{\beta_0} \tag{8-153}$$

和
$$v_0 \longrightarrow v_0 - 2[\ln(a_2 + a_3p)]_{xx}, \tag{8-154}$$

其中 β_0, β_1 是 t 的任意函数,那么二次达布变换解 (8-146) 和 (8-147) 就化为了多线性分离变量解[165, 224]

$$u = U, \tag{8-155}$$

$$v = v_0 + \frac{2(a_1 + a_3q)^2 p_x^2}{(a_0 + a_1p + a_2q + a_3pq)^2} - \frac{2(a_1 + a_3q)p_{xx}}{(a_0 + a_1p + a_2q + a_3pq)}, \tag{8-156}$$

其中 $p \equiv p(x,t)$ 是 $\{x,t\}$ 的任意函数,

$$v_0 = -(3p_x)^{-1}[-p_t - p_{xxx} + b_1a_0 + (a_1b_1 + a_2b_0 + b_2a_0)p$$
$$+ (a_1b_2 + a_3b_0)p^2], \tag{8-157}$$

函数 q 满足 Riccati 方程

$$-q_t + b_0a_0 + (a_1b_1 + a_2b_0 - b_2a_0)q - (a_2b_2 - a_3b_1)q^2 = 0, \tag{8-158}$$

而函数 $b_0, b_1, b_2, \beta_0, \beta_1$ 与 c_1 有以下的关系

$$b_0 = \frac{a_1}{a_0a_3\beta_1}\left(\beta_{1t} + \frac{a_1a_2c_{1t}}{a_0a_3 - a_1a_2}\right), \tag{8-159}$$

$$b_1 = \frac{a_1a_2(a_0a_1^2 + a_1a_2a_3 - 2a_0a_3^2)c_{1t}}{a_0a_3\beta_1(a_0a_3 - a_1a_2)^2}$$
$$+ \frac{(a_0a_1^2 + a_1a_2a_3 - a_0a_3^2)\beta_{1t}}{a_0a_3\beta_1(a_0a_3 - a_1a_2)}, \tag{8-160}$$

$$b_2 = \frac{a_1a_2(a_1a_0^2 - 2a_0a_2a_3 + a_1a_2^2)c_{1t}}{a_0a_3\beta_1(a_0a_3 - a_1a_2)^2}$$
$$+ \frac{(a_0^2a_1 - a_0a_2a_3 + a_1a_2^2)\beta_{1t}}{a_0a_3\beta_1(a_0a_3 - a_1a_2)}. \tag{8-161}$$

可见, 从两种求解方法 — 分离变量法和达布变换法 — 出发可以得到 ANNV 方程的两种不同形式的解, 但是变量分离函数和常数的适当选择可以统一这两种不同形式的解. 必须强调指出的是, 达布变换可以在解里引进更多的变量分离函数. 如, 普适公式 (4-441) 只有两个变量分离函数, 而二次达布变换解 (4-441) 就有四个变量分离函数. 另外, 对于线性系统, 线性叠加原理成立, 即, 通过线性叠加任意多的分离变量函数可以包含到新解中. 但是, 在非线性系统中, 这一原理不再成立, 即非线性系统的两个已知解线性叠加不能给出第三个解, 因此就需要考虑是否有其他的方法可以避开这个不可叠加的问题, 在已知解的基础上可以构造出新解, 达布变换法提供了很好的途径. 下面就简洁地给出 ANNV 系统的三次和四次达布变换解的表达式

$$u[3] = -2[\ln(\Phi_1\Omega_{23} + \Phi_2\Omega_{31} + \Phi_3\Omega_{12})]_{xy}, \tag{8-162}$$

$$v[3] = v_0 - 2[\ln(\Phi_1\Omega_{23} + \Phi_2\Omega_{31} + \Phi_3\Omega_{12})]_{xx} \tag{8-163}$$

和

$$u[4] = -2[\ln(\Omega_{12}\Omega_{34} - \Omega_{13}\Omega_{24} + \Omega_{14}\Omega_{23})]_{xy}, \tag{8-164}$$

$$v[4] = -2[\ln(\Omega_{12}\Omega_{34} - \Omega_{13}\Omega_{24} + \Omega_{14}\Omega_{23})]_{xx}, \tag{8-165}$$

其中 Ω_{ij} 和 Φ_i 分别满足

$$\Omega_{ij} = -\Phi_i\Phi_j + 2(p_i + c_i)(F_j + c_j) + 2P_{ij} + 2f_{ij} + c_{ij}, \tag{8-166}$$

$$\Phi_i = p_i + F_i + c_i, \qquad P_{ijx} = p_j p_{ix}, \qquad f_{ijy} = F_i F_{jy}, \tag{8-167}$$

以及

$$p_{it} = -p_{ixxx} + 3v_0 p_{ix} - c_{it}, \tag{8-168}$$

$c_i \equiv c_i(t), c_{ij} \equiv c_{ij}(t), F_i \equiv F_i(y)$ 都是任意函数.

引进同样的记号 (8-166)~(8-168), ANNV 系统的 N 次的达布变换解为

$$u[N] = -2[\ln(P(\Phi_1, \Phi_2, \cdots, \Phi_N)]_{xy}, \tag{8-169}$$

$$v[N] = v_0 - 2[\ln(P(\Phi_1, \Phi_2, \cdots, \Phi_N)]_{xx}, \tag{8-170}$$

其中 $P(\Phi_1, \Phi_2, \cdots, \Phi_N)$ 是 Pfaffian 行列式

$$P(\Phi_1, \Phi_2, \cdots, \Phi_N) = \begin{cases} Pf(\Phi_1, \Phi_2, \cdots, \Phi_N), & N \text{ 为偶数}, \\ \widetilde{Pf}(\Phi_1, \Phi_2, \cdots, \Phi_N), & N \text{ 为奇数}, \end{cases} \tag{8-171}$$

$$Pf(\Phi_1, \Phi_2, \cdots, \Phi_N) = \sum_\sigma \varepsilon(\sigma)\Omega_{\sigma_1\sigma_2}\cdots\Omega_{\sigma_{N-1}\sigma_N}, \tag{8-172}$$

$$\widetilde{Pf}(\Phi_1, \Phi_2, \cdots, \Phi_N) = \sum_\sigma \varepsilon(\sigma)\Omega_{\sigma_1\sigma_2}\cdots\Omega_{\sigma_{N-2}\sigma_{N-1}}\Phi_{\sigma_N}. \tag{8-173}$$

表达式 (8-172) 和 (8-173) 中的和式 σ 取遍 $\{1, 2, \cdots, N\}$ 的所有的排列,

$$\sigma_1 < \sigma_2, \ \sigma_3 < \sigma_4, \ \sigma_5 < \sigma_6, \ \cdots$$

和

$$\sigma_1 < \sigma_3 < \sigma_5 < \sigma_7 < \cdots,$$

其中对所有的偶排列有 $\varepsilon(\sigma) = 1$, 对所有的奇排列有 $\varepsilon(\sigma) = -1$.

所以, 借助于达布变换和分离变量法, 我们得到了 2+1 维 ANNV 系统 (8-121) 的用 Pfaffian 行列式表示的含有任意多个变量分离函数的分离变量解. 发现用多线性分离变量法得到的结果只是二次达布变换的一种特殊形式. 分离变量法求解不同的模型需要有不同的先验假设, 需要一定的技巧和猜想, 而在构造达布变换的过程中, 只是一个系统的迭代过程.

8.3 Painlevé 分析法

目前, 已经有许多方法可以用来研究非线性偏微分方程的可积性. 其中, Weiss、Tabor 和 Carnevale(WTC) 发展的 Painlevé 分析法是最有效的方法之一, 通常被称为 WTC 方法. 把 WTC 方法应用到非线性偏微分方程不仅可以得到诸如 Painlevé 性质、Lax 对、双线性型、Bäcklund 变换等性质, 还可以得到可积和不可积模型的严格解.

后来, Conte 针对 WTC 方法提出了另外一套公式, 我们称之为 Conte 展开法. 该方法在做展开时使得新的展开函数前面的系数在 Möbius 变换下保持不变, 而展开函数与 WTC 方法中的展开函数之间有一定的联系, 因此实际上这两种展开是等价的. 根据 Conte 的分析, 可以获得一种特殊的类似简化, 这也可以通过 CK(Clarkson & Kruskal) 直接法或所谓的非经典李群法得到.

之后, Pickering 提出了一个基于 Conte 展开法的非标准截断方法, 我们称之为 Pickering 的非标准截断展开法. 如果一个原始非线性模型在 WTC 展开法中是多枝的, 那么利用 Pickering 的非标准截断展开法可以得到一些新的非平凡严格解, 是前两种展开方法无法得到的结果.

类似 Conte 的考虑, 奇性流形的任意性允许我们放宽 Conte 展开法中对展开函数的两个约束方程, 这样可以得到一些其他类型的展开式来研究 Painlevé 性质, 我们称之为推广的 Painlevé 展开法. 或许, 推广的展开式会导致 Painlevé 分析的复杂化, 但是对于寻找不同的新严格解还是非常有用的. 此外, Pickering 的观点是: 非标准截断展开只会使那些在 WTC 分析中有多枝的方程产生新的非平凡解. 我们希望, 当使用推广的 Painlevé 展开做非标准截断后, 不论方程是单枝还是多枝的, 都可以得到新的严格解.

下面, 以 Burgers 方程为例, 用三种方法, WTC 方法、Conte 展开法和推广的 Painlevé展开法, 分别计算看它是否能通过 Painlevé 测试, 然后介绍怎样使用非标准截断方法求解.

8.3.1 Burgers 方程的 Painlevé 测试

Burgers 方程

$$u_t - 2uu_x + u_{xx} = 0 \tag{8-174}$$

是最简单的可积模型之一. 以下三小节分别用 WTC 方法、Conte 展开法和推广的 Painlevé展开法来看 Burgers 方程是否能通过 Painlevé测试.

1. WTC 方法验证

对一个给定的非线性偏微分方程

$$F(t, x_1, x_2, \cdots, x_n, u, u_{x_i}, u_{x_{ij}}, \cdots) \equiv F(u), \tag{8-175}$$

WTC 方法采用的展开式为

$$u = \phi^\alpha \sum_{j=0}^{\infty} u_j \phi^j, \tag{8-176}$$

其中 $\phi \equiv \phi(x_1, x_2, \cdots, x_n, t) = 0$ 是一个任意奇异流形.

把 (8-176) 代入 Burgers 方程 (8-174), 由领头项分析 (即平衡色散项 u_{xx} 和非线性项 $-2uu_x$) 得

$$\alpha = -1, \qquad u_0 = -\phi_x. \tag{8-177}$$

接下来需要确定共振点. 把 (8-176) 和 (8-177) 一并代入 Burgers 方程后, 可以得到递推关系式

$$(j+1)(j-2)u_j = f_j(u_k, k < j) \equiv f_j \tag{8-178}$$

确定其他展开系数 u_j, 其中 f_j 是 $u_0, u_1, \cdots, j_{j-1}$ 的一个复杂函数. 可见, 共振发生在 $j = -1, 2$ 处.

得到共振点后就需要验证共振点处共振条件是否满足, 即 (8-178) 在共振点处是否恒成立. 共振点 $j = -1$ 正对应于任意展开函数 ϕ, 因此此处的共振条件自动满足. 要验证 $j = 2$ 处的共振条件, 我们先写出 $j = 1$ 和 $j = 2$ 所对应的具体方程, 它们分别为

$$2u_0 u_1 \phi_x - u_0 \phi_{xx} - u_0 \phi_t - 2u_{0x}\phi_x - 2u_{0x}u_0 = 0 \tag{8-179}$$

和

$$2u_{1x}u_0 + 2u_{0x}u_1 - u_{0t} - u_{0xx} = 0. \tag{8-180}$$

把 $u_0 = -\phi_x$ 代入 (8-179) 得

$$u_1 = \frac{\phi_t + \phi_{xx}}{2\phi_x}, \tag{8-181}$$

再把 u_0 和 u_1 的解代入 (8-180) 恒成立. 这就意味着 $j = 2$ 处的共振条件满足. 所以, Burgers 方程 (8-174) 能够通过 Painlevé 测试.

2. Conte 展开法验证

基于展开函数 ϕ 的任意性, Conte 选择 ($x_1 \equiv x$)

$$\chi \equiv \left(\frac{\phi_x}{\phi} - \frac{\phi_{xx}}{2\phi_x}\right)^{-1} \tag{8-182}$$

作为一个新的展开函数, 得到一新的展开式

$$u = \chi^\alpha \sum_{j=0}^{\infty} u_j \chi^j \tag{8-183}$$

且展开系数 u_j 在 Möbius 变换

$$\phi \longrightarrow \frac{a\phi + b}{c\phi + d} \quad (ad \neq cb) \tag{8-184}$$

下不变.

对 (8-182) 分别求 x 和 t 的偏导可以得到两个等式

$$\chi_x = 1 + \frac{1}{2}S\chi^2, \tag{8-185}$$

$$\chi_t = -C + C_x\chi - \frac{1}{2}(C_{xx} + CS)\chi^2, \tag{8-186}$$

其中

$$S \equiv \frac{\phi_{xxx}}{\phi_x} - \frac{3}{2}\left(\frac{\phi_{xx}}{\phi_x}\right)^2, \qquad C \equiv -\frac{\phi_t}{\phi_x}$$

都是 Möbius 变换不变量. (8-185) 和 (8-186) 的相容性条件 (交叉求导) 是

$$S_t + C_{xxx} + 2C_xS + CS_x = 0. \tag{8-187}$$

与 WTC 方法类似, 先要把展开式 (8-183) 和 (8-185)~(8-186) 代入方程 (8-174) 确定领头项, 计算后得

$$\alpha = -1, \quad u_0 = -1. \tag{8-188}$$

再把展开式 (8-183) 和 (8-185)~(8-186), (8-188) 代入 Burgers 方程 (8-174) 得到展开系数 u_j 满足的方程

$$(j+1)(j-2)u_j = F_j(u_k, k<j) \equiv F_j, \tag{8-189}$$

其中 F_j 是关于 $u_0, u_1, \cdots, u_{j-1}$ 的复杂函数. 显然, Conte 展开法得到的共振点也是 $j=-1, 2$. 同样, $j=-1$ 处的共振条件满足因为它正对应着展开函数 χ 的任意性. 类似地, 分别写出 $j=1$ 和 $j=2$ 处的方程

$$u_0 C - 2u_{0x}u_0 - 2u_{0x} + 2u_0 u_1 = 0, \tag{8-190}$$

$$u_0^2 S + u_{0t} - 2u_{1x}u_0 + u_{0xx} + u_0 S - u_0 C_x - 2u_{0x}u_1 = 0. \tag{8-191}$$

把 $u_0 = -1$ 代入 (8-190) 得

$$u_1 = -\frac{C}{2}, \tag{8-192}$$

再把 u_0 和 u_1 的解代入 (8-191) 恒成立, 因此 $j=2$ 处的共振条件满足.

至此用 conte 展开法也证明了 Burgers 方程 (8-174) 可通过 Painlevé 测试.

3. 推广的 Painlevé 展开法验证

现在以一种非传统的方式考虑 (8-183) 和 (8-185)~(8-187). 任意的展开函数 ϕ 变成了 χ, 虽然 χ 要满足 (8-185) 和 (8-186), 但是展开函数的任意性保持不变, 因为方程 (8-185) 和 (8-186) 中的两个函数 S 和 C 之间实际上只存在一个约束 (8-187). 从这一点看, 可以任意选择一个函数作为新的展开变量, 只要它需要满足的方程组中存在的其他函数之间的约束关系个数少于函数个数. 例如, 选择 ξ 作为一个新的展开变量, 它与 $2N+2$ 个函数 S_i 和 Y_i 相关, 即

$$\xi_x = \sum_{j=0}^{N} S_j \xi^j, \tag{8-193}$$

$$\xi_t = \sum_{j=0}^{N} Y_j \xi^j. \tag{8-194}$$

容易看出只有 $2N-1$ 个约束

$$S_{nt} - Y_{nx} + \sum_{j=0}^{n+1} j(S_j Y_{n+1-j} - Y_j S_{n+1-j}) = 0, \quad n = 0, 1, \cdots, N, \tag{8-195}$$

$$\sum_{j=n+1-N}^{N} j(S_j Y_{n+1-j} - Y_j S_{n+1-j}) = 0, \quad n = N+1, N+2, \cdots, 2N-2 \tag{8-196}$$

8.3 Painlevé 分析法

存在于 $2N+2$ 个函数中. 这意味着 (8-193) 和 (8-194) 中至少有 3 个任意函数, 所以新展开函数 ξ 的任意性仍存在.

然而, 在一般情况下, 这个新的展开函数 ξ 与 WTC 方法中的展开函数 ϕ 之间的关系是不明显的, 除了在某些特殊的情况下, 比如 Conte 展开法. 显然, 我们提出的这种推广的 Painlevé 展开法对于简化 Painlevé 测试的过程用处不大. 但是, 使用这一新的展开式做不同的截断后, 能够得到一些新的严格解.

现在用新的展开函数 ξ 进行如下展开

$$u = \xi^\alpha \sum_{j=0}^{\infty} u_j \xi^j. \tag{8-197}$$

展开函数 ξ 需要满足的方程对, 更明确起见, 只考虑 (8-193)~(8-194) 中 $N=3$ 的情况. 因此有

$$\xi_x = S_0 + S_1 \xi + S_2 \xi^2 + S_3 \xi^3, \tag{8-198}$$

$$\xi_t = Y_0 + Y_1 \xi + Y_2 \xi^2 + Y_3 \xi^3, \tag{8-199}$$

其中函数 S_i 和 Y_i $(i=1,2,3)$ 之间满足的约束方程为

$$S_2 Y_3 - S_3 Y_2 = 0, \tag{8-200}$$

$$S_{3t} - Y_{3x} + 2S_3 Y_1 - 2S_1 Y_3 = 0, \tag{8-201}$$

$$S_{2t} - Y_{2x} - S_1 Y_2 + S_2 Y_1 - 3Y_3 S_0 + 3S_3 Y_0 = 0, \tag{8-202}$$

$$S_{1t} - Y_{1x} + 2S_2 Y_0 - 2Y_2 S_0 = 0, \tag{8-203}$$

$$S_{0t} - Y_{0x} - Y_1 S_0 + S_1 Y_0 = 0. \tag{8-204}$$

显然, 8 个函数 $S_0, S_1, S_2, S_3, Y_0, Y_1, Y_2, Y_3$ 只有 5 个约束, 所以新展开函数 ξ 还是任意的.

把 (8-197) 和 (8-198)~(8-199) 代入 Burgers 方程 (8-174), 由领头项分析易得

$$\alpha = -1, \quad u_0 = -S_0. \tag{8-205}$$

通过进一步计算可知, 其他系数 u_j 由

$$(j+1)(j-2)u_j = f_j(u_k,\ k=0,1,2,\cdots,j-1) \equiv f_j \tag{8-206}$$

给定, 其中 f_j 是关于 $u_0, u_1, u_2, \cdots, u_{j-1}$ 的一个复杂函数. 从 (8-206) 可知共振发生在 $j=-1, 2$ 处. 同样, $j=-1$ 处的共振条件满足, 因为它与展开函数 ξ 的任意性相一致.

为了验证 $j=2$ 处的共振条件是否满足，需要写出 $j=1$ 和 $j=2$ 分别对应的方程

$$2u_0^2 S_1 + 2u_0 u_1 S_0 - 2u_{0x}(u_0 + S_0) + u_0(3S_0 S_1 - S_{0x} - Y_0) = 0, \tag{8-207}$$

$$u_{0xx} + u_{0t} - 2u_{0x} S_1 + u_0(S_1^2 - S_{1x} + 2S_0 S_2 - Y_1 + 2u_1 S_1)$$
$$+2u_0^2 S_2 - 2u_0 u_{1x} - 2u_{0x} u_1 = 0. \tag{8-208}$$

把 $u_0 = -S_0$ 代入 (8-207)，得

$$u_1 = \frac{1}{2} S_0 (S_{0x} - S_0 S_1 + Y_0). \tag{8-209}$$

再把 u_0 和 u_1 的解代入方程 (8-208) 得

$$S_{0t} - Y_{0x} - Y_1 S_0 + S_1 Y_0 = 0. \tag{8-210}$$

显然，方程 (8-210) 即为约束条件 (8-204)，故 $j=2$ 处的共振条件满足.

因此，用推广的 Painlevé 展开法同样证明了 Burgers 方程可以通过 Painlevé 测试.

8.3.2 Burgers 方程的新严格解

从 (8-177)((8-188) 或 (8-205)) 可以看出 Burgers 方程是单枝的，所以用基于 Conte 展开法的 Pickering 的非标准截断法无法获得新的严格解. 但是，用推广的 Painlevé 截断展开法可以得到新的严格解. 原因在于，式 (8-198)~(8-199) 中的微分算符 ∂_x 或 ∂_t 在正负两个方向具有不同的度，负方向是 1 而正方向上是 2；而 Conte 展开法中微分算符在两个方向上的度数是相同的. 所以不管方程是单枝还是多枝的，新的截断展开法在正负两个方向上的平衡条件总是不同的，因此有可能给出新的严格解.

对于 Burgers 方程 (8-174)，为平衡非线性效应和正负方向上的色散效应，推广的 Painlevé 截断展开式应具有以下形式

$$u = \frac{u_0}{\xi} + u_1 + u_2 \xi + u_3 \xi^2. \tag{8-211}$$

把上式代入 (8-174) 后消去 ξ^J ($J = -3, -2, \cdots, 5, 6$) 的系数得到以下 7 个方程

$$4u_3 S_3(u_3 - 2S_3) = 0, \tag{8-212}$$

$$14u_3 S_2 S_3 - 6u_2 u_3 S_3 - 4u_3^2 S_2 + 3u_2 S_3^2 = 0, \tag{8-213}$$

$$5u_2 S_2 S_3 + 4u_{3x} S_3 + 12u_3 S_1 S_3 + 6u_3 S_2^2 - 4u_1 u_3 S_3 - 2u_2^2 S_3$$
$$-6u_2 u_3 S_2 - 2u_3 u_{3x} - 4u_3^2 S_1 + 2u_3 Y_3 + 2u_3 S_{3x} = 0, \tag{8-214}$$

$$u_2(S_{3x} - 2u_2 S_2 + Y_3) + 10u_3(S_0 S_3 + S_1 S_2) + 4u_{3x} S_2 - u_0 S_3^2$$

8.3 Painlevé 分析法

$$+2u_{2x}S_3 - 2u_3(u_0S_3 + u_{2x} - S_{2x} + 2u_1S_2 - Y_2) - 4u_3^2 S_0$$
$$-2u_2(u_{3x} + u_1S_3 + 3u_3S_1 - 2S_1S_3 - S_2^2) = 0, \qquad (8\text{-}215)$$

$$u_{3t} + u_{3xx} + 4u_{3x}S_1 + 2u_{2x}S_2 - u_0S_2S_3 + 3u_2(S_1S_2 + S_0S_3)$$
$$+2u_3(4S_0S_2 - 3u_2S_0 - 2u_1S_1 + S_{1x} - u_0S_2 - u_{1x} + 2S_1^2)$$
$$-2u_1u_{3x} - 2u_2(u_{2x} + u_2S_1 + u_1S_2) + u_2(S_{2x} + Y_2) = 0, \qquad (8\text{-}216)$$

$$2u_3S_0(S_0 - u_0) - 2u_{0x}(S_2 + u_2) + u_2(Y_0 + S_{0x} + S_0S_1)$$
$$+u_0(S_0S_3 + S_1S_2 + Y_2 - S_{2x} - 2u_{2x} + u_0S_3) + 2u_{2x}S_0$$
$$+2u_1(u_0S_2 - u_2S_0 - u_{1x}) + u_{1t} + u_{1xx} = 0, \qquad (8\text{-}217)$$

$$u_{2t} + u_{2xx} - 2u_{0x}S_3 + 2u_2(S_0S_2 - u_{1x} - u_2S_0)$$
$$+2u_1(u_0S_3 - u_2S_1 - 2u_3S_0 - u_{2x}) - u_0(u_{3x} + Y_3)$$
$$+2u_3(3S_0S_1 + Y_0 + S_{0x} - u_{0x}) + u_2(S_{1x} + S_1 + Y_1)$$
$$+2u_{2x}S_1 + 4u_{3x}S_0 - 2u_0(u_{3x} + u_3S_1) = 0. \qquad (8\text{-}218)$$

加上 (8-200)~(8-204), 一共要求解 12 个方程, 而未知函数 $S_i, Y_i (i = 0, 1, 2, 3), u_2$ 和 u_3 一共是 10 个. 因此要找出这个超定方程组的所有可能解是非常困难的. 类似于其他截断展开法, 只考虑 (8-198)~(8-199) 为常系数的情形.

化简后, 最终结果为

$$u = 16\frac{k_1}{\xi} + \left(\frac{k_0}{2k_1} - 3k_1\right) + 12k_1\xi + 2k_1\xi^2, \qquad (8\text{-}219)$$

其中 k_1, k_0 是任意常数, ξ 由

$$\xi_x = k_1(-16 + 6\xi + 9\xi^2 + \xi^3), \qquad (8\text{-}220)$$
$$\xi_t = k_0(-16 + 6\xi + 9\xi^2 + \xi^3) \qquad (8\text{-}221)$$

给定. (8-220) 和 (8-221) 可以以隐函数的形式积出

$$\frac{(\xi - 1)^2(\xi + 8)}{(\xi + 2)^3} = c_1 e^{54\eta}, \qquad \eta = k_1 x + k_0 t. \qquad (8\text{-}222)$$

对其他非线性偏微分方程, 如 KdV、KP、CDGSK、NLS、DS、BK、KdVB、$\lambda\phi^4$ 等进行类似计算, 可以发现约化函数 (8-222) 是相当普遍的. 更进一步, 如果在 (8-193)~(8-194) 中取 $N = 4, 5, \cdots$, 那么可以得到更多复杂的非标准展开式. 此处不予进一步讨论, 留给读者完成.

8.4 对称约化法

对称性研究是在自然科学的各个领域中都非常有用的重要方法. 在可积系统的研究中, 由于无穷多对称性的存在, 对称性的研究显得更为重要. 如何寻求无穷多对称有许多强有力的方法, 其中重要的有递推算子 (或强对称算子) 法[9, 83, 151, 152, 153], 主对称方法[84] 和形式级数对称法[36, 160] 等等. 而对于点李对称, 常用的方法有延长结构法[16, 196] 和李对称法[163]. 寻求点李代数方面目前也有不少给出其决定性方程的计算机代数软件. 最近我们等提出了寻求变换群及相应李代数的简单的直接法[170, 171, 173, 176]. 本节不讨论如何寻找决定对称的方法而只讨论如何利用对称性来给出非线性方程的严格解, 相似约化 (或对称约化).

经典李群法、非经典李群法[16, 196] 和 CK (Clarkson 和 Kruskal) 直接法[46, 47, 49, 50, 148, 177, 184, 201, 202, 217] 是寻求给定非线性系统的相似约化解的三个最基本的有效方法. 下面先讨论 CK 直接法然后讨论经典李群法和非经典李群法.

8.4.1 CK 直接法

对于一般的 N 分量 n 维非线性方程组

$$F_i(\vec{x}, \vec{u}, \vec{u}_{\vec{x}}, \cdots) = 0, \vec{x} \equiv (x_1, \cdots, x_n), \vec{u} \equiv (u_1, \cdots, u_N), \quad i = 1, \cdots, N, \quad (8\text{-}223)$$

由 Clarkson 和 Kruskal 提出的并由楼进一步完善的直接法的基本思想是基于下述假设: 一般的低维对称性约化

$$\vec{u}(\vec{x}) = \vec{U}(\vec{x}, \vec{P}(\vec{\xi}(\vec{x}))), \quad (8\text{-}224)$$

其中 $\vec{U} \equiv (u_1, \cdots, u_N)$, $\vec{P} \equiv (P_1, \cdots, P_N)$, $\vec{\xi} \equiv (\xi_1, \xi_2, \cdots, \xi_m)$ 且 $m < n$, 可以简单地取为

$$\vec{u} = \vec{\alpha}(\vec{x}) + \vec{p}(\vec{\xi}(\vec{x})), \quad \vec{p} \equiv (\beta_1 P_1, \cdots, \beta_N P_N). \quad (8\text{-}225)$$

对于拟线性模型如 KP 方程和 Boussinesq 方程, 可以证明假设 (8-225) 不失一般性, 与 (8-224) 完全等价. 当然这个假设不是对所有的方程都适用, Harry-Dym 方程[46, 47, 49, 50, 184] (这是一个非拟线性方程) 是一个非常著名的例外, 所有的 Schwarz 形式方程都是例外.

现以 KP 方程

$$-u_{tx} + 6u_x^2 + 6uu_{xx} + u_{xxxx} + u_{yy} = 0 \quad (8\text{-}226)$$

为例加以说明直接法的应用. 对于 KP 方程, 假设 (8-225) 成为

$$u = \alpha(x, y, t) + \beta(x, y, t) P(\xi(x, y, t)), \eta(x, y, t)). \quad (8\text{-}227)$$

8.4 对称约化法

首先证明, 对于 KP 方程, 特殊假设完全等价于一般假设

$$u = U(x, y, t, P(\xi(x,y,t), \eta(x,y,t))). \tag{8-228}$$

将 (8-228) 代入 KP 方程可得

$$\xi_x^4(U_P P_{\xi\xi\xi\xi} + 4U_{PP}P_\xi P_{\xi\xi\xi}) + 4\xi_x^3 \eta_x(U_P P_{\xi\xi\xi\eta} + U_{PP}P_{\xi\xi\xi}P_\eta)$$
$$+ P_{\xi\xi\xi}\xi_x^2(4U_{Px}\xi_x + 6U_P\xi_{xx}) + \{P_{\xi\xi\xi} \text{无关项}\} = 0. \tag{8-229}$$

根据假设 (8-228), P 仅是 ξ, η 的函数, 因此 (8-229) 成立要求 P 的不同阶导数及它们的不同幂次的系数互成比例, 比例系数只能是 ξ 和 η 的函数. 不妨假设 $\xi_x \neq 0$, 同时假设 (8-228) 隐含了 $U_P \neq 0$. 考虑 $P_\xi P_{\xi\xi\xi}$ 和 $P_{\xi\xi\xi\xi}$ 的系数成比例即得

$$U_{PP} = A(\xi, \eta) U_P, \tag{8-230}$$

其中 $A(\xi, \eta)$ 为 ξ, η 的任意函数. 求得 (8-230) 的一般解并重新定义函数 P,

$$\exp(AP) \to P,$$

得 (8-227). 对 $\xi_x = 0$ 的情形可以得到同样的结论.

为下一步计算的简化, 利用 (8-227) 式中决定函数 α, β, ξ 和 η 时可利用的自由度可以得到以下一些不失一般性的运算规则:

规则 1 若 $\beta = \beta_0(x,y,t)\Omega(\xi,\eta)$, 则可取 $\Omega(\xi,\eta)$ 为任意确定的非零函数 $\Omega_0(\xi,\eta)$ (相当于做变换 $\Omega(\xi,\eta)\Omega_0(\xi,\eta)^{-1}P \to P$). 通常取 $\Omega_0(\xi,\eta)$ 为常数.

规则 2 若 $\alpha = \alpha_0(x,y,t) + \beta\Omega(\xi,\eta)$, 则可取 $\Omega(\xi,\eta)$ 为任意确定的函数 $\Omega_0(\xi,\eta)$ (相当于做变换 $\Omega(\xi,\eta) - \Omega_0(\xi,\eta) + P \to P$). 通常取 $\Omega_0(\xi,\eta) = 0$.

规则 3 若 $\eta = \eta(\xi, \eta_0(x,y,t))$, 则可取 $\eta = \eta_0$ (相当于做变换 $P(\xi, \eta(\xi, \eta_0)) \to P(\xi, \eta_0)$).

规则 4 若 $\xi = \xi(\xi_0(x,y,t), \eta)$, 则可取 $\xi = \xi_0$ (相当于做变换 $P(\xi(\xi_0, \eta), \eta) \to P(\xi_0, \eta)$).

将 (8-227) 代入 (8-226), 整理后可得

$$\beta\xi_x^4 P_{\xi\xi\xi\xi} + 4\beta\xi_x^3\eta_x P_{\xi\xi\xi\eta} + 6\beta^2 \xi_x^2 P P_{\xi\xi} + \cdots = 0, \tag{8-231}$$

其中省略的项中不包含含 $P_{\xi\xi\xi\xi}, P_{\xi\xi\xi\eta}$ 和 $PP_{\xi\xi}$ 的项. 由于 P 只是 ξ, η 的函数, 不显含 $\{x,y,t\}$, 所以 (8-231) 的相容条件是所有 P 的不同阶的导数和幂次的系数互成比例, 比例系数仅仅是 $\{\xi, \eta\}$ 的函数. 因此, 当 $\xi_x \neq 0$, (8-231) 中显示的三项成比例的条件为

$$\eta_x = \Omega_1(\xi,\eta)\xi_x, \quad \text{即} \quad \eta = \int \Omega_1(\xi,\eta)\mathrm{d}\xi + \eta_0(y,t), \tag{8-232}$$

$$\beta = \xi_x^2 \Omega_2. \tag{8-233}$$

将规则 1 和规则 3 分别应用于 (8-232) 和 (8-233), 得

$$\eta = \eta(y,t), \qquad \beta = \xi_x^2. \tag{8-234}$$

利用 (8-234), (8-231) 成为

$$\xi_x^6(P_{\xi\xi\xi} + 6PP_\xi)_\xi + 14\xi_x^4 \xi_{xx} P_{\xi\xi\xi} + \cdots = 0, \tag{8-235}$$

其中省略部分是与 $P_{\xi\xi\xi}$ 无关的项. 由 (8-235) 式中所显示两项成比例要求

$$\xi_{xx} = \xi_x^2 \Omega(\xi, \eta), \tag{8-236}$$

其一般解为

$$\Gamma(\xi,\eta) = \xi_0, \quad \Gamma(\xi,\eta) \equiv \int^\xi e^{-\int^X \Omega(Y,\eta)\mathrm{d}Y} \mathrm{d}X, \quad \xi_0 \equiv \theta x + \sigma, \tag{8-237}$$

其中 θ 和 σ 是 $\{y,t\}$ 的任意函数. 将规则 4 应用到 (8-237) 得

$$\xi = \theta x + \sigma. \tag{8-238}$$

把 (8-238) 代入 (8-235) 并写出所有的省略项得

$$\theta^6(P_{\xi\xi\xi} + 6PP_\xi)_\xi + \theta^2[6\theta^2\alpha + \theta_y^2 x^2 + (2\theta_y\sigma_y - \theta\theta_t)x + \sigma_y^2 - \theta\sigma_t]P_{\xi\xi}$$
$$+ \theta(\theta\eta_{yy} + 4\theta_y\eta_y)P_\eta + \theta^2(2\eta_y\xi_y - \theta\eta_t)P_{\xi\eta} + \theta^2\eta_y^2 P_{\eta\eta}$$
$$+ [(\theta^2)_{yy} + 6\theta^2\alpha_{xx}]P + \theta[12\theta^2\alpha_x + \theta\xi_{yy} + 4\theta_y\xi_y - 3\theta\theta_t]P_\xi$$
$$+ (\alpha_{xxx} + 6\alpha\alpha_x - \alpha_t)_x + \alpha_{yy} = 0. \tag{8-239}$$

要求 (8-239) 中 $P_{\xi\xi\xi\xi}$ 的系数和 $P_{\xi\xi}$ 的系数成比例, 并利用规则 2, 得

$$\alpha = -\frac{1}{6\theta^2}[\theta_y^2 x^2 + (2\theta_y\sigma_y - \theta\theta_t)x + \sigma_y^2 - \theta\sigma_t]. \tag{8-240}$$

由 $P_{\xi\xi\xi\xi}$ 和 $P_{\eta\eta}$ 的系数成比例可得

$$\eta_y = F_1(\eta)\theta^2. \tag{8-241}$$

为了进一步确定未定函数, 需要分 $F_1 \neq 0$ 和 $F_1 = 0$ 两种不同情况考虑.

情况 1. $F_1 \neq 0$.

在这种情况下, 将 (8-241) 代入 (8-239) 中 P_η 的系数, 即可得

$$\theta_y = F_2(\eta)\theta^3, \tag{8-242}$$

$F_2(\eta)$ 是 η 的函数.

由 (8-241) 和 (8-242) 可得

$$\Omega(\eta) = f_1(t)y + f_2(t), \tag{8-243}$$

其中 $f_1(t) \equiv f_1$ 和 $f_2(t) \equiv f_2$ 是 t 的任意函数. 利用规则 3 即得

$$\eta = f_1 y + f_2. \tag{8-244}$$

然后, 利用 $P_{\eta\eta}$ 和 $P_{\xi\eta}$ 的系数得

$$\theta = \sqrt{f_1}, \tag{8-245}$$

$$\sigma = \frac{y^2}{4\sqrt{f_1}} f_{1t} + \frac{y f_{2t}}{2\sqrt{f_1}} + f_3, \tag{8-246}$$

其中 f_3 是 t 的任意函数, A, B 是任意常数.

将上述结果整理后得到下述定理:

定理 8.4.1 KP 方程具有对称约化解

$$u = \alpha + f_1 P(\xi, \eta), \tag{8-247}$$

$$\alpha = \frac{y(2f_2 + yf_1)_{tt}}{24 f_1} + \frac{f_{3t}}{6\sqrt{f_1}} - \frac{2y^2 f_{1t}^2 + f_{2t}^2}{24 f_1^2} - \frac{f_{1t}(f_3 - \xi)}{12 f_1^{3/2}} - \frac{y f_{1t} \sqrt{f_1} f_{2t}}{6 f_1^{5/2}},$$

$$\xi = \sqrt{f_1} x + \frac{y^2 f_{1t}}{4\sqrt{f_1}} + \frac{y f_{2t}}{2\sqrt{f_1}} + f_3, \qquad \eta = f_1 y + f_2,$$

其中 f_1, f_2, f_3 是 t 的任意函数, $P(\xi, \eta)$ 由约化方程

$$P_{\xi\xi\xi\xi} + P_{\eta\eta} + 6(PP_\xi)_\xi = 0 \tag{8-248}$$

决定. (8-248) 正是著名的 Boussinesq 方程.

情况 2. $F_1 = 0$.

这时, η 仅是 t 的函数, 由规则 3 可得

$$\eta = t. \tag{8-249}$$

相应地, (8-239) 简化为

$$\theta^2[6\theta^2\alpha + \theta_y^2 x^2 + (2\theta_y\sigma_y - \theta\theta_t)x + \sigma_y^2 - \theta\sigma_t]P_{\xi\xi} - \theta^3 P_{\xi t}$$
$$+[(\theta^2)_{yy} + 6\theta^2\alpha_{xx}]P + \theta[12\theta^2\alpha_x + \theta\xi_{yy} + 4\theta_y\xi_y - 3\theta\theta_t]P_\xi$$
$$+\theta^6(P_{\xi\xi\xi} + 6PP_\xi)_\xi + (\alpha_{xxx} + 6\alpha\alpha_x - \alpha_t)_x + \alpha_{yy} = 0. \tag{8-250}$$

比较 (8-250) 中 $P_{\xi\xi\xi\xi}$ 和 $P_{\xi t}$ 的系数, 并利用规则 1, 得
$$\theta = 1.$$

完成余下的简单计算可得下述定理:

定理 8.4.2　KP 方程有对称约化解
$$u = \frac{1}{12}(b_t - 2b^2)y^2 + \frac{1}{6}(a_t - 2ab)y - \frac{1}{6}a^2 + P(X,t), \tag{8-251}$$

$$X = x + \frac{1}{2}by^2 + ay, \tag{8-252}$$

其中 a, b 是 t 的任意函数, $P \equiv P(X, t)$ 满足约化方程

$$(P_{XXX} - P_{Xt} + 6PP_X + bP)_X + \frac{1}{6}b_t - \frac{1}{3}b^2 = 0. \tag{8-253}$$

读者可以自己证明, (8-253) 等价于常系数 KdV 方程.

情况 3.　$\xi_x = 0$.

前两种情况是在 $\xi_x \neq 0$ 的条件下给出的. 当 $\xi_x = 0$ 时, 可不失一般性地设 $\eta_x = 0, \xi_y \neq 0$, 这时 (8-231) 的完整表达式简化为

$$3(\beta^2)_{xx}p^2 + \beta\xi_y^2 p_{\xi\xi} + \beta\eta_y^2 p_{\eta\eta} + [\beta_{xxxx} + 6(\alpha\beta)_{xx} + \beta_{yy} - \beta_{xt}]p$$
$$+ (\beta\eta_{yy} + 2\beta_y\eta_y - \beta_x\eta_t)p_\eta + (\beta\xi_{yy} + 2\beta_y\xi_y - \beta_x\xi_t)p_\xi$$
$$+ \alpha_{xxxx} + 3(\alpha^2)_{xx} + \alpha_{yy} - \alpha_{xt} + 2\beta\xi_y\eta_y p_{\xi\eta} = 0. \tag{8-254}$$

要求 (8-254) 中 $p_{\xi\xi}$ 和 $p_{\eta\eta}$ 的系数成比列, 比例系数为 ξ, η 的函数, 求解所得比例方程, 然后利用规则 3, 得

$$\eta = t. \tag{8-255}$$

接着将规则 4 用于 $\xi = \xi(y, t) = \xi(y, \eta)$, 得

$$\xi = y. \tag{8-256}$$

再用规则 1 于 p_ξ 和 p_η 的系数均正比于 $p_{\xi\xi}$ 的系数的方程, 得

$$\beta = 1.$$

最后求解余下的系数方程, 结果可以总结成下述定理:

定理 8.4.3　KP 方程具有约化解
$$u = \alpha_2 x^2 + \alpha_1 x + P, \tag{8-257}$$

其中 $P = P(y, t)$ 满足的约化方程为

$$P_{yy} + \alpha_{1t} - 6\alpha_1^2 + 12\alpha_2 P = 0, \tag{8-258}$$

$\alpha_1 = \alpha_1(y,t)$ 和 $\alpha_2 = \alpha_2(y,t)$ 由

$$\alpha_{2yy} = -36\alpha_2^2, \quad \alpha_{1yy} = -36\alpha_1\alpha_2 + \alpha_{2t} \tag{8-259}$$

决定.

当 $\alpha_2 \neq 0$ 时, (8-259) 的解可以写为

$$\int^{\alpha_2} \frac{\mathrm{d}a}{\sqrt{f_1 - 24a^3}} = \pm(y + f_2), \tag{8-260}$$

$$\alpha_1 = \alpha_2 \left[f_3 + 2\alpha_2^{-2} \left(f_4 + \int \alpha_2 \alpha_{2t} \mathrm{d}y \right) \right], \tag{8-261}$$

f_1, f_2, f_3 和 f_4 是时间 t 的任意函数.

将直接法继续应用到约化方程 (8-248) 和 (8-253) 可以进一步得到常维约化. 下面一小节给出直接法得到结果的群论解释.

8.4.2 KP 方程的经典李群法和经典李对称方法

在经典李群法中, 首先需要决定 KP 方程在无穷小点李变换

$$\begin{aligned} x &\to x + \varepsilon X, \\ y &\to y + \varepsilon Y, \\ t &\to t + \varepsilon T, \\ u &\to u + \varepsilon U \end{aligned} \tag{8-262}$$

下的不变性, 其中 $\{X, Y, T, U\}$ 是 $\{x, y, t, u\}$ 的待定函数, 相应的向量场为

$$V = X\partial_x + Y\partial_y + T\partial_t + U\partial_u. \tag{8-263}$$

在经典李群法 (和非经典李群法) 中, 要决定向量场 (8-263), 还需要给定相应的场量的各阶导数的变化规律, 即延长结构. 对于 KP 方程需要给出四阶延长结构

$$pr^{(4)}V = V + U^x \partial_{u_x} + U^{xx} \partial_{u_{xx}} + U^{xt} \partial_{u_{xt}} + U^{yy} \partial_{u_{yy}} + U^{xxxx} \partial_{u_{xxxx}}, \tag{8-264}$$

其中

$$U^x = \sigma_x + Xu_{xx} + Yu_{xy} + Tu_{xt}, \tag{8-265}$$

$$U^{xx} = \sigma_{xx} + Xu_{xxx} + Yu_{xxy} + Tu_{xxt}, \tag{8-266}$$

$$U^{xt} = \sigma_{xt} + Xu_{xxt} + Yu_{xyt} + Tu_{xtt}, \tag{8-267}$$

$$U^{yy} = \sigma_{yy} + Xu_{xyy} + Yu_{yyy} + Tu_{yyt}, \tag{8-268}$$

$$U^{xxxx} = \sigma_{xxxx} + Xu_{xxxxx} + Yu_{xxxxy} + Tu_{xxxxt}, \tag{8-269}$$

$$\sigma \equiv U - Xu_x - Yu_y - Tu_t. \tag{8-270}$$

最后向量场的决定由下式

$$pr^{(4)}V[-u_{xt} + u_{xxxx} + u_{yy} + 6(u_x^2 + uu_{xx})]\big|_{KP} = 0 \qquad (8\text{-}271)$$

给定, 即

$$\{-U^{xt} + U^{xxxx} + U^{yy} + 6(2u_xU^x + Uu_{xx} + uU^{xx})\}\big|_{KP} = 0. \qquad (8\text{-}272)$$

从 (8-272) 得到的关于 $\{X, Y, T, U\}$ 的几个最简单的决定性方程为

$$T_u = X_u = Y_u = T_x = T_y = Y_x = U_{uu} = 0. \qquad (8\text{-}273)$$

使用条件 (8-273), 并记

$$U = U_1(x, y, t)u + U_0(x, y, t) \equiv U_1 u + U_0, \qquad (8\text{-}274)$$

则余下的决定性方程简化为

$$U_{1x} = T_t - 3X_x = U_{0xxxx} + U_{0yy} - U_{0xt} = 0, \qquad (8\text{-}275)$$

$$X_{xt} - U_{1t} + 12U_{0x} - X_{xxxx} - X_{yy} = 0, \qquad (8\text{-}276)$$

$$6U_0 + X_t - 4X_{xxx} = 6U_{0xx} - U_{1yy} = 0, \qquad (8\text{-}277)$$

$$U_1 + 2X_x = 2U_{1y} - Y_{yy} = 2X_x - Y_y = 0, \qquad (8\text{-}278)$$

$$Y_t - 2X_y = U_{1yy} + 6U_{0xx} = X_{xx} = 0. \qquad (8\text{-}279)$$

求解 (8-275)~(8-279) 易得

$$U_1 = -\frac{2}{3}T_t, \qquad Y = \frac{2}{3}T_t y + g, \qquad (8\text{-}280)$$

$$U_0 = -\frac{1}{18}T_{tt}x - \frac{1}{36}T_{ttt}y^2 - \frac{1}{12}g_{tt}y - \frac{1}{6}h_t, \qquad (8\text{-}281)$$

$$X = \frac{1}{3}T_t x + \frac{1}{6}T_{tt} + \frac{1}{2}g_t y + h, \qquad (8\text{-}282)$$

其中 T, g 和 h 是 t 的任意函数. 最后, 由特征线方法可知, 要求解特征方程

$$\frac{\mathrm{d}t}{T} = \frac{\mathrm{d}y}{Y} = \frac{\mathrm{d}x}{X} = \frac{\mathrm{d}u}{U}. \qquad (8\text{-}283)$$

特征方程 (8-283) 求解需要分三种情况考虑: (1) $T \neq 0$, (2) $T = 0$, $g \neq 0$, (3) $T = g = 0$. 容易证明第一和第二种情况完全等价于上节直接法中得到的第一和第二种情况. 因此这里不再重复相同的结果.

对于第三种情况, (8-283) 成为

$$\frac{\mathrm{d}t}{0} = \frac{\mathrm{d}y}{0} = \frac{\mathrm{d}x}{h} = -\frac{\mathrm{d}u}{h_t}, \tag{8-284}$$

其一般解为

$$u = -\frac{h_t}{h}x + P(y,t), \tag{8-285}$$

其中 $\{y,t,P(y,t)\}$ 为群不变量. 将 (8-285) 代入 KP 方程得约化函数 P 满足方程

$$h^2 P_{yy} + 5h_t^2 + hh_{tt} = 0. \tag{8-286}$$

比较这种结果与上节直接法的第三种情况易知, 经典李群法的结果仅仅是直接法当 $\alpha_2 = 0$ 且 α_1 仅是 t 的函数时的特殊情况.

经典李对称方法[163] 和经典李群法的结果完全等价. 但是经典李对称方法的运算要简单的多, 其基本思想是直接将经典点李对称 σ(8-270) 的表达式代入 KP 方程的对称方程

$$\{-\sigma_{xt} + [\sigma_{xxx} + \sigma_{yy} + 6(u\sigma)_x]_x\}|_{KP} = 0 \tag{8-287}$$

来决定向量场 V, 由此决定的向量场与由 (8-272) 决定的向量场完全相同.

8.4.3 KP 方程的非经典李群法

从上一小节的第三种情况知道, 经典李群法并不能得到与直接法完全等价的结果. 直接法的结果包含了经典李群法的结果, 所以要用群论方法得到直接法的结果甚至更多需要用到非经典李群法[16, 196].

考虑到决定约化方程的特征方程 (8-283) 是求解

$$\sigma = 0 \tag{8-288}$$

的特征线方程, 因此, Bluman 等将决定向量场的方程 (8-272) 修改成

$$\{-U^{xt} + U^{xxxx} + U^{yy} + 6(2u_x U^x + Uu_{xx} + uU^{xx})\}|_{KP,\sigma=0} = 0. \tag{8-289}$$

讨论非经典李群法的结果也需要分三种情况考虑:
(1) $T \neq 0$,
(2) $T = 0, Y \neq 0$,
(3) $T = Y = 0, X \neq 0$.

对于第一种情况, 由 (8-265)∼(8-269) 及 (8-289) 给出的简化后的关于 $\{X,Y,T,U\}$ 的决定性方程为 ($U_1 \equiv U_1(x,y,t)$, $U_0 \equiv U_0(x,y,t)$)

$$T - 1 = X_u = Y_u = Y_x = X_{xx} = U - U_1 u - U_0 = 0, \tag{8-290}$$

$$U_1 + 2X_x = Y_{yy} + 4X_{xy} = X_{xyy} - 3U_{0xx} = 0, \tag{8-291}$$

$$X_t + 6U_0 + 3XX_x = Y_y - 2X_x = Y_t - 2X_y + 3YX_x = 0, \tag{8-292}$$

$$U_{0xxxx} + U_{0yy} - U_{0xt} - 3X_x U_{0x} = 0, \tag{8-293}$$

$$3X_{xt} + 9X_x^2 + 12U_{0x} - X_{yy} = 0. \tag{8-294}$$

可以证明, 由决定性方程 (8-290)~(8-294) 决定的向量场代入特征方程 (8-283) 后得到的解与直接法和经典李群法的第一种结果完全等价.

对于第二种情况, 由 (8-265)~(8-269) 及 (8-289) 给出的简化后的关于 $\{X, Y, T, U\}$ 的决定性方程为

$$T = Y - 1 = X_u = X_{xx} = U_u = X_t + 6U + 2XX_y = 0, \tag{8-295}$$

$$U_{xx} = X_{yy} - 12U_x = U_{yy} - U_{xy} + U_{xxxx} - 2X_y U_x = 0. \tag{8-296}$$

容易证明, 由决定性方程 (8-295)~(8-296) 决定的向量场代入特征方程 (8-283) 后得到的解与直接法和经典李群法的第二种结果完全等价.

对于第三种情况, $\{X, Y, T, U\}$ 的决定性方程为

$$T = Y = X - 1 = U_u = U_{xx} = 0, \tag{8-297}$$

$$U_{xx} + U_{yy} + 18UU_x - U_{xt} = 0. \tag{8-298}$$

显然 (8-297) 和 (8-298) 的一般解为

$$T = 0, \quad Y = 0, \quad X = 1, \quad U = 2\alpha_2 x + \alpha_1, \tag{8-299}$$

其中 α_2, α_1 满足 (8-259).

将 (8-299) 代入特征方程 (8-283) 求解即得 (8-257), 所以这种情况与直接法得到的第三种情况完全相同.

综上所述, 非经典李群法可以得到所有直接法可以得到的对称性约化, 而经典李群法只能得到直接法的部分结果.

8.5 非行波形变映射法

第三章中就行波问题提出了形变映射方法, 使得很多非线性系统的行波解可以同时很方便地得到. 然而, 更有意义的问题是是否可以在众多非线性系统的非行波特解间建立形变映射关系?

近来的研究表明, 一些高维可积系统, 例如 DS 方程、NNV 方程非对称 NNV 方程、非对称 DS 方程、长波色散方程、BK 梯队、长波 - 短波相互作用模型、Maccari

8.5 非行波形变映射法

系统、Burgers 方程、2+1 维 Sin-Gordon 模型和一般 $N+M$ 维 AKNS 系统等等, 在其严格解的一般表达式中由于任意函数的引入, 因而存在着相当丰富的局域结构[224].

由于通常物理模型是不可积的, 因此发展新的方法和寻求不可积系统的新的类型的严格解虽然困难但是极为重要. 文献 [146], [149], [150] 和 [161] 建立了一些高维不可积系统的严格解间的形变关系, 通过这种形变映射方法, 一些简单模型的严格解可以形变到复杂的非线性系统. 最近, 这种方法被进一步发展并应用到 $n+1$ 维 sine-Gordon 模型、双 sine-Gordon 模型、Φ^6 模型和其他非线性标量场模型[174]. 本节第一小节以 Φ^6 模型为例, 说明如何从一个简单的 Φ^4 模型的非行波解形变到复杂模型的解. 第二小节给出一些映射关系, 从 Φ^4 模型的一个已知非行波解得到更多的解.

8.5.1 高维 Φ^4 模型的严格解形变到 Φ^6 模型

人们已经对 Φ^4 模型

$$\sum_{i=1}^{n} \phi_{x_j x_j} - \phi_{tt} + \lambda_0 \phi + \mu_0 \phi^3 = 0 \tag{8-300}$$

的严格解进行了深入的研究, 得到了很多不同类型的解, 所以, 利用 Φ^4 的解得到 Φ^6 模型

$$\sum_{i=1}^{n} \Phi_{x_j x_j} - \Phi_{tt} + \lambda \Phi + \mu \Phi^3 + \xi \Phi^5 = 0 \tag{8-301}$$

的解将是一件很有意思的事情. 这里给出 Φ^6 和 Φ^4 模型的解之间的一些形变关系和定理, 然后应用这些定理来寻找 Φ^6 模型的新解.

定理 8.5.1 如果 ϕ 是 Φ^4 方程 (8-300) 的解并且满足如下约束条件

$$(\widetilde{\nabla}\phi)^2 + \lambda_1 \phi^2 + \mu_1 \phi^4 + C_1 \equiv \sum_{i=1}^{n} \phi_{x_j}^2 - \phi_t^2 + \lambda_1 \phi^2 + \mu_1 \phi^4 + C_1 = 0, \tag{8-302}$$

那么

$$\Phi = \pm\sqrt{\frac{\phi + a_1}{b_1\phi + c_1}} \tag{8-303}$$

是 Φ^6 模型的解, 其中参数 $a_1, b_1, c_1, \lambda_1, \mu_1, C_1$ 和模型参数 λ, μ, ξ 满足

$$2\mu_1 a_1 b_1^2 - \mu_0 a_1 b_1^2 - 2\mu_1 b_1 c_1 + \mu_0 b_1 c_1 = 0, \tag{8-304}$$

$$4\lambda b_1^2 + 4\mu b_1 + 4\xi + 2\mu_1 a_1 b_1 c_1 + (2\mu_0 - 3\mu_1)a_1^2 b_1^2$$
$$+ (\mu_1 - 2\mu_0)c_1^2 = 0, \tag{8-305}$$

$$2\lambda_1 b_1 c_1 + 2\mu c_1 - \lambda_0 b_1 c_1 - 2\lambda_1 a_1 b_1^2 + \mu_0 a_1^2 b_1 c_1 + 6\mu a_1 b_1$$
$$+\lambda_0 a_1 b_1^2 + 4\lambda b_1 c_1 + 8\xi a_1 - \mu_0 a_1 c_1^2 + 4\lambda a_1 b_1^2 = 0, \tag{8-306}$$
$$24\xi a_1^2 + 4\lambda a_1^2 b_1^2 + \lambda_1 c_1^2 + 12\mu a_1 c_1 + 2\lambda_0 a_1^2 b_1^2 + 2\lambda_1 a_1 b_1 c_1$$
$$+12\mu a_1^2 b_1 + 4\lambda c_1^2 - 3\lambda_1 a_1^2 b_1^2 + 16\lambda a_1 b_1 c_1 - 2\lambda_0 c_1^2 = 0, \tag{8-307}$$
$$6\mu a_1^2 c_1 + 8\xi a_1^3 - 2C_1 a_1 b_1^2 + \lambda_0 a_1^2 b_1 c_1 + 2\mu a_1^3 b_1 + 4\lambda a_1 c_1^2$$
$$+4\lambda a_1^2 b_1 c_1 - \lambda_0 a_1 c_1^2 + 2b_1 c_1 C_1 = 0, \tag{8-308}$$
$$c_1^2 C_1 - 3a_1^2 b_1^2 C_1 + 4\lambda a_1^2 c_1^2 + 4\xi a_1^4 + 2a_1 b_1 c_1 C_1 + 4\mu a_1^3 c_1 = 0. \tag{8-309}$$

证明 把 (8-303) 代入 Φ^6 方程 (8-301), 得

$$\frac{4[\phi^2(\mu b_1 + \xi + \lambda b_1^2) + \phi(2\xi a_1 + 2b_1\lambda c_1 + \mu a_1) + \xi a_1^2 + \mu a_1 c_1 + \lambda c_1^2]}{(a_1 b_1 - c_1)(b_1\phi + c_1)}$$
$$-\frac{1}{\phi + a_1}\left(\sum_{i=1}^{n}\phi_{x_j x_j} - \phi_{tt}\right) + \frac{(3a_1 b_1 + 4b_1\phi + c_1)(\widetilde{\nabla}\phi)^2}{2(\phi + a_1)^2(b_1\phi + c_1)} = 0. \tag{8-310}$$

由于 ϕ 是 Φ^4 方程 (8-300) 的解且满足 (8-304)~(8-309), 所以上式正好变为 (8-302).

方程 (8-310) 和 (8-303) 完全等同于原来的 Φ^6 模型方程, 所以一旦得到方程 (8-310) 的解, 那么相应的 Φ^6 方程的解就可以由 (8-303) 给出.

为从方程 (8-310) 解出具体的解, 可以给函数 ϕ 加上一些限制. 这里选择 ϕ 是 Φ^4 的解, 原因是很多物理学家对 Φ^4 模型很熟悉, 而且 Φ^4 方程的严格解很容易得到, 文献 [146]、[149]、[150] 和 [161] 中已经列出不少定理和 Φ^4 模型的解.

在形变关系 (8-303) 中, 如果函数 ϕ 是有界的,

$$|\phi| \leqslant M < \infty,$$

那么解的非奇性条件是

$$|c| > |b_1 M|,$$

而实解条件是

$$|a| > |M|, \qquad ac > 0.$$

定理 8.5.1 中包括了两个任意参数 λ_0 和 μ_0, 不同的参数选择会导致不同的周期波解. 原则上说, 偏微分方程的解中存在大量的任意参数或任意函数. 对于 Φ^6 方程, 其解中的任意函数可以有以下两种不同的存在方式.

(1) 在限制方程中加入任意函数.

例如, 把限制方程 (8-300) 和 (8-302) 改写为 ($C_2 \equiv \mu b_1 + \xi + \lambda b_1^2$, $C_1 \equiv 2\xi a_1 + 2b_1\lambda c_1 + \mu a_1$, $C_0 \equiv \xi a_1^2 + \mu a_1 c_1 + \lambda c_1^2$)

$$\sum_{i=1}^{n}\phi_{x_i x_i} - \phi_{tt} = F(\phi), \quad F(\phi) \text{ 任意}, \tag{8-311}$$

$$(\widetilde{\nabla}\phi)^2 = \frac{4(\phi+a_1)^2[C_2\phi^2 + C_1\phi + C_0]}{(a_1b_1-c_1)(3a_1b_1+4b_1\phi+c_1)} + \frac{2(\phi+a_1)(b_1\phi+c_1)}{3a_1b_1+4b_1\phi+c_1}F(\phi). \tag{8-312}$$

(2) 通过解限制方程加入任意函数 (见后).

求解方程 (8-300) 和限制方程 (8-302) 仍然非常困难, 不过好在文献 [146]、[149]、[150] 和 [161] 已经给出了参数满足

$$\lambda_1 = \lambda_0, \tag{8-313}$$

$$\mu_1 = \frac{1}{2}\mu_0 \tag{8-314}$$

时, ϕ^4 方程的许多解.

需要指出的是, Φ^4 和 Φ^6 模型间存在着多种不同于 (8-313) 或 (8-314) 的形变关系. 通过求解代数关系 (8-304)~(8-309) 可以更清楚地看到这点, 其结果可以分成三种不等价的情况.

情况 1.

$$\lambda_1 = \lambda_0, \quad \mu_1 = \frac{1}{2}\mu_0, \quad C_1 = -\lambda_0 a_1^2 - \frac{1}{2}\mu_0 a_1^4, \tag{8-315}$$

$$\lambda = \frac{3\mu_0 a_1^2(c_1+a_1b_1) + \lambda_0(c_1+5a_1b_1)}{4(c_1-a_1b_1)}, \tag{8-316}$$

$$\mu = \frac{a_1\mu_0(c_1^2+c_1a_1b_1+a_1^2b_1^2) + \lambda_0 b_1(c_1+2a_1b_1)}{a_1b_1-c_1}, \tag{8-317}$$

$$\xi = \frac{3(c_1+a_1b_1)}{8(c_1-a_1b_1)}[(c_1^2+a_1^2b_1^2)\mu_0 + 2b_1^2\lambda_0]. \tag{8-318}$$

在这种情况下, $c_1 \neq a_1b_1$, (8-316)~(8-318) 正是形变关系 (8-303) 的非零解.

情况 2.

$$\mu_1 = \frac{1}{2}\mu_0, \qquad a_1 = C_1 = 0, \tag{8-319}$$

$$\lambda = \frac{1}{2}\lambda_0 - \frac{1}{4}\lambda_1, \ \mu = -\frac{1}{2}b_1(\lambda_0+\lambda_1), \ \xi = \frac{3}{4}b_1^2\lambda_1 + \frac{3}{8}c_1^2\mu_0. \tag{8-320}$$

情况 3.

$$\lambda_1 = (\mu_0 - 2\mu_1)a_1^2 + \lambda_0, \ b_1 = 0, \ C_1 = -\lambda_0 a_1^2 - (\mu_0-\mu_1)a_1^4, \tag{8-321}$$

$$\lambda = \frac{\lambda_0}{4} + \left(\frac{5\mu_0}{4} - \mu_1\right)a_1^2, \ \mu = \frac{1}{2}a_1c_1(2\mu_1-3\mu_0), \ \xi = \frac{1}{4}c_1^2(2\mu_0-\mu_1). \tag{8-322}$$

在后两种情况下, $\lambda_1 \neq \lambda_0$. 对于第三种情况, 同时 $\mu_1 \neq \frac{\mu_0}{2}$.

文献 [146]、[149]、[150] 和 [161] 中已经给出了 Φ^4 模型很多种不同类型的严格解，这里给出一个更具体的、和定理 8.5.1 相关的包含一个任意函数的解

$$\Phi = \pm\sqrt{\frac{\operatorname{sn}(V,m)+a}{b\operatorname{sn}(V,m)+c}}, \tag{8-323}$$

其中

$$V = f\left(\sum_{i=1}^{n}k_{1i}x_i+\omega_1 t\right)+\sum_{i=1}^{n}k_{0i}x_i+\omega_0 t \equiv f(\eta)+\eta_0, \tag{8-324}$$

$f(\eta)$ 是 η 的任意函数，

$$\eta = \sum_{i=1}^{n}k_{1i}x_i+\omega_1 t,$$

参数 $k_{0i},k_{1i}\ (i=0,1,2,\cdots,n)$ 满足两个条件

$$\sum_{i=1}^{n}k_{1i}^2-\omega_1^2=0,\quad \sum_{i=1}^{n}k_{1i}k_{0i}-\omega_1\omega_0=0,$$

参数 a,b,c 分别是

$$a=\pm 1, \tag{8-325}$$

$$c=-\frac{2\mu(-4\lambda-5\delta+m^2\delta)}{m(m^4\delta^2+14m^2\delta^2+\delta^2-16\lambda^2)}, \tag{8-326}$$

$$b=\frac{2(4\lambda+5m^2\delta-\delta)\mu}{(m^4\delta^2+14m^2\delta^2+\delta^2-16\lambda^2)}, \tag{8-327}$$

其中

$$\delta \equiv \sum_{i=1}^{n}k_{0i}^2-\omega_0^2 \tag{8-328}$$

和

$$\xi = \frac{2(-4\lambda+\delta+6m\delta+m^2\delta)(-4\lambda+\delta-6m\delta+m^2\delta)(2\lambda+\delta+m^2\delta)\mu^2}{(m^4\delta^2+14m^2\delta^2+\delta^2-16\lambda^2)^2}, \tag{8-329}$$

或是

$$a=\pm\frac{1}{m}, \tag{8-330}$$

$$c=-\frac{2(-4\lambda-5m^2\delta+\delta)}{m(m^4\delta^2+14m^2\delta^2+\delta^2-16\lambda^2)}, \tag{8-331}$$

$$b=\frac{2\mu(4\lambda+5\delta-m^2\delta)}{(m^4\delta^2+14m^2\delta^2+\delta^2-16\lambda^2)}, \tag{8-332}$$

8.5 非行波形变映射法

$$\xi = \frac{2(-4\lambda + \delta + 6m\delta + m^2\delta)(-4\lambda + \delta - 6m\delta + m^2\delta)(2\lambda + \delta + m^2\delta)\mu^2}{(m^4\delta^2 + 14m^2\delta^2 + \delta^2 - 16\lambda^2)^2}. \tag{8-333}$$

(8-323) 式的非奇性条件和实条件是

$$|c| > |b|, \quad ac > 0, \quad (m^4\delta^2 + 14m^2\delta^2 + \delta^2 - 16\lambda^2)^2 \neq 0.$$

和 (8-323) 式相对应, Φ^4 方程的解为

$$\phi = \text{sn}(V, m), \tag{8-334}$$

参数

$$\lambda_0 = (m^2 + 1)\delta, \quad \mu_0 = -2m^2\delta. \tag{8-335}$$

(8-323) 表明了一种特殊类型的解: 两个行波沿垂直于由

$$\eta = 0, \quad \eta_0 = 0$$

决定的面 (或线) 方向前进的相互作用解.

由于任意函数 $f(\eta)$ 的存在, 周期行波解 (8-323) 的结构非常丰富. 例如, 取任意函数为

$$f(\eta) = \sqrt{\eta^2 + 1}, \tag{8-336}$$

则当 $m \neq 1$ 时, (8-323) 表示周期波的相互作用. 在 (8-323) 中取 "+", 参数为

$$k_{11} = 3, \quad k_{12} = 4, \quad \omega_1 = 5, \quad k_{01} = 2, \quad k_{02} = 1, \quad \omega_0 = 2,$$

$$a = 1, \quad b = 2, \quad c = 5, \tag{8-337}$$

$$\lambda = -\frac{229}{400}, \quad \mu = \frac{51}{5}, \quad \xi = -\frac{455}{16}$$

时, 图 8-1 描绘了 $t = 0$ 时刻这种解的结构, 图 8-2 给出的是相应的极限情况, 即取 $m \to 1$, 是二半直线孤子 (two-solitoff) 解.

图 8-3 是另外一种特殊的周期波相互作用解, 任意函数 $f(\eta)$ 取为

$$f(\eta) = \sin\eta, \tag{8-338}$$

参数和图 8-1 相同.

图 8-4 表示一个直线型扭结和一个周期行波的相互作用解. 图 8-3 是图 8-4 的一般化, 图 8-4 是图 8-3 的 $m = 1$ 的极限情况.

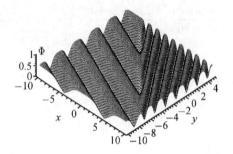
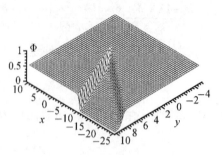

图 8-1 方程(8-323)和(8-336), (8-337)表示的 $t=0$ 时的特殊类型的周期波相互作用解

图 8-2 一种特殊类型的二扭结型的半线孤子结构，是图8-1当Jacobi椭圆函数的模 $m\to 1$ 的极限情况

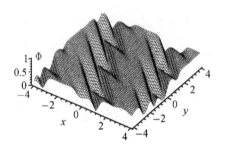
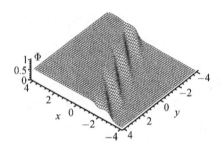

图 8-3 式(8-323), (8-336)和(8-338)表示的 $t=0$ 时的两周期波相互作用结构

图 8-4 图8-3中 $m\to 1$ 时的极限情况，是周期线孤子结构

定理 8.5.2 如果 ϕ 是方程 (8-300) 和限制方程

$$(\widetilde{\nabla}\phi)^2 + \lambda_2\phi^2 + \mu_2\phi^4 + C_2 = 0 \tag{8-339}$$

的解, 那么

$$\Phi = \pm\frac{1}{\sqrt{b_2\phi^2 + c_2}} \tag{8-340}$$

是 Φ^6 模型的解, 参数 $b_2, c_2, \mu_2, \lambda_2$ 和 C_2 由下式决定

$$\mu_2 = \frac{1}{2}\mu_0, \tag{8-341}$$

$$\lambda = -\frac{3}{2}\frac{c_2}{b_2}\mu_0 - \lambda_0 + 2\lambda_2, \tag{8-342}$$

$$\mu = \frac{3c_2^2\mu_0}{b_2} + 2b_2C_2 + c_2(\lambda_0 - 5\lambda_2), \tag{8-343}$$

$$\xi = -\frac{3}{2}\frac{c_2^3\mu_0}{b_2} - 3c_2(C_2b_2 - \lambda_2c_2). \tag{8-344}$$

8.5 非行波形变映射法

解 (8-340) 的非奇性条件是

$$c_2 > |b_2|M^2, \quad \text{当} \quad |\phi| \leqslant M < \infty.$$

和定理 8.5.1 相似, 这里也给出一个包括任意函数的解. Φ^4 方程的解仍取为 $\phi = \text{sn}(V, m)$, V 由 (8-324) 决定, 由定理 8.5.2 给出的相应的解为

$$\Phi = \pm \frac{1}{\sqrt{b\,\text{sn}^2(V,m) + c}}, \tag{8-345}$$

参数

$$b = \frac{3\mu m^2 \delta}{2(-m^2\delta^2 + m^4\delta^2 + \delta^2 - \lambda^2)}, \tag{8-346}$$

$$c = -\frac{b(m^2\delta + \delta - \lambda)}{3m^2\delta}, \tag{8-347}$$

(8-328) 定义的 δ 由下式决定

$$\xi = \frac{\mu^2(m^2\delta + \delta - \lambda)(\lambda - \delta + 2m^2\delta)(-\lambda - 2\delta + m^2\delta)}{4(-m^2\delta + m^4\delta^2 + \delta^2 - \lambda^2)^2}. \tag{8-348}$$

和 (8-303) 相似, (8-340) 也表示了周期波和孤立波间的相互作用解.

如果取

$$f(\eta) = \sqrt{\sin^2 \eta + 1}, \tag{8-349}$$

相应的参数为

$$k_{11} = 2\sqrt{3},\ k_{12} = 2,\ \omega_1 = 4, k_{01} = \sqrt{3},\ k_{02} = 3,\ \omega_0 = 2,$$

$$b = 2, \quad c = 3, \tag{8-350}$$

$$\lambda = \frac{1091}{25}, \mu = -\frac{9518}{25}, \xi = \frac{3987}{5},$$

那么 (8-301) 给出的是周期波间的相互作用解. 图 8-5 给出了两个周期相互作用波解. 图 8-6 是图 8-5 中 $m \to 1$ 的极限情况.

定理 8.5.3 如果 ϕ 是 Φ^4 模型 (8-300) 在限制条件

$$(\widetilde{\nabla}\phi)^2 + \lambda_3\phi^2 + \mu_3\phi^4 + C_3 = 0 \tag{8-351}$$

下的解, 那么

$$\Phi = \pm \frac{\phi}{\sqrt{b_3\phi^2 + c_3}} \tag{8-352}$$

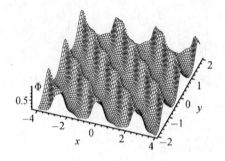
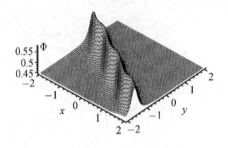

图 8-5　由式 (8-345), (8-349) 和 (8-350) 表示的 $t=0$ 时的两周期波的相互作用解

图 8-6　图 8-5 中 $m\to 1$ 时的极限情况, 是周期线孤子结构

是 Φ^6 模型的解, 其中 $\lambda_3, \mu_3, C_3, b_3$ 和 c_3 满足

$$\lambda = -\frac{3C_3 b_3}{c_3} + \lambda_0, \tag{8-353}$$

$$\mu = \frac{6C_3 b_3^2}{c_3} + c_3 \mu_0 - b_3(\lambda_0 + 3\lambda_3), \tag{8-354}$$

$$\xi = -\frac{3b_3^3 C_3}{c_3} + 3b_3(b_3 \lambda_3 - c_3 \mu_3). \tag{8-355}$$

解 (8-352) 的非奇性条件是

$$c_3 > |b_3| M^2, \quad \text{当} \quad |\phi| \leqslant M < \infty.$$

定理 8.5.4　如下定义的

$$\Phi = \pm \sqrt{\frac{\phi^2 + a_4}{b_4 \phi^2 + c_4}} \tag{8-356}$$

是 (8-301) 的解, 其中 ϕ 满足 Φ^4 方程和限制条件

$$(\widetilde{\nabla}\phi)^2 + \lambda_4 \phi^2 + \mu_4 \phi^4 + C_4 = 0, \tag{8-357}$$

参数 a_4, b_4, c_4 和 C_4 满足

$$C_4 = a_4 \lambda_0 + a_4^2 (\mu_4 - \mu_0), \quad \lambda_4 = \lambda_0 + a_4(2\mu_4 - \mu_0), \tag{8-358}$$

$$\lambda = a_4 \mu_4 + \frac{a_4 \mu_0 (a_4 b_4 + 2c_4) - \lambda_0 (2a_4 b_4 + c_4)}{a_4 b_4 - c_4}, \tag{8-359}$$

$$\mu = 2a_4 b_4 \mu_4 + \frac{\mu_0 (a_4 b_4 + c_4)(2a_4 b_4 + c_4) + 2b_4 \lambda_0 (a_4 b_4 + 2c_4)}{a_4 b_4 - c_4} \tag{8-360}$$

和
$$\xi = \frac{3b_4^2 c_4 (\mu_0 a_4 - \lambda_0)}{a_4 b_4 - c_4} - 3\mu_4 b_4 c_4. \tag{8-361}$$

解 (8-356) 的非奇性条件是

$$|c_4| > |b_4|M^2, \quad |a_4| > M^2, \quad a_4 c_4 > 0 \quad \text{当} \quad |\phi| \leqslant M < \infty.$$

定理 8.5.2~8.5.4 的证明和定理 8.5.1 的证明相类似, 这里一并省去. 从 Φ^4 模型的严格解如 (8-334) 出发, 可以从定理 8.5.1~8.5.4 得到其他类型的多周期、多孤波相互作用解.

8.5.2 Φ^4 模型的 Bäcklund 变换和非线性叠加

上一小节中给出了 Φ^4 和 Φ^6 模型的一些特殊类型的解之间的形变关系, 文献 [107] 和 [174] 给出了 Φ^4 和 sG 模型及双 SG(DsG) 模型的一些特解间的关系. 因此, 如果得到了 Φ^4 模型的尽可能多的解, 就可以同时达到 Φ^6、sG 和 DsG 模型的大量新解. 本小节利用一些 Φ^4 解之间的关系讨论得到新解的方法. 首先建立几个新的特殊类型的 Bäcklund 变换定理.

定理 8.5.5 如果 ϕ 是 Φ^4 在限制条件

$$(\widetilde{\nabla}\phi)^2 - g(\phi) \equiv \sum_{i=1}^{N} \phi_{x_i}^2 - \phi_t^2 - g(\phi) = 0 \tag{8-362}$$

下的解, 那么

$$\phi_1 = \frac{\phi}{a + \sqrt{1 - \phi^2}}, \tag{8-363}$$

模型参数为 $\{\lambda_1, \mu_1\}$, 其中 ($b \equiv \sqrt{1 - \phi^2}$)

$$g(\phi) = \frac{b^2 \left[A b - a\mu\phi^4 + a(2\mu + 2\lambda_1 - \lambda)\phi^2 + 2a(\lambda - \lambda_1) \right]}{2a\phi^2 - 3a - 3b}, \tag{8-364}$$

$$A \equiv (\mu + a^2\mu + \lambda_1 - \mu_1)\phi^2 + (1 + a^2)(\lambda - \lambda_1)$$

也是 ϕ^4 模型的解.

证明 把 (8-363) 代入

$$\sum_{i=1}^{N} \phi_{1x_i x_i} - \phi_{1tt} - \lambda_1 \phi_1 - \mu_1 \phi_1^3 = 0, \tag{8-365}$$

得

$$\phi(2a\phi^2 - 3a - 3A)(\widetilde{\nabla}\phi)^2 + b^2(a\phi^2 - 2a - (1 + a^2)b)\Box\phi$$
$$+ b^2\phi \left\{ \left[(1 + a^2)\lambda_1 + (\mu_1 - \lambda_1)\phi^2 \right] b + 2a\lambda_1 b^2 \right\} = 0. \tag{8-366}$$

再把 (8-300) 和 (8-362) 代入 (8-366) 正好得到 (8-364).

如果 $\lambda_1 = \lambda$, $\mu_1 = \mu$, 那么 Bäcklund 变换 (8-363) 是自 Bäcklund 变换, 否则是非自 Bäcklund 变换. 下面的推论表明, 由 (8-364) 给出的 $g(\phi)$ 可以是 ϕ 在合适的参数下的一个多项式.

推论 8.5.1 如果 ϕ 是 Φ^4 和限制条件

$$\sum_{i=1}^{N} \phi_{x_i}^2 - \phi_t^2 - a_0 - a_1\phi^2 - a_2\phi^4 = 0 \tag{8-367}$$

的解, 那么由 (8-363) 给出的 ϕ_1 也是 Φ^4 方程的解, 其中参数 $\lambda_1, \mu_1, a_0, a_1$ 和 a_2 由以下三种情况给出:

(1) 当 $a_0 = -\lambda - \frac{1}{2}\mu$, $a_1 = \lambda$, $a_2 = \frac{1}{2}\mu$ 时,

$$a = \pm 1, \quad \mu_1 = -\frac{2\lambda + \mu}{4}, \quad \lambda_1 = -\frac{3\mu - 2\lambda}{4};$$

(2) 当 $a_0 = 0$, $a_2 = -a_4 = \lambda$ 时,

$$\lambda_1 = \lambda, \quad \mu_1 = 2(1 - a^2)\lambda, \quad \mu = -2\lambda;$$

(3) 当 $a_0 = \frac{1}{3}(\lambda_1 - \lambda)$, $a_2 = \frac{1}{3}(\lambda - \mu + \mu_1 - 2\lambda_1)$, $a_4 = \frac{1}{3}(\mu + \lambda_1 - \mu_1)$ 时,

$$a = 0.$$

推论 8.5.1 的证明很直接, 把推论中给出的参数代入 (8-362) 就可以得到定理 8.5.5.

定理 8.5.6 如果 ϕ 是 Φ^4 模型在限制条件 (8-362) 下的解, 那么

$$\phi_2 = \frac{\sqrt{1 + b\phi^2}}{a + \phi} \tag{8-368}$$

是模型参数为 $\{\lambda_2, \mu_2\}$ 的 Φ^4 模型的解, 其中

$$g(\phi) = \frac{(1 + b\phi^2)\left[f\phi^4 - ab\mu\phi^5 + g\phi^3 + h\phi^2 + a(\lambda + 2\lambda_2)\phi + \mu_2 + a^2\lambda_2\right]}{2 + a^2b + 3b\phi^2 - 2ab^2\phi^3}, \tag{8-369}$$

$$f \equiv \mu(1 - ba^2) + b\lambda_2 + b^2\mu_2, \quad g \equiv a(\mu + 2b\lambda_2 - b\lambda),$$
$$h \equiv \lambda_2(1 + ba^2) + \lambda(1 - ba^2) + 2b\mu_2.$$

和定理 8.5.5 相似, 下述推论 8.5.2 表明由 (8-369) 给出的 $g(\phi)$ 也可以是 ϕ 在合适的参数下的一个多项式.

8.5 非行波形变映射法

推论 8.5.2 如果 ϕ 是 Φ^4 模型在限制条件

$$\sum_{i=1}^{N} \phi_{x_i}^2 - \phi_t^2 - \sum_{j=0}^{4} a_j \phi^j = 0$$

下的解，那么由 (8-368) 给出的 ϕ_2 也是 Φ^4 模型的解，其中参数满足以下两种情况，

$$b = -\frac{1}{a^2}, \quad \mu_2 = -2a^2\lambda - 3a^2\lambda_2 - \frac{1}{2}a^4\mu, \quad a_0 = \mu_2 + a^2\lambda_2,$$

$$a_1 = a(\lambda + 2\lambda_2), \quad a_2 = 2\lambda + 2\lambda_2, \quad a_3 = -\frac{a_1}{a^2}, \quad a_4 = \frac{1}{2}\mu$$

和

$$b = \frac{\mu}{\lambda}, \quad \mu_2 = \frac{\lambda(\lambda + a^2\mu)}{\mu}, \quad \lambda_2 = -\frac{\lambda}{2}, \quad a_0 = \frac{\lambda^2}{2\mu},$$

$$a_1 = a_3 = 0, \quad a_2 = \lambda, \quad a_4 = \frac{\mu}{2}.$$

定理 8.5.7 如果 ϕ 是 Φ^4 模型在限制条件 (8-362) 下的解，那么

$$\phi_3 = \frac{b\phi + c}{\sqrt{1 + a\phi^2}} \tag{8-370}$$

是模型参数为 $\{\lambda_3, \mu_3\}$ 的 Φ^4 模型的解，其中

$$g(\phi) = \frac{(1 + a\phi^2)\left[ac\mu\phi^4 + A\phi^3 + cB\phi^2 + bC\phi + c(\lambda_3 + c^2\mu_3)\right]}{2ac\phi^2 - 3b\phi - c}, \tag{8-371}$$

$A \equiv b(a\lambda_3 + b^2\mu_3 - \mu)$, $B \equiv a\lambda + a\lambda_3 + 3b^2\mu_3$, $C \equiv 3c^2\mu + \lambda_3 - \lambda$.

由 (8-371) 给出的 $g(\phi)$ 在下述推论 8.5.3 的四种特殊情况下具有多项式形式.

推论 8.5.3 如果 ϕ 是在限制条件 (8-362) 下的解，那么由 (8-370) 给出的 ϕ_3 也是 Φ^4 方程的解，其参数满足以下四种情况：

(1)

$$\lambda_3 = \frac{c^2\mu - 3b^2\lambda - 4ac^2\lambda}{6(b^2 + ac^2)}, \quad \mu_3 = \frac{a\lambda - \mu}{2(ac^2 + b^2)},$$

$$a_0 = \frac{2c^2\mu + 3b^2\lambda + ac^2\lambda}{6a(ac^2 + b^2)}, \quad a_1 = \frac{bc(\mu - a\lambda)}{3a(ac^2 + b^2)}, \quad a_3 = aa_1,$$

$$a_2 = \frac{(3b^2 + 5ac^2)\mu + (a^2c^2 + 3ab^2)\lambda}{6a(ac^2 + b^2)}, \quad a_4 = \frac{1}{2}\mu; \tag{8-372}$$

(2)
$$\lambda_3 = -\frac{c^2\mu + 2b^2c^2\mu_3 + 4b^2\lambda}{6b^2}, \quad a_0 = \frac{2c^2(c^2\mu_3 - \lambda)}{3b^2} - \frac{c^4\mu}{6b^4},$$

$$a_1 = \frac{c^3(\mu + 2\mu_3)}{3b} + \frac{c^3\mu}{3b^3}, \quad a_2 = \frac{2\lambda}{3} - \frac{2c^2\mu_3}{3} - \frac{c^2\mu}{3b^2},$$

$$a_3 = -\frac{b\lambda}{3c} - \frac{c\mu}{3b} - \frac{2bc\mu_3}{3}, \quad a_4 = \frac{\mu}{2}, \quad a = -\frac{b^2}{c^2}; \qquad (8\text{-}373)$$

(3)
$$c = 0, \quad \lambda_3 = -\frac{\mu + 2b^2\mu_3}{2a}, \quad a_0 = \frac{\mu + 2a\lambda + 2b^2\mu_3}{6a^2},$$

$$a_1 = a_3 = 0, \quad a_2 = \frac{2\mu + a\lambda + b^2\mu_1}{3a}, \quad a_4 = \frac{\mu}{2}; \qquad (8\text{-}374)$$

(4)
$$\lambda_3 = -\frac{\mu}{6a} - \frac{\lambda}{3} - \frac{2c^2\mu_3}{3}, \quad a_0 = \frac{\mu + 2a\lambda - 2ac^2\mu_3}{6a^2},$$

$$a_2 = \frac{2\mu + a\lambda - ac^2\mu_3}{3a}, \quad a_4 = \frac{\mu}{2}, \quad a_1 = a_3 = b = 0. \qquad (8\text{-}375)$$

定理 8.5.8 如果 ϕ 是 Φ^4 模型在限制条件 (8-362) 下的解, 那么

$$\phi_4 = \frac{b\phi + c}{a + \phi^2} \qquad (8\text{-}376)$$

是模型参数为 $\{\lambda_4, \mu_4\}$ 的 Φ^4 模型的解. (8-362) 中的 $g(\phi)$ 为 ($v \equiv a+\phi^2$, $w \equiv c+b\phi$)

$$g(\phi) = \frac{v\phi(\lambda + \mu\phi^2)(ab - 2c\phi - b\phi^2) - w\left(\mu_4 w^2 + \lambda_4 v\right)}{2(ac + 3ab\phi - 3c\phi^2 - b\phi^3)}. \qquad (8\text{-}377)$$

由 (8-377) 给出的 $g(\phi)$ 在下面推论 8.5.4 的两种情况下成为 ϕ 的多项式形式.

推论 8.5.4 如果 ϕ 是 Φ^4 模型在限制条件 (8-362) 下的解, 那么由 (8-376) 给出的 ϕ_4 也是其解, 参数满足以下两种情况:

(1)
$$\lambda_4 = -\frac{24a^2\mu + 8a\lambda + 3b^2\mu_4}{16a}, \quad a_0 = \frac{a^2\mu}{4} + \frac{a\lambda}{4} + \frac{b^2\mu_4}{32},$$

$$a_2 = \frac{3a\mu}{4} + \frac{\lambda}{4} - \frac{3b^2\mu_4}{32a}, \quad a_1 = a_3 = c = 0, \quad a_4 = \frac{\mu}{2}; \qquad (8\text{-}378)$$

(2)
$$a = -\frac{c^2}{b^2}, \quad a_1 = -\frac{c(\lambda + 2\lambda_4)}{2b}, \quad a_3 = -\frac{c\mu}{2b},$$
$$a_0 = \frac{c^2\lambda_4 + b^4\mu_4}{2b^2}, \quad a_2 = \frac{\lambda + \lambda_1}{2}, \quad a_4 = \frac{\mu}{2}. \tag{8-379}$$

定理 8.5.9 如果 ϕ 是 Φ^4 模型在限制条件 (8-362) 下的解, 那么
$$\phi_5 = \frac{b\phi^2 + 1}{a + c\phi^2} \tag{8-380}$$
也是其解, 此时模型参数为 $\{\lambda_5, \mu_5\}$, (8-362) 中的 $g(\phi)$ 满足
$$g(\phi) = \frac{(1+b\phi^2)\left[\mu_5(1+b\phi^2)^2 + \lambda_5(a+c\phi^2)^2\right]}{(a-3c\phi^2)(ab-c)} - \frac{(\lambda+\mu\phi^2)(a+c\phi^2)\phi^2}{a-3c\phi^2}. \tag{8-381}$$
容易验证, 如果取
$$\mu_5 = \frac{8ca^2(ab-c)(a\mu+3c\lambda)}{(ab+3c)^3} - \frac{16a^2c^2\lambda_5}{(ab+3c)^2}, \tag{8-382}$$
那么定理 8.5.9 给出的 $g(\phi)$ 是一个多项式形式, 得到如下推论:

推论 8.5.5 如果 ϕ 是 Φ^4 模型在限制条件 (8-362) 下的解, 那么由 (8-380) 给出的 ϕ_5 也是解, 此时模型参数为 $\{\lambda_5, \mu_5\}$, μ_5 由 (8-382) 给出, $g(\phi)$ 为
$$g(\phi) = \left[\frac{a\lambda_5}{2C} + \frac{2A+bB}{6b^2} - \frac{2a^2bB}{3C^3} - \frac{4a^3bA}{3C^3}\right](1+b\phi^2)^2 - \frac{A(4ba-C)}{3Cb^2}$$
$$+ \left[\frac{4a^2A}{3C^2} + \frac{2a(2A+b\lambda_5+2b\lambda)}{3bC} - \frac{2b\lambda+4A+b\lambda_5}{6b^2}\right](1+b\phi^2),$$
$$A \equiv \mu - b\lambda, \ C \equiv ab + 3c, \ B \equiv \lambda_5 + 2\lambda.$$

前面提出了几个特殊形式的 Bäcklund 变换, 用来从已知的特殊解寻求新解, 这些 Bäcklund 变换通常是非自 Bäcklund 变换. 原因是新解和已知解具有不同的模型参数 $\{\lambda, \mu\}$. 下一个定理表明是否可以从 ϕ^4 模型的两个已知解中推出新解.

定理 8.5.10 如果 ϕ_1 和 ϕ_2 是 Φ^4 模型在限制条件
$$\sum_{i=1}^{N} \phi_{1x_ix_i} - \phi_{1tt} = \lambda_1\phi + \mu_1\phi^3, \ (\widetilde{\nabla}\phi_1)^2 = g_1(\phi_1, \phi_2), \tag{8-383}$$
$$\sum_{i=1}^{N} \phi_{2x_ix_i} - \phi_{2tt} = \lambda_2\phi + \mu_2\phi^3, \ (\widetilde{\nabla}\phi_2)^2 = g_2(\phi_1, \phi_2), \tag{8-384}$$
$$(\widetilde{\nabla}\phi_1) \cdot (\widetilde{\nabla}\phi_2) \equiv \sum_{i=1}^{N} \phi_{1x_i}\phi_{2x_i} - \phi_{1t}\phi_{2t} = g_3(\phi_1, \phi_2) \tag{8-385}$$

下的解, 那么
$$\phi = g_0(\phi_1, \phi_2) \tag{8-386}$$
也是其解, 此时模型参数为 $\{\lambda, \mu\}$, 其中 $g_0 \equiv g_0(\phi_1, \phi_2)$, $g_1 \equiv g_1(\phi_1, \phi_2)$, $g_2 \equiv g_2(\phi_1, \phi_2)$ 和 $g_3 \equiv g_3(\phi_1, \phi_2)$ 满足条件

$$g_1 g_{0\phi_1\phi_1} + g_2 g_{0\phi_2\phi_2} + g_3 g_{0\phi_1\phi_2} + \phi_1(\lambda_1 + \mu_1 \phi_1^2) g_{0\phi_1}$$
$$+ \phi_2(\lambda_2 + \mu_2 \phi_2^2) g_{0\phi_2} - g_0(\lambda + \mu g_0^2) = 0. \tag{8-387}$$

原则上, 给定 g_1, g_2 和 g_3, 可以从 (8-383)~(8-385) 得到 ϕ_1 和 ϕ_2, 然后从 (8-387) 得到 $\phi = g_0$. 可见, 定理 8.5.10 是一个特殊的叠加定理, 即, 一旦知道了 ϕ^4 模型的两个特解 (不是任意解) 就可以通过求解 (8-387) 进行非线性叠加得到新解.

和可积系统的一般叠加公式不同, 这里给出的叠加定理通常也是非自叠加. 也就是说, 可以从 ϕ^4 模型的两个特解得到新解, 而这些解的模型参数可能是不同的.

给出一个具体清楚的例子, 当取定 g_1, g_2 和 g_3 具有简单的多项式形式

$$g_1 = \lambda_1 \left(\phi_1^2 + \frac{\mu}{\lambda}\phi_1^4 + \frac{\lambda}{2\mu}\right), \quad g_2 = (\lambda - \lambda_1)\left(\phi_2^2 + \frac{\mu}{\lambda}\phi_2^4 + \frac{\lambda}{2\mu}\right), \quad g_3 = 0 \tag{8-388}$$

时, (8-387) 具有特殊的有理解

$$\phi = g_0 = \frac{\lambda(\phi_1 + \phi_2)}{\lambda - \mu\phi_1\phi_2}. \tag{8-389}$$

这样就有如下推论:

推论 8.5.6 如果 ϕ_1 和 ϕ_2 是 Φ^4 限制系统 (8-383)~(8-385) 和 (8-388) 的解, 那么由 (8-389) 给定的 ϕ 也是 Φ^4 方程的解.

为了得到 Φ^4 模型的严格解, 不同的作者已经给出了很多有意思的结果. 为了得到更多的 Φ^4 模型的严格解, 需利用前面给出的定理, 那么第一步就是寻找 (8-300) 和限制方程 (8-362) 的解.

和文献 [146]、[149]、[150] 和 [161] 相同, 为了得到 ϕ^4 方程的种子解, 假设 ϕ 仅是单变量 u 的函数, 即

$$\phi = \phi(u), \tag{8-390}$$

而 u 与时间空间相关, 且是 Klein-Gordon(KG) 方程

$$\sum_{i=1}^{N} u_{x_i x_i} - u_{tt} = A(u), \quad \left(\widetilde{\nabla} u\right)^2 = B(u) \tag{8-391}$$

的任意解, 其中 $A(u)$ 和 $B(u)$ 任意.

在假设 (8-390) 和 (8-391) 下, 有如下定理:

8.5 非行波形变映射法

定理 8.5.11 如果 u 是方程 (8-391) 的解，那么由 (8-390) 和

$$B(u)\phi_{uu} + A(u)\phi_u - \lambda\phi - \mu\phi^3 = 0 \tag{8-392}$$

给出的 ϕ 是 Φ^4 模型 (8-300) 的解.

在假设 (8-390) 下, (8-362) 中的限制函数 $g(\phi)$ 不能是任意函数, 应该和 A, B 相关,

$$\frac{(B_u - 2A)^2}{B} - \frac{\left[g_\phi - 2\phi(\lambda + \mu\phi^2)\right]^2}{g} = 0. \tag{8-393}$$

特殊地, 如果取

$$A = \frac{1}{2}B_u, \tag{8-394}$$

则

$$g = \lambda\phi^2 + \frac{1}{2}\mu\phi^4 + C_1, \tag{8-395}$$

其中 C_1 是一个积分常数.

进一步, 在假设 (8-394) 下, 方程 (8-392) 的一般解可以用椭圆积分来表示:

$$\int \frac{\mathrm{d}\phi}{\sqrt{\lambda\phi^2 + \frac{1}{2}\mu\phi^4 + C_1}} - V + V_0 = 0, \quad V \equiv \int \frac{\mathrm{d}u}{\sqrt{B(u)}}, \tag{8-396}$$

其中 C_1 和 V_0 是任意积分常数.

(8-396) 式的积分结果通常用 Jacobi 椭圆积分函数来表示.

例 8.5.1 如果 $\lambda < 0$, $\mu > 0$, 积分常数 C_1 取为

$$C_1 = \frac{2n^2\lambda^2}{\mu(1+n^2)^2},$$

那么 Φ^4 有特解

$$\phi = \sqrt{\frac{-2\lambda n^2}{\mu(1+n^2)}} \operatorname{sn}\left(\sqrt{\frac{-\lambda}{1+n^2}} V\right), \tag{8-397}$$

其中 n 是 Jacobi 椭圆函数sn的模, V 由 (8-396) 式定义.

文献 [146] 中的表格 1 列出了很长一串 ϕ^4 模型的不同的椭圆积分表达式, 其中一些可以通过前面给出的 Bäcklund 变换从 sn 种子得到.

余下的关键一步就是找出可能的 V 的表达式. 应该指出的是, 定理 8.5.11 或例 8.5.1 中给出的解仍是相当一般的, 原因是定义的方程 (8-391) 包括两个任意函数

(A 和 B). 文献 [146]、[149]、[150] 和 [161] 给出了几种可能的表达式, 如

$$V = \frac{1}{\alpha} \ln \sum_{\gamma=1}^{M} \exp \theta_\gamma, \tag{8-398}$$

$$\theta_\gamma = \sum_{i=1}^{N} P_\gamma^i x_i + \omega_\gamma t, \tag{8-399}$$

其中

$$\sum_{i=1}^{N} \left(P_\gamma^i\right)^2 - \omega_\gamma^2 = 1, \tag{8-400}$$

$$\sum_{i=1}^{N} \left(P_\gamma^i - P_{\gamma'}^i\right)^2 - (\omega_\gamma - \omega_{\gamma'})^2 = 0, \tag{8-401}$$

对应

$$B(u) = \alpha^2 u^2, \qquad A(u) = \alpha^2 u. \tag{8-402}$$

注意, 即使对固定的 A 和 B, 也可以在限制性 KG 方程 (8-391) 中加入任意函数. 例如, 如果选取 A 和 B 具有关系 (8-394), 那么相应的 V 可以表示为

$$V = f\left(\sum_{i=1}^{N} k_i x_i + \omega_1 t\right) + \left(\sum_{i=1}^{N} m_i^2 - \omega_0^2\right)^{-1/2} \left(\sum_{i=1}^{N} m_i x_i + \omega_0 t\right)$$

$$\equiv f(\xi) + \eta, \tag{8-403}$$

其中 $f(\xi)$ 是 ξ 的任意函数, 常数 k_i, m_i, ω_1 和 ω_0 满足

$$\sum_{i=1}^{N} k_i^2 - \omega_1^2 = 0, \qquad \sum_{i=1}^{N} k_i m_i - \omega_1 \omega_0 = 0. \tag{8-404}$$

任意函数在 (8-403) 中的出现使得特殊的椭圆 sn 波 (8-397) 仍具有丰富的结构. 图 8-7∼ 图 8-10 是三种特殊情况. 图 8-8 显示了两个扭结型半曲线孤子的相互作用结构, 是图 8-7 中的椭圆函数模为 1 时的极限情况. 图 8-7 描绘的周期波的具体表达式为

$$\phi = \frac{\sqrt{2}n}{\sqrt{1+n^2}} \operatorname{sn} \frac{(3x+4y+5t)^{2/3} - 2x - y - 2t}{\sqrt{1+n^2}}, \tag{8-405}$$

相应的参数和函数为

$$\lambda = -1, \ \mu = m_1 = 1, \ k_1 = 3, \ k_2 = 4, \ m_2 = \frac{1}{2}, \ f(\xi) = \xi^{2/3}. \tag{8-406}$$

8.5 非行波形变映射法

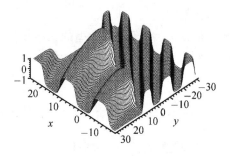

图 8-7 由(8-405)表示的Φ⁴模型的周期半曲线孤子结构($n=0.999$)

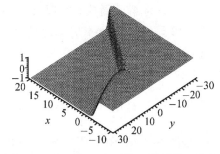

图 8-8 由(8-405)表示的Φ⁴模型的两个扭结型半曲线孤子相互作用结构($n=1$)

图 8-9 描绘的是 $t=0$ 时刻的一个二半线孤子和一个周期波之间的相互作用, 其中 $\xi = 3x + 4y + 5t$,

$$\phi = \frac{\sqrt{2}n}{\sqrt{1+n^2}} \operatorname{sn} \frac{\sqrt{\xi^2+1}+4\sin\xi - 2x - y - 2t}{\sqrt{1+n^2}}, \tag{8-407}$$

此时取 $n=1$, 参数的取法和 (8-406) 相同, 但是任意函数取为

$$f(\xi) = \sqrt{\xi^2+1} + 4\sin(\xi). \tag{8-408}$$

图 8-10 揭示了 (8-407) 表示的与图 8-9 相应的椭圆波推广 ($n=0.999999$).

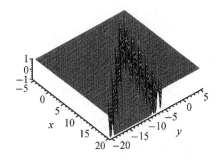

图 8-9 由(8-406)表示的两个半线孤子和一个周期波的相互作用($n=1$)

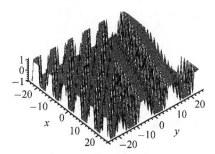

图 8-10 与图8-9相对应的椭圆波推广 $n=0.999999$

例 8.5.2 如果积分常数 C_1 在 $\lambda > 0$, $\mu < 0$ 的情况下取为

$$C_1 = \frac{2n^2\lambda^2(1-n^2)}{\mu(n^2-2)^2},$$

那么 Φ⁴ 模型具有特解

$$\phi = \sqrt{\frac{2\lambda}{\mu(n^2-2)}} \operatorname{dn}\left(\sqrt{\frac{\lambda}{2-n^2}} V\right), \tag{8-409}$$

其中 n 是 Jacobi 椭圆函数 dn 的模, V 由 (8-396) 给出.

图 8-12 显示了由 (8-409) 表示的 Φ^4 模型的 $t = 0$ 时刻一个典型的二半线孤波解, 或称之为 "V" 形孤波解 (相比较于 KP 方程的 "Y" 形孤子解), 相应的参数选择为 $n = 1$ 和

$$\mu = -1, \ \lambda = m_1 = 1, \ k_1 = 3, \ k_2 = 4, \ m_2 = \frac{1}{2}, \ f(\xi) = \sqrt{\xi^2 + 1}. \tag{8-410}$$

图 8-11 是图 8-12 表示的 "V" 形孤波的第一种椭圆波推广 ($n = 0.999$).

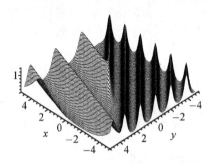 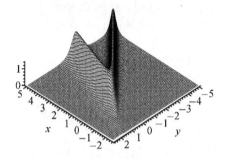

图 8-11　由 (8-409), (8-396) 和 (8-410) 表示的椭圆波结构 ($n = 0.999$)　　图 8-12　"V" 形孤波, 所有函数和参数除 $n = 1$ 外均与图 8-11 同

例 8.5.3　如果积分常数 C_1 在

$$\lambda > 0, \quad \mu < 0, \quad n > \sqrt{2} \tag{8-411}$$

或

$$\lambda < 0, \quad \mu < 0, \quad n < \sqrt{2} \tag{8-412}$$

的情况下取为

$$C_1 = \frac{2n^2\lambda^2(n^2 - 1)}{\mu(2n^2 - 1)^2},$$

那么 Φ^4 模型具有如下 cn 形式的解

$$\phi = \sqrt{\frac{2\lambda n^2}{\mu(1 - 2n^2)}} \operatorname{cn}\left(\sqrt{\frac{\lambda}{2n^2 - 1}} V\right), \tag{8-413}$$

其中 n 是椭圆函数 cn 的模, V 由 (8-396) 决定.

对 (8-411) 的情况, 椭圆 cn 波 (8-413) 与椭圆 dn 波 (8-409) 有相同的 V 形孤波极限. 虽然椭圆 dn 波和椭圆 cn 波有相同的 $n = 1$ 极限 (图 8-12), 但是它们在 $n \neq 1$ 时有完全不同的结构. 对 dn 波 (8-409), ϕ 在全空间总是大于零, 而 cn 波 (8-413) 在一些区域是正的在另一些区域则是负的. dn 波 (8-409) 既有稳定的孤波

极限解 $(n \to 1)$ 也有稳定的对称破缺 (常数) 极限解 $(n \to 0)$, 而 cn 波 (8-413) 的实条件表明不存在 $n \to 0$ 的实解但有无限振幅的周期解 $(n \to \frac{1}{\sqrt{2}})$.

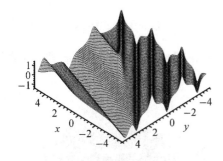

图 8-13　图8-12中所示的V形孤波的第二种类型的椭圆波推广 $(n=0.999)$

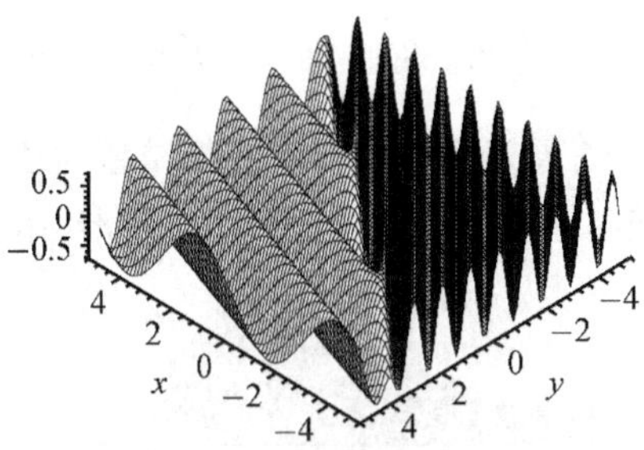

图 8-14　一个无孤波极限的椭圆波结构(8-413)和(8-412) $(n=0.4)$

对 (8-412) 的情况, cn 波 (8-413) 具有稳定的对称真空解 $\phi \to 0|_{n\to 0}$ 和无穷振幅周期解 $\max(\phi) \to \infty|_{n \to \frac{1}{\sqrt{2}}}$, 但没有孤波极限, 图 8-13 和图 8-14 显示了 cn 波 (8-413) 的两个典型结构.

为了从非线性叠加定理 8.5.10 得到一些显式解, 这里给出一个具有固定参数

$$\mu = -\lambda = 450 \tag{8-414}$$

的例子.

例 8.5.4　在参数取为 (8-414) 的情况下, 从定理 8.5.10 得出的一个特解是

$$\phi = \frac{\tanh(V_1) + \mathrm{sn}(V_2,\ n)}{1 + \tanh(V_1)\mathrm{sn}(V_2,\ n)}, \tag{8-415}$$

n 是椭圆函数 sn 的模,

$$V_1 = f_1(3x+4y+5t) + 12x - 9y,$$
$$V_2 = f_2(9x+12y+15t) + 2x + \frac{8}{3}y + \frac{10}{3}t, \tag{8-416}$$

f_1 和 f_2 是所示宗量的任意函数.

虽然 (8-415) 的参数是取定的, 但由于任意函数 f_1 和 f_2 的存在, 仍然具有丰富的结构. 图 8-15~ 图 8-18 展示了 $t=0$ 时刻四种孤立波解的结构, 对应的函数和模分别是

$$f_1 = [3+(3x+4y+5t)^2]^{3/2},\ f_2 = \sqrt{(9x+12y+15t)^2+5},\ n=1; \tag{8-417}$$

$$f_1 = [3+(3x+4y+5t)^2]^{3/2},\ f_2 = \sqrt{(9x+12y+15t)^2+5},\ n=0.999; \tag{8-418}$$

$$f_1 = \sqrt{3+(3x+4y+5t)^2},\ f_2 = 10\tanh(9x+12y+15t),\ n=0.5 \qquad (8\text{-}419)$$

和

$$f_1 = \left(3+(3x+4y+5t)^2\right)^{3/2},\ f_2 = 10\sin(9x+12y+15t),\ n=0.5. \qquad (8\text{-}420)$$

图 8-15 展示了一个特殊的扭结型曲线孤波结构,图 8-16~图 8-18 展示了三种曲线孤波与周期波和准周期波的相互作用.

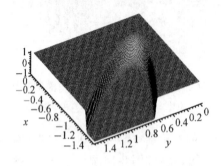 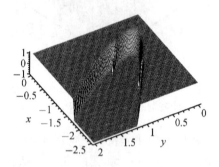

图 8-15　由(8-415)~(8-417)表示的扭结型曲线孤波　　图 8-16　(8-415)~(8-416)和(8-418)表示的具有一个周期波扭曲的扭结型孤波

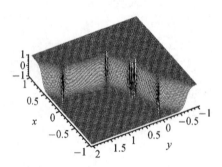 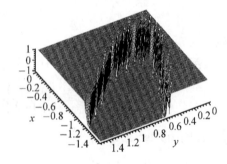

图 8-17　(8-415)~(8-416)和(8-419)表示的曲线孤波和准周期波相互作用解　　图 8-18　(8-415)~(8-416)和(8-420)表示的一个曲线孤波和周期波的复杂相互作用

本节给出的方法和结果可以应用到许多其他非线性物理模型,特别是非线性 Klein-Gordon 型方程和其他相对论性方程.

参 考 文 献

[1] Ablowitz M J, Clarkson P A. Solitons, Nonlinear Evolution Equations and Inverse Scattering. London Mathematical Society Lecture Notes Series 149, Cambridge University Press, 1991

[2] Ablowitz M J, Ramani A, Segur H. Lett. Nuovo Cimento, 1978, 23: 333

[3] Ablowitz M J, Prinari B, Trubatch A D. Dynamics of PDE, 2004, 1: 239

[4] Ablowitz M J, Prinari B, Trubatch A D. Discrete and Continuous Nonlinear Schrödinger Systems. London Mathematical Society - Lecture Notes Series 302, Cambridge University Press, 2004

[5] Ablowitz M J, Fokas A S. Complex Variables. Cambridge Texts in Applied Mathematics, 1997

[6] Abramowitz M, Stegun I A (Eds.). Jacobian Elliptic Functions and Theta Functions, Ch. 16 in Handbook of Mathematical Functions with Formulas, Graphs, and Mathematical Tables, 9th printing, New York: Dover, 1972: 567-581

[7] Adler V E, Gürel B, Gürses M, Habibullin I. J. Phys. A: Math. Gen., 1997, 30: 3505

[8] Agrawal G P. Nonlinear Fiber Optics. second edition. San Diego: Academic Press, 1995

[9] Aiyer R N, Fuchssteiner B, Oevel W. J. Phys. A: Math. Gen., 1986, 19: 3755

[10] Akhmediev N N, Afanasjev V V, Soto-Crespo J M. Phys. Rev. E, 1996, 53: 1190

[11] Alexeyev A A. Phys. Lett. A, 2005, 335: 197

[12] Beals R, Coifman R R. Commun. Pure Appl. Math., 1984, 37: 39; 1985, 38: 29

[13] Benney D J, Roskes G J. Stud. Appl. Math., 1969, 47: 377

[14] Black P, Drake G, Jossem L. 物理 2000 进入新千年的物理学. 赵凯华等译. 北京大学出版社, 2000

[15] Blaszak M, Ma W X. J. Math. Phys., 2002, 43: 3107

[16] Bluman G W, Kumei S. Symmetries and Differential Equation. Appl. Math. Sci. 81, Springer, Berlin, 1989

[17] Boiti M, Leon J J P, Manna M, Pempinelli F. Inverse Problems, 1986, 2: 116

[18] Boiti M, Leon J J P, Manna M, Pempinelli F. Inverse Problems, 1986, 2: 271

[19] Boiti M, Leon J J P, Manna M, Pempinelli F. Inverse Problems, 1987, 3: 25

[20] Boiti M, Leon J J P, Pempinelli F. Inverse Problems, 1987, 3: 371

[21] Boiti M, Leon J J P, Martina L, Pempinelli F. Phys. Lett. A, 1988, 132: 432

[22] Boiti M, Leon J J P, Pempinelli F. J. Math. Phys., 1990, 31: 2612

[23] Boiti M, Leon J J P, Martina L, Pempinelli F. Phys. Lett. A, 1991, 132: 55

[24] Boutet de Monvel A, Kotlyarov V. Inverse Problems, 2000, 16: 1813
[25] Boutet de Monvel A, Shepelsky D. C.R. Acad. Sci. Paris, 2003, 337: 517
[26] Boutet de Monvel A, Fokas A S, Shepelsky D. J. Math. Inst. Jussieu, 2004, 3: 1
[27] Boutet de Monvel A, Shepelsky D. Annales de L Institut Fourier, 2004, 54: 1477
[28] Boutet de Monvel A, Kotlyarov V. Commun. Math. Phys., 2005, 253: 51
[29] Bronski J C, Carr L D, Deconinck B, Kutz J N. Phys. Rev. Lett., 2001, 86: 1402
[30] Bullough R K, Caudrey P J. (Eds.) Solitons. Berlin, Springer-Verlag, 1980
[31] Burger S, Bongs K, Ertmer W, Sengstock K, Sanpera A, Shlyapnikov G V, Lewenstein M. Phys. Rev. Lett., 1999, 83: 5189
[32] Calogero F, Eckhaus W. Inverse Problem, 1987, 3: 229; 1988, 4: 11
[33] Calogero F, Ji X D. J. Math. Phys., 1991, 32: 875; 1991, 32: 2703
[34] Cariello F, Tabor M. Physica D, 1989, 39: 77
[35] Camassa R, Holm D D. Phys. Rev. Lett., 1993, 71: 1661
[36] Cao C W. Sci. China A, 1990, 33: 528
[37] Cao C W, Geng X G, Wu Y T. J. Phys. A: Math. Gen., 1999, 32: 8059
[38] Carr L D. Solitons in Bose-Einstein Condensates. doctor thesis, 2001
[39] Carr L D, Clark C W, Reinhardt W P. Phys. Rev. A, 2000, 62: 063610; 2000, 62: 063611
[40] Carr L D, Clark C W, Reinhardt W P. in Advances in Quantum Many Body Theory. edited by Bishop R F, Gernoth K A, Walet N, Xian Y. vol. 3, World Scientific, New York, 2000
[41] Chen C L, Tang X Y, Lou S Y. Phys. Rev. E, 2002, 66: 036605
[42] Chen Y, Li B. Commun. Theor. Phys., 2004, 41: 1
[43] Cheng Y, Li Y S. Phys. Lett. A, 1991, 175: 22
[44] Chou K S, Qu C Z. J. Phys. A: Math. Gen., 1999, 32: 6271.
[45] Chow K W. J. Phys. Soc. Jpn., 1995, 65: 1971
[46] Clarkson P A, Kruskal M D. J. Math. Phys., 1989, 30: 2201
[47] Clarkson P A. Chaos Solitons and Fractals, 1995, 5: 2261
[48] Clarkson P A, Mansfield E L. Nonlinearity, 1994, 7: 795
[49] Clarkson P A. Chaos, Solitons and Fractals, 1995, 5: 2261
[50] Clarkson P A, Mansfield E L. Acta Appl. Math., 1995, 39: 245
[51] Conte R. Phys. Lett. A, 1989, 140: 383
[52] Crum M. Quat. J. Math., 1955, 6: 121
[53] Darboux G. Compt. Rend., 1882, 94: 1456
[54] Davey A, Stewartson K. Proc. R. Soc. A, 1974, 338: 101
[55] Denschlag J, Simsarian J E, Feder D L, Clark C W, Collins L A, Cubizolles J, Deng L, Hagley E W, Helmerson K, Reinhardt W P, Rolston S L, Schneider B I, Phillips W D. Science, 2000, 287: 97

[56] Diao Y N, Feng G L, Liu S D, Liu S K, Luo D H, Huang S X, Lu W S, Chou J F. Adv. Atmos. Sci., 2004, 21: 399
[57] Dodd R K, Eilbeck J C, Morris H C. Solitons and Nonlinear Equations. London: Academic Press, 1984
[58] Donnelly R J. Quantized Vortices in Helium II. Cambridge University Press, New York, 1991
[59] Dolye P W. J. Phys. A, 1996, 29: 7581
[60] Dolye P W, Vassiliou P J. Int. J. Nonlinear Mech., 1998, 33: 315
[61] Drazin P G, Johnson R S. Solitons: An Introduction. Cambridge, England, Cambridge University Press, 1988
[62] Dubrovsky V G, Konopelchenko B G. Inverse Problems, 1993, 9: 391
[63] Dubrovsky V G, Formusatik I B. Phys. Lett. A, 2001, 278: 339
[64] Estevez P G, Qu C Z, Zhang S L. J. Math. Anal. Appl., 2002, 275: 44
[65] Estevez P G, Qu C Z. Theor. Math. Phys., 2002, 133: 1490
[66] Estévez P G, Leble S. Inverse Problems, 1995, 11: 925
[67] Estévez P G, Gordoa P R. Inverse Problems, 1997, 13: 939
[68] Estévez P G, Gordoa P R. J. Phys. A: Math. Gen., 1990, 23: 4831
[69] Estévez P G, Leble S B. Acta Appl. Math., 1995, 39: 277
[70] Fan E G. J. Phys. A: Math. Gen., 2001, 34: 513
[71] Fan E G. Phys. Lett. A, 2000, 277: 212
[72] Fokas A S, Santini P M. Physica D, 1990, 44: 99
[73] Fokas A S, Liu Q M. Phys. Rev. Lett., 1994, 72: 3293
[74] Fokas A S, Santini P M. Phys. Rev. Lett., 1989, 63: 1329; Physica D, 1990, 44: 99
[75] Fokas A S, Its A R. J. Phys. A: Math. Gen., 2004, 37: 6091
[76] Fokas A S, Boutet de Monvel A, Shepelsky D. Lett. Math. Phys., 2003, 65: 199
[77] Fokas A S. Proc. Roy. Soc. A, 1997, 453: 1411
[78] Fokas A S, Its A R, Sung L Y. The nonlinear Schrödinger equation on the half-line. http://www.math.sc.edu/~imip/04.html.
[79] Fokas A S. Commun. Math. Phys, 2002, 230: 1
[80] Fokas A S. Proc. R. Soc. A, 2001, 457: 371
[81] Fokas A S, Its A R. SIAM J. Math. Anal., 1996, 27: 738
[82] Fokas A S, Kotlyarov V. The generalised Dirichlet to Neuman map for nonlinear integrable evolution equations (Preprint)
[83] Fuchssteiner B. Prog. Theor. Phys., 1987, 78: 1022
[84] Fuchssteiner B. Prog. Theor. Phys., 1983, 70: 1508
[85] Galaktionov V A. Diff. Int. Eqns., 1990, 3: 863
[86] Garder C S, Greene J M, Kruskal M D, Mirura R M. Comm. Pure. Appl. Math., 1974, 27: 97

[87]   Gardner C S, Greene J M, Kruskal M D, Miura R M. Phys. Rev. Lett., 1976, 19: 1095
[88]   Gilson C R. Phys. Lett. A, 1992, 161: 423
[89]   Goodman M B, Ernstrom G G, Chelur D S, O'Hagan R, Yao C A, Chalfie M. Nature, 2002, 415: 1039
[90]   Gordon J P. Opt. Lett., 1983, 8: 596; 1986, 11: 665
[91]   Grinevich P, Santini P. The initial boundary value problem on the segment for the Nonlinear Schrödinger equation: the algebro-geometric approach. I Preprint nlin.SI/0307026, 2003
[92]   Gu C H, Guo B L, Li Y S, Cao C W, Tian C, Tu G Z, Hu H S, Ge M L. Soliton Theory and Its Applications. New York, Springer-Verlag, 1995
[93]   Gu C H, Hu H S, Zhou Z X. Darboux Transformation in soliton theory and its Geometric Applications. Shanghai Science & Technical Publishers, 1999
       谷超豪, 胡和生, 周子翔. 孤子理论中的达布变换及其几何应用. 上海科学技术出版社, 2001
[94]   Gudkov V V. J. Math. Phys., 1997, 38: 4794
[95]   Habibullin I T. Bäcklund transformations and integrable initial-boundary value problems. Nonlinear and Turbulent Processes, Singapore, World Scientific, 1990, 1: 130
[96]   Hasegawa A, Tappert F. App. Phys. Lett., 1973, 23: 142
[97]   Hereman W, Banerjee P P, Korpel A et al. J. Phys. A: Math. Gen., 1986, 19: 607
[98]   Hietarinta J. Phys. Lett. A, 1990, 149: 99; 1990, 149: 133
[99]   Hietarinta J. Scattering. (eds. Pike R, Sabatier P.) London, Academic, 2002, 1773
[100] Hirota R. Phys. Rev. Lett., 1971, 27: 1192
[101] Hirota R. The direct method in soliton theory. Edited and translated by Nagai A, Nimmo J, Gilson C. Cambridge Tracts in Mathematics No. 155, 2004
[102] Hirota R, Satsuma J. J. Phys. Soc. Jpn., 1994, 40: 611
[103] Holm D D, Marston J E, Ratiu T S. Adv. in Math., 1998, 137: 1
[104] Hong K Z, Wu B, Chen X F. Commun. Theor. Phys., 2003, 39: 393
[105] 胡嗣柱, 倪光炯. 数学物理方法 (第二版). 高等教育出版社, 2002
[106] Hu H C, Lou S Y. Phys. Lett. A, 2005, 341: 422
[107] Hu H C, Lou S Y, Chow K W. Chaos, Solitons and Fractals, In Press, Corrected Proof, Available online 5 December 2005
[108] Hu X B, Li Y. Acta. Math. Appl. Sin., 1988, 4: 46
       Hu X B, Clarkson P A. J. Phys. A: Math. Gen., 1998, 31: 1405
       胡星标, 李勇. 数学物理学报, 1991, 11: 164
[109] Hu X B. J. Phys. A: Math. Gen., 1994, 27: 1331
[110] Huang F, Tang X Y, Lou S Y, Lu C H. Evolution of dipole-type blocking life cycles: analytical diagnoses and observations. J. Atmos. Sci., 2006, in press
[111] Huang G X, Lou S Y, Dai X X. Phys. Lett. A, 1989, 139: 373
[112] Huang W H, Zhang J F. Chin. Phys., 2002, 11: 1101

[113] Infeld E, Rowlands G. Nonlinear Waves, Solitons and Chaos. 2nd ed. Cambridge, England: Cambridge University Press, 2000

[114] Isojima S, Willox R, Satsuma J. J. Phys. A: Math. Gen., 2002, 35: 6893

[115] Jimbo M, Kruskal M D, Miwa T. Phys. Lett. A, 1982, 92: 59

[116] Kakuhata H, Konno K. J. Phys. Soc. Jpn., 1999, 68: 757

[117] Kivshar Y S. Physics Reports, 1998, 298: 81

[118] Konno K, Wadatid M. Prog. Theor. Phys., 1975, 52: 1652

[119] Konopelchenko B G, Sidorenko V, Strampp W. Phys. Lett. A, 1991, 175: 17

[120] Konopelchenko B G, Stud. Appl. Math., 1996, 96: 9

[121] Konopelchenko B G, Rogers C. Phys. Lett. A, 1991, 158: 391; J. Math. Phys., 1993, 34: 214

[122] Konopelchenko B G, Dubrovsky V G. Stud. Appl. Math., 1993, 90: 189

[123] Kraenkel R A, Senthilvelan M, Zenchunk A I. Phys. Lett. A, 2000, 273: 183

[124] Krolikowski W, Holmstrom S A. Opt. Lett., 1997, 22: 15

[125] Lai D W C, Chow K W. J. Phys. Soc. Jpn., 2001, 70: 666

[126] Lamb H. Hydrodynamics. Dover, New York, 1945

[127] Law C T, Swartzlander G A. Optics Lett., 1993, 18: 586

[128] Lamb G L. Phys. Rev. Lett, 1976, 37: 235

[129] Lan H B, Wang K L. J. Phys. A: Math. Gen., 1990, 23: 4097

[130] Lan H B, Wang K L. Phys. Lett. A, 1989, 137: 369

[131] Lax P D. Commun. Pure Appl. Math., 1968, 21: 467

[132] Leble S B, Ustinov N V. Inverse Problems, 1994, 10: 617

[133] Leble S B, Ustinov N V. Inverse Problems, 1991, 10: 617

[134] Leo R A, Mancarella G, Soliani G, Solombrino L. J. Math. Phys., 1988, 29: 2666

[135] Levi D, Ragnisco O. J. Phys. A: Math. Gen., 1991, 24: 1729

[136] Li Y S, Ma W X. J. Math. Phys., 2002, 43: 4950

[137] 梁昆淼. 数学物理方法 (第三版). 高等教育出版社, 1998

[138] Lin J, Qian X M. Phys. Lett. A, 2003, 313: 93

[139] Lin J, Wu F M. Chaos, Solitons and Fractals, 2004, 19: 189

[140] Lindgard P A, Bohr H. Phys. Rev. lett., 1996, 77: 779

[141] 刘式适, 刘式达. 物理学中的非线性方程. 北京大学出版社, 2000.

[142] Liu S K, Fu Z T, Liu S D, Zhao Q. Phys. Lett. A, 2001, 289: 69

[143] Liu Q P, M. Mañas, Phys. Lett. B, 1997, 394: 337

[144] Lockless S W, Ranganathan R. Science, 1999, 286: 295

[145] Lorenz F W. J. Atomos. Sci., 1963, 20: 130

[146] Lou S Y, Ni G J. Math. Phys., 1989, 30: 1614

[147] Lou S Y. Physica Scripta, 1989, 57: 481

[148] Lou S Y. Phys. Lett. A, 1990, 151: 133

[149] Lou S Y, Huang G X, Ni G J. Phys. Lett. A, 1990, 146: 45
[150] Lou S Y, Ni G J, Huang G X. Commun. Theor. Phys., 1992, 17: 67
[151] Lou S Y. Phys. Lett. A, 1993, 175: 23; 1993, 181: 13
[152] Lou S Y, Chen W Z. Phys. Lett. A, 1993, 179: 271
[153] Lou S Y. J. Math. Phys., 1994, 35: 2336; 1994, 35: 2390
[154] Lou S Y. J. Phys. A: Math. Gen., 1994, 27: 3235; Phys. Rev. Lett., 1993, 71: 4099
[155] Lou S Y. J. Phys. A: Math. Gen, 1995, 28: 7227
[156] Lou S Y, Lu J Z. J. Phys. A: Math. Gen , 1996, 29: 4209
[157] Lou S Y, Hu X B. J. Math. Phys., 1997, 38: 6401
[158] Lou S Y. J. Phys. A: Math. Gen., 1997, 30: 4803
[159] Lou S Y, Z. Naturforsch a, 1998, 53: 251
[160] Lou S Y, Chen L L. J. Math. Phys., 1999, 40: 6491
[161] Lou S Y. J. Phys. A: Math. Gen., 1999, 32: 4521
[162] Lou S Y. Phys. Lett. A, 2000, 277: 94
[163] Lou S Y. J. Math. Phys., 2000, 41: 6509
[164] Lou S Y, Yu J, Tang X Y. Z. Naturforsch a, 2000, 55: 867
[165] Lou S Y, Ruan H Y. J. Phys. A: Math. Gen., 2001, 34: 305
[166] Lou S Y, Tang X Y, Liu Q P, Fukuyama T. Z. Naturforsch a, 2002, 57: 737
[167] Lou S Y, Chen C L, Tang X Y. J. Math. Phys., 2002, 43: 4078
[168] Lou S Y. J. Phys. A: Math. Gen., 2002, 35: 10619
[169] Lou S Y. J. Phys. A: Math. Gen., 2003, 36: 3877
[170] Lou S Y, Rogers C, Schief W K. J. Math. Phys., 2003, 44: 5869; Stud. Appl. Math., 2004, 113: 353
[171] Lou S Y, Tang X Y. J. Math. Phys., 2004, 45: 1020
[172] Lou S Y. Chin. Phys. Lett., 2004, 21: 1020
[173] Lou S Y, Ma H C. J. Phys. A: Math. Gen., 2005, 38: L129
[174] Lou S Y, Hu H C, Tang X Y. Phys. Rev. E, 2005, 71: 036604
[175] Lou S Y, Tong B, Hu H C, Tang X Y. J. Phys. A: Math. Gen., 2006, 39: 513
[176] Lou S Y, Ma H C, Chaos, Solitons and Fractals, 2006, 30: 804
[177] Lou S Y. J. Phys. A: Math. Gen., 1990, 23: L649; Phys. Scripta, 1996, 54: 428
    Lou S Y, Ruan H Y, Chen D F, Chen W Z. J. Phys. A, 1991, 24: 1455
    Lou S Y, Tang X Y, Lin J. J. Math. Phys., 2000, 41: 8286
[178] Luo D H, Huang F, Diao Y. J. Geophys. Res., 2001, 106: 31795
    Luo D H. J. Atmos. Sci., 2005, 62: 5; 2005, 62: 22
[179] Luo D H. Wave Motion, 1996, 24: 315; 2001, 33: 339
[180] Ma W X, Fuchssteiner B, Oevel W. Physica A, 1996, 233: 331
[181] Maccari A. J. Phys. A: Math. Gen., 1997, 38: 4151
[182] MacInnis B L, Campenot R B. Science, 2002, 295: 1536

[183] Malfiet W. Am. J. Phys., 1992, 60: 650

[184] Mansfield E L, Clarkson P A. Math. Comput. Simul., 1997, 43: 39

[185] Matsutani S. Mod. Phys. Lett. A, 1995, 10 717; J. Geom. Phys., 2002, 43: 146

[186] Matsukdaira J, Satsuma J, Strampp W. Phys. Lett. A, 1990, 147: 467

[187] Matveev V B, Salle M A. Darboux Transformations and Solitons. Springer, Berlin, 1991

[188] Miura M R. Bäcklund Transformation. Berlin, Springer-Verlag, 1978

[189] Morrison A J, Parkes E J, Vakhnenko V O. ibid, 1999, 12: 1427

[190] Musette M, Conte R. J. Phys. A: Math. Gen., 1994, 27: 3895

[191] Musette M Conte R, Pickering A. J. Phys. A: Math. Gen., 1995, 28: 179

[192] Nayfeh A. H. 摄动方法导引. 上海翻译出版公司, 1990

[193] Newell A C, Tabor M, Zeng Y B. Physica D, 1987, 29: 1

[194] Nimmo J J C. Darboux transformations in (2+1)-dimensions In Applications of Analytical and Geometric Methods to Nonlinear Differential Equations. (Ed. Clarkson P. A.) Proc. NATO Advanced Research Workshop, Kluwer Press, Dordrecht, 1993, pp. 183~192

[195] Nimmo J J C, Schief W K. Proc. R. Soc. Lond. A, 1997, 453: 255

[196] Olver P J. Application of Lie Groups to Differential Equation. 2nd ed. Graduate Texts Math, 107, Springer, New York, 1993

[197] Olver P J. J. Math. Phys, 1977, 18: 1212

[198] Oevel W, Schief W K. Rev. Math. Phys, 1994, 6: 1301

[199] Pedlosky J. Geophysical Fluid Dynamics. Springer, New York, 1979

[200] Picking A. J. Phys. A: Math. Gen., 1993, 26: 4395; J. Math. Phys., 1996, 37: 1894

[201] Pucci E. J. Phys. A: Math. Gen., 1993,26: 681

[202] Pucci E, Saccomandi G. Physica D, 2000, 139: 28

[203] Qian T, Tang M. Chaos, Solitons and Fractals, 2001, 12: 1347

[204] Qu C Z, Zhang S L, Liu R C. Physica D, 2000, 144: 97

[205] Qu C Z, He W L, Dou J H. Prog. Theor. Phys, 2001, 105: 379

[206] Qu C Z. Stud. Appl. Math., 1997, 99: 107; IMA J. Appl. Math, 1999, 62: 283; Nonlin. Anal. Theory. Meth. & Appl., 2000, 42: 301

[207] Qu C Z, He W L, Dou J H. Prog. Theor. Phys., 2001, 105: 379

[208] Qu C Z. Stud. Appl. Math., 1997, 99: 107
Qu C Z, Estevez P G. Nonlinear Anal., 2004,57: 549

[209] Radha R, Lakshmanan M. Phys. Lett. A, 1995, 197: 7; Chaos, Solitons and Fractals, 1999, 10: 1821

[210] Radha R, Vijayalakshmi S, Lakshmanan M. J. Non. Math. Phys, 1999, 6: 120

[211] Ramani A, Grammaticos B, Bountis T. Phys. Rep, 1989, 180: 159

[212] Rogers C, Schief W K. Bäcklund and Darboux transformations geometry and mod-

ern applications in soliton theory. Cambridge University Press, Cambridge Texts in Applied Mathematics, 2002

[213] Ruan H Y, Lou S Y. Commun. Theor. Phys., 1999, 32: 109

[214] Ruan H Y, Lou S Y, Chen Y X. J. Phys. A: Math. Gen., 1999, 32: 2719

[215] Russell J S. Report of the committee on waves. Rep. Meet, Brit. Assoc. Adv. Sci. 7th Livepool, London, John Murray, 1837: 417

[216] Russell J S. Report on Waves. Rep. 14th. meet. Brit. Assoc. Adv.Sci. York, London, John Murray, London, John Murray, 1844: 311

[217] Saccomandi G. J. Phys. A, 1997, 30: 2211

[218] Schleif M, Wunsch R. Eur. J. Phys. A, 1998, 1: 171

Schleif M, Wunsch R, Meissner T. Int. J. Mod. Phys. E, 1998, 7: 121

[219] Schief W K. Proc. R. Soc. Lond. A, 1997, 453: 1671

[220] Sklyanin E K. Funct. Anal. Appl., 1987, 21: 86

[221] Tang X Y, Hu H C. Chin. Phys. Lett., 2002, 19: 1225

[222] Tang X Y, Liang Z F. Phys. Lett. A, 2006, 351: 398

[223] Tang X Y, Huang F, Lou S Y. Chin. Phys. Lett., 2006, 23: 887

[224] Tang X Y, Lou S Y. J. Math. Phys. 2003, 44: 4000

[225] Tarasov V O. Zap. Nauchn. Sem. LOMI, 1988, 169: 151

[226] Trewick S C, Henshaw T F, Hausinger R P, Lindahl T, Sedgwick B. Nature, 2002, 419: 174

[227] Uthayakumar A, Nakkeran K, Porsezia K. Chaos, Solitons and Fractals, 1999, 10: 1513

[228] Vakhnenko V O. J. Phys. A: Math. Gen., 1992, 25: 4181

[229] Vakhnenko V O, Parkes E J. Nonlinearity, 1998, 11: 1457

[230] Wadati M, Sanuki H, Konno K. Prog. Theor. Phys., 1975, 53: 419

[231] Wahlquist H D, Estabrook F B. Phys. Rev. Lett., 1973, 31: 1386

[232] 王明亮. 非线性发展方程与孤立子. 兰州大学出版社, 1990

[233] Weiss J, Tabor M, Carnevale G. J. Math. Phys., 1983, 24: 522

[234] Ying J P, Lou S Y. Chin. Phys. Lett., 2003, 20: 1448

[235] Ying J P. Commun. Theor. Phys., 2001, 35: 405

[236] Zabusky N J, Kruskal M D. Phys. Rev. Lett., 1965, 14: 240

[237] Zakharov V E, Shabat A B. Funct. Anal. Appl., 1974, 8: 43; Funct. Anal. Appl., 1979, 13: 13

[238] Zakharov V E, Shabat A. Funct. Anal. Appl., 1974, 8: 226; 1979, 13: 166

[239] Zakharov V E, Shabat A. Sov. Phys. JETP, 1972, 34: 62

[240] Zenchuk A I. J. Phys. A: Math. Gen., 2004, 37: 6557

[241] Zeng Y B, Ma W X. J. Math. Phys., 1999, 40: 6526

Zeng Y B. Inverse Problem, 1996, 12: 797

[242] Zhdanov R Z. J. Phys. A: Math. Gen., 1994,27: L291; 1997, 38: 1197
Zhdanov R Z, Revenko I V, Fushchych W I. J. Phys. A: Math. Gen., 1993, 26: 5959; J. Math. Phys., 1995, 36: 5506
[243] Zhdanov R Z. J. Phys. A: Math. Gen., 1995, 28: 3841
[244] Zhang J F. Commun. Theor. Phys., 2001, 35: 267
[245] Zhang S L, Wu B, Lou S Y. Phys. Lett. A, 2002, 300: 40
[246] Zhang S L, Lou S Y, Qu C Z. Chin. Phys. Lett., 2002, 12: 1741
[247] Zhang S L, Lou S Y. Commun. Theor. Phys., 2003, 40: 401; 2004, 41: 161; Physica A, 2004, 335: 430
Zhang S L, Lou S Y, Qu C Z. J. Phys. A: Math. Gen., 2003, 36: 12223
[248] Zhang S L, Wu B, Lou S Y. Phys. Lett. A, 2002, 330: 40

附录A 偏微分方程组 (5-185)

写出包含 f, A, B 的 h_i $(i = 1, 2, \cdots, 12)$，为简明起见，引入下列记号：

$$\Gamma_0 = (f_{u_x} B_u)_u u_x^2 + (f_u B)_u u_x, \tag{A.1}$$

$$\Gamma_1 = (f_{u_x} A_{u_x})_{u_x}, \tag{A.2}$$

$$\Gamma_2 = (f_{u_x} A)_u + [(f_{u_x} A_{u_x})_u + (f_{u_x} A_u)_{u_x}]u_x$$
$$+ (f_{u_x} B_{u_x})_{u_x} + f_u A_{u_x}, \tag{A.3}$$

$$\Gamma_3 = f_{u_x u_x} A + 3 f_{u_x} A_{u_x}, \tag{A.4}$$

$$\Gamma_4 = (f_{u_x} A_u)_u u_x^2 + [(f_{u_x} B_{u_x})_u + (f_{u_x} B_u)_{u_x} + (f_u A)_u]u_x$$
$$+ (f_u B)_{u_x} + f_{u_x} B_u, \tag{A.5}$$

$$\Gamma_5 = (2 f_{u_x} A_u + f_{uu_x} A) u_x + f_u A + f_{u_x} B_{u_x}, \tag{A.6}$$

$$F_i = \Gamma_i f_{u_x}^{-1} A^{-1}, \quad i = 0, 1, \cdots, 5, \tag{A.7}$$

$$G_1 = F_3 F_1 - F_{1 u_x}, \tag{A.8}$$

$$G_2 = -F_{1u} u_x - F_{2 u_x} + F_5 F_1 + F_3 F_2, \tag{A.9}$$

$$G_3 = -3 F_1 + F_3^2 - F_{3 u_x}, \tag{A.10}$$

$$G_4 = F_5 F_2 - F_{2u} u_x + F_3 F_4 - F_{4 u_x}, \tag{A.11}$$

$$G_5 = -F_{5 u_x} + 2 F_3 F_5 - F_{3u} u_x - 2 F_2, \tag{A.12}$$

$$G_6 = -F_{4u} u_x + F_3 F_0 + F_5 F_4 - F_{0 u_x}, \tag{A.13}$$

$$G_7 = F_5^2 - F_4 - F_{5u} u_x, \tag{A.14}$$

$$G_8 = F_5 F_0 - F_{0u} u_x. \tag{A.15}$$

借助上述标记，(5-185) 中的 h_i $(i = 1, 2, \cdots, 12)$ 可表为

$$h_1 = -9 F_3 A_{u_x} + 2 A G_3 + 15 A_{u_x u_x}, \tag{A.16}$$

$$h_2 = (12 A_{uu_x} - 2 F_3 A_u - F_{3u} A) u_x - 7 F_5 A_{u_x} + 4 A_u$$
$$+ 3 B_{u_x u_x} + F_{5 u_x} A + A G_5, \tag{A.17}$$

$$h_3 = (5G_3 + F_{3u_x} - 4F_3^2 - F_1)A_{u_x} - 3F_3 A_{u_x u_x} + 10 A_{u_x u_x u_x}$$
$$+ (F_{1u_x} + 4G_1 + G_{3u_x} - 2F_1 F_3)A, \tag{A.18}$$

$$h_4 = AG_{5u_x} + (F_{5u_x} - 4F_2 - 8F_3 F_5 + 5G_5)A_{u_x} + (3F_1 - F_3^2)B_{u_x}$$
$$+ (G_{3u} A + 24 A_{uu_x u_x}) u_x + (4G_3 + 6F_1 + F_{3u_x} - 3F_3^2) A_u u_x$$
$$- 4F_5 A_{u_x u_x} - 2F_3 A_u + (F_{2u_x} - F_2 F_3 - 3F_1 F_5 + 3G_2 + F_{3u})A$$
$$+ (F_{3u_x} + G_3) B_{u_x} + 6 B_{u_x u_x u_x} + (22 - 5F_3 u_x) A_{uu_x}, \tag{A.19}$$

$$h_5 = [(B_{uu_x} - 6F_5 A_u)F_3 - 7F_5 A_{uu_x} + AG_{5u} + F_{3u_x} B_u + 12 B_{uu_x u_x}$$
$$+ (F_{5u_x} + 4G_5 + 4F_2) A_u + 16 A_{uu}] u_x + (18 A_{uuu_x} - 2F_3 A_{uu}) u_x^2$$
$$+ 10 B_{uu_x} + (G_5 + F_3) B_u - (7F_4 + 4F_5^2 + 5G_7) A_{u_x} + F_{3u} B$$
$$- (2F_2 A + 3A_u + B_{u_x u_x}) F_5 + (F_{5u_x} - 2F_5 F_3 + 2F_2) B_{u_x}$$
$$+ (F_{5u} + 2G_4 + G_{7u_x} + F_{4u_x})A, \tag{A.20}$$

$$h_6 = 4 A_{uuu} u_x^3 + (F_3 B_{uu} - 3F_5 A_{uu} + 6 B_{uuu_x}) u_x^2 + [4 A_u G_7$$
$$+ F_{5u_x} B_u - F_5 B_{uu_x} + AG_{7u} + 4 B_{uu} + (2F_4 - 3F_5^2) A_u] u_x$$
$$+ (B_{u_x} - F_5 A) F_4 - 10 A_{u_x} F_0 + (F_{0u_x} + F_0 F_3 + G_6)A$$
$$+ B_{u_x}(G_7 - F_5^2) + F_{5u} B, \tag{A.21}$$

$$h_7 = A_{u_x u_x u_x u_x} + A(G_{1u_x} - 3F_1^2) - (7 A_{u_x u_x} + AG_3 + 4F_3 A_{u_x}) F_1$$
$$+ (A_{u_x u_x u_x} + AG_1) F_3 + A_{u_x}(F_{1u_x} + 5G_1), \tag{A.22}$$

$$h_8 = [4 A_{uu_x u_x u_x} + 3F_3 A_{uu_x u_x} - (3F_3 A_u + 10 A_{uu_x}) F_1 + AG_{1u}$$
$$+ (F_{1u_x} + 4G_1) A_u] u_x - (4F_3 A_{u_x} + 8 A_{u_x u_x} + AG_3) F_2 + F_{1u_x} B_{u_x}$$
$$- (4 A_u + 5F_2 A + B_{u_x u_x} + F_3 B_{u_x} + 4F_5 A_{u_x}) F_1 + (F_{2u_x} + 5G_2) A_{u_x}$$
$$+ (3 A_{uu_x} + B_{u_x u_x u_x} + AG_2) F_3 + (A_{u_x u_x u_x} + AG_1) F_5 + B_{u_x} G_1$$
$$+ B_{u_x u_x u_x u_x} + (G_{2u_x} - G_5 F_1 + F_{1u})A + 6 A_{uu_x u_x}, \tag{A.23}$$

$$h_9 = 3(2 A_{uuu_x u_x} - F_1 A_{uu} + F_3 A_{uuu_x}) u_x^2 + [(2 B_{uu_x} - 3F_5 A_u) F_1$$
$$- 3(F_3 A_u + 4 A_{uu_x}) F_2 + (3 A_{uu} + 3 B_{uu_x u_x}) F_3 + (4G_2 + F_{2u_x}) A_u$$
$$+ F_{1u_x} B_u + AG_{2u} + 12 A_{uuu_x} + 3F_5 A_{uu_x u_x} + 4 B_{uu_x u_x u_x}] u_x + 3 A_{uu}$$
$$+ (2B_u - AG_7 - F_5 B_{u_x} - 4F_4 A) F_1 + (F_{2u} + G_{4u_x} - 2F_2^2)A$$
$$- (F_3 B_{u_x} + 2 B_{u_x u_x} + 4F_5 A_{u_x} + 5 A_u + AG_5) F_2 + (G_2 + F_{2u_x}) B_{u_x}$$
$$+ (AG_4 + 3 B_{uu_x} - 4F_4 A_{u_x}) F_3 - (9 A_{u_x u_x} + AG_3) F_4 + 6 B_{uu_x u_x}$$
$$+ (3 A_{uu_x} + B_{u_x u_x u_x} + AG_2) F_5 + (F_{4u_x} + 5G_4) A_{u_x} + F_{1u} B, \tag{A.24}$$

$$\begin{aligned}
h_{10} =& (5A_{u_x} + F_3A)G_6 + (4A_{uuu_x} + F_3A_{uuu})u_x^3 + (3F_1B_{uu} + 6A_{uuu} \\
& + 3F_5A_{uuu_x} + 3F_3B_{uuu_x} - 4F_2A_{uu} + 6B_{uuu_xu_x})u_x^2 \\
& + [3(A_{uu} + B_{uu_xu_x} - A_uF_2)F_5 - (14A_{uu_x} + 3F_3A_u)F_4 + AG_{4u} \\
& + 3F_3B_{uu} + 12B_{uuu_x} + F_{2u_x}B_u + (4G_4 + F_{4u_x})A_u]u_x \\
& - (3F_2A + 6A_u + AG_5 + F_3B_{u_x} + 3B_{u_xu_x} + 4F_5A_{u_x})F_4 \\
& - (10A_{u_xu_x} + 3F_1A + AG_3 + 4F_3A_{u_x})F_0 + (F_{4u_x} + G_4)B_{u_x} \\
& + (3B_{uu_x} + AG_4 - B_{u_x}F_2)F_5 + (F_{4u} - G_7F_2 + G_{6u_x})A \\
& + 3B_{uu} + F_{0u_x}A_{u_x} + F_{2u}B + F_2B_u, \tag{A.25}
\end{aligned}$$

$$\begin{aligned}
h_{11} =& A_{uuuu}u_x^4 + (F_5A_{uuu} + 4B_{uuuu_x} + F_3B_{uuu})u_x^3 + (6B_{uuu} \\
& - 5F_4A_{uu} + 2F_2B_{uu} + 3F_5B_{uuu_x})u_x^2 + [F_{4u_x}B_u + AG_{6u} \\
& - (2B_{uu_x} + 3F_5A_u)F_4 - (3F_3A_u + 16A_{uu_x})F_0 + 3F_5B_{uu} \\
& + F_{0u_x}A_u]u_x - (F_5B_{u_x} + AG_7)F_4 + (5A_{u_x} + F_3A)G_8 \\
& - [4B_{u_xu_x} + A(G_5 + 2F_2) + F_3B_{u_x} + 4F_5A_{u_x} + 7A_u]F_0 \\
& + (F_{0u} + G_{8u_x} - F_4^2)A + (F_5A + 4A_uu_x + B_{u_x})G_6 \\
& + F_{0u_x}B_{u_x} + F_{4u}B, \tag{A.26}
\end{aligned}$$

$$\begin{aligned}
h_{12} =& B_{uuuu}u_x^4 + F_5B_{uuu}u_x^3 - (6A_{uu}F_0 - F_4B_{uu})u_x^2 + (AG_{8u} \\
& - 4B_{uu_x}F_0 - 3F_5A_uF_0 + F_{0u_x}B_u + 4A_uG_8)u_x + F_{0u}B \\
& - (F_4A + F_5B_{u_x} + AG_7 + B_u)F_0 + (F_5A + B_{u_x})G_8. \tag{A.27}
\end{aligned}$$

附录B 偏微分方程组 (5-262)

关于 A, B 和 f 的 h_i 的表达式非常复杂，为简短起见，引进函数 g_i 并定义其为

$$g_0 = (\ln f_v)_v, \qquad g_1 = A_{vv} + f_v^{-1} f_{vv} A_v, \tag{B.1}$$

$$g_2 = (f_{vv} A + 3 f_v A_v + f_{uv}) f_v^{-1}, \tag{B.2}$$

$$g_3 = f_v^{-1}[(A + A_v) f_{uv} + (A_u + B_v) f_{vv} + f_u A_v] \\ + B_{vv} + 2 A_{uv} + A_u, \tag{B.3}$$

$$g_4 = (f_{u,v} + f_u + f_v A) f_v^{-1}, \tag{B.4}$$

$$g_5 = B_v + 2 A_u + f_v^{-1}(f_{u,u} + f_{uv} A + f_u A), \tag{B.5}$$

$$g_6 = f_v^{-1}[(v A_u + B_v) f_u + (v^2 A_u + (vB)_v) f_{uv} + B_u v f_{vv}] \\ + (B + 2v B_v + v^2 A_u)_u, \tag{B.6}$$

$$g_7 = v^2 B_{uu} + f_v^{-1} v[(f_u B)_u + v f_{uv} B_u], \tag{B.7}$$

$$g_8 = -g_{1v} + g_0 g_1, \qquad g_9 = g_4 g_1 - g_{1u} - g_{3v} + g_0 g_3, \tag{B.8}$$

$$g_{10} = -g_{2v} + g_0 g_2 - 3 g_1, \qquad g_{11} = g_0^2 - g_{0v}, \tag{B.9}$$

$$g_{12} = g_0 g_6 + g_4 g_3 - g_{3u} - g_{6v}, \tag{B.10}$$

$$g_{13} = g_4 g_2 - 2 g_3 - g_{2u} - g_{5v} + g_0 g_5, \tag{B.11}$$

$$g_{14} = -g_{0u} - g_{4v} - g_2 + 2 g_4 g_0, \tag{B.12}$$

$$g_{15} = -g_6 - g_{5u} + g_4 g_5, \qquad g_{16} = -g_5 + g_4^2 - g_{4u}, \tag{B.13}$$

$$g_{17} = g_4 g_6 - g_{6u} + g_0 g_7 - g_{7v}, \quad g_{18} = g_4 g_7 - g_{7u}. \tag{B.14}$$

借助记号 g_i, h_i 的详细表达式可简化为

$$h_1 = -(4 g_4 g_7 - 5 g_{18}) A_u + (g_{18u} - g_5 g_7 - g_7 g_{16} + g_4 g_{18}) A \\ + B_{uuuu}^5 + g_4^4 B_{uuuu} + (g_{18} - g_4 g_7) B_v + (g_{7v} - g_7) B_u \\ + (B - g_{16}) g_{7u} - (g_{15} + 2 g_{16u} + g_6 + 10 A_{uu}^2 + 5 B_{uv}) g_7 \\ + g_5^3 B_{vvv} + g_6^2 B_{uu} + g_5 g_{18} + g_4 g_{18u} + g_{18uu}^2, \tag{B.15}$$

$$h_2 = (5 g_{17} - 4 g_0 g_7 - 4 g_4 g_6 + g_{7v}) A_u + (g_{17} - g_4 g_6 - g_0 g_7) B_v \\ + (5 B_{uuuv} + g_4 A_{uuuu} + g_0 B_{uuuu})^4 - (5 g_4 g_7 - 6 g_{18}) A_v \\ + (g_5 A_{vvv} + 4 g_4 B_{uuuv} + 10 B_{uuuu} + g_2 B_{vvv})^3 + A_{uuuuu}^5$$

$$
\begin{aligned}
&+(g_{17uu} - 9g_6 A_{uu} + 6g_4 B_{vvv} + 3g_5 B_{uuv} + 2g_3 B_{uu})^2 \\
&+(g_4 + A)g_{18v} + (B_v - g_{16})g_{7v} + (B - g_{16})g_{6u} + B_u g_{6v} \\
&+(A - g_{14})g_{7u} + (g_4 A + g_5)g_{17} + (g_0 + 1)g_{18u} + 2g_{18uv} \\
&-[(g_2 + g_{14})A + 2g_{14u} + 25A_{uv} + 11A_u + 5B_{vv} + 2g_3 \\
&+g_{13} + 2g_{16v}]g_7 + (g_0 A + g_2)g_{18} + (g_4 + A)g_{17u} + 3g_5 B_{uu} \\
&-(g_{15} + Ag_{16} + 3B_{uv} + g_5 A + 2g_{16u} + g_6)g_6, \quad\quad\text{(B.16)}
\end{aligned}
$$

$$
\begin{aligned}
h_3 =\; & g_{17u} + (g_4 + A)(g_{17v} + g_{12u}) + (5A_{uuuuv} + g_0 A_{uuuu})^4 \\
&+(10A_{uuuu} + 4g_4 A_{uuuv} + g_2 A_{vvv} + 10B_{uuuvv} + 4g_0 B_{uuuv})^3 \\
&+(3g_1 B_{uu} + 30B_{uuuv} + g_{12uu} + 6g_0 B_{vvv} + 3g_2 B_{uuv} \\
&+6g_4 A_{vvv} + 3g_5 A_{uuv} - 8g_3 A_{uu} + 6g_4 B_{uuvv})^2 - g_{14}g_{7v} \\
&+(6g_{17} - 5g_4 g_6 - 5g_0 g_7 + g_{7v})A_v + (B_v - g_{16})g_{6v} + g_{18vv} \\
&+(A - g_{14})g_{6u} + (5g_{12} - 4g_0 g_6 - 4g_3 g_4)A_u + (g_{17u} + g_{18v})g_0 \\
&+(g_{12} - g_0 g_6 - g_3 g_4)B_v + (g_0 A + g_2)g_{17} - (g_2 A + 3g_3 + g_{13} \\
&+2g_{14u} + 10A_u + Ag_{14} + 23A_{uv} + 4B_{vv} + 2g_{16v})g_6 \\
&-(2g_{16u} + Ag_{16} + B_{uv} - B_u + g_5 A + g_{15})g_3 + (B - g_{16})g_{3u} \\
&-(3g_1 + 2g_{14v} + 15A_{vv} + Ag_{11} + 2g_{11u} + g_{10})g_7 + g_{6v}A_u \\
&+(3A_{uu} + g_{12} + 3B_{uvv} + 3B_{uv})g_5 + 3g_2 B_{uu} + 15B_{vvv} \\
&+(Ag_{12} + 3B_{uu} + 12B_{uuv})g_4 + g_{3v}B_u - g_{11}g_{7u} + 2g_{17uv}, \quad\text{(B.17)}
\end{aligned}
$$

$$
\begin{aligned}
h_4 =\; & (4g_0 A_{uuuv} + 10A_{uuuvv})^3 + (g_{9uu} + 6g_4 A_{uuvv} + 6g_0 B_{uuvv} \\
&+10B_{uuvvv} + 3g_2 A_{uuv} + 30A_{uuuv} + 6g_0 A_{vvv} - 7g_1 A_{uu})^2 \\
&+(B_v - g_{16})g_{3v} + (g_4 + A)g_{12v} + (g_9 - g_0 g_3 - g_1 g_4)B_v \\
&+(g_0 A + 1 + g_2)g_{12} + (g_4 + A)g_{9u} + 15B_{uuv} + 30B_{uuvv} \\
&+(5g_9 - 4g_0 g_3 - 4g_4 g_1 - 9g_3 + g_{3v})A_u + (A_v - g_{14})g_{6v} \\
&+(6g_{12} - 5g_0 g_6 - 5g_4 g_3)A_v + (3g_5 - 7g_3)A_{uv} + 3(g_2 + g_4)A_{uu} \\
&+(g_{12u} + 12B_{uuv} + g_{17} + 3B_{uu})g_0 + (3A_{uvv} + g_9 + B_{vvv})g_5 \\
&+(2B_u - 4g_6 - g_5 A - 2g_{16u} + B_{uv} - g_{15} - Ag_{16})g_1 + 15A_{vvv} \\
&-(2g_{11u} + 2g_{14v} + g_{10} + Ag_{11} + 14A_{vv})g_6 - (g_{7v} + g_{6u})g_{11} \\
&+(3B_{uvv} + 3B_{uv} - Ag_3)g_2 + 2g_{12uv} - g_{14}g_{3u} - g_{16}g_{1u} - 2g_7 g_{11v} \\
&-(2g_3 + Ag_{14} + 3B_{vv} + g_{13} + 2g_{14u} + 2g_{16v})g_3 + g_{1v}B_u + g_{1u}B \\
&+(12A_{uuv} + 6B_{uvv} + Ag_9 + 4B_{uvvv})g_4 + g_{17vv} + g_{3u}A, \quad\text{(B.18)}
\end{aligned}
$$

$$
\begin{aligned}
h_5 =& (g_{8uu} + 10A_{uuvvv} + 6g_0 A_{uuvv})^2 + (B_v - g_{16})g_{1v} + (g_8 - g_0 g_1)B_v \\
&+ (5g_8 - 4g_0 g_1 + g_{1v})A_u + (g_{3v} + 6g_9 - 5g_1 g_4 - 5g_0 g_3)A_v \\
&+ (g_4 + A)g_{9v} + (g_4 + A)g_{8u} - (2g_{14u} + Ag_{14} + 19A_{uv} + 5g_3 \\
&+ g_2 A + 2B_{vv} + g_{13} + 2g_{16v} + 8A_u)g_1 - (g_{6v} + g_{3u})g_{11} \\
&- (2g_{14v} + 13A_{vv} + g_{10} + Ag_{11} + 2g_{11u})g_3 + (g_8 + A_{vvv})g_5 \\
&+ (g_{9u} + 4B_{uvvv} + 12A_{uuv} + g_{12v} + 6B_{uvv} + 3A_{uu} + Ag_9)g_0 \\
&+ (3A_{uvv} + g_9 + B_{vvv} + 3A_{uv})g_2 - (g_{3v} + g_{1u})g_{14} + 30A_{uuvv} \\
&+ (6A_{uvv} + B_{vvvv} + 4A_{uvvv} + Ag_8)g_4 - 2g_6 g_{11v} + 2g_{9uv} + g_{1u}A \\
&+ g_{9u} + 10B_{uvvv} + g_{12vv} + 15A_{uuv} + 5B_{uvvvv}, \qquad\qquad (B.19)
\end{aligned}
$$

$$
\begin{aligned}
h_6 =& (g_{1v} + 6g_8 - 5g_0 g_1)A_v - (g_{3v} + g_{1u})g_{11} + (g_4 + A)g_{8v} - 2g_3 g_{11v} \\
&- (Ag_{11} + 12A_{vv} + 3g_1 + 2g_{11u} + g_{10} + 2g_{14v})g_1 + g_{8u} + g_{2vv} \\
&+ (g_{9v} + g_{8u} + 4A_{uvvv} + 6A_{uvv} + B_{vvvv})g_0 + (g_0 A + g_2)g_8 - g_{14}g_{1v} \\
&+ 5A_{uvvvv} + 2g_{8uv} + g_2 A_{vvv} + 10A_{uvvv} + g_4 A_{vvvv} + B_{vvvvv}, \qquad (B.20)
\end{aligned}
$$

$$
h_7 = g_0 A_{vvvv} + A_{vvvvv} - 2g_1 g_{11v} - g_{11}g_{1v} + g_{8vv} + g_0 g_{8v}, \qquad (B.21)
$$

$$
\begin{aligned}
h_8 =& 5A_{uuuu}^4 + (4g_4 A_{vvv} + 10B_{uuuv})^3 + (5g_{15} + 2g_6 - 4g_4 g_5)A_u \\
&+ (g_{15uu} + 6g_4 B_{uuv} + 10B_{vvv} - 7g_5 A_{uu} + g_2 B_{uu})^2 + g_{18v} \\
&+ (g_6 - g_4 g_5 + g_{15})B_v - (2g_{16u} + 2B_{uv} + Ag_{16} + g_5 A + g_6)g_5 \\
&+ (2g_{0u} - 15A_v + g_2 - 2g_{14} + Ag_0)g_7 + (4B_{uu} + Ag_{15})g_4 + g_{5u}B \\
&+ (g_4 + A)g_{15u} + (g_4 + A)g_{17} - g_{16}g_{5u} + g_{5v}B_u + 2g_{17u} + g_0 g_{7u} \\
&+ g_{7u} + g_{7v}A - g_{16}g_6, \qquad\qquad (B.22)
\end{aligned}
$$

$$
\begin{aligned}
h_9 =& (4g_0 A_{vvv} + 30A_{uuuv})^3 + (g_4 + A)g_{15v} + (Ag_0 - 3g_{14} + 2g_{0u})g_6 \\
&+ (30B_{uuvv} - 6g_2 A_{uu} + g_{13uu} + 6g_0 B_{uuv} + 18g_4 A_{uuv} + 40A_{vvv})^2 \\
&+ (g_{13} - g_0 g_5 + 2g_3 - g_4 g_2)B_v + (B_v - g_{16})g_{5v} + (g_4 + A)g_{13u} \\
&+ (6g_{15} - 5g_4 g_5 - 12g_6)A_v + (4g_3 - 4g_0 g_5 + 5g_{13} - 4g_4 g_2)A_u \\
&- (16A_{uv} + 7A_u + 2g_2 A + Ag_{14} + 2 + 2g_3 g_{14u} + 2B_{vv} + 2g_{16v})g_5 \\
&+ (2g_{0v} - 4g_{11})g_7 + (12B_{uvv} + 10B_{uv} + Ag_{13} + 16A_{uu} + 2g_{12})g_4 \\
&+ (B_u - Ag_{16} - 2g_{16u})g_2 + (g_{5u} + g_{6v} + 2g_{12})A + (B - g_{16})g_{2u} \\
&+ (g_{15u} + 4B_{uu} + g_{7v} + Ag_{15} + g_{17} + g_{6u})g_0 + 10B_{uu} + 3g_{17v} \\
&+ g_{15u} - 2g_{16}g_3 + g_{2v}B_u + 50B_{uuv} + 2g_{15uv} - g_{14}g_{5u} + g_{6u} \\
&+ 4g_{12u} + g_{5v}A_u, \qquad\qquad (B.23)
\end{aligned}
$$

$$\begin{aligned}
h_{10} =\, & (B_v - g_{16})g_{2v} + 30B_{uvvv} + (18g_0 A_{uuv} + 60A_{uuvv} + g_{10uu})^2 \\
& +(g_4 + A)g_{13v} + (A_v - g_{14})g_{5v} + (6g_1 + 5g_{10} - 4g_0 g_2)A_u \\
& +(6g_{13} - 9g_3 - 5g_0 g_5 - 5g_4 g_2)A_v + (g_{10} - g_0 g_2 + 3g_1)B_v \\
& +(Ag_3 + 12B_{uvv+g_{13u}} + 16A_{uu} + g_{15v} + 2g_{12} + g_{6v} + 10B_{uv} \\
& +g_{3u} + Ag_{13})g_0 - (2g_{14v} + 9A_{vv} + 3g_1 + Ag_{11} + 2g_{11u})g_5 \\
& -(Ag_{14} + 2g_{14u} + 2g_{16v} + B_{vv} + 14A_{uv} + g_2 A + g_3 + 6A_u)g_2 \\
& +(3g_9 + 24A_{uvv} + 22A_{uv} + 6B_{vvv} + Ag_{10})g_4 + (A - g_{14})g_{2u} \\
& +(2g_{0v} - 5g_{11})g_6 + (3g_9 + g_{3v})A + (g_4 + A)g_{10u} + 40B_{uvv} \\
& +(2g_{0u} - 4g_{14})g_3 + 5g_{12v} + g_{13u} + g_{2v} A_u + g_{15vv} - 3g_{16}g_1 \\
& +6g_{9u} - g_{11}g_{5u} + 2g_{13uv} + 110A_{uuv} + g_{3u} + 25A_{uu}, \quad &\text{(B.24)}
\end{aligned}$$

$$\begin{aligned}
h_{11} =\, & (g_4 + A)g_{10v} + (6g_{10} - 6g_1 - 5g_0 g_2)A_v + (A_v - g_{14})g_{2v} \\
& -(6g_3 + Ag_2 + g_{5v} + g_{2u})g_{11} - 2(g_{14v} + g_{11u} + g_1 + 4A_{vv})g_2 \\
& +(Ag_1 + 3g_9 + 24A_{uvv} + g_{10u} + g_{1u} + 6B_{vvv} + 22A_{uv} + g_{3v} \\
& +Ag_{10} + g_{13v})g_0 + (2g_{0u} - 5g_{14})g_1 + 4(A + g_4)g_8 + 50A_{uvvv} \\
& +g_{10u} + 7g_{9v} + 10B_{vvvv} + g_{13vv} + 8g_{8u} + 2g_{10uv} + g_{1v}A \\
& +2g_3 g_{0v} - 2g_5 g_{11v} + 10g_4 A_{vvv} + 70A_{uvv} + g_{1u}, \quad &\text{(B.25)}
\end{aligned}$$

$$\begin{aligned}
h_{12} =\, & (g_{1v} + 4g_8 + g_{10v} + 10A_{vvv})g_0 + (2g_{0v} - 7g_{11})g_1 \\
& -2g_2 g_{11v} + g_{10vv} - g_{11}g_{2v} + 15A_{vvvv} + 9g_{8v}, \quad &\text{(B.26)}
\end{aligned}$$

$$\begin{aligned}
h_{13} =\, & (30A_{uuv} - g_{2uu})^2 - (A + g_4)g_{2u} - (3A_u + g_4 A + g_{16})g_2 \\
& +(g_{5u} + g_6 + g_5 A)g_0 - 2(g_{14} + 6A_v + 2g_{0u})g_5 + 10B_{uv} \\
& +(12A_{uv} + 3B_{vv} + 4A_u + g_{13})g_4 + (g_{5v} + g_{13})A + 15B_{uvv} \\
& +2g_{13u} + 20A_{uu} + g_{15v} + g_{5u} + 2g_{12}, \quad &\text{(B.27)}
\end{aligned}$$

$$\begin{aligned}
h_{14} =\, & 12(g_0 + 5)A_{uv} + (3B_{vv} + 2g_3 + 4A_u + g_{5v} + g_{13})g_0 \\
& +(2g_{0u} - 3g_{14} - 15A_v)g_2 + (15A_{vv} + 2g_{10} - g_{2v})g_4 \\
& +2(g_{0v} - 2g_{11})g_5 + 75A_{uvv} + 4g_{10u} - 2g_{2uv} + 6g_9 \\
& +15B_{vvv} + 3g_{13v} + 2Ag_{10}, \quad &\text{(B.28)}
\end{aligned}$$

$$\begin{aligned}
h_{15} =\, & 5(9A_{vv} + g_{10})_v + (3g_1 + 2g_{10} + 15A_{vv})g_0 - g_{2vv} \\
& +(2g_{0v} - 5g_{11})g_2 + 12g_8, \quad &\text{(B.29)}
\end{aligned}$$

$$h_{16} = 15A_{vv} - g_{2v} + 2g_{10} + g_0 g_2, \quad \text{(B.30)}$$

$$h_{17} = (g_0 B_{uu} - 4g_4 A_{uu} + g_{16uu} + 10 B_{uuv})^2 + (A - g_4) g_{16u}$$
$$+ 10 A_{vvv}^3 + (3g_5 - 4g_4^2 + 5g_{16}) A_u + (g_5 + g_{16} - g_4^2) B_v$$
$$- (B_{uv} + g_6 + g_5 A) g_4 + (g_{15} + g_6) A + 2g_0 g_7 + 5 B_{uu}$$
$$- g_{16} g_{4u} + g_{4v} B_u + g_{4u} B + g_{7v} + g_{17} + 2g_{15u}, \quad (B.31)$$

$$h_{18} = (g_{14uu} - 3g_0 A_{uu} + 40 A_{uuv})^2 + (4g_5 - 5g_4^2 + 6g_{16}) A_v + 20 B_{uvv}$$
$$+ (5g_{14} - 8g_4 g_0 + 3g_2) A_u + (A - g_4)(g_{14u} + g_{16v}) + 15 B_{uv}$$
$$+ (g_2 + g_{14} - 2g_4 g_0) B_v + (B_{uv} - g_{16u} - g_5 A + g_6 + B_u) g_0$$
$$+ (1 - g_{16}) g_{0u} + (B_v - g_{16}) g_{4v} + (g_{13} + 2g_3) A + 2g_{15v} + g_{16u}$$
$$- (B_{vv} + A g_2 + 4 A_u + 2g_3 + 9 A_{uv}) g_4 + (A - g_{14}) g_{4u} + 2g_{12}$$
$$+ g_{0v} B_u + 2g_{16uv} + 2g_{13u} + g_{4v} A_u + 35 A_{uu} + g_{6v} B, \quad (B.32)$$

$$h_{19} = (5g_{11} - 4g_0^2) A_u + (A - g_4)(g_{11u} + g_{14v}) + (B_v - g_{16} + A_u) g_{0v}$$
$$+ (4g_2 + 6g_{14} + g_{4v} - 10 g_4 g_0) A_v + (g_{11} - g_0^2) B_v + 2g_{10u} + g_{3v}$$
$$- (g_{14u} + g_{16v} + 3 A_u + A g_2) g_0 + 3(A - g_4) g_1 + (A - g_{14}) g_{0u}$$
$$+ (45 - 7g_0) A_{uv} - g_{11} g_{4u} + 50 A_{uvv} + 10 B_{vvv} + g_{16vv} + g_{11uu}^2$$
$$+ 2g_{13v} + g_{14u} - g_{14} g_{4v} + 3g_9 - 5g_4 A_{vv} + A g_{10} + 2g_{14uv}, \quad (B.33)$$

$$h_{20} = (A_v - g_{14}) g_{0v} + (A - g_4) g_{11v} + (6g_{11} - 5g_0^2) A_v + 2g_{11uv}$$
$$- (g_{11u} + g_{14v} + 4 A_{vv} + g_1) g_0 - (g_{0u} + g_{4v}) g_{11} + 20 A_{vvv}$$
$$+ 2g_{10v} + g_{11u} + g_{14vv} + g_{1v} + 4g_8, \quad (B.34)$$

$$h_{21} = g_{11vv} - g_{11} g_{0v} - g_0 g_{11v}, \quad (B.35)$$

$$h_{22} = (g_4 - A)(g_{0u} - g_{14}) - (g_2 + 5 A_v) g_4 + (g_{4v} - g_2) A + g_{16v}$$
$$+ (g_{4u} + 2g_5 - g_{16} - 3 A_u) g_0 - g_{0uu}^2 + g_{4u} + 15 A_u + 3g_{13}$$
$$+ 10 B_{vv} - 4g_{2u} + 50 A_{uv} + 2g_{14u} + g_{5v}, \quad (B.36)$$

$$h_{23} = (2g_{0u} + g_{4v} + g_2 - 8 A_v - 2g_{14}) g_0 + 2(A - g_4) g_{11} + 4g_{11u}$$
$$- 2g_{0uv} - 3g_{2v} + 3g_{14v} + g_{4} g_{0v} + 60 A_{vv} + 6g_{10}, \quad (B.37)$$

$$h_{24} = 5g_{11v} - g_{0vv} - 3g_{11} g_0 + 2g_0 g_{0v}, \quad (B.38)$$

$$h_{25} = 3(2 f_{vv}^2 f_v^{-2} - f_{vvvv} f_v), \quad (B.39)$$

$$h_{26} = g_{14} - 2g_2 + 10 A_v - 2g_{0u} + g_4 g_0 + g_{4v}. \quad (B.40)$$

附录C 偏微分方程组 (5-280)

以下简记 $f = f(u, u_x)$, $A = A(u, u_x)$ 和 $B = B(u, u_x, u_t)$, f, A, B 的下标 $1, 2, 3$ 分别代表它们对 u, u_x, u_t 的偏导数。

$$h_1 = -\frac{3f_2 A_2^2}{A} - 3f_{22}A_2 + 3f_2 A_{22} = 0, \tag{C.1}$$

$$h_2 = -\left[\left(2\frac{A_1 f_2}{A} + 3f_{12}\right)A_2 - 2A_{12}f_2\right]u_x - \left(3f_1 + \frac{B_2 f_2}{A}\right)A_2$$
$$+2f_{12}A - \frac{2f_{22}f_1 A}{f_2} + (2B_{33}A + 2A_1 + B_{22})f_2 = 0, \tag{C.2}$$

$$h_3 = \left[-3A_2 u_x f_{11} - \frac{2f_{12}f_1 A}{f_2} + \left(2A_{11}u_x - \frac{2A_1^2 u_x}{A} - \frac{A_1 B_2}{A}\right)f_2\right.$$
$$\left.+f_2 B_{12} + 2Af_{11}\right]u_t + 2B_{13}Af_2 u_x + f_2 B B_{23} = 0, \tag{C.3}$$

$$h_4 = Af_2 B_{223} = 0, \tag{C.4}$$

$$h_5 = \left[\frac{(2f_{22}f_{12} - f_{122}f_2)A_2}{f_2 A} + f_{1222} + \frac{2f_{22}(2f_{22}f_{12} - f_{122}f_2)^2}{f_2}\right.$$
$$\left.-\frac{3f_{12}f_{222}}{f_2}\right]u_x - \frac{(f_2^2 B_{33} - 2f_{22}f_1 + 2f_{12}f_2)A_2}{f_2 A} + f_2 B_{233}$$
$$+\frac{4f_1 f_{22}^2}{f_2^2} - \frac{3f_1 f_{222} + 4f_{22}f_{12}}{f_2} + 3f_{122} + f_{22}B_{33} = 0, \tag{C.5}$$

$$h_6 = -\frac{A_2^2 f_{22}}{A} - \left(\frac{A_{22}}{A}f_2 + \frac{f_{22}^2}{f_2}\right)A_2 + \frac{5f_{22}Af_{222}}{f_2}$$
$$+A_{222}f_2 - f_{22}A_{22} - Af_{2222} - \frac{4f_{22}^3 A}{f_2^2} = 0, \tag{C.6}$$

$$h_7 = \left[\frac{3f_{12}Af_{222}}{f_2} + \left(A_{122} - \frac{A_1 A_{22}}{A}\right)f_2 - \frac{f_{22}(A_1 f_2 + f_{12}A)A_2}{f_2 A}\right.$$
$$\left.-2A_{22}f_{12} - \frac{4f_{22}^2 Af_{12}}{f_2^2} + \left(A_{12} + \frac{2Af_{122}}{f_2}\right)f_{22} - Af_{1222}\right]u_t$$
$$+2f_2 B_{23}A_2 + B_{223}Af_2 + f_2 B_{223}B + f_{22}B_{23}A = 0, \tag{C.7}$$

$$h_8 = \left\{ \left[\frac{(2f_{11}f_{12} - f_{111}f_2) A_2}{f_2 A} - \frac{2f_{112}A_1}{A} + \frac{4f_{12}{}^3 + 8f_{12}f_{22}f_{11}}{f_2{}^2} \right. \right.$$

$$+ 3f_{1112} + \left(\frac{2A_1 f_{22} f_{11}}{A} - 6f_{122}f_{11} - 7f_{112}f_{12} - 2f_{111}f_{22} \right.$$

$$\left. \left. + \frac{2A_1 f_{12}{}^2}{A} \right) f_2{}^{-1} \right] u_x - \frac{2f_{11}A_1}{A} - \frac{4f_{11}f_{12}}{f_2} + 3f_{111}$$

$$\left. - \frac{(-2f_2 A_1 f_{12} + 3f_2 A f_{112} - 4f_{12}{}^2 A) f_1}{f_2{}^2 A} \right\} u_t{}^2 + \left\{ -\frac{B_3 f_{12} f_1}{f_2} \right.$$

$$+ \left[f_{112}B_3 - 3B_{23}f_{11} - \frac{f_{12}{}^2 + 2f_{11}f_{22}}{f_2} B_3 + 2B_{13}f_{12} \right.$$

$$\left. \left. + \frac{f_{11} B_3 A_2}{A} + \left(-\frac{2A_1 B_{13}}{A} + 2B_{113} \right) f_2 \right] u_x + f_{11} B_3 \right\} u_t$$

$$+ \left[\frac{3A_1 f_{12}{}^2 + 5A f_{112} f_{12}}{f_2} - A_{11} f_{12} - A f_{1112} - 2f_{112} A_1 \right.$$

$$\left. - \frac{4A f_{12}{}^3}{f_2{}^2} \right] u_x{}^3 + \left[-\frac{(B_1 f_{12} + f_2 B_{11}) A_2}{A} + f_{22}B_{11} - 4f_{11}A_1 \right.$$

$$+ B_{112} f_2 - f_{12} B_{12} + \frac{B_2 f_{12}{}^2 - (5f_{22}B_1 - 6A f_{11}) f_{12}}{f_2}$$

$$- \left(A_{11} - \frac{4A_1 f_{12} + 3A f_{112}}{f_2} + \frac{6f_{12}{}^2 A}{f_2{}^2} \right) f_1 + 3f_{122}B_1 - 3A f_{111}$$

$$\left. - f_{112} B_2 \right] u_x{}^2 + \left[3B f_{112} - \frac{(f_1 B_1 + f_{11}B) A_2}{A} + (2B_{133}B + 2B_{11}) \right.$$

$$+ 2B_3 B_{13} + 2B_{33} B_1) f_2 + \frac{(B_2 f_{12} + 2A f_{11} - 5f_{22}B_1) f_1}{f_2} - f_1 B_{12}$$

$$\left. + \left(\frac{A_1}{f_2} - \frac{2f_{12} A}{f_2{}^2} \right) f_1{}^2 - f_{11}B_2 + 6B_1 f_{12} - \frac{3B f_{12}{}^2 + 2f_{11} B f_{22}}{f_2} \right] u_x$$

$$+ 3f_{11}B - \frac{3B f_{12} f_1}{f_2} = 0, \tag{C.8}$$

$$h_9 = u_t \left[\left(3f_{1122} - \frac{3f_{222}f_{11}}{f_2} - \frac{2(f_{112}f_2 - f_{11}f_{22} - f_{12}{}^2) A_2}{f_2 A} \right. \right.$$

$$\left. - \frac{A_1 f_{122}}{A} - \frac{2(4f_{12}A f_{122} - f_{12}A_1 f_{22} + 2f_{112}f_{22}A)}{f_2 A} \right.$$

$$+\frac{4f_{22}\left(f_{11}f_{22}+2f_{12}{}^{2}\right)}{f_{2}{}^{2}}\Bigg)u_{x}+\frac{B_{133}A-A_{1}B_{33}}{A}f_{2}+6f_{112}$$

$$+\frac{B_{33}A-2A_{1}}{A}f_{12}+\frac{2f_{12}f_{1}-2f_{2}f_{11}}{A}A_{2}-\frac{4(f_{12}{}^{2}+f_{11}f_{22})}{f_{2}}$$

$$-\frac{2\left(-f_{2}A_{1}f_{22}+3f_{2}Af_{122}-4f_{22}f_{12}A\right)f_{1}}{f_{2}{}^{2}A}\Bigg]-\frac{4f_{22}B_{3}f_{1}}{f_{2}}$$

$$+\Bigg[-\frac{2f_{2}B_{13}A_{2}}{A}+2B_{123}f_{2}-2f_{12}B_{23}+2B_{13}f_{22}+2B_{3}f_{122}$$

$$-\frac{4f_{22}B_{3}f_{12}}{f_{2}}\Bigg]u_{x}-2f_{1}B_{23}+(2B_{13}+2B_{3}B_{33}+B_{333}B)f_{2}$$

$$+4B_{3}f_{12}=0, \tag{C.9}$$

$$h_{10}=\frac{\left(2f_{22}-f_{222}f_{2}{}^{2}\right)A_{2}}{f_{2}A}+\frac{4f_{22}{}^{3}}{f_{2}{}^{2}}+f_{2222}-\frac{5f_{222}f_{22}}{f_{2}}=0, \tag{C.10}$$

$$h_{11}=\Bigg[\frac{2\left(2f_{22}f_{12}-f_{122}f_{2}\right)A_{2}}{f_{2}A}-\left(\frac{5f_{12}}{f_{2}}+\frac{A_{1}}{A}\right)f_{222}+3f_{1222}$$

$$-\frac{2f_{22}(5Af_{122}-A_{1}f_{22})}{f_{2}A}+\frac{12f_{12}f_{22}{}^{2}}{f_{2}{}^{2}}\Bigg]u_{t}-\frac{8f_{22}{}^{2}B_{3}^{2}f_{222}}{f_{2}}$$

$$-\frac{2f_{2}B_{23}A_{2}}{A}+f_{2}B_{333}A+2B_{223}f_{2}=0, \tag{C.11}$$

$$h_{12}=\Bigg[3f_{1122}-\frac{2f_{122}A_{1}}{A}-\frac{10f_{12}Af_{122}-4f_{12}A_{1}f_{22}+5f_{112}f_{22}A}{f_{2}A}$$

$$+\left(-\frac{f_{112}}{A}+\frac{2f_{12}{}^{2}}{f_{2}A}\right)A_{2}+\frac{12f_{12}{}^{2}f_{22}}{f_{2}{}^{2}}\Bigg]u_{t}{}^{2}+\Bigg\{-\frac{3f_{22}B_{3}f_{12}}{f_{2}}$$

$$+\frac{B_{3}f_{12}A_{2}}{A}+B_{3}f_{122}+2B_{123}f_{2}+\left(-\frac{2A_{1}f_{2}}{A}-f_{12}\right)B_{23}\Bigg\}u_{t}$$

$$+\Bigg[\left(-\frac{A_{11}f_{2}}{A}-\frac{A_{1}f_{12}}{A}-3f_{112}+\frac{4f_{12}{}^{2}}{f_{2}}\right)A_{2}-\frac{12Af_{22}f_{12}{}^{2}}{f_{2}{}^{2}}$$

$$+A_{112}f_{2}-3A_{12}f_{12}-3Af_{1122}-f_{122}A_{1}+\frac{5f_{112}f_{22}A}{f_{2}}$$

$$\frac{(A_{1}f_{22}+10Af_{122})f_{12}}{f_{2}}\Bigg]u_{x}{}^{2}+\Bigg[\left(\left(-\frac{A_{1}}{A}+\frac{5f_{12}}{f_{2}}\right)f_{1}-6f_{11}\right.$$

$$-\frac{2f_{2}B_{12}}{A}-\frac{B_{2}f_{12}}{A}-\frac{f_{22}B_{1}}{A}\Bigg)A_{2}+f_{22}B_{12}-(A_{1}+B_{22})f_{12}$$

$$+3B_1f_{222} + \frac{8f_{12}{}^2A - 3f_{22}B_2f_{12} + 4Af_{11}f_{22} - 5f_{22}{}^2B_1}{f_2}$$

$$+\left(-3A_{12} + \frac{-A_1f_{22} + 6Af_{122}}{f_2} - \frac{12f_{22}f_{12}A}{f_2{}^2}\right)f_1 - 6Af_{112}$$

$$+ (2B_{122} + 2B_{33}A_1 + 2B_{133}A + 2A_{11})f_2 + B_2f_{122}\Big]u_x$$

$$-\frac{(B_1f_2{}^2 - f_1{}^2A + B_2f_1f_2 + Bf_{12}f_2)A_2}{f_2A} - \frac{2f_1{}^2Af_{22}}{f_2{}^2}$$

$$+4B_2f_{12} + 3Bf_{122} + \left(-A_1 - B_{22} + \frac{2f_{12}A - 4f_{22}B_2}{f_2}\right)f_1$$

$$+(2B_{33}B_2 + 2B_{233}B + 3B_{12} + 2B_3B_{23})f_2 + f_{22}B_1$$

$$-\frac{5f_{22}Bf_{12}}{f_2} = 0, \tag{C.12}$$

$$h_{13} = \Bigg\{\bigg[-f_{112}A_1 + \frac{4f_{11}f_{12} - 3f_{111}f_2}{f_2}A_2 + \frac{A_{11}A - A_1{}^2}{A}f_{12}$$

$$-3Af_{1112} + \frac{A_1f_{12}{}^2 + 7Af_{112}f_{12} + 2f_{22}Af_{111} + 6Af_{11}f_{122}}{f_2}$$

$$+\frac{A_{111}A - A_{11}A_1}{A}f_2 - 4A_{12}f_{11} - \frac{4f_{12}A\left(f_{12}{}^2 + 2f_{11}f_{22}\right)}{f_2{}^2}\bigg]u_t$$

$$+B_{13}Af_{12} + [2B_{13}A_1 + B_{113}A]f_2\Big\}u_x{}^2 + u_x\Bigg\{\bigg[\frac{f_{11}f_1A_2}{f_2}$$

$$+\left(A_{11} - \frac{A_1{}^2}{A} - \frac{A_1f_{12}}{f_2} + \frac{-2Af_{11}f_{22} - 2f_{12}{}^2A}{f_2{}^2}\right)f_1 + f_{22}B_{11}$$

$$+\left(-2\frac{A_1f_2}{A} + f_{12}\right)B_{12} + 2B_{112}f_2 - \frac{A_1B_2f_{12}}{A} - 2B_{22}f_{11}$$

$$+3f_{122}B_1 + \left(-\frac{f_{22}B_1}{A} - f_{11}\right)A_1 - f_{11}B_{33}A + f_{112}B_2$$

$$+\frac{-B_2f_{12}{}^2 + (-5f_{22}B_1 + 4Af_{11})f_{12} - 2B_2f_{11}f_{22}}{f_2}\bigg]u_t$$

$$+(2B_{123}B + 2B_{13}B_2)f_2 + (f_{12}B + 2f_2B_1)B_{23} + f_{22}B_{13}B$$

$$+B_{13}Af_1\Bigg\} + \bigg[-f_{112}B_3 + \left(\frac{B_3A_1}{A} - B_{13}\right)f_{12} + B_3f_{12}{}^2f_2{}^{-1}\bigg]u_t{}^2$$

$$+\left(\frac{2f_{12}{}^2f_2A_1 - f_{112}A_1f_2{}^2 + 4Af_{12}{}^3}{Af_2{}^2} + \frac{f_{1112}f_2 - 5f_{12}f_{112}}{f_2}\right)u_t{}^3$$

$$+ \left[3Bf_{112} - \frac{5Bf_{12}^2}{f_2} + \frac{B_{11}A - B_1 A_1}{A} f_2 + 2f_{11}B_2 + f_1 B_{12} \right.$$

$$\left. - \left(\frac{2B_2 f_{12}}{f_2} + \frac{A_1 B_2}{A} \right) f_1 + \left(B_1 - B_{33}B - \frac{BA_1}{A} \right) f_{12} \right] u_t$$

$$+ B(f_2 B_{13} + f_1 B_{23}) = 0, \qquad (C.13)$$

$$h_{14} = \left[\left(-\frac{2A_{12}f_2}{A} + \frac{3f_{22}f_{12}}{f_2} - 3f_{122} - \frac{A_1 f_{22}}{A} \right) A_2 - \frac{12f_{22}^2 A f_{12}}{f_2^2} \right.$$

$$+ \frac{A_1 f_2 + 5f_{12}A}{f_2} f_{222} - \frac{f_{12}A_2^2}{A} - 2f_{12}A_{22} - 3A f_{1222} - f_{22}A_{12}$$

$$\left. + \frac{2f_{22}(5Af_{122} - A_1 f_{22})}{f_2} + 2A_{122}f_2 \right] u_x + f_2 B_{222} - \frac{f_1 A_2^2}{A}$$

$$+ \left[\left(-\frac{B_{22}}{A} - \frac{A_1}{A} + 2B_{33} \right) f_2 - 3f_{12} - \frac{f_{22}B_2}{A} \right] A_2 - 3A f_{122}$$

$$+ \frac{3f_1 A + 2B_2 f_2}{f_2} f_{222} - \left(2A_{22} + \frac{6Af_{22}^2}{f_2^2} \right) f_1 + \frac{6f_{22}f_{12}A - 4B_2 f_{22}^2}{f_2}$$

$$+ (2B_{233}A + 3A_{12}) f_2 = 0, \qquad (C.14)$$

$$h_{15} = 2f_2 B_{223} = 0, \qquad (C.15)$$

$$h_{16} = \left\{ \left[\left(-\frac{A_1 f_{12}}{A} - 3f_{112} + \frac{f_{11}f_{22} + 2f_{12}^2}{f_2} \right) A_2 - \frac{A_1^2 f_{22}}{A} \right. \right.$$

$$- A_{12}f_{12} - 3A f_{1122} + \frac{3A f_{11}f_{222}}{f_2} + f_{122}A_1 - 3A_{22}f_{11}$$

$$+ \left(2A_{112} - \frac{2A_{12}A_1}{A} \right) f_2 + f_{22}A_{11} - \frac{4f_{22}A(f_{11}f_{22} + 2f_{12}^2)}{f_2^2}$$

$$\left. + \frac{2(4Af_{122} - f_{22}A_1)f_{12} + 4Af_{112}f_{22}}{f_2} \right] u_t + f_{22}B_{13}A$$

$$+ 2(B_{13}A_2 + B_{123}A) f_2 + (2A_1 f_2 + f_{12}A) B_{23} \Big\} u_x$$

$$+ \left[\left(A_{11} - \frac{B_{22}A_1}{A} + B_{122} - \frac{A_1^2}{A} \right) f_2 + \frac{2f_{22}(-2f_{12}B_2 + Af_{11})}{f_2} \right.$$

$$- \left(\frac{A_1}{A} + \frac{f_{12}}{f_2} \right) f_1 A_2 - (A_1 + B_{33}A + B_{22}) f_{12}$$

$$\left. + \frac{f_{22}(B_{12}A - B_2 A_1)}{A} + 2B_2 f_{122} + \left(A_{12} - \frac{2f_{12}Af_{22}}{f_2^2} \right) f_1 \right] u_t$$

$$+ (B_{13}A + B_{223}B) f_2 + (f_1 A + 2B_2 f_2 + f_{22} B) B_{23} = 0, \tag{C.16}$$

$$h_{17} = u_t u_x{}^3 \left[\frac{(3A_1 f_{11} + 2A f_{111}) f_{12} + 3A f_{112} f_{11}}{f_2} - A f_{1111} - A_{11} f_{11} \right.$$

$$\left. -2f_{111} A_1 - \frac{4A f_{11} f_{12}{}^2}{f_2{}^2} \right] + \left\{ \left[\frac{2B_{11}A - B_1 A_1}{A} f_{12} - \frac{A_1 B_{11} f_2}{A} \right. \right.$$

$$+ 3f_{112} B_1 - B_2 f_{111} - 2B_{12} f_{11} + \left(\frac{A_1 f_{11}}{f_2} - \frac{2A f_{11} f_{12}}{f_2{}^2} \right) f_1$$

$$\left. + f_2 B_{111} + \frac{-2f_{12}{}^2 B_1 + B_2 f_{11} f_{12} - 3f_{22} B_1 f_{11} + 2f_{11}{}^2 A}{f_2} \right] u_t$$

$$\left. - \frac{A_1 B_{11} f_2}{A} + B_{13} B f_{12} + (B_{113} B + 2B_{13} B_1) f_2 \right\} u_x{}^2$$

$$+ \left\{ \left(-\frac{f_{111} A_1}{A} - \frac{-2f_{12} A_1 f_{11} + 2f_{12} A f_{111} + 3A f_{112} f_{11}}{A f_2} + f_{1111} \right. \right.$$

$$\left. + \frac{4f_{11} f_{12}{}^2}{f_2{}^2} \right) u_t{}^3 + \left[\left(\frac{B_3 A_1}{A} + \frac{B_3 f_{12}}{f_2} - B_{13} \right) f_{11} - B_3 f_{111} \right] u_t{}^2$$

$$+ \left[3B f_{111} + 3B_1 f_{11} - \frac{f_{11} B (A_1 f_2 + B_{33} A f_2 + 5 f_{12} A)}{A f_2} \right.$$

$$\left. \left. + \left(B_{11} - \frac{B_1 A_1}{A} - \frac{2f_{12} B_1}{f_2} \right) f_1 \right] u_t + B_{13} B f_1 \right\} u_x = 0, \tag{C.17}$$

$$h_{18} = \left[A_{12} f_2 - \left(\frac{A_1 f_2}{A} + f_{12} \right) A_2 \right] u_t + f_2 B_{23} A = 0. \tag{C.18}$$